普通高等教育"十一五"系列教材
PUTONG GAODENG JIAOYU SHIYIWU XILIE JIAOCAI

HUODIANCHANG
JISUANJI KONGZHI

火电厂
计算机控制

主　编　刘志远
编　写　缪国钧　徐建涛
主　审　吕剑虹

中国电力出版社
CHINA ELECTRIC POWER PRESS

内 容 提 要

本教材按火电厂生产过程计算机控制的整体框架组织教材内容，将计算机控制技术与控制系统的内容相结合，将分属于“微机原理”、“计算机控制技术”、“计算机控制系统”、“热工自动控制系统”、“智能控制理论”等方面的内容进行整合，既有对火电厂计算机控制系统总体结构的介绍，又涉及到了组成系统的硬件和软件；既介绍了有关的理论知识，又列举了工程的应用实例，为学生将来的实际工程应用打下良好的基础。

本书主要作为高等院校热能与动力工程专业“火电厂计算机控制”课程的本科生教材，也可供专科生和成人高校学生使用，同时可作为有关部门从事自动控制工作的技术人员学习的技术参考书。

图书在版编目（CIP）数据

火电厂计算机控制/刘志远主编. —北京：中国电力出版社，2007.4 （2024.1重印）

普通高等教育“十一五”规划教材

ISBN 978-7-5083-5216-9

Ⅰ. 火... Ⅱ. 刘... Ⅲ. 火电厂－计算机控制－高等学校－教材 Ⅳ. TM621.6-39

中国版本图书馆 CIP 数据核字（2007）第 020963 号

中国电力出版社出版、发行

（北京市东城区北京站西街 19 号 100005 http://www.cepp.sgcc.com.cn）

三河市百盛印装有限公司印刷

各地新华书店经售

*

2007年4月第一版 2024年1月北京第十一次印刷

787毫米×1092毫米 16开本 18.75印张 456千字

定价 48.00元

前　言

为贯彻落实教育部《关于进一步加强高等学校本科教学工作的若干意见》和《教育部关于以就业为导向深化高等职业教育改革的若干意见》的精神，加强教材建设，确保教材质量，中国电力教育协会组织制订了普通高等教育“十一五”教材规划。该规划强调适应不同层次、不同类型院校，满足学科发展和人才培养的需求，坚持专业基础课教材与教学急需的专业教材并重、新编与修订相结合。本书为新编教材。

随着火力发电机组规模和容量的不断发展，生产设备的逐步大型化，生产系统的日趋复杂，对机组安全经济运行要求的不断提高，火电厂的自动化水平也不断得到提高，从传统的炉、机、电分别人工就地控制发展到今天的单元机组集中控制和普遍采用计算机对火电厂生产过程进行控制，特别是分散控制系统 DCS 在火力发电厂生产过程控制中的广泛应用，极大地提高了火电厂的自动化水平。本教材按火电厂生产过程计算机控制的整体框架组织教材内容，将计算机控制技术与控制系统的内容相结合，将分属于“微机原理”、“计算机控制技术”、“计算机控制系统”、“热工自动控制系统”、“智能控制理论”等方面的内容进行整合，既有对火电厂计算机控制系统总体结构的介绍，又涉及到了组成系统的硬件和软件；既介绍了有关的理论知识，又列举了工程的应用实例，为学生将来的实际工程应用打下良好的基础。

“火电厂计算机控制”是热能与动力工程、生产过程自动化、火电厂集控运行等专业的专业主干课程，全书共分为八章，第一章介绍计算机控制系统的组成、结构形式及在火电厂中的应用和发展；第二章介绍过程通道及抗干扰技术；第三章介绍操作系统、数据结构、数据库系统等方面的知识；第四章介绍计算机控制系统中常规和先进控制策略，包括数字 PID 控制算法、参数整定及工程实现方法，串级控制系统、前馈—反馈控制系统、纯滞后补偿控制系统、解耦控制系统等复杂控制系统，预测控制，模糊控制等；第五章介绍数据通信和通信网络的有关基础知识；第六章介绍分散控制系统 DCS 的总体结构及各组成部分的功能、几种典型的 DCS 产品、DCS 的现场控制站、操作员站和工程师站；第七章介绍 DCS 在火电厂中的典型应用，包括 DCS 的选型、系统设计、组态、调试等工程应用问题，典型 DCS 产品在大型火电厂的整体硬件配置和实现的功能，数据采集系统、蒸汽温度控制系统和单元机组协调控制系统等典型控制系统的 DCS 实现等。第八章介绍现场总线技术、现场总线控制系统 FCS、现场总线设备及 FCS 在电厂中的应用；附录一列出几种典型 DCS 的组态功能码；附录二介绍 Symphony 系统中的典型功能码。

本书由南京工程学院刘志远主编，南京工程学院缪国钧和北京交通大学徐建涛参编。刘志远编写第一章，第三章第一节，第四章，第六章第三、四、五节，第七章，附录，并负责全书的统稿工作；缪国钧编写第三章第二、三、四节，第六章第一、二节；徐建涛编写第二章，第五章，第八章。全书由东南大学博士生导师吕剑虹教授主审，吕剑虹教授在百忙中认真仔细地审阅了书稿，并提出了指导性的建议和许多修改意见，在此谨致以深切的谢意。

本书的出版，得到了江苏省“青蓝工程”资助基金的资助。同时感谢董学育、成胜昌、陈斌、李学明、李瑾、刘久斌、朱红霞等同志在编写过程中给予的支持和帮助。本书在正式出版前已作为校内讲义在南京工程学院能源与动力学院五个本科班级和一个高职班级中使用，感谢同学们在使用过程中提出的意见和建议。书中参考和引用了大量的文献资料，在此，谨向有关作者表示衷心地感谢。

由于作者水平有限，书中难免存在不足之处，敬请读者批评指正。

编　者

2006 年 10 月

目 录

第一章　概　　述

随着火力发电机组规模和容量的不断发展，生产设备逐步大型化，生产系统日趋复杂，对机组安全经济运行的要求不断提高，火电厂的自动化水平也不断得到提高，从传统的炉、机、电分别人工就地控制发展到今天的单元机组集中控制和普遍采用计算机对火电厂生产过程进行控制，特别是分散控制系统 DCS 在火力发电厂生产过程控制中的广泛应用，极大地提高了火电厂的自动化水平。如今，国内已投运和正在兴建的火电厂中，全部或部分采用分散控制系统的机组已有近 300 台套（不包括小型分散控制系统），而且新建的 300MW 以上的机组将普遍采用分散控制系统。

分散控制系统的应用及其自身的不断完善和发展，加速了火电厂自动化的进程。目前，分散控制系统的应用方兴未艾，在此基础上，火电厂正向着更加完善、更高层次的综合自动化方向发展。

本书内容包括在生产过程中采用计算机进行控制所涉及到的主要知识，以及计算机控制特别是分散控制系统 DCS 在火电厂生产过程控制中的应用。

第一节　计算机控制系统的组成

对于如图 1-1 所示的单冲量给水自动控制系统，其工作原理是：汽包水位信号经水位变送器转换成电信号后送入调节器，与水位给定值进行比较，计算出偏差值，该偏差值经 PID 运算后，输出控制量给执行器，通过执行器控制给水阀门的开度，从而改变给水流量，最终使汽包水位保持在规定的范围内。

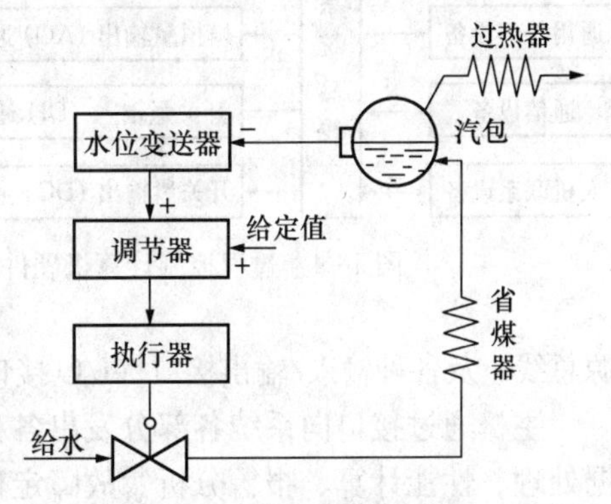

图 1-1　单冲量给水自动控制系统的原理图

用如图 1-2 所示的方框图描述上述控制系统，则由被控对象、测量部件、模拟调节器、执行机构构成了典型的反馈控制系统。在该系统中，从测量部件到执行机构之间（包括模拟调节器内部）流通的是连续的电信号（电压或电流信号），又称连续控制系统，模拟调节器的作用就是使汽包水位保持在一定的范围内。

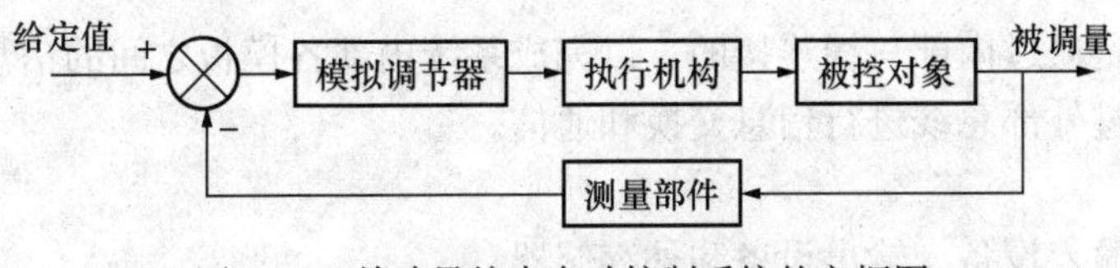

图 1-2　单冲量给水自动控制系统的方框图

如果以计算机代替图 1-2 中的模拟调节器，并由计算机全部或部分代替模拟调节器的作用，就构成了计算机控制系统，如图 1-3 所示。

为了进行信号的匹配，还必须配以相应的设备，把从测量部件得来的模拟信号真实地转换成数字计算机能接收的数字信号（A/D 转换器），或把数字计算机输出的数字信号真实地转换成执行机构能接收的模拟信号（D/A 转换器）。这些设备包括采样器、模/数转换器（A/D）、数/模转换器（D/A）、保持器等。

可见，计算机控制系统的组成原理与连续控制系统是相似的，但在具体结构和功能实现方法上具有较大的差别，且围绕其结构特点，形成了新的设计理论和设计方法即离散设计方法。

由图 1-3 可见，计算机控制系统就是由过程控制计算机、执行机构、被控对象、测量部件等组成，后几部分在其他课程中已做过介绍，下面简单介绍一下过程控制计算机部分。过程控制计算机由硬件和软件部分组成。

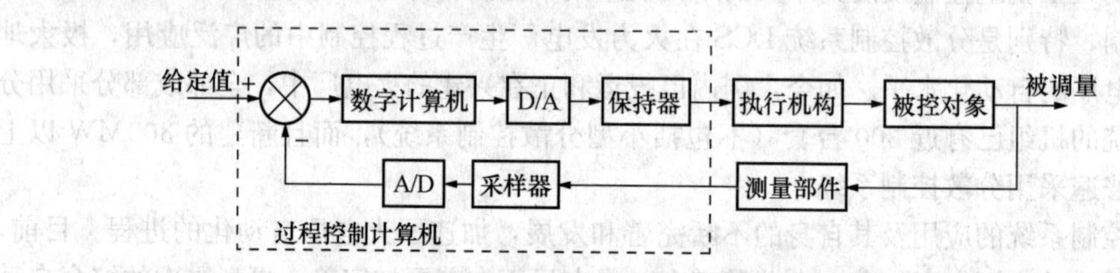

图 1-3 计算机控制系统的原理方框图

一、过程控制计算机硬件

过程控制计算机亦称工业控制计算机（工控机），与通常的微型计算机略有不同，它要在工业环境下适应工业生产要求，在线、实时地工作，除了运算外，还具有控制功能。

如图 1-4 所示，过程控制计算机硬件主要由主机、通用外部设备、过程输入/输出设备、人机联系设备和通信设备组成，现分述如下。

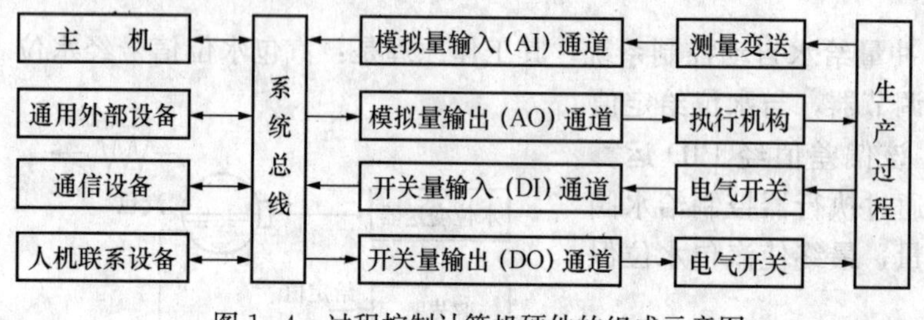

图 1-4 过程控制计算机硬件的组成示意图

1. 主机

主机是过程控制计算机的核心，它可以由单台计算机或多台计算机组成，主要包括中央处理器单元（CPU）、内存储器（RAM、ROM）、总线（数据总线、地址总线、控制总线、电源总线）及各种输入/输出接口（I/O 接口）。

主机通过接口向系统各部分发出各种命令，同时对系统的各过程参数进行巡回检测、数据处理、性能计算、报警分析、故障定位、操作指导、闭环控制等。

在内存储器中预先存入了实现信号输入、运算控制和命令输出的程序，这些程序反映了对生产过程进行控制的规律。系统启动后，CPU 就从内存储器中逐条取出指令并执行，从而达到预定的控制目的。

计算机与各种功能模板之间是通过内部总线连接的，以完成系统内部各模板之间的信息传送。计算机系统与系统之间通过外部总线进行信息交换和通信。

2. 通用外部设备

通用外部设备可按功能分为输入设备、输出设备和外存储器。

常用的输入设备是键盘，用来输入程序、数据和操作命令，可以通过并行或串行接口与计算机连接，根据键码的安排，可分为标准键盘和专用键盘两种。

常用的输出设备是CRT显示器（Cathode Ray Tube）、打印机、绘图仪等，它们以字符、曲线、表格和图形等形式来反映生产过程的工况和控制信息。

常用的外存储器是磁盘、磁带和光盘，它们兼有输入和输出两种功能，用来存放程序和数据，作为内存储器的后备存储设备。磁盘存储器包括硬盘和软盘存储器。

3. 过程输入/输出设备

过程控制计算机与生产过程之间的信息传递是通过过程输入/输出PIO（Process Input / Output）设备进行的，它在两者之间起到桥梁和纽带的作用，有时人们又把它们称作过程输入/输出通道。

过程输入/输出设备分为输入设备和输出设备，输入设备分为模拟量输入AI（Analog Input）通道和数字量输入DI（Digital Input）通道，模拟量输入通道用于输入如温度（T）、压力（p）、流量（Q）、液位（H）、成分等模拟量信号，数字量输入通道用于输入开关量/数字量；输出设备分为模拟量输出AO（Analog Output）通道和数字量输出DO（Digital Output）通道，模拟量输出通道将过程控制计算机输出的数字信号转换成模拟量信号后再输出，而数字量输出通道则直接输出开关量信号或数字量信号。

4. 人机联系设备（人机接口）

操作人员与计算机之间的信息交换是通过人机联系设备进行的。例如，CRT显示器和键盘、专用的操作显示面板或操作显示台等，其作用一是显示生产过程的状况，二是供生产操作人员操作，三是显示操作结果。

过程控制计算机的操作人员可分为两种：一种是系统操作员，另一种是生产操作员。系统操作员负责建立控制系统，如编制程序和系统组态等；生产操作员则进行与保证生产过程正常运行有关的操作。

系统操作员和生产操作员一般分别使用操作设备。前者使用的设备称为工程师站，而后者使用的设备称为操作员站。

5. 通信设备

现代化工业生产过程的规模一般比较大，对生产过程的控制和管理也很复杂，往往需要几台或几十台计算机才能分级完成控制和管理任务，这样，在不同地理位置、不同功能的计算机或设备之间就需要通过通信设备进行信息交换。为此，需要把多台计算机或设备连接起来，构成计算机通信网络。计算机通信网络是计算机控制系统层次结构和信息集成的基础。

二、过程控制计算机软件

上述硬件只能构成裸机，它只为过程计算机控制系统提供了物质基础，裸机只是系统的躯干，既无“大脑思想”，也无“知识和智能”，因此必须为裸机配备软件，才能把人的思维和知识用于对生产过程的控制中。软件是各种程序的统称，软件的优劣不仅关系到硬件功能的发挥，而且也关系到计算机对生产过程的控制品质和管理水平。

软件通常分为系统软件和应用软件。

1. 系统软件

系统软件是计算机厂商提供的，专门用来使用和管理计算机本身以及为应用软件提供开发环境的程序，用户通常只需了解其工作原理并掌握其使用方法即可。系统软件分为操作系统和支援性软件。

操作系统既是计算机控制系统协调工作的组织者，又是系统对过程进行有效控制的指挥者。它的主要部分驻留在内存中，称为操作系统的内核，主要由处理机管理、存储管理、设备管理、文件管理等组成。操作系统是计算机控制系统的基本软件之一，建立一个专门化、小型化、实时响应性好的操作系统，是软件设计的重要任务。

实时操作系统是具有实时特性，能支持实时控制系统工作的操作系统。其最重要的特点是要满足过程控制对时间的限制和要求，应是多任务调度、多道程序的操作系统。实时操作系统除控制、管理计算机系统的外部设备外，还要控制、管理过程控制系统的设备，并具有处理随机事件的能力，它应保证在异常情况下及时处理、保证完成任务中最重要的任务，要求能及时发现并纠正随机性错误，至少保证不使错误的影响扩大，应具有抵制错误操作和错误输入的能力。

所谓实时，是指信号的输入、计算和输出都要在一定的时间范围内完成，亦即计算机对输入的信息，应以足够快的速度进行控制，超出了这个时间，就失去了控制的时机，控制也就失去了意义。实时的概念不能脱离具体的生产过程，即计算机控制系统从接受输入信号到产生控制作用的时间必须与生产过程的实际运行速度相适应，对该生产过程运行情况的微小变化能及时地做出反应，及时地进行计算和控制。

支援性软件包括编译（语言处理，如汇编语言、各种高级算法语言、过程控制语言等）、数据结构、数据库系统、服务和诊断程序、通信网络软件等。

2. 应用软件

应用软件是系统设计人员针对某个生产过程而编制的控制和管理程序，它的优劣直接影响控制品质和管理水平。

应用软件一般分为过程输入程序、过程控制程序、过程输出程序、人机接口程序、打印显示程序和各种公共子程序等。其中过程控制程序是应用软件的核心，是基于经典或现代控制理论的控制算法的具体实现。过程输入、输出程序分别用于过程输入、输出通道，一方面为过程控制程序提供运算数据，另一方面执行控制命令。

第二节 计算机控制系统的结构形式

计算机控制系统所采用的结构形式与其所控制的生产过程的要求和复杂程度密切相关，对于不同的被控对象和不同的控制要求，应采取不同的控制方案。按照计算机控制系统的功能来分，大致有以下几种结构形式。

一、数据采集系统 DAS（Data Acquisition System）

这是计算机应用于生产过程的一种最初级形式，有的书中将其称为操作指导控制系统、数据采集和数据处理系统等。数据采集系统的原理框图如图 1-5 所示。

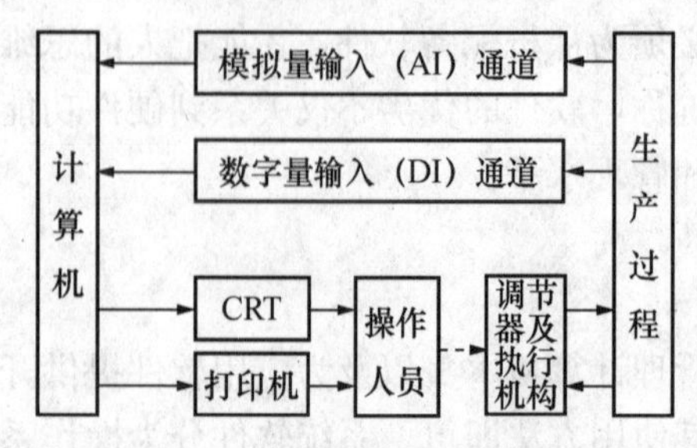

图 1-5　数据采集系统的原理框图

该系统不仅具有数据采集和处理的功能，而且能够为操作人员提供反映生产过程工况的各种数据，并相应地给出操作指导信息供操作人员参考。

该控制系统属于开环控制结构。计算机根据一定的控制算法（数学模型），依据测量元件测得的信号数据，计算出供操作人员选择的最优操作条件及操作方案。操作人员根据计算机输出的信息，如CRT显示图形或数据、打印机输出等去改变调节器的设定值或直接操作执行机构。

该系统的优点是结构简单、控制灵活和安全；缺点是要由人工操作，速度受到限制，不能控制多个对象。

二、直接数字控制系统 DDC（Direct Digital Control System）

直接数字控制系统与模拟调节系统有很大的相似性，直接数字控制是以一台计算机代替多台模拟调节器的功能，由于计算机发出的控制信号直接作用于被控对象，故称为直接数字控制系统，系统的原理框图如图1-6所示。

一台用于直接数字控制的计算机，首先通过输入通道（AI、DI）实时采集数据，并按一定的控制规律进行计算，最后发出控制信息，并通过输出通道（AO、DO）直接控制生产过程。

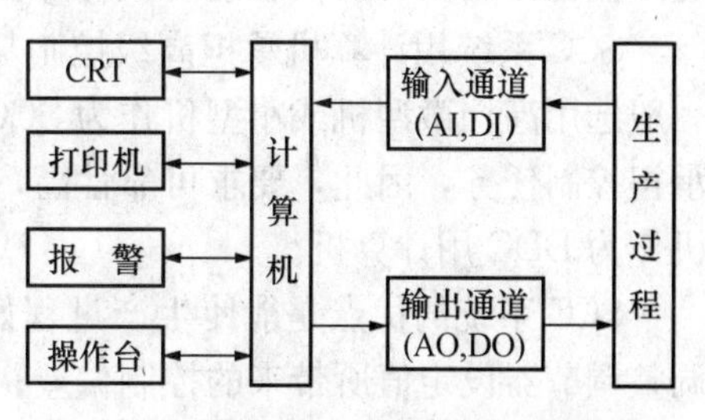

图1-6　直接数字控制系统的原理框图

DDC系统属于计算机闭环控制系统，是计算机在工业生产过程中最普遍的一种应用方式。由于计算机的特点，DDC系统除了能够实现PID调节规律外，还能实现多回路串级控制、前馈控制、纯滞后补偿控制、多变量解耦控制等复杂的控制规律。

这种方式的主要特点是自动化程度高，调节速度快；因为程序可变性强，故控制灵活性大；由于节省了大量的模拟调节仪表，因而经济上比较合算，被控系统越大，这种经济效果越显著。

由于DDC系统的计算机直接承担控制任务，所以要求实时性好、可靠性高和适应性强。为了充分发挥计算机的利用率，一台计算机通常要控制几个或几十个回路，这就要求合理地设计应用软件，使之不失时机地完成所有功能。为了提高系统的可靠性，通常采用双机冗余（热备用）或常规调节仪表与DDC系统并列运行的做法。工业生产现场的环境恶劣、干扰频繁，直接威胁着计算机的可靠运行，因此，必须采取抗干扰措施来提高系统的可靠性，使之能适应各种工业环境。

过去实现过程计算机控制以集中控制为主要形式，经济上只有对多回路实现DDC系统合算。随着微型计算机和通信技术的发展，使过程控制由集中式向分散控制系统发展，实现在功能和地理位置上的分散，DDC系统作为过程控制级，控制的回路数量向少回路或单回路方向发展，以微处理器为核心的单回路调节器得到了日益广泛的应用。

三、监督控制系统 SCC（Supervisory Computer Control）

监督控制系统SCC是在DAS和DDC的基础上发展起来的，其原理框图如图1-7所示。

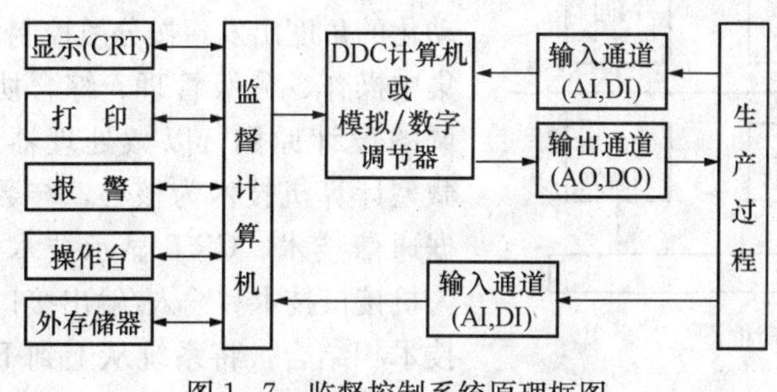

图1-7　监督控制系统原理框图

SCC系统通常分为两级，其中第一级为DDC计算机或模拟/数字调节器，它们直接面对生产过程的某个或某些回路，完成上述直接数字控制的功能；第二级为监督计算机，它根据描述生产过程的数学模型和反映生产过程工况的数据，进行必要的计算，给第一级提供各种控制信息，比如最佳设定值和最优控制量等。从这个角度上说，监督计算机的作用是改变设定值，所以也称为设定值控制 SPC（SetPoint Control）。

在 SCC 系统中，由于 SCC 向第一级提供了最佳设定值和最优控制量，所以灵活性和适应性较强，可以实现比较复杂的控制规律和对数学模型进行在线修改，监督计算机处于开环工作方式，不直接参与过程调节，而是最优工况的计算。在有的系统中，监督计算机同时完成监督控制和直接数字控制的任务。监督控制可以提高系统的可靠性，当监督控制级发生故障时，DDC 计算机或模拟调节器能独立完成操作；当 DDC 计算机或模拟调节器发生故障时，监督控制级可以代替前者执行部分控制任务。

SCC 系统用计算机承担高级控制与管理的任务，它的信息存储量大，计算机任务繁重，一般选用高档微型机或小型机作为 SCC 用计算机。DDC 用计算机与生产过程连接，并直接承担控制任务，因此，要求可靠性高，抗干扰性强，并能独立工作，一般选用单片机或微型机作为 DDC 用计算机。

SCC 系统的优点是能使生产过程始终在最合理的状态下运行，避免了不同的运行人员调整调节器设定值所带来的控制偏差；缺点是由于生产过程的复杂性，其数学模型的建立是比较困难的，所以实现起来有一定难度。

四、分散控制系统 DCS（Distributed Control System）

随着计算机技术的发展，工业生产规模的扩大，综合控制与管理的要求的提高，20 世纪 70 年代中期出现了一种新型的计算机控制系统——分散控制系统。

有的教材上也将其称为集散控制系统，这主要是翻译上的差别，其含义是相同的。集散控制系统的名称来源于美国霍尼威尔（Honeywell）公司生产的 TDCS—2000（Total Distributed Control System—2000），它开始时叫做“综合分散控制系统”，国内在翻译时，译成“分散型综合控制系统”，将分散放在前面就是要强调其分散的含义，而“综合”一词，按其系统的功能理解为管理的集中，所以就按其含义译成为“集散控制系统”。

分散控制系统中所谓的“分散”，是强调由于生产过程各种设备地理位置的分散，相应地要求控制设备的地理位置的分散，这是分散的一个含义；而整个控制系统本身具有数据采集、过程控制、监控操作和运行显示等功能的分散，这是分散的第二个含义；这种功能上的分散也可以说是使得系统的危险性分散，这是分散的又一个含义。

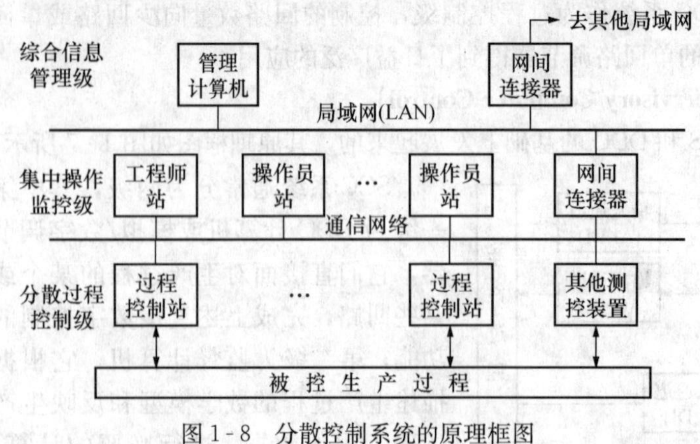

图 1-8 分散控制系统的原理框图

可以这样来描述分散控制系统（见图 1-8）：它是一种为满足大型工业生产和日益复杂的过程控制的要求，从综合自动化的角度出发，按分散控制、集中操作、分级管理、综合协调的设计原则，以微处理器、微型计算机技术为核心，与数据通信技术、CRT 显示技术、人机接口技术和输入/输出接口技术相结合，将系统从上到下分为分散过程控制级、集中操作监控级、综合信息管理级，具有较高的可靠性，用于生产管理、数据采集和各种过程控制的新型控制系统。

关于分散控制系统，本书将在第六章进行介绍。

五、现场总线控制系统 FCS（Fieldbus Control System）

20世纪50年代，检测控制仪表采用的是基于20.68～103.41kPa气动标准信号的基地式气动仪表；20世纪60年代至70年代发展到采用4～20mA（DC）信号标准的电动单元组合仪表；20世纪80年代起，出现了以微处理器为核心的智能化现场仪表。智能化现场仪表的应用和发展，要求系统中使用数字信号取代4～20mA（DC）的模拟信号。另外，在目前广泛应用的DCS中，因为检测、变送、执行等现场仪表仍采用4～20mA（DC）的模拟信号，无法满足上位机系统对现场仪表的信息要求，限制了控制系统的视野，阻碍了上位机系统功能的发挥，因而产生了上位机与现场仪表之间进行数字通信的要求。因此，就要求建立一个标准的连接现场智能仪表与上位机系统的数字通信链路，这就是现场总线（Fieldbus）。它是当今自动化领域技术发展的热点之一，被誉为自动化领域的计算机局域网。现场总线与控制系统和现场智能仪表联用，就组成了现场总线控制系统FCS（Fieldbus Control System）。它不仅仅是一个通信系统，还是一个控制系统，也可进一步与监控、管理、商务等上层网络连成一体，构成以现场总线为基础的企业网络系统。

20世纪80年代发展起来的DCS，其结构模式为“操作站—控制站—现场仪表”三层结构，如图1-9所示。其中操作站和控制站通常位于控制室，而现场的测量变送装置、执行器等现场仪表一般是模拟仪表，因此，它是一种信号需要在现场与控制室之间往返传递的模拟数字混合系统。这种系统与由模拟仪表构成的系统和集中式数字控制系统相比有了很大进步，可以实现装置级、车间级的优化控制。但由于DCS要将现场模拟仪表的信号传送到控制室，因而成本较高，且各厂商的DCS有各自的标准，难以实现互连。

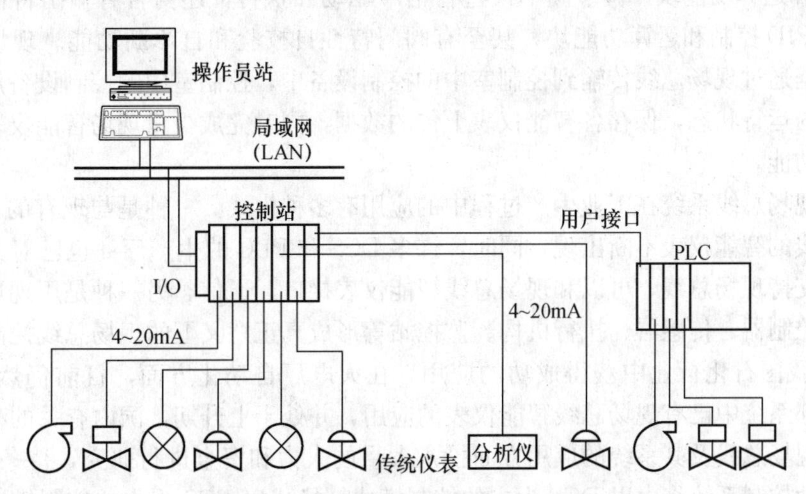

图1-9 分散控制系统DCS的结构模式

现场总线控制系统是新一代分布式控制系统，它的结构模式为“工作站—现场总线智能仪表”两层结构，如图1-10所示。分散在各个工业现场的智能仪表通过数字现场总线连为一体，并与控制室中的控制器和CRT监视器共同构成现场总线控制系统。FCS用两层结构完成了DCS中三层结构的功能，降低了成本，提高了可靠性。国际标准统一后，不同厂家的现场总线产品可集成在同一套FCS中，且具有互换性和互操作性，可实现真正的开放式

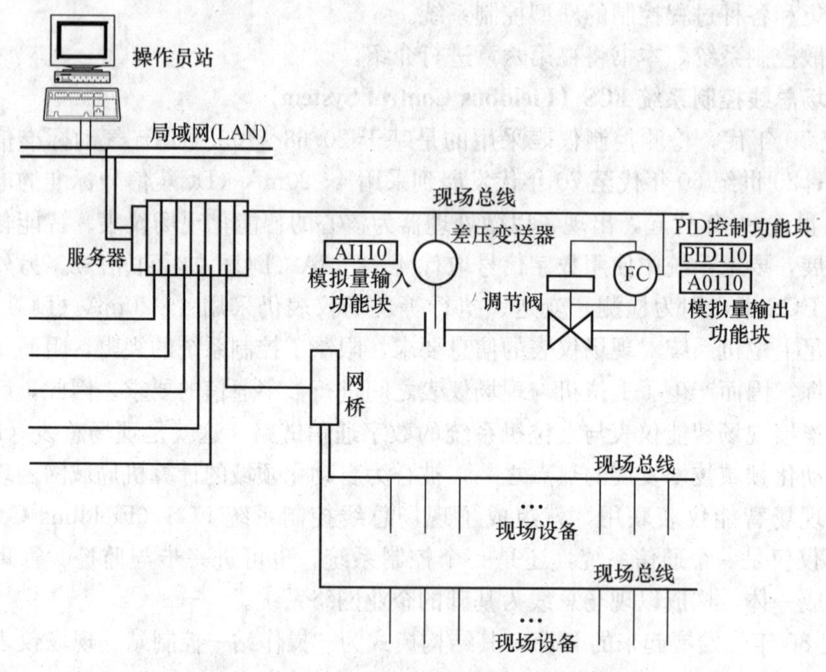

图 1-10 现场总线控制系统 FCS 的结构模式

互连系统结构。FCS 取消了传统 DCS 的 I/O 单元和控制站，将 DCS 的控制功能进一步下放到现场智能仪表，构成虚拟控制站，由现场智能仪表完成数据采集、数据处理、控制运算和数据输出等功能。例如，流量变送器不仅具有流量信号变换、补偿和累加输入功能块，而且有 PID 控制和运算功能块；调节阀不仅进行信号驱动和执行，还内含有输出特性补偿功能块，也可有 PID 控制和运算功能块，甚至有阀门特性自校验和自诊断功能。现场智能仪表采集到的数据通过现场总线传输到控制室中的控制设备中，控制室中的控制设备用来监视各个现场仪表的运行状态，保存各智能仪表上传的数据，同时完成少量现场智能仪表无法完成的高级控制功能。

目前，现场总线系统在工业生产过程中的应用有多种模式。一种是与现有的 DCS 兼容，基于现场总线的智能仪表不断出现，同时，许多 DCS 和 PLC 的生产厂商也已对其产品进行改进，使其支持现场总线，可以和现场总线智能仪表接口、通信。另一种是用现场总线的系列模块，如控制器、传感器、执行机构、监控站等形成真正意义上的现场总线控制系统，这种 FCS 已在我国石化行业中获得成功的应用。在火电厂自动化方面，目前仍然以 DCS 为主，但在局部系统中已有现场总线智能仪表的应用，并处于上升期，国内有关的科研院所和院校也正在现场总线及其系统的应用方面投入大量的人力和资金进行研究，待条件成熟时，火电厂的自动控制系统将由以 DCS 为主的控制模式转换成以 FCS 为主的控制模式，则火电厂的自动化水平将迈上一个新的台阶。

第三节 计算机控制系统在火电厂中的应用和发展

一、计算机控制系统在火电厂中的应用

计算机控制在火电厂的应用，始于 20 世纪 50 年代末期、60 年代初期。1958 年 9 月，

美国斯特林（Sterling）电厂安装了第一个电厂计算机安全监测系统。1962 年，美国小吉普赛电厂进行了第一次电厂计算机控制的尝试，从那时起，火电厂开始步入了计算机应用的发展进程。

火电厂计算机控制应用的初始阶段，普遍采用的是集中型计算机控制方式，即用一台计算机实现几十甚至几百个控制回路和若干个过程变量的控制、显示及操作、管理等。与常规的模拟仪表控制系统相比，集中型计算机控制的优越性体现在以下几个方面。

（1）功能齐全，而且可以实现先进的、复杂的控制和联锁功能。

（2）可通过修改软件增删控制回路、改变控制方案、调整系统参数，应用灵活。

（3）信息集中管理便于分析和综合，为实现整个生产系统的优化控制创造了条件。

（4）CRT 显示替代了大量的模拟仪表，改善了人机接口，缩小了监视面。

但是，集中型计算机控制也存在着严重的不足，主要表现在以下几个方面。

（1）由于当时的计算机硬件可靠性还不够高，而由一台计算机承担所有的控制和监视任务，使得危险高度集中，一旦计算机发生故障，将导致生产过程全面瞬间瘫痪，危及设备安全。

（2）软件庞大、复杂，开发的难度大、周期长。

（3）一台计算机所承受的工作负荷过大，在计算机速度和容量有限的情况下，影响系统工作的实时性和正确性。若采用多台计算机，不仅要解决数据和控制信息的交换问题，而且将大大增加投资和维护费用，这是当时存在的较大的实际困难。

除此之外，由于生产过程内部机理复杂，最优控制所必需的有关数学模型难以建立，性能指标不易确定，控制策略尚不完善等，使得现代控制理论一时难以适应于计算机过程控制。历史条件的限制和集中型计算机控制存在的缺陷，促使计算机控制系统向着分散化发展。

20 世纪 70 年代初，大规模集成电路的制造成功和微处理器的问世，使得计算机的可靠性和运算速度大大提高，计算机功能增强、体积缩小，而价格大幅度下降。计算机技术的发展与日益成熟的分散型计算机控制思想相结合，促使火电厂自动化技术进入了计算机分散控制系统的新时代。

自 1975 年以来，美国霍尼威尔公司首先向市场推出了以微处理器为基础的 TDC-2000 分散控制系统，世界各国的一些主要仪表厂家也相继研制出各具特色的各种分散控制系统。例如，美国 Foxboro 公司的 Spectrum 系统，日本横河公司的 CENTUM 系统，日立公司的 UNITROLΣ系统，德国西门子（Siemens）公司的 Teleperm-C 系统等。分散控制系统以其功能强、可靠性高、灵活性好、维护和使用方便、良好的性能价格比等优点，深受工业界的青睐。

分散控制系统的应用及其自身的不断完善和发展，加速了火电厂自动化的进程。目前，分散控制系统的应用方兴未艾，在此基础上，火电厂正向着更加完善、更高层次的综合自动化方向发展。

我国火电厂热工过程自动化方面的计算机应用工作于 1964 年起步，大体上可以分为以下三个阶段。

（1）研究试点阶段。1964 年，在国家科委下达上海南市电厂（12MW 燃煤机组）进行计算机试验的同时，水电部也确定对北京石景山高井电厂扩建 3 号机组（100MW 燃煤机组）进行应用计算机的研究试点，当时采用的计算机是国产电子管式的小型计算机，平均无故障时间 MTBF（Mean Time Between Failure）为 50h，计算机系统的主要功能是实现数据采集，对闭环控制也做了一些试验工作，取得了一定的经验。由于计算机可靠性太低，因此配备了全套常规仪表和 DDZ—Ⅱ型调节器。20 世纪 70 年代，水电部继续安排计算机在电厂的应用研究，选择的对象是已经投产的老机组，如陕西秦岭电厂（国产 125MW 机组）和辽宁清河电厂（100MW 机组），由于多方面的原因，都未能取得理想的效果。

（2）工程试点阶段。1984 年，在唐山陡河电厂 8 号机组（200MW）进行应用计算机的工程试点，其功能是数据采集，同时减少部分次要的常规仪表，将计算机随机组一起投用，当时选择配套相对齐全、由华南计算机公司引进技术的索拉机（Solar—16）作为试点机型，系统的 MTBF 可提高到 2160h，主机为 4320h。1985 年，在江苏望亭电厂进行了分散控制系统的工程试点，所用 DCS 为西屋公司的 WDPF，实现 DAS 和 MCS（模拟量控制系统）功能。通过工程试点，采用计算机的优越性逐步被人们认识和接收。

（3）应用和推广阶段。20 世纪 80 年代中后期，计算机在电厂的应用逐步扩大和推广，并由小型机、微型机扩大到以微机为基础的分散控制系统 DCS。自 1985 年我国在全套引进机组上使用分散控制系统之后，DCS 在国内电厂的使用得到了迅速的发展。目前，国内火电厂已采用了近 300 套 DCS（不包括小型分散控制系统），300MW 以上的火电机组，无论国产机组还是引进机组都普遍采用 DCS，近几年来新建的机组无一例外地均采用 DCS，汽机 DEH 及机组保护采用 DCS 的也在增多，一大批老的中小电厂控制系统（包括 DEH）也在采用 DCS 进行改造。

经过近 20 年的应用，DCS 在电厂的应用已取得了成熟的经验，其功能和应用范围正在深入和扩大，如过去仅限于锅炉、汽轮机的热工过程，目前已应用到电气的发电机组的发电、配电、供电过程。多数 DCS 成套商已掌握了过去由专业公司设计供货的炉膛安全保护系统（FSSS）、汽轮机数字电液控制系统（DEH）等技术，使 DCS 能覆盖整个发供电过程的全部功能。试点时，由于担心 DCS 是否可靠，因而在配置上同时配备了大量的硬手操与模拟仪表，从 DCS 的应用情况证明其硬件基本上是可靠的，只要软件设计完善，完全可以保证机组安全运行。所以近年来设计和投运的机组几乎全部取消了硬手操与模拟仪表，使自动化系统大大简化，控制盘、台所占的空间大大减少。

二、大型火电机组过程计算机控制的主要功能系统

大型火电单元机组热工自动化主要着重于控制（Control）、报警（Alarm）、监测（Monitor）和保护（Protect），简称为 CAMP，这四个方面既相互独立，又相互支持，一个系统的故障不影响其他系统的运行。为满足这四个方面的功能，大型火电机组的过程计算机控制主要包括下列功能系统。

（1）数据采集系统 DAS（Data Acquisition System）。

（2）机组协调控制系统 CCS（Coordinated Control System），又称为模拟量控制系统 MCS（Modulating Control System）或闭环控制系统。

（3）顺序控制系统 SCS（Sequence Control System）。

（4）锅炉炉膛安全监控系统 FSSS（Furnace Safeguard Supervisory System）或称为燃烧器管理系统 BMS（Burner Management System）。

（5）汽轮机数字电液控制系统 DEH（Digital Electric Hydraulic Pressure Control）。

(6) 旁路控制系统 BPS (Bypass Control System)。

(7) 汽轮机监视仪表 TSI (Steam Turbine Supervisory Instrumentation) 和汽轮机紧急掉闸系统 ETS (Exigency Tread System)。

(8) 电气控制系统 ECS (Electrical Control System)。

采用 DCS 对锅炉、汽轮机、发电机三大主机设备和主要辅机实现 CAMP 的功能系统原理框图如图 1-11 所示。

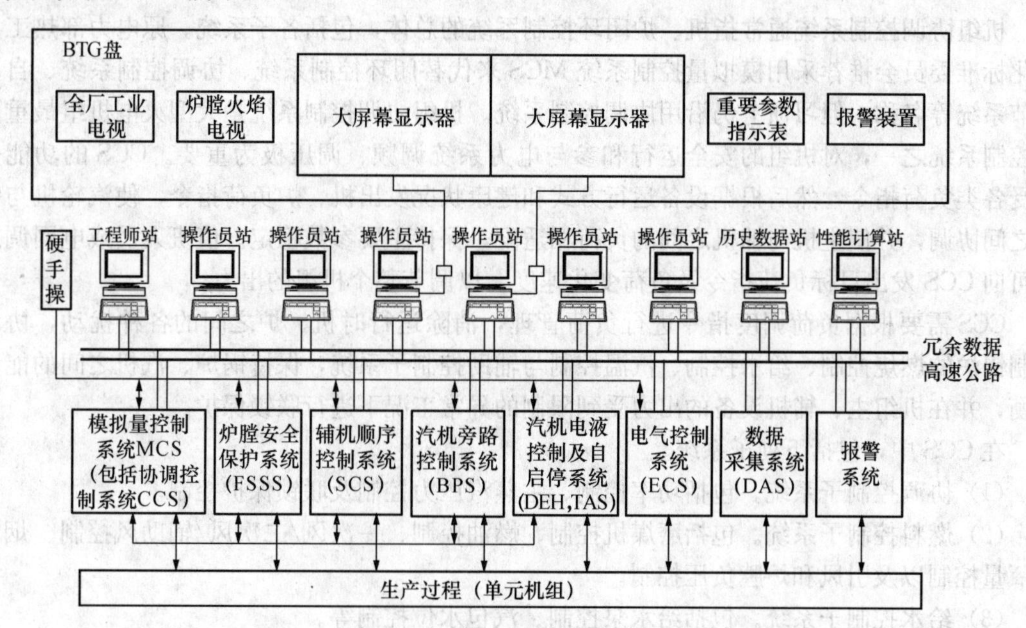

图 1-11 采用 DCS 的单元机组功能系统的原理框图

下面对各个功能系统作简单介绍。

1. 数据采集系统 DAS

随着单元机组容量的增加，运行中需要监视、操作和调整的参数数量也不断增加，这就需要由数据采集系统对所有模拟量（包括压力、温度、流量、料位等）、开关量以及设备状态和运行方式实时地进行周期性的扫描采样，并将采集的信息进行一定的加工处理。

通常数据采集系统具有以下功能。

(1) 数据采集与 CRT 显示。数据采集就是通过各种测量元件、变送器、开关触点、继电器等将模拟量和开关量信号引入计算机系统并进行一定的加工处理；CRT 显示是通过各种 CRT 画面如系统图、曲线图、成组显示图、报警画面、模拟量控制图、开关量控制图等实现运行人员对生产过程的监控。

(2) 越限报警。每一项参数都可设置越限报警值，一旦参数越限，则进行声、光报警。

(3) 制表打印。包括定时制表打印（如定期报表、经济指标报表、历史记录报表等）和随机打印（如报警打印、开关量状态变化打印、事件顺序记录、事故追忆打印、CRT 屏幕显示复制等）。

(4) 性能计算。主要是定时进行经济指标计算，如锅炉效率、汽轮机效率、热功耗、煤耗、空气预热器效率、给水泵效率、机组容量因数、负荷因数、制粉电耗、厂用电率等，此外，也包括二次参数计算。

（5）操作指导。通过CRT屏幕显示具体的操作步骤指导操作人员进行操作，以保证机组的安全、经济运行或启停，包括机组启停操作指导、最佳运行操作指导、预防或处理事故操作指导等。

总之，数据采集系统是整个机组的信息中心，提供可靠、迅速、客观的工况记录，为设备的安全、经济运行提供了有力的依据。

2. 机组协调控制系统CCS

机组协调控制系统通常指机、炉闭环控制系统的总体，包括各子系统。原电力部热工自动化标准委员会推荐采用模拟量控制系统MCS来代替闭环控制系统、协调控制系统、自动调节系统等名称，但习惯上仍沿用协调控制系统。机组协调控制系统是大型火电机组最重要的控制系统之一，对机组的安全运行和参与电力系统调频、调压极为重要。CCS的功能是接受各类负荷指令，然后根据设备运行方式和健康状况发出机、炉负荷指令，使汽轮机与锅炉之间协调，并使主机与辅机之间的负荷相适配，保持主要参数稳定。值班人员或电网调度员可向CCS发出目标负荷指令及负荷变化速度，以调节整个机组的出力。

CCS需要根据负荷调度指令进行负荷管理，消除运行时机、炉之间的各种扰动，协调控制锅炉的燃烧控制、给水控制、汽温控制与辅助控制子系统，保持锅炉、汽机之间的能量平衡，并在机组主、辅机设备的出力受到限制的异常工况下进行联锁保护。

在CCS中，包括下列子系统。

（1）协调控制子系统。包括功率控制、主蒸汽压力控制及联锁保护控制。

（2）燃料控制子系统。包括磨煤机控制、燃油控制、一次风/二次风/辅助风控制、烟气含氧量控制以及引风和炉膛负压控制。

（3）给水控制子系统。包括给水泵控制、汽包水位控制等。

（4）汽温控制子系统。包括主蒸汽温度控制、再热蒸汽温度控制和空气预热器温度控制。

（5）辅机控制子系统。如除氧器水位控制、除氧器保压蒸汽压力控制、燃油黏度控制等。

在DCS中做闭环控制的过程控制站，其处理器模件均冗余配置，工作处理器故障，系统自动无扰地切换到冗余处理器模件。

CCS的工作方式有：协调控制COORD；锅炉跟随BF；汽机跟随TFM/TFA；手动Manual四种。

3. 辅机顺序控制系统SCS

辅机顺序控制系统的主要任务是对电厂单元机组的几百个主要辅机或功能组进行启停控制和联锁保护，以简化和减少操作人员的操作，确保机组启停及运行的安全。

主要辅机（Major Plant Item）是指送、引风机等辅机和挡板、润滑油泵等辅助部件。而功能组（Function Group）则是指为执行某一特定功能所必需的全部设备的组合，一般以某一台主要辅机为中心，如引风机功能组，就包括引风机及其轴承冷却风机、风机和马达的润滑油泵、引风机进/出口烟道挡板、除尘器进口烟道挡板等。

目前，单元机组的顺序控制系统一般分为三级，即机组级、功能组级和设备级。机组级是最高一级的顺序控制，也称为机组自启停系统，它能在少量的人工干预下自动地完成整台机组的启停。功能组级是操作人员发出功能组启动指令后，同一功能组的相关设备将按预先规定的操作顺序和时间间隔自动启动，有些系统中将功能组按其控制范围分成子组级 SGC（Subgroup Control）和子回路级 SLC（Subloop Control）。设备级是 SCS 的基础级，操作人员通过 CRT 画面和键盘对各台设备分别进行操作，实现单台设备的启停。

SCS 主要包括：送风机系统、引风机系统、一次风系统、制粉系统（也可包含在 FSSS 中）、锅炉给水系统、机组蒸汽和疏水系统、冷凝器真空系统、冷凝水和给水加热系统、汽机油系统和盘车系统、汽机疏水系统、辅助蒸汽系统、燃油系统、循环水系统等。

4. 锅炉炉膛安全监控系统 FSSS

炉膛安全监控系统 FSSS 也称为燃烧器管理系统 BMS，提供锅炉的安全保护，是大型火电机组最重要的一个保护/控制系统。它连续和密切地监视锅炉在各种运行工况下的状态，随时进行逻辑判断，异常时即发出报警信号乃至停炉。它通过一系列的联锁条件，按预定的逻辑顺序对燃烧设备的有关部件进行操作和控制。

炉膛安全监控系统有锅炉保护和燃烧系统顺序控制两大部分，其主要功能有：①炉膛火焰检测；②炉膛压力保护；③炉膛自动吹扫；④燃料点火及投粉顺序控制，包括油燃烧器管理——油燃烧器监控和切/投顺序控制、油点火准备逻辑、油系统泄漏检测以及煤燃烧器管理——制粉系统监控和切/投顺序控制、煤点火准备逻辑等；⑤锅炉安全管理，包括主燃料跳闸（MFT）、自动减负荷（Runback）、甩负荷（FCB）时燃料控制及其他有关燃料设备的保护和控制等。

5. 汽轮机数字电液控制系统 DEH

DEH 除用来实现汽轮发电机的转速和负荷控制外，还提供了汽轮机设备的安全保护，其主要功能如下。

（1）由过程计算机实现汽轮发电机组转速和负荷的数字控制，计算机输出经 D/A 转换后通过模拟/手操电路送到电/液转换器，调节阀门由液压系统操纵。

在闭环控制中，反馈信号可以是汽轮机转速信号，发电机输出功率信号代表汽机负荷的调节级后压力信号。

（2）DEH 系统不仅对机组进行参数控制，而且由过程计算机对机组运行中的热力状态和条件进行计算，实现监督控制。特别是在机组启停的过程中，DEH 与其他系统配合能实现机组的自动启停。

（3）在机组出现异常情况时，如出现汽机跳闸条件、甩负荷、超速以及主蒸汽压力偏低时，DEH 能自动进行必要的操作处理和控制，以保护机组的安全。

（4）DEH 可通过标准接口接收来自自动调度系统（ADS）及协调控制系统或远方计算机送来的设定值控制信号，调整机组负荷控制设定值，实现机炉协调控制或远方控制。

早期的汽机控制系统采用液压调速系统，20 世纪 80 年代由于电气元件、控制设备和电液转换器的可靠性提高，并采用高压抗燃油伺服机构，电调系统越来越多地为汽机配套，实现了转速、调节级后压力、电功率的三个回路的控制以及阀门的管理和按应力启动的功能，控制汽轮发电机组从盘车开始，冲转、暖机、升速、阀门切换、并网、带初负荷、加负荷直到正常运行，参加电网一次调频和接受电网调度改变负荷。在保证机组安全的基础上，达到在运行状态变动中，尽可能延长机组寿命和在稳态运行中尽可能提高机组经济性的目标。

国内早期的汽机控制采用液压控制系统，以后经历了电调与液调两系统并存的时期，以发展到取消机械液压式控制系统作为后备的纯电调系统，有采用模拟控制仪表为基础的模拟电调（AEH）和以计算机为基础的数字电调（DEH）。

6. 汽机旁路控制系统 BPC

汽机旁路控制系统是大中型中间再热机组的重要控制系统之一，包括高、低压旁路压力控制子系统和高、低压旁路温度控制子系统。

其功能是在机组启动阶段协调机组启动，回收工质和热量，保护再热器；在滑压启动时，适应启动参数加快启动速度；在带负荷运行阶段，旁路系统可以允许锅炉维持在热备用状态；负荷变化太大时辅助调节锅炉主蒸汽压力。

7. 汽轮机监视仪表 TSI 和汽轮机紧急跳闸系统 ETS

汽轮机需要在机组启动、运行和停机的过程中采用保护仪表监视其机械运行状态，避免事故的发生。对汽轮机的运行状态进行长期连续地监测和保护可由可靠、精确的监测仪表提供信息，监视的参数包括：转速、轴振动、轴承盖振动、轴向位移、偏心度、相对膨胀、鉴相、汽缸热膨胀等。

汽轮机紧急跳闸系统 ETS 用作汽轮发电机组危急情况下的保护，它与 DEH、TSI 一起构成汽轮发电机组的监控保护系统。ETS 监视汽轮机转速、轴向位移、轴承润滑油压、凝汽器真空以及电液控制系统的控制油油压、振动等。当这些参数中的任意一个超过运行极限值时，系统将关闭汽轮机的所有进汽阀门，使汽轮机跳闸，以保证机组设备的安全。

8. 电气控制系统 ECS

ECS 包括发变组控制、厂用电、励磁系统和同期装置的接口等，它主要实现以下功能。

（1）具备厂用系统电气设备控制操作功能。

（2）可以进行工作到备用或备用到工作电源之间的正常切换操作。

（3）具备中央信号及事故报警功能。

（4）可实现所控电气设备开关、隔离开关的状态监视。

（5）记录事故开始时间及各开关、隔离开关等开关量操作的先后顺序。

（6）对所控电气设备的操作实现五防功能。

（7）能反映电流、电压、有功、无功、温度等参数。

（8）具备与单列微机保护、微机型励磁调节器、同期装置的通信能力。

（9）与单列微机励磁调节器配合实现调节功能。

三、火电厂热工自动化发展前景

由于计算机技术的高速发展，计算机的内存容量、运算速度和通信能力的大大增强，以及现代控制理论的进一步实用化，为计算机在火电厂热工自动化中的应用的进一步扩展奠定了可靠的技术基础。根据近年来的发展趋势，可以预计在计算机技术、通信技术、大屏幕显示技术和计算机控制技术等多门学科综合发展的支持下，功能强、可靠性高的新型测量和控制仪表、设备将不断涌现，火电厂热控专业仍将是电站技术进步最快的专业之一。预计火电厂热工自动化将会朝着下面几个方向发展。

1. 炉、机、电、辅控制一体化

目前 DCS 的控制范围已由早期的仅包含 MCS、DAS、SCS 到实现单元机组的全部监控和保护功能（MCS、DAS、FSSS、BPS、ETS、DEH），电气控制系统 ECS 也逐步纳入 DCS 的控制之中，辅助控制系统（如化水系统、输煤系统、除灰除渣系统、废水处理系统等）也由原来独立的单元向整个辅助控制网络系统的 DCS 一体化过渡。随着技术的进步和观念的更新，DCS可扩展至整个辅助控制系统，一台机组仅用一套DCS即可实现全部控制功能，DCS将覆盖发电厂各个自动化系统，实现炉、机、电、辅控制一体化。

2. 现场总线技术和系统的推广应用

现场总线技术的出现，彻底改变了现场信息的传输模式，基于现场总线技术的自动控制系统是一个全数字的控制系统，控制系统内部以及现场仪表与系统仪表之间的信息全部以数字量的形式传输，它不但具有计算机控制系统的全部优点，而且现场仪表的零点漂移和传输误差问题得到了解决，现场仪表与系统仪表之间的信息传输成为多点、多变量的双向传输，现场仪表之间能够直接交换信息。另外，采用现场总线控制系统的工程费用明显下降，可以带来巨大的经济效益。

现场总线技术有着不少技术上的优越性，如能在电厂成功应用，将对简化自动化系统、降低造价、实现全厂管理信息系统（MIS）和全厂实时监控系统（SIS）都很方便，因而在电厂的应用前景是广阔的，也是进一步提高电厂自动化水平要采取的技术措施。

3. 机组自动化水平进一步提高

机组自动化水平的提高将体现在以下几个方面。

1）单元机组实现全CRT监控，大屏幕显示器广泛使用，传统控制盘台将取消。

2）机组主要模拟参数完全由自动控制装置（DCS或FCS）在全负荷（或全程）范围内自动维持在最佳区域内。

3）生产过程按功能区或功能组划分，操作人员只需干预每个功能组，基本不用再直接向单个驱动对象（风机、水泵及阀门等）发出启、停（或开、关）命令。

4）机组紧急事故处理也完全依靠完善的保护系统自动完成，不但防止了人为误操作，而且还能快速、正确地处理事故，保护了人身和设备的安全，大大提高了机组运行的安全性和经济性，也使操作人员更快、更好地胜任大机组参数多、变化快和控制复杂的运行要求。

5）单元机组自动化系统进一步智能化，安全、经济效益明显的优化控制软件、性能计算和分析软件、机组寿命管理软件、故障诊断以及状态维修软件得到了广泛的应用，机组运行的安全性和经济效益进一步提高。

4. 先进控制理论和技术的应用

经典控制理论是以传递函数分析作为理论基础的，它的隐含前提有两个：一是对象模型的精确性、定常性和线性；二是运行环境的确定性和不变性，它的典型应用形式有PID控制、Smith预估控制、传统解耦控制等。虽然经典控制具有很大的局限性，但对于大多数的工业生产过程来说，它是一种十分有效的控制策略，也是目前应用最多的一种控制策略。

然而，随着自动化水平的不断提高，人们不仅需要正常运行状态下的自动化，而且需要启停状态、变工况状态和异常工况下的自动化，由于在这些状态下，经典控制所要求的前提条件已经不能成立，因此，人们必须采用更先进的现代控制策略。

现代控制理论是以状态空间分析作为理论基础的，它主要研究具有高性能、高精度的多输入多输出（多变量）、变参数系统的最优控制问题。它对多变量有很强的描述和综合能力，其局限在于必须预先知道被控对象或过程的数学模型。现代控制理论的典型应用形式包括：自适应控制、变结构控制、鲁棒控制和预测控制等。

智能控制理论是在经典和现代控制理论的基础上于20世纪90年代形成的。智能控制的提出，一方面是实现大规模复杂系统控制的需要；另一方面也是现代计算机技术高度发展的结果。智能控制是一种先进的控制方法，它利用有关方法或知识来控制对象，按一定要求达到预定目的，它基本解决了非线性、大时滞、变结构和无精确数学模型对象的控制问题。

常见的智能控制方法包括模糊控制、神经网络控制、专家控制、分级递阶智能控制、仿人智能控制、学习控制等。

目前，在火电厂控制的各功能系统中，传统的PID控制策略已能较好地实现；但尚有一些问题没有得到很好的解决，如燃烧过程的动态优化问题、钢球磨中储式制粉系统的控制问题、大范围变工况时再热汽温的控制问题等。这些问题多半涉及到非线性、大时滞、慢时变、分布参数和非确定性控制问题，用传统的控制策略是难以解决这类问题的，因此必须探讨先进控制策略特别是智能控制方法的应用问题。

现代控制理论和智能控制方法在火电厂生产过程中的应用还非常有限，有待于进一步的研究和实践，相信随着理论研究的不断深入和电厂软硬件平台的提升，这些先进控制理论和技术必将在火电厂的生产过程控制中得到广泛的应用。

5. 管控一体化将实现

DCS或FCS与厂级监控信息系统SIS（Supervisory Information System）和厂级管理信息系统MIS（Management Information System）互相渗透，彼此结合，形成一个多层次、网络化，融控制、管理、调度和决策一体化的综合自动化系统，即管控一体化。SIS主要处理全厂实时数据，完成厂级生产过程的监控和管理、厂级故障诊断和分析、厂级性能计算、分析和经济负荷调度等；MIS主要为全厂运营、生产和行政的管理工作服务，完成设备和维修管理、生产经营管理（包括电力市场报价子系统）、财务管理等。

本 章 小 结

本章简要介绍了计算机控制系统的组成、计算机控制系统的结构形式以及计算机控制系统在火电厂中的应用和发展。

计算机控制系统的组成原理与连续控制系统是相似的，但在具体结构和功能实现方法上具有较大的差别。过程控制计算机由硬件和软件组成，硬件主要由主机、通用外部设备、过程输入/输出设备、人机联系设备和通信设备组成，软件包括系统软件和应用软件。

根据所实现的功能，计算机控制系统可分为数据采集系统DAS、直接数字控制系统DDC、监督控制系统SCC、分散控制系统DCS和现场总线控制系统FCS。

计算机控制在火电厂的应用经历了集中控制到分散控制，并向综合自动化的方向发展；大型火电机组应用计算机控制的主要功能系统包括：DAS、CCS（或MCS）、SCS、FSSS（或BMS）、DEH、BPS、TSI和ETS、ECS。

火电厂计算机控制的发展趋势包括：①炉、机、电、辅控制一体化；②现场总线技术和系统的推广应用；③机组自动化水平进一步提高；④先进控制理论和技术的应用；⑤管控一体化将实现。

思 考 题

1. 计算机控制系统与连续控制系统之间有何异同？

2. 简要说明过程控制计算机的硬件和软件组成及其各部分的作用。
3. 按实现的功能分，计算机控制系统可分成哪几种？
4. 分散控制系统 DCS 与现场总线控制系统 FCS 有何区别与联系？
5. 大型火电机组应用计算机控制的主要功能系统包括哪些？各自的主要功能是什么？
6. 火电厂计算机控制的发展趋势是什么？

第二章　过　程　通　道

在计算机控制系统中，为了实现对生产过程的控制，常常需要交换大量的信息，被控对象的各种物理量要及时地送入计算机中，进行相应的计算和处理，计算机发出的控制信息也要迅速地传递到生产过程以产生控制作用。在这个过程中，由于计算机接受和输出的是数字信息，因此必须进行被控对象的各种物理量和数字信号之间的相互转换，同时，由于计算机的运行速度极快，而在工程中常用的外部设备如键盘、继电器、开关、执行机构以及 A/D 转换器等，它们改变和接受数据的能力都比较慢，有的需要几毫秒，有的甚至需要几秒钟，为了把快速的 CPU 与慢速的外部设备之间有机地联系起来，就需要在计算机与外部设备之间建立一座“桥梁”，使两者之间能够很好地匹配。上述数据的传送与转换、快速 CPU 与慢速外部设备之间的匹配任务一般是由过程通道来完成的，所谓过程通道是指进行数据转换和传送的设备的总称。

根据过程信号的类型，过程通道包括模拟量输入通道、模拟量输出通道、开关量（数字量）输入通道、开关量（数字量）输出通道。生产过程的各种参数通过模拟量输入通道或开关量输入通道送入计算机，计算机经过计算和处理后所得的结果通过模拟量输出通道或开关量输出通道送到生产过程，从而实现对生产过程的控制。

模拟量输入通道的任务是把从生产过程中检测到的模拟量信号，转换成二进制数字信号，经接口送入计算机。模拟量输入通道一般由 I/V 变换、多路开关、信号放大器、采样保持器、A/D 转换器、接口及逻辑控制电路等组成。模拟量输出通道是计算机控制系统实现控制输出的关键，它的任务是把计算机输出的数字量转换成模拟电压或电流信号，以便驱动相应的执行机构，达到控制的目的。模拟量输出通道一般由接口逻辑电路、D/A 转换器、采样/保持器、多路开关、V/I 变换等部分组成。

开关量通道的任务是把现场设备的状态信息送入计算机，并实现计算机对现场被控开关和设备的控制。相对于模拟量通道，开关量通道比较简单，开关量输入通道主要由输入缓冲器、输入调理电路、输入地址译码器等组成，开关量输出通道主要由输出锁存器、输出驱动电路、输出地址译码电路等组成。由于开关量信号的特点，在开关量通道中，应考虑滤波、隔离、抗干扰措施。

第一节　模拟量信号的采样

在模拟量输入通道中，需要将模拟量信号转换成相应的数字信号，即连续量转换为数字量，这是通过对模拟量信号进行采样、量化和编码来实现的，采样通常通过采样开关来实现，而量化和编码通常由 A/D 转换器来实现。下面介绍模拟量信号在采样和量化过程中的理论问题。

一、采样过程

在模拟量信号转换为数字量信号的过程中，首先要对模拟量信号进行采样。所谓采样是

将一个连续的时间函数 $X(t)$ 用时间离散的连续函数 $X^*(t)$ 来表示

$$X^*(t)=\begin{cases}X(t) & (t=0,t_1,t_2,\cdots)\\ 0 & (t\neq 0,t_1,t_2,\cdots)\end{cases} \tag{2-1}$$

理想的采样应该是抽取模拟量信号的瞬间函数值。图 2-1 中的（a）和（b）分别给出了模拟量信号与采样信号的波形。采样信号仅对时间是离散的，而信号的值依然是模拟量值，故被称为离散的模拟量信号。

数字信号是指量化的离散模拟量信号，如图 2-1（c）所示。即数字信号 $X(nT)$ 不仅在时间上是离散的，而且在数值上也是离散的。

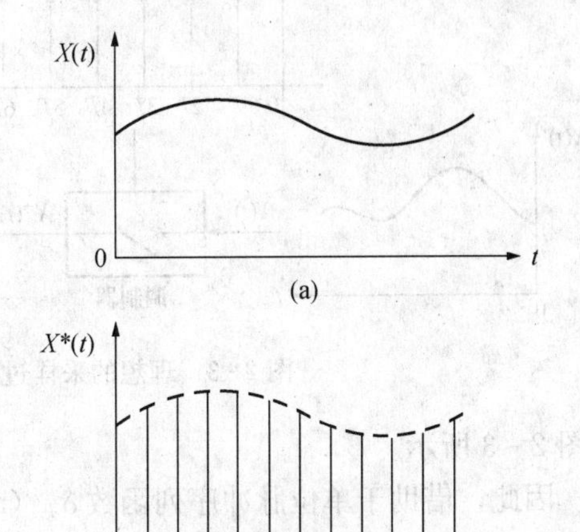

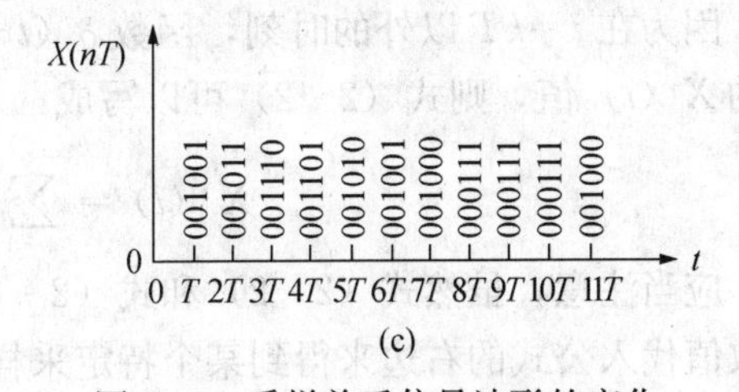

图 2-1 采样前后信号波形的变化

（a）模拟量信号；（b）离散模拟量信号；（c）数字信号

量化是采用一组数码（如二进制编码）来逼近离散模拟量信号的幅值，并将其值用该数码表示出来。

量化的精度取决于最小的量化单位，称为量化当量Δ，它是二进制数码最低有效位所对应的模拟信号数值。例如，$\Delta=100\text{mV}$，即数字量的最低有效位对应的模拟量信号为 100mV。量化取值通常是采用最近的量化电平（相当于四舍五入），显然，量化当量越小，量化的精度越高。

采样的形式有以下三种。

（1）周期采样。在这种形式下，$(t_{k+1}-t_k)=$常量 $T(k=0,1,2,\cdots)$，即采样点之间的时间间隔是常量 T，T 称为采样周期，$1/T=f_s$ 称为采样频率。

（2）多阶采样。在这种形式下，$(t_{k+r}-t_k)=$常量 $(k=0,1,2,\cdots;r>1)$，r 为采样信号个数，即采样 r 个信号的时间是常量（r 个信号之间的时间分配不管）。

（3）随机采样。没有固定的采样周期，采样可在任意时刻进行。

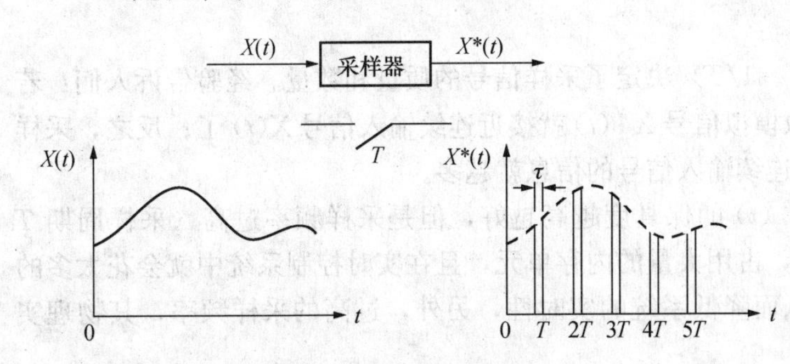

图 2-2 采样器的采样过程

在上述三种采样形式中，以周期采样使用得最多。

过程变量是时间的连续函数，采样器的基本任务就是每隔一定的时间采集一次过程变量的数值，这个过程如图 2-2 所示。

在一个采样周期内，采样器只是在很短的时间间隔 τ 内让输入信号通过，而其余的时间则阻止该信号通过。允许信号通过采样器的时间间隔 τ 要比采样周期 T 短得多，在间隔 τ

内，采样器输出信号的值等于这一时间间隔内输入信号的对应值。换言之，采样器的输出可以认为是由很窄的脉冲组成的，输出脉冲序列的包络线和输入函数曲线是一样的。

由于采样持续时间 τ（即采样脉冲的宽度）不仅比采样周期 T 小得多，而且比控制系统的最小时间常数也小得多。因此，为了分析的方便，可以假设 $\tau \to 0$，这样，采样器的输出可以看成是强度等于连续输入信号在各采样时刻函数值的脉冲序列，这一假设大大简化了采样器的数学表达式。可以将采样器看成是一个调制器，输入的模拟量作为被调制信号，而单位脉冲序列函数可作为采样开关的动作频率，如图 2-3 所示。

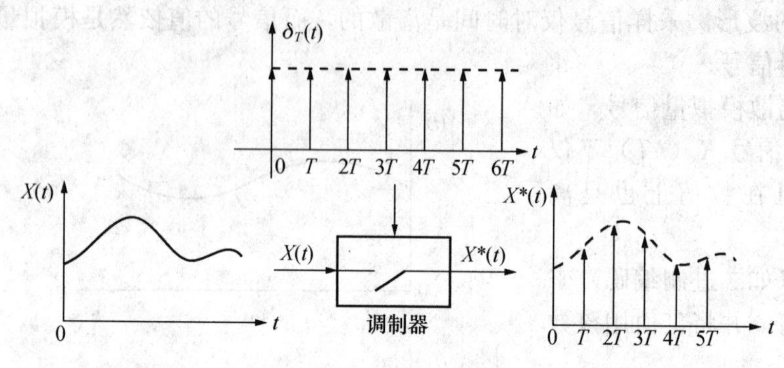

图 2-3 理想的采样过程

因此，借助于单位脉冲序列函数 δ_T（t），可以很容易地写出如下关系式

$$X^*(t) = X(t) \cdot \delta_T(t) = X(t) \cdot \sum_{k=0}^{+\infty} \delta(t - kT) \tag{2-2}$$

因为在 $t=kT$ 以外的时刻，函数 δ（$t-kT$）处处为零，所以需要的仅仅是在 $t=kT$ 时刻的 X（t）值，则式（2-2）可以写成

$$X^*(t) = \sum_{k=0}^{+\infty} X(kT) \cdot \delta(t - kT) \tag{2-3}$$

应当注意，虽然式（2-2）和式（2-3）都表示连续函数和采样函数间的关系，但不能将数值代入公式的右边来得到某个特定采样时刻的采样函数值。这是因为只有当 δ_T（t）作为积分出现时，才有意义。第 k 个采样值可以由下式给出

$$X(kT) = \int_0^{\infty} X(t) \cdot \delta(t - kT) \mathrm{d}t \tag{2-4}$$

式（2-4）的正确性直观上是明显的，因为在 $t=kT$ 时，积分 $\int_0^{\infty} \delta(t - kT) \mathrm{d}t$ 的值为 1，所以在这一时刻的 $X(t)$ 的值等于 $X(kT)$ 的值。

二、采样定理

采样周期 T 或采样频率 f_s（$=1/T$）决定了采样信号的质量和数量。经验告诉人们：若采样频率 f_s 接近无限大，则离散模拟信号 $X^*(t)$ 就接近连续输入信号 $X(t)$ 了；反之，采样频率越低，则采样点之间丢失的连续输入信号的信息就越多。

当然，希望离散模拟信号 $X^*(t)$ 的保真度越高越好，但是采样频率过高（采样周期 T 过短），会使 $X(kT)$ 的数量剧增，占用大量的内存单元，且在实时控制系统中就会花太多的时间用在采样和 A/D 转换上，从而降低系统的实时性，另外，过高的采样频率，其物理实现也很困难。

因此，采样周期 T 或采样频率 f_s 的确定，必须使采样结果 $X^*(t)$ 既不因采样频率太高而浪费时间或不能实现，又不因采样频率太低而失真于采样前信号 $X(t)$。所以必须有一个

选择采样周期 T 或采样频率 f_s 的依据，这个依据就是香农（Shannon）采样定理（又称为 Nyquist-Shannon 定理）。

香农采样定理告诉人们：设有连续信号 $X(t)$，其频谱为 $X(f)$，若 $X(t)$ 为有限带宽信号，即其频谱 $X(f)$ 为有限频谱，存在一个最大频率值 f_{max}，当 $|f|>f_{max}$ 时，$X(f)=0$。而 $X^*(t)$ 是以采样周期 T 采得的理想采样信号，若采样频率 $f_s\geqslant 2f_{max}$，那么一定可以由采样信号 $X^*(t)$ 唯一地确定原始连续信号 $X(t)$。也就是说，若 $f_s\geqslant 2f_{max}$，则由 $X^*(t)$ 可以完全地恢复出 $X(t)$。

由于采样信号的信息并不等于连续信号的全部信息，所以采样信号的频谱与连续信号的频谱相比，要发生变化。研究采样信号的频谱，目的是要找出采样信号 $X^*(t)$ 和连续信号 $X(t)$ 之间的联系。

假设连续信号 $X(t)$ 的频谱特性如图 2-4 所示。

一般说来，连续信号 $X(t)$ 的频谱 $|X(j\omega)|$ 是单一的连续频谱，其中 ω_{max} 为连续频谱 $|X(j\omega)|$ 中的最高角频率。这样的信号被认为是有限带宽信号，即对于所有 $\omega>\omega_{max}$ 和 $\omega<-\omega_{max}$ 的情况，$|X(\omega)|=0$。

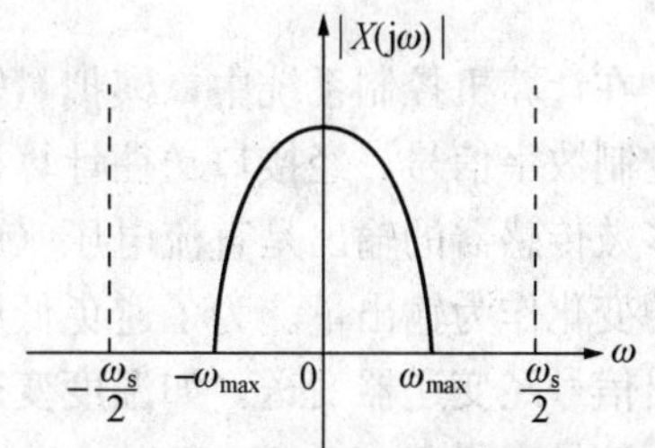

图 2-4 连续信号 $X(t)$ 的频谱特性

而采样信号 $X^*(t)$ 采样序列的频谱如图 2-5 所示，其中 ω_s 为采样角频率，$\omega_s=2\pi/T$。

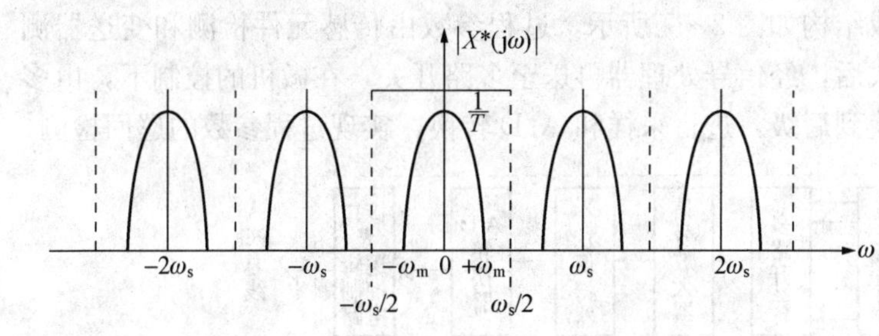

图 2-5 采样信号 $X^*(t)$ 的频谱特性

采样信号 $X^*(t)$ 的频谱 $|X^*(j\omega)|$ 是以采样角频率 ω_s 为周期的无穷多个频谱（幅谱）之和，每个频谱和连续信号 $X(t)$ 的频谱 $|X(j\omega)|$ 的形状是相同的，只是幅值减小为原来的 $1/T$。图 2-5 中的中心频带（$n=0$ 时的频谱）叫做采样频谱的基本频带（或主分量），其余频谱（$n=\pm1$，±2，…）都是由于采样而引起的高频频谱，称为采样频谱的边带（或补分量）。从图 2-5 可知，如果要从 $X^*(t)$ 成功恢复 $X(t)$，并使恢复后的信号具有足够的原来包含在 $X(t)$ 中的信息，则必须消去那些边带，然后将其幅值扩大 T 倍。

采用图 2-5 中基本分量上矩形线所示的低通滤波器并用运算放大器实现乘 T 的运算，则可以复现 $X(t)$。

以上是在采样角频率 $\omega_s>2\omega_{max}$（即 $f_s>2f_{max}$）这一情况下讨论的，如果加大采样周期 T，采样角频率相应减小，当 $\omega_s<2\omega_{max}$ 时，采样频谱中的边带会出现重迭，至使采样器输出信号发生畸变，如图 2-6 所示。在这种

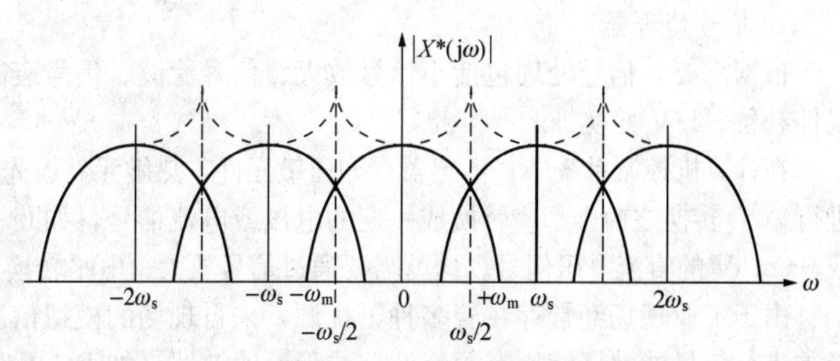

图 2-6 采样周期增大时采样信号 $X^*(t)$ 的频谱特性

情况下，即使采用理想的滤波器，也不可能恢复原来连续信号 $X(t)$ 的频谱。因此，要想从采样信号 $X^*(t)$ 中完全复现出采样前的连续信号 $X(t)$，对采样角频率应有一定的要求。

应该指出，香农定理只是给出了实现采样信号完全恢复被采样模拟信号的最小频率是 $f_s \geqslant 2f_{max}$。由于所有的信号并非都是“有限带宽”，所以在实际应用中，通常选（4～10）f_{max}。另外，由于采样定理本身条件的限制，用理论计算的办法求出 f_s(或 T) 是难以做到的，所以工程上经常采用如表 4－1 所示的经验数据。对于含有多个不同类型回路的系统，采样周期一般应按采样周期要求的最小回路来选取。

第二节 模拟量输入通道

在计算机控制系统中，模拟量输入通道的任务是把系统中检测到的模拟量信号，转换成二进制数字信号，经接口送往计算机。传感器是将生产过程工艺参数转换为电参数的装置，大多数传感器的输出是直流电压（或电流）信号，也有一些传感器把电阻值、电容值、电感值的变化作为输出量。为了避免低压电平模拟量信号传输带来的麻烦，经常要将测量元件的输出信号经变送器变送，如温度变送器、压力变送器、流量变送器等，将温度、压力、流量的电信号变成 0～10mA 或 4～20mA 的统一信号，然后经过模拟量输入通道来处理。

一、模拟量输入通道的组成

模拟量输入通道的一般组成结构如图 2－7 所示。过程参数由传感元件检测和变送器测量并转换为电流（或电压）形式后，经信号处理器再送至多路开关，在微机的控制下，由多路开关将各过程参数依次地切换到后级，进行采样和 A/D 转换，实现过程参数的巡回检测。

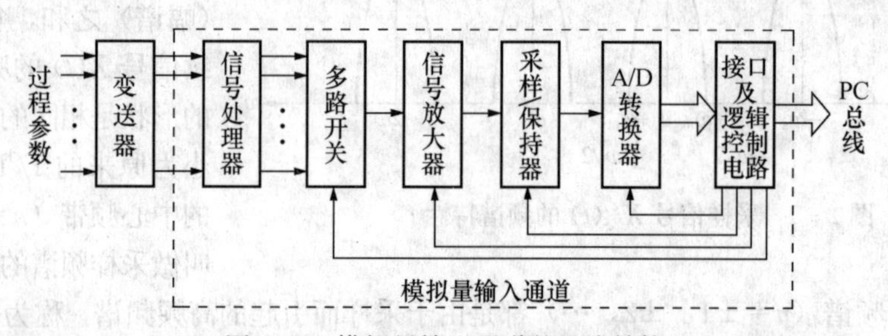

图 2－7 模拟量输入通道的组成结构

由图 2－7 可知，模拟量输入通道一般由信号处理器、多路开关、信号放大器、采样/保持器、A/D 转换器、接口及逻辑控制电路等组成，下面主要介绍信号处理器、多路开关、信号放大器、采样/保持器、A/D 转换器等。

1. 信号处理器

根据需要，信号处理包括小信号放大、信号滤波、信号衰减、阻抗匹配、电平转换、非线性补偿、I/V 变换等。

在计算机控制系统中，传感器（如压敏元件、热敏元件、光敏元件等）输出的各种信号在进行 A/D 转换之前，都应转换成一定的电压或电流信号，如 0～10mA、4～20mA 的直流电流或 0～±5V 的直流电压信号。这就需要通过信号放大、电平转换、I/V 变换等电路实现。

由于工业现场经常存在着多种干扰源，来自现场的模拟信号中常混杂有干扰信号，因此必须进行信号滤波。使用有源滤波器或无源滤波器（如 RC 电路等）进行信号滤波，可有效地滤除信号中的干扰成分。此外，也可以采用软件滤波，即数字滤波的方法。

另外，有些检测信号与被测物理量之间会呈现非线性特性。例如，用热敏元件测量温度，由于热敏元件存在非线性，所得到的温度—电压曲线也存在非线性特性。因此，测得的电压值不能反映温度的线性变化，应做适当处理，使之接近线性化。在硬件上可采用加负反馈放大器或采用非线性补偿电路的办法达到此目的；在软件上可以用线性插值等线性化处理程序来解决。

下面以 I/V 变换为例来说明实现信号处理的方法。I/V 变换电路是将电流信号成比例地转换成电压。常用的 I/V 变换的实现方法有无源 I/V 变换和有源 I/V 变换。

(1) 无源 I/V 变换。无源 I/V 变换主要是利用无源器件—电阻来实现，加上 RC 滤波和二极管输出限幅等保护措施，如图 2-8 (a) 所示，图中 R_2 为精密电阻。

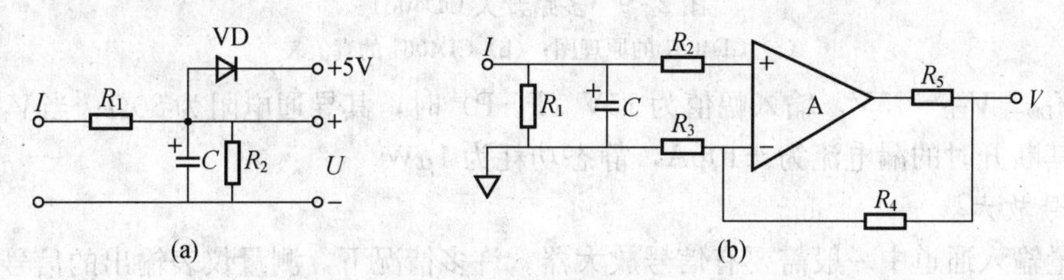

图 2-8　I/V 变换电路

(a) 无源 I/V 变换电路；(b) 有源 I/V 变换电路

对于 0～10mA 的输入信号，可取 $R_1=100\Omega$，$R_2=500\Omega$，这样当输入电流为 0～10mA 时，输出电压为 0～5V；对于 4～20mA 的输入信号，可取 $R_1=100\Omega$，$R_2=250\Omega$，这样当输入电流为 4～20mA 时，输出电压为 1～5V。

(2) 有源 I/V 变换。有源 I/V 变换主要是利用有源器件运算放大器、电阻组成，如图 2-8 (b) 所示。利用同相放大电路，把电阻 R_1 上产生的输入电压变成标准的输出电压。该同相放大电路的放大倍数为

$$A=1+\frac{R_4}{R_3} \tag{2-5}$$

若取 $R_1=200\text{k}\Omega$，$R_3=100\text{k}\Omega$，$R_4=150\text{k}\Omega$，则 0～10mA 的输入电流对应于 0～5V 的输出电压；若取 $R_1=200\text{k}\Omega$，$R_3=100\text{k}\Omega$，$R_4=25\text{k}\Omega$，则 4～20mA 的输入电流对应于 1～5V 的输出电压。

2. 多路开关

多路开关又称多路转换器，是用来切换模拟电压信号的关键元件。利用多路开关可将各个输入信号依次地或随机地连接到公用放大器或 A/D 转换器上。为了提高过程参数的测量精度，对多路开关提出了较高的要求。理想的多路开关其开路电阻为无穷大，其接通时的导通电阻为零，此外，还希望其切换速度快、噪声小、寿命长、工作可靠。

常用的多路开关有 CD4051（或 MC14051）、AD7501、LF13508 等。CD4051 的原理如图 2-9 所示，它是单端的 8 通道开关，有三根二进制的控制输入端 A、B、C 和一根禁止输入端 INH（高电平禁止）。片上有二进制译码器，可由 A、B、C 三个二进制信号在 8 个通道中选择一个，使输入和输出接通。而当 INH 为高电平时，不论 A、B、C 为何值，8 个通道均断开。

CD4051 有较宽的数字和模拟信号电平，数字信号为 3～15V，模拟信号峰—峰值为

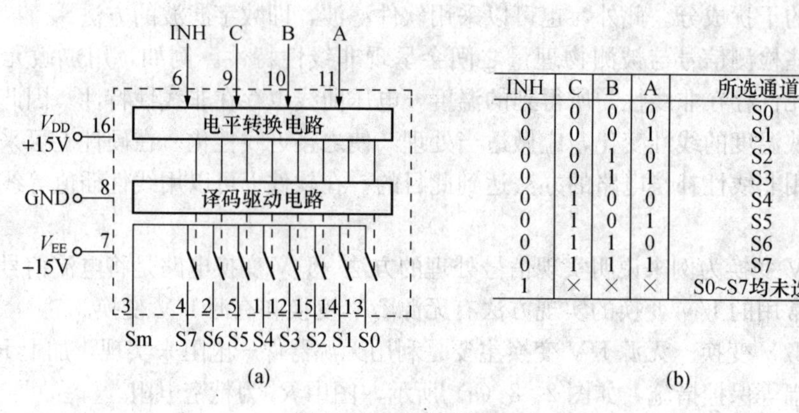

INH	C	B	A	所选通道
0	0	0	0	S0
0	0	0	1	S1
0	0	1	0	S2
0	0	1	1	S3
0	1	0	0	S4
0	1	0	1	S5
0	1	1	0	S6
0	1	1	1	S7
1	×	×	×	S0~S7均未选中

图 2-9 多路开关 CD4051

(a) CD4051 的原理图；(b) CD4051 的真值表

15V；当 $V_{DD}-V_{EE}=15V$，输入幅值为 15V（P−P）时，其导通电阻为 80Ω；当 $V_{DD}-V_{EE}=10V$ 时，其断开时的漏电流为 ±10pA，静态功耗为 1μW。

3. 信号放大器

模拟量输入通道中一般需要有信号放大器。许多情况下，测量仪表输出的信号是微弱电信号，如热电偶产生的 mV 级温度信号，当温度变化 1℃时，有的热电偶输出变化仅仅为 0.01mV。为了保证 A/D 转换的精度，需要首先对模拟量采样信号进行放大，有的测量器件或传感器负载能力很小，高输入阻抗的放大器可以使信号负载能力得到改善。另外，具有高共模抑制比（CMRR）的放大器能提高通道的抗共模干扰能力。由此可见，输入通道中信号放大器的作用主要是电平放大、阻抗匹配以及通道的抗共模干扰。

4. 采样/保持器

在模拟量输入通道中，A/D 转换过程（即采样信号的量化过程）需要一定的时间，这个时间称为 A/D 转换时间。在 A/D 转换期间，如果输入信号变化较大，就会引起转换误差。所以，一般情况下采样信号都不直接送至 A/D 转换器转换，还需加保持器进行信号保持，即在转换时间内保持采样点数值不变，以保证转换的精度，同时完成一部分滤波的作用。在模拟量输出通道中，计算机输出的数字信号经 D/A 转换器转换为离散信号，由于离散信号只在采样时刻有输出值，其余时刻为零，因此不能直接控制连续对象，这时也要用到保持器将离散信号转换为连续信号。

保持器的工作原理是根据现在时刻或过去时刻的采样值，用常数、线性函数或抛物线函数等去逼近两个采样时刻之间的原信号。根据所使用的逼近函数的不同，保持器可以分为零阶保持器、一阶保持器和高阶保持器。

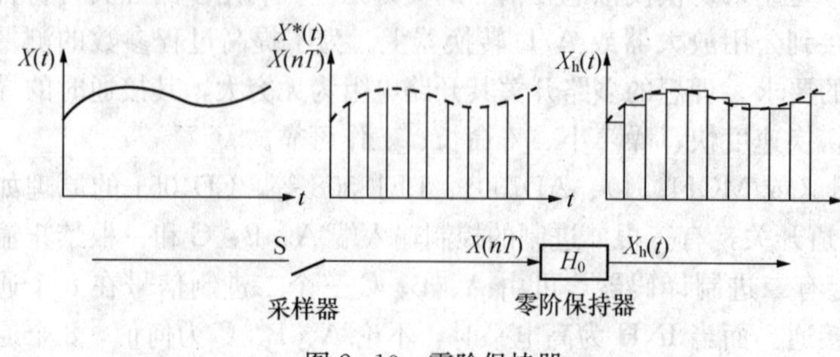

图 2-10 零阶保持器

零阶保持器是一种最常用的信号保持器，信号的保持过程如图 2-10 所示。

它把当前采样时刻 nT

的采样值 $X(nT)$，简单地保持到下一个采样时刻（$n+1$）T，也就是说，零阶保持器仅仅是根据 nT 时刻的采样值按常数往外推，直到下一个采样时刻（$n+1$）T，然后换成新的采样值 $X[(n+1)T]$ 再继续外推。

当零阶保持器连接到采样开关的输出时，就构成了采样/保持器（S/H），当然，这里的 S/H 是理想的 S/H，因为忽略了采样保持时间 τ。

尽管商业上有单片的采样/保持电路芯片出售，然而在数学上，采样过程和保持过程却是分开建模的，零阶保持器的传递函数为

$$G_{H_0}(s)=\frac{1-e^{-Ts}}{s} \tag{2-6}$$

式中：T 为采样周期；s 为拉普拉斯（Laplace）算子。

在计算机控制系统中，D/A 转换器通常具有零阶保持器的功能。在实际应用中，由于 τ 并不趋近于 0，并且还具有一定的数值［若 $\tau\neq 0$，则 $X_h(t)$ 要更复杂］。简单的采样/保持电路可以由模拟开关、电阻、电容器和缓冲放大器组成，如图 2-11 所示。

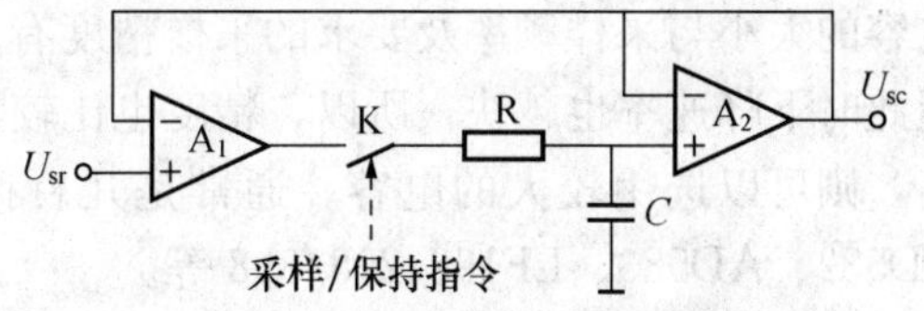

图 2-11　采样/保持电路

采样/保持电路有两种工作方式：先处于跟踪方式（采样方式），然后是保持方式。当开关 K 闭合时，即接通输入信号，为跟踪方式（又称采样，只不过此时是通过跟踪输入信号来达到采样的目的），输入电压 U_{sr} 对电容 C 充电，输出电压 U_{sc} 随着输入电压 U_{sr} 而变化，并使两者趋于相等。

当开关 K 打开时，切断输入信号（实际上这一点才是采样点），由于电容 C 具有保持电荷的特性，而将此时 U_{sr} 的电压值记忆在电容 C 上，此即保持状态，描述上述采样/保持过程的示意图如图 2-12（a）所示。

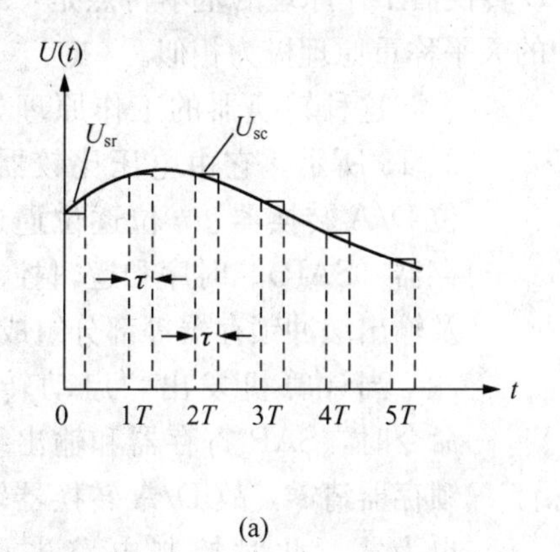

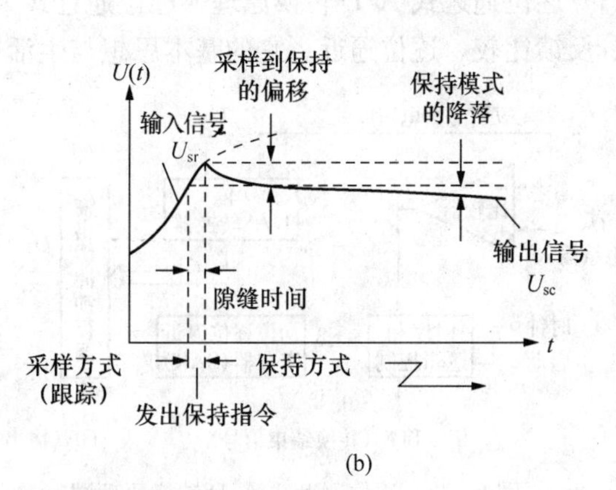

图 2-12　实际采样/保持过程

值得注意的是，这里讨论的采样/保持过程与理论上的采样过程几乎相反。

理想的采样过程是在采样时刻 kT 时瞬间使开关 K 闭合，并把 kT 时刻的输入信号送给 A/D 转换器进行模/数转换，而其他时间开关 K 则断开。当然，只有 A/D 转换器具有瞬间转换的能力且开关动作时间为 0 时，才能按这种方法对开关 K 进行控制。而实际的采样/保持电路恰恰相反，在采样时刻 kT 开关 K 断开，即进行保持，这一保持过程应该持续到A/D

转换结束，开关K才重新闭合，从图2-9（a）中可以看出，在$kT+\tau$时刻到$(k+1)T$的时间内，开关闭合，输出与输入信号相同，即跟踪或称作采样，当然$(T-\tau)$不能太短，因为起保持作用的电容C要有一个充电过程，$(T-\tau)$太短会影响采样值的精度，使A/D转换产生误差。

图2-12（a）也是一种理想状况，图2-12（b）为实际情况。

从跟踪方式到保持方式的开关切换不是瞬间发生的，如果在电路处于跟踪方式时给出了保持指令，则电路在响应保持指令之前还有一小段时间要处于跟踪方式，把发生开关切换的这小段时间间隔叫做隙缝时间。在保持方式阶段，输出电压可能会轻微地下降，借助高输入阻抗的输出缓冲放大器可以减少保持方式的降落。

采样/保持的方式切换由周期性的时钟脉冲来控制。

目前，S/H大都集成在一个芯片上，但不包括电容，该电容由用户根据需要进行选用。电容的大小与采样频率及要求的采样精度有关。一般来说，采样频率越高，要求电容越小，但此时下降速率也越快，所以，精度也比较差。反之，如果采样频率较低，但要求的精度较高，则可以选用较大的电容。通常是几百微微法到0.01μF左右。常用的采样/保持器有AD582、AD583、LF198/298/398等。

5.A/D转换器工作原理与性能指标

A/D转换器是将模拟电压或电流转化成数字量的器件或装置，是模拟量输入通道的核心部件，常用的A/D转换方式有逐位逼近式、双斜积分式、电压/频率式等。电压/频率式A/D转换器接口电路简单，转换速率较慢，但精度较高，适合远距离的数据传送；双斜积分式A/D转换器转换速度更慢，但转换精度高，抗干扰能力较强，多用于数据采集系统；逐位逼近式A/D转换器的速度快且精度也较高，但抗干扰能力较差，是目前16位以下A/D转换中应用较多的一种。近年来，又出现了16位以上的Σ—△型A/D转换器。

（1）逐位逼近式A/D转换原理。逐位逼近式A/D转换器工作原理的基本特点是：二分搜索、反馈比较、逐位逼近。它的基本思想与生活中的天平称重原理极为相似。

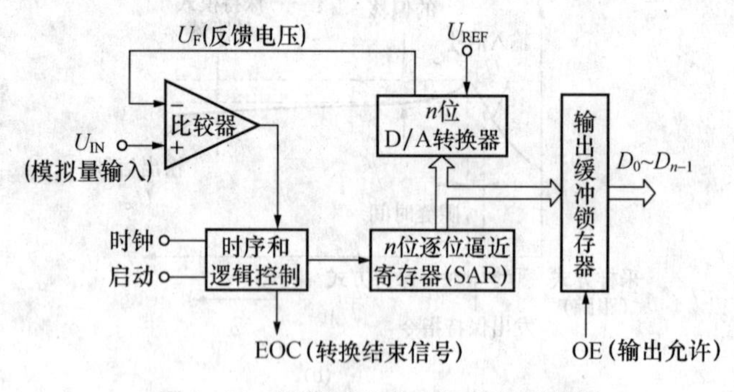

图2-13　逐位逼近式A/D转换原理图

这种转换器的工作原理如图2-13所示。它由电压比较器、n位D/A转换器、n位逐位逼近寄存器（SAR）、时序和逻辑控制以及输出缓冲锁存器等部分组成。

当计算机发出“启动转换”命令时，SAR寄存器和输出缓冲锁存器清零，故D/A转换器输出也为零。此时控制电路先设定SAR中的最高位为“1”，其余位为“0”，并将其送往D/A转换器转换成电压U_F（称为反馈电压），然后U_F与模拟量输入电压U_{IN}在比较器中比较，若$U_{IN}>U_F$，说明预置结果正确，应当予以保留；若$U_{IN}\leqslant U_F$，则预置结果错误，应当予以清除。然后按上述方法继续对次高位及后续各位依次进行预置、比较和判断，以确定相应位是“1”还是“0”，直到SAR的最低位为止。这个过程完成后，便发出转换结束信号，此时SAR寄存器中的值即是A/D转换的结果。

（2）双斜积分式 A/D 转换器。双斜积分式 A/D 转换器又称为双积分式 A/D 转换器，它是一种间接比较型的 A/D 转换器。这种 A/D 转换器是将输入电压在某一段时间内的平均值转换成时间间隔，然后用时钟脉冲在计数器里计数，从而用测量此时间间隔的办法把输入电压转换成数字量，它的原理框图如图 2-14（a）所示，转换过程如图 2-14（b）所示。其整个转换过程在逻辑控制电路的控制下分为三个阶段：

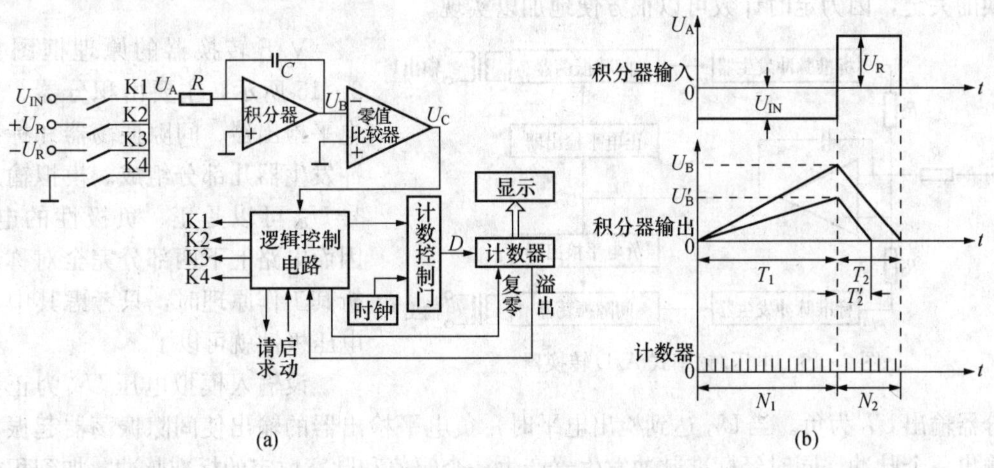

图 2-14　双斜积分式 A/D 转换器原理图

（a）转换器原理框图；（b）转换过程

1）准备阶段。逻辑控制电路发出复位指令，将计数器清零，使 K4 闭合，积分器输入输出都为零。

2）工作阶段（采样阶段）。逻辑控制电路接收到启动指令后，使 K4 断开，K1 闭合，积分器开始对输入电压 U_{IN} 积分，同时打开计数门使计数器开始计数，当输入电压为直流电压或是缓慢变化的电压时，积分器将输出一个斜变电压，其方向决定于 U_{IN} 的极性（反相积分）。

经过一个固定时间 T_1 后，计数器计满量程 N_1 后，输出一个溢出脉冲，同时复零，此溢出脉冲使逻辑控制电路发出信号将开关接向与输入电压相反极性的参考电压 U_R，此时开关 K2（或 K3）接通，这个阶段叫做采样阶段，又叫做定时积分阶段。

3）测量比较阶段。当开关 K2（或 K3）接向与 U_{IN} 极性相反的参考电压后，积分器开始反向积分，同时计数器又开始从零计数。当积分器输出为零电平时，零值比较器动作，发出停止计数的信号，并发出记忆指令，将在此阶段中计得的数字 N_2 记忆下来并输出。这个阶段又叫做定值积分阶段，定值积分结束时得到的数字 N_2 便是转换结果。

由于在采样阶段，积分时间 T_1 恒定，则定时积分的最后值便决定于被测电压 U_{IN} 的平均值；在测量比较阶段，被积分的电压是固定的参考电压，因而反向积分时积分器输出的斜率固定，积分时间 T_2 取决于定时积分阶段的最后值，即 N_2 决定于定时积分的最后值。因而 N_2 决定于 U_{IN} 的平均值。

双积分式 A/D 转换由于两次积分使用了同一个积分器，且都用同一时钟频率去测定各自的时间，所以可以获得较高的精度。另外，由于双积分的过程是平均值的转换，因此对叠加在信号上的交流干扰信号有较强的抑制作用，如干扰信号波形对称，则抑制作用更强。双积分式 A/D 转换器速度较慢，一般不高于每秒 20 次，另外，由于测量的不连续性和电容 C

的影响会带来一定的误差，还存在过零检测问题。

(3) 电压/频率式 A/D 转换器。电压/频率式 A/D 转换器简称 V/F 转换器，是将模拟电压信号转换成频率信号的一种 A/D 转换器。V/F 转换器的基本组成可分为两部分，一是将模拟电压 U_{IN} 转换成与其成正比的频率信号（脉冲序列）；二是对脉冲序列在规定时间内进行计数。电压与频率成正比，计数结果与 U_{IN} 成正比，其中实现精确的 V/F 转换是 A/D 转换的关键，因为定时计数可以很方便地加以实现。

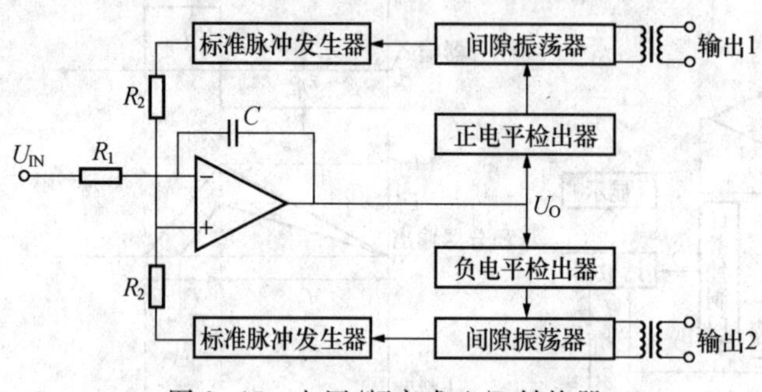

图 2-15 电压/频率式 A/D 转换器

V/F 转换器的原理框图如图 2-15 所示，主要由积分器、正负电平检出器、间隙振荡器和标准脉冲发生器几部分组成。模拟输入信号 U_{IN} 可以是正、负极性的电压，因而电路上下两部分完全对称，分析其工作原理时，只考虑其中一种电压极性就可以了。

设输入模拟电压 U_{IN} 为正，经积分器输出 U_O 为负。当 U_O 达到检出电平时，负电平检出器的输出使间隙振荡器起振，向外输出一个脉冲，同时经标准脉冲发生器产生一个幅值和脉宽恒定的标准脉冲，加到积分器的另一个输入端，形成负反馈，标准脉冲的幅值大于输入电压 U_{IN}，使积分器的输出 U_O 以与原斜率相反的方向变化，当 U_O 幅值低于检出电平时，间隙振荡器工作停止，等标准脉冲结束后，积分器仍对输入 U_{IN} 积分，U_O 重新负向增长，再次达到检出电平时，间隙振荡器再次起振，又重复上述脉冲输出与脉冲反馈的过程。在以上过程中，U_{IN} 幅值越大，达到检出电平的时间越短，另外，输出脉冲频率也受标准脉冲面积的影响，因为标准脉冲的幅值是固定的（大于模拟输入电压最大值），所以标准脉冲的宽度（或面积）与输出脉冲频率成反比。在给定标准脉冲的条件下，输出脉冲频率只与输入电压 U_{IN} 成正比，输入电压 U_{IN} 与输出脉冲的波形如图 2-16 所示。

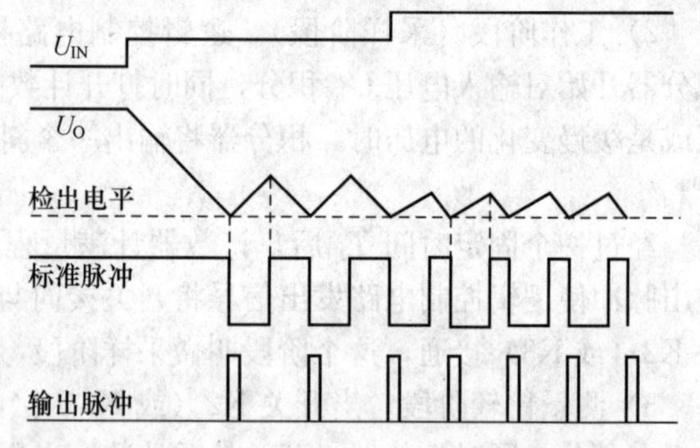

图 2-16 电压/频率式 A/D 转换器的输入输出波形图

如果在给定的采样时间 T 内对 V/F 转换器的输出脉冲计数，得到的值是模拟输入电压在 T 时间内的累计值或平均值而不是瞬时值，因而可以有效地抑制信号中的随机干扰，这是积分式 A/D 转换器的共同优点。此外，V/F 转换器可以连续地对输入电压信号进行转换而不仅仅是在采样时刻。V/F 转换器输出的串行脉冲可以很方便地实现信号的隔离和远传。

V/F 转换器把模拟量信号转换成与其成比例的频率信号后，需经过频率输入通道送入计算机进行计数与处理。

(4) A/D 转换器的主要性能指标。A/D 转换器的主要性能指标有分辨率、精度、转换时间、线性误差、量程、对基准电源的要求等。

1) 分辨率。分辨率是衡量 A/D 转换器分辨输入模拟量最小变化程度的性能指标，分辨率越高，转换时对输入模拟量微小变化的反应越灵敏。分辨率通常用数字量的位数 n（字长）来表示，如8位、12位、16位等。分辨率为 n 位，表示它能对满量程输入的 $1/2^n$ 的增量做出反应，即数字量的最低有效位（Least Significant Bit，LSB）对应于满量程输入的 $1/2^n$。

2）精度。有绝对精度和相对精度两种表示方法。绝对精度常用数字量的位数表示，如精度为最低位的±1/2位，即±1/2LSB；绝对精度也可以用电压表示，如果满量程为10V，则10位A/D转换器的绝对精度为$\frac{10}{2^{10}-1}\times\left(\pm\frac{1}{2}\right)=\pm4.88$（mV）。相对精度用满量程的百分数表示，即$\frac{10}{2^{10}-1}\times100\%=1\%$。注意，精度与分辨率是两个不同的概念，精度是指A/D转换后所得结果相对于实际值的准确度，分辨率指的是能对转换结果发生影响的最小输入量，如满量程为10V时，其分辨率为$\frac{10}{2^{10}-1}=9.77$（mV）。但是，即使分辨率很高，也可能由于温度漂移、线性度差等原因使A/D转换器的精度不高。

3）转换时间。指A/D转换器完成一次模拟量到数字量转换所需要的时间。

4）线性误差。A/D转换器的理想转换特性（量化特性）应该是线性的，但实际转换特性并非如此。在满量程输入范围内，偏离理想转换特性的最大误差定义为线性误差。线性误差常用LSB的分数表示，如±1/2LSB或者±1LSB。

5）量程。即所能转换的输入电压范围，如−5～+5V、0～5V等。

6）对基准电源的要求。基准电源的精度对整个系统的精度产生很大的影响。故在设计时，应考虑是否要外接精密基准电源。

二、模拟量输入通道的结构形式

模拟量输入通道的主要任务就是对被测参数进行采集，并转换成数字量，以便计算机进行处理、显示、打印和输出控制等。完成这一任务的核心部件就是A/D转换器。

根据应用要求的不同，模拟量输入通道可以有不同的结构形式。在选择通道结构时，必须考虑参数变化的速率、精度和参数的通道数等问题。

单通道数据的转换比较简单，主要视参数变化速度而决定是否需要S/H，并根据所要求的分辨率及精度选择合适的A/D转换器。多通道的数据转换系统可根据不同的要求采用下述三种形式。

（1）模拟量输入通道中共用一个S/H和A/D转换器。组成方式如图2-17所示，这是目前应用最多且结构最简单的一种形式。在这种结构中，各被测参数共用一个S/H和A/D转换器，因而芯片数量较少，必要时还可通过扩展多路开关的办法增加通道数。每个通道的采样时间由多路开关的开关时间、S/H的采样时间和建立时间、A/D转换器的转换时间以及放大器的建立时间等决定。为了节省时间，可以在S/H保持一个通道的信号后，多路开关立即转去处理下一个通道的信号，采样方式可以按顺序或随机进行。但是由于这种采样方式是按先后顺序进行采样的，所以实时性不好，且有误差。

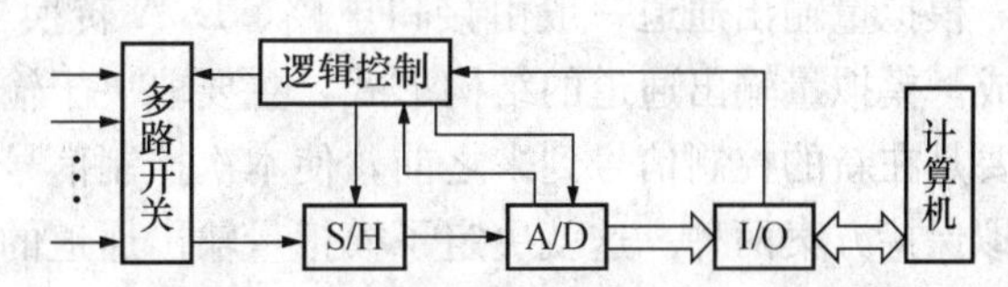

图2-17 共用一个S/H和A/D转换器的模拟量输入通道

（2）模拟量输入通道中共用一个A/D转换器。为了克服第一种结构的缺点，保证各参数

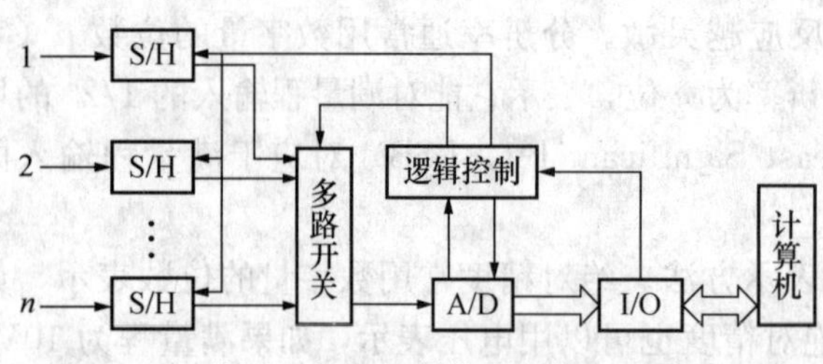

图 2-18　共用一个 A/D 转换器的模拟量输入通道

均在同一时刻采样，可以采用如图 2-18 所示的结构。在这种结构中，每个通道设一个 S/H，并且各通道的 S/H 受同一个信号控制。这样就可保证同时取得各通道的数据，以便描绘同一时刻各参数之间的关系。此种方法有时称作同步数据采样系统，其缺点是成本高，结构复杂。

（3）单通道 A/D 转换后数字多路切换形式。在该形式中，每个通道有自己的 A/D 转换器或 S/H，称它为并行转换方案，如图 2-19 所示，这种方案的优点如下。

1）可根据各通道的实际需要选用 A/D，不必用高速高分辨率的、昂贵的 A/D 转换器。

2）每个通道的采样周期都缩短，因此使采样信号更接近连续变化的信号。

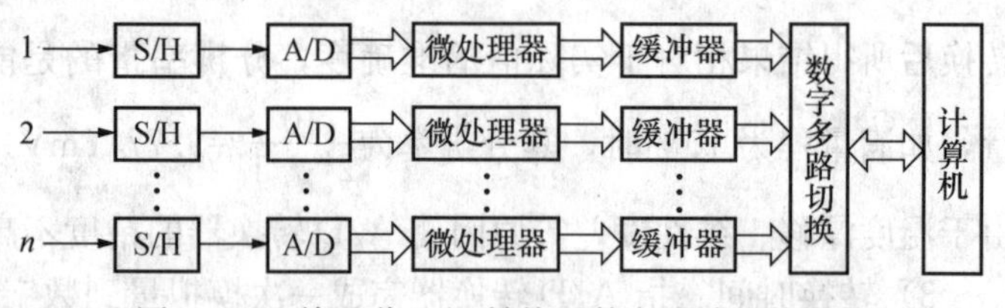

图 2-19　单通道 A/D 转换后数字多路切换系统

3）在工业数据采集系统中，特别是在传输距离比较远时，为了提高抗干扰能力，可把模拟量变成数字量，再用串行码进行远距离传送。

4）在现场就地数字化并作一些处理，可以节省主机的时间。

在这种结构中，每个通道可根据自身的情况，由各自的微处理机决定其采样速率及送入计算机的时间。随着大规模集成电路的发展和微机性能的提高，这种方案的应用将越来越广泛。

上面介绍的结构形式，可根据实际情况选用，有时为了提高系统的测量精度及转换速度，不得不采用混合形式。当然，还有其他一些模拟量通道的构成方法，此处不再叙述。

第三节　模拟量输出通道

模拟量输出通道是计算机控制系统实现控制输出的关键，它的任务是把计算机输出的数字量转化成模拟电压或电流信号，以便驱动相应的执行机构，达到控制的目的。

一、模拟量输出通道的结构形式

模拟量输出通道一般由接口电路、D/A 转换器、多路开关、采样保持器、V/I 变换等组成。模拟量输出通道的结构形式，主要取决于输出保持器的构成方式。输出保持器的作用主要是在新的控制信号到来之前，使本次控制信号维持不变。保持器一般有数字保持方案和模拟保持方案两种。这就决定了模拟量输出通道的两种基本结构形式。

1. 一个通道设置一个 D/A 转换器的形式

如图 2-20 所示，在这种结构形式下，微处理器和通路之间通过独立的接口缓冲器传送信息，这是一种数字保持的方案。它的优点是转换速度快、工作可靠，即使某一路 D/A 转换器有故障，也不会影响其他通路的工作；缺点是使用了较多的 D/A 转换器，但随着大规模集成电路的发展，这个缺点正逐

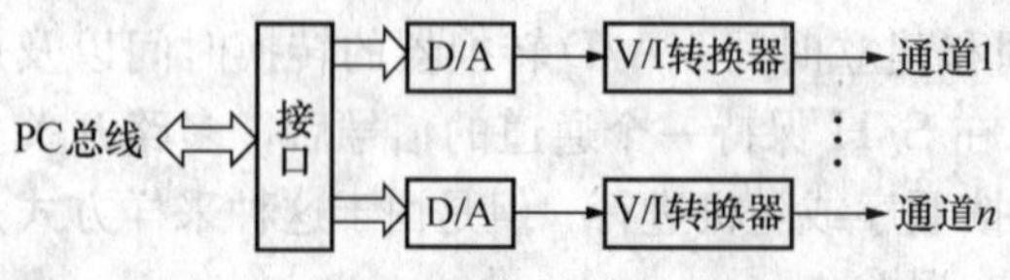

图 2-20　一个通道设置一个 D/A 转换器的结构

步得到克服，这种方案较易实现。

2. 多个通路共用一个 D/A 转换器的形式

如图 2-21 所示，因为共用一个 D/A 转换器，故它必须在微机控制下分时工作。即依次把 D/A 转换器换成的模拟电压（或电流），通过多路模拟开关传送给输出采样/保持器（S/H）。这种结构形式的优点是节省了 D/A 转换器，但因为分时工作，只适用于通路数量多且速度要求不高的场合。它还需要多路开关，且要求输出采样/保持器的保持时间与采样时间之比较大。这种方案的可靠性较差。

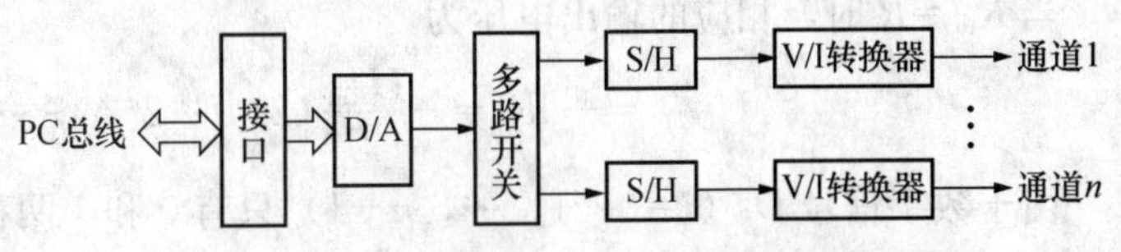

图 2-21 多个通道共用一个 D/A 转换器的结构

长距离电压信号传输时容易引入干扰，而电流信号的传输具有较强的抗干扰能力。许多工业仪表的输出也是电流信号，但多数放大器、D/A 转换器的输出信号为电压信号，须经过 V/I 转换电路将电压信号转换成电流信号，因此在有些系统中需要增加 V/I 转换器。

现在，随着集成电路 D/A 转换器芯片价格的不断下降，控制系统中的模拟量输出通道普遍采用图 2-20 所示的多 D/A 结构形式。

二、D/A 转换器工作原理与性能指标

模拟量输出通道的核心部件是 D/A 转换器。D/A 转换器是一种将数字量转换成模拟量的元件或装置，其模拟量输出（电流或电压）与参考电压和二进制数成正比。D/A 转换器品种繁多，但在集成 D/A 转换器芯片中多采用 T 型或倒 T 型电阻解码网络进行转换，分辨率有 8 位、10 位和 12 位等。

1. D/A 转换器工作原理

D/A 转换器主要由四部分组成：基准电压 U_{REF}、电阻网络、电子开关 K_i（$i=0$，1，…，$n-1$）和运算放大器。为简化起见，下面以一个 4 位的 D/A 转换器为例来说明其工作原理，其原理框图如图 2-22 所示。

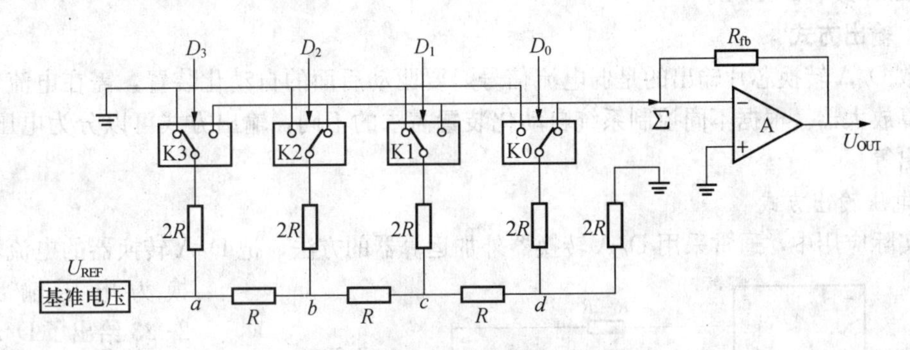

图 2-22 D/A 转换器原理框图

图 2-22 中电子开关 $K_0 \sim K_3$ 分别受输入数字量 $D_0 \sim D_3$ 控制，当 $D_i=1$ 时，K_i 切换到右端（虚地）；当 $D_i=0$ 时，K_i 切换到左端（地），不论哪一端，切换电压不变，切换的仅仅是电流。不过，只有 K_i 切换到右端时，才能给运算放大器输入端提供电流。由于 T 型电阻网络中各节点向右看的等效电阻均为 $2R$，则各 $2R$ 支路上的电流就按 1/2 系数进行分配，即在各 $2R$ 支路上产生与二进制数各位的权成比例的电流，并经运算放大器 A 相加，从而输出成比例关系的模拟电压 U_{OUT}。

当输入一个 n 位二进制数时，流入运放的电流为

$$I=\frac{U_{REF}}{2R}+\frac{U_{REF}}{2^2R}+\cdots+\frac{U_{REF}}{2^nR}=\frac{U_{REF}}{R}\left(\frac{1}{2}+\frac{1}{2^2}+\cdots+\frac{1}{2^n}\right) \tag{2-7}$$

当 $R_{fb}=R$ 时，相应的输出电压为

$$U_{OUT}=-IR=-\frac{U_{REF}}{2^n}(2^{n-1}+2^{n-2}+\cdots+2^1+2^0) \tag{2-8}$$

由于数字信号 D_i（$i=0$，1，…，$n-1$）只有 0 和 1 两种情形，故 D/A 转换器的输出电压 U_{OUT} 与输入二进制数 $D_0\sim D_{n-1}$ 或二进制数字量 D 的关系式为

$$U_{OUT}=-\frac{U_{REF}}{2^n}(D_{n-1}2^{n-1}+\cdots+D_1 2^1+D_0 2^0)=-U_{REF}\frac{D}{2^n} \tag{2-9}$$

由式（2-9）可见，输出电压除与输入的二进制数有关外，还与运算放大器的反馈电阻 R_{fb}、基准电压 U_{REF} 有关。

2. D/A 转换器的主要性能指标

D/A 转换器的主要性能指标有分辨率、建立时间、线性误差等。

（1）分辨率。分辨率是指当输入数字量发生单位数码变化即最低有效位 LSB 产生一次变化时，输出模拟量对应的变化量。分辨率与数字量输入的位数 n 呈如下关系

$$\text{分辨率}=\text{满刻度值}/(2^n-1)=U_{REF}/2^n$$

在实际使用中，表示分辨率高低更常用的方法是用输入二进制数字量的位数表示，如 8 位、10 位、12 位，显然，位数越多，分辨率越高。分辨率为 n 位，表示 D/A 转换器输入二进制数的最低有效位 LSB 与满量程输出的 $1/2^n$ 相对应。

（2）建立时间。输入数字信号的变化量是满量程时，输出模拟量信号达到终值 ±1/2LSB 所需要的时间，一般为几十纳秒到几秒。

（3）线性误差。理想转换特性应该是线性的，但实际转换特性并非如此。在满量程输入范围内，偏离理想转换特性的最大误差定义为线性误差。线性误差常用 LSB 的分数表示，如±1/2LSB 或者±1LSB。

三、输出方式

多数 D/A 转换芯片输出的是弱电流信号，要驱动后面的自动化装置，需在电流输出端外接运算放大器。根据不同控制系统自动化装置需求的不同，输出方式可以分为电压输出、电流输出等。

1. 电压输出方式

在实际应用中，通常采用 D/A 转换器外加运算器的方法，把 D/A 转换器的电流输出转换为电压输出。图 2-23 给出了 D/A 转换器的单极性与双极性输出电路。

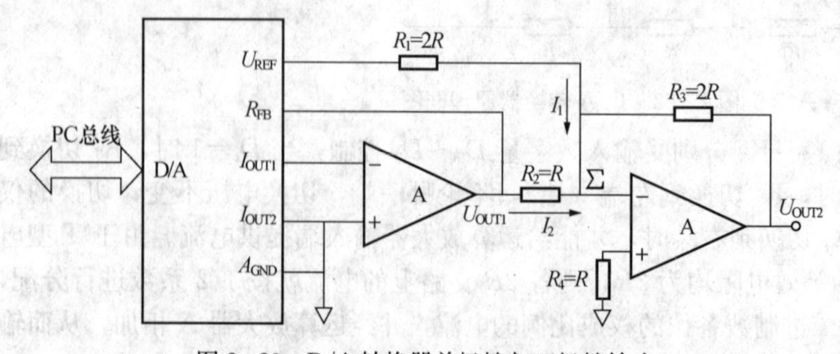

图 2-23 D/A 转换器单极性与双极性输出

U_{OUT1} 为单极性输出，若 D 为输入数字量，U_{REF} 为基准参考电压，且为 n 位 D/A 转换器，则有

$$U_{OUT1} = -U_{REF} \times \frac{D}{2^n} \tag{2-10}$$

U_{OUT2}为双极性输出，且可推导得到

$$U_{OUT2} = -\left(\frac{R_3}{R_1}U_{REF} + \frac{R_3}{R_2}U_{OUT1}\right) = U_{REF}\left(\frac{D}{2^{n-1}} - 1\right) \tag{2-11}$$

2. 电流输出方式

因为电流信号易于远距离传送，且不易受干扰，特别是在过程控制系统中，自动化仪表接收的是电流信号，所以在计算机控制输出通道中常以电流信号来传送信息，这就需要将电压信号转换成毫安级电流信号，完成电流输出方式的电路称为V/I变换电路。

在实现0～5V、0～10V、1～5V直流电压信号到0～10mA、4～20mA转换时，可以采用专用的电流输出型运放，也可以利用普通运放，还可以使用高精度的集成V/I变换器。下面以高精度V/I变换器ZF2B20为例来分析其使用方法。

ZF2B20是通过V/I变换的方式产生一个与输入成比例的输出电流。它的输入电压是0～10V，输出电流是4～20mA（加接地负载），采用单正电源供电，电源电压范围为10～32V，它的特点是低漂移，在工作温度为−25～85℃范围内，最大漂移为0.005%/℃，可用于控制和遥测系统，作为子系统之间的信息传送和连接。图2-24是ZF2B20的引脚图。ZF2B20的输入电阻为10kΩ，动态响应时间小于25μs，非线性小于±0.025%。

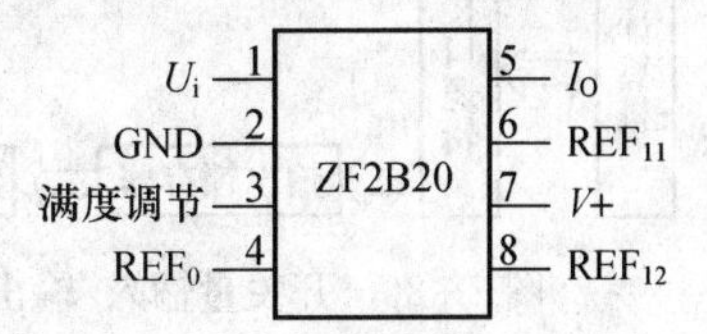

图2-24 ZF2B20的引脚图

利用ZF2B20实现V/I转换极为方便，图2-25（a）所示的电路是带初值校准的0～10V到4～20mA的转换电路；图2-25（b）则是一种带满度校准的0～10V到0～10mA的转换电路。

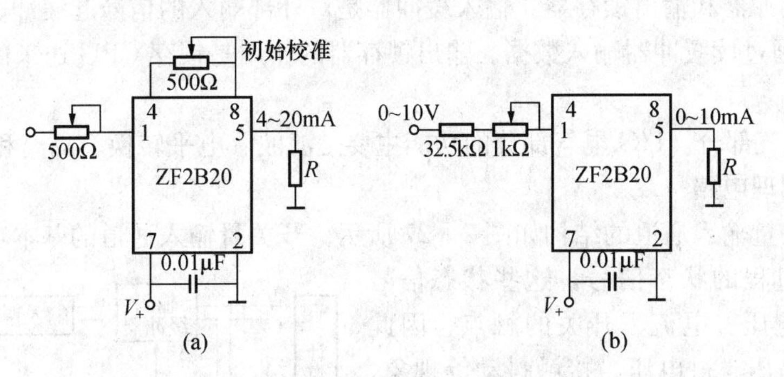

图2-25 V/I转换电路

（a）0～10V/4～20mA转换；（b）0～10V/0～10mA转换

第四节 开关量输入/输出通道

工业控制计算机用于生产过程的自动控制，需要处理一类最基本的输入/输出信号，即开关量（数字量）信号，这些信号包括：开关的闭合与断开、指示灯的亮与灭、继电器或接触器的吸合与释放、电动机的启动与停止、阀门的打开与关闭等，这些信号的共同特征是以二进制的逻辑“1”和“0”出现。在计算机控制系统中，对应的二进制数码的每一位都可以

代表生产过程的一个状态，这些状态作为控制的依据。

在电厂生产过程的监视和控制中，作为开关量信号输入计算机的主要有下列几种类型。

（1）能表示现场某一设备状态的信号，如触点的闭合与断开、泵的启动与停止等。

（2）外部遥测仪表已经编号的电码信号。

（3）由仪表转换好的脉冲量信号。

（4）表示生产过程某些紧急状态的中断输入信号。

前三种信号是输入到开关量输入单元中去的，通常采用周期采集的方式输入，即按一定的时间间隔采集数据，这种方式下通常将现场开关量编为与计算机字长相同的开关量组，由计算机按组采集；第四种中断输入信号是送到按优先级排队的中断输入单元中去的，中断输入单元具有中断处理能力，能在开关量事先选择的跳变沿向 CPU 提出中断申请，CPU 通过相应的中断处理程序采入开关量的状态并进行相应的处理。

一、开关量输入/输出通道的组成

开关量输入/输出通道一般由三部分组成：CPU 接口逻辑、输入缓冲器和输出锁存器、输入/输出电气接口即输入调理电路和输出驱动电路。一般情况下，各种开关量输入/输出通道的前两部分往往大同小异，所不同的主要在于输入/输出电气接口。典型的开关量输入/输出通道的结构如图 2-26 所示。

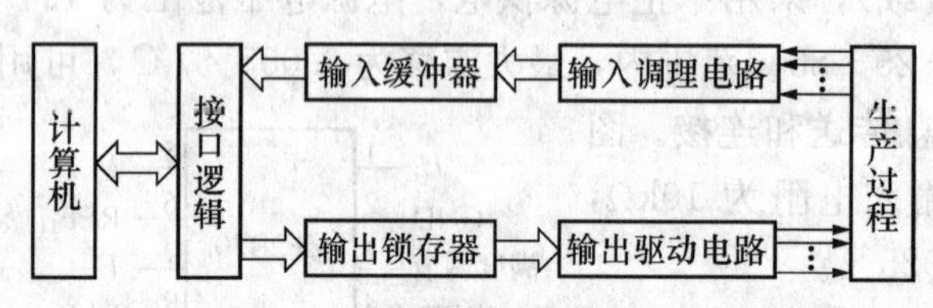

图 2-26　开关量输入/输出通道的结构图

（1）CPU 接口逻辑。这部分电路一般由数据总线缓冲器/驱动器、输入/输出口地址译码器、读、写等控制信号组成。

（2）输入缓冲器和输出锁存器。输入缓冲器是对外部输入的信号起缓冲、增强以及选通的作用，CPU 通过读缓冲器输入数据。输出锁存器的作用是锁存 CPU 送来的输出数据，供外部设备使用。

（3）I/O 电气部分。I/O 电气部分的功能主要是滤波、电平转换、隔离和功率驱动等。

二、输入调理电路

典型的开关量输入通道的结构如图 2-27 所示。开关量输入通道的基本功能就是接收外部装置或生产过程的状态信号，这些状态信号的形式可能是电压、电流、开关的触点，因此容易引起瞬时高压、过电压、接触抖动等现象。为了将外部开关量信号输入计算机，必须将现场输入的状态信号经转换、保护、滤波、隔离等措施转换成计算机能够接收的逻辑信号，完成这些功能的电路称为信号调理电路。

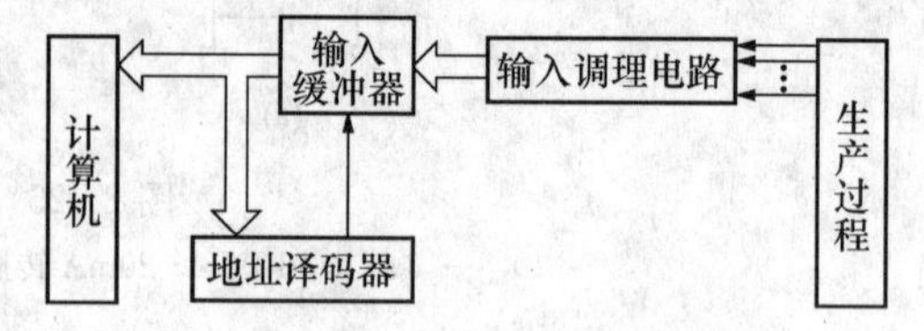

图 2-27　开关量输入通道的结构图

1. 小功率输入调理电路

图 2-28 所示为从开关、继电器等接点输入信号的电路。它将接点的接通和断开动作，转换成 TTL 电平信号与计算机相连。为了消除由于接点的机械抖动而产生的振荡信号，一般都应加入有较长时间常数的积分电路来消除这种振荡。图 2-28（a）所示为简单的、采用积分电路消除开关抖动的方法；图 2-28（b）所示为采用 R-S 触发器消除开关两次反跳抖动的方法。

2. 大功率输入调理电路

在大功率系统中，需要从电磁离合器等大功率器件的接点输入信号。在这种情况下，为了使接点工作可靠，接点两端至少要加24V以上的直流电压。因为直流电平的响应快，不易产生干扰，电路又简单，因而被广泛采用。

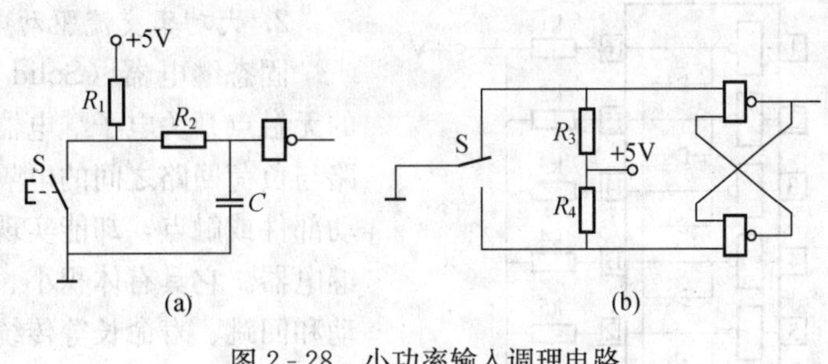

图 2 - 28　小功率输入调理电路

(a) 采用积分电路；(b) 采用 R - S 触发器

但是这种电路，由于所带电压高，所以高压与低压之间，用光电耦合器进行隔离，如图 2 - 29 所示。电路中参数 R_1、R_2 的选取要考虑光电耦合器允许的电流，光电耦合器两端的电源不能共地。开关导通时，电路输出为高电平，反之为低电平。

三、输出驱动电路

典型的开关量输出通道结构如图 2 - 30 所示。开关量输出通道的任务是把计算机输出的微弱数字信号转换成能对生产过程进行控制的数字驱动信号。根据现场设备负荷功率的大小，可以选用不同的功率放大器件构成不同的数字量输出驱动电路，如大/中/小功率晶体管、可控硅、达林顿阵列驱动器、固态继电器等。

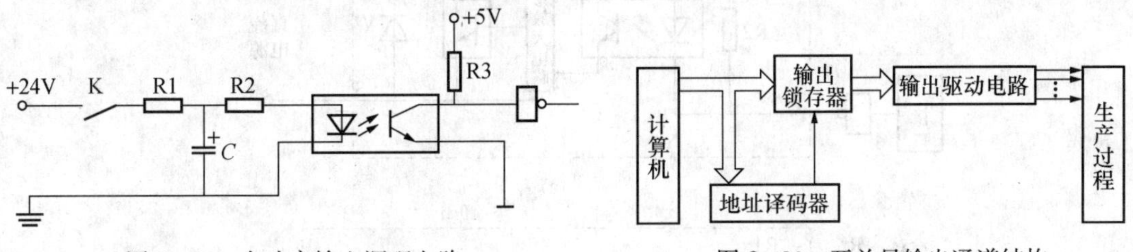

图 2 - 29　大功率输入调理电路　　图 2 - 30　开关量输出通道结构

1. 小功率直流驱动电路

(1) 功率晶体管输出驱动继电器电路。采用功率晶体管输出驱动继电器的电路如图 2 - 31 所示。因负荷呈电感性，所以输出必须加装克服反电势的保护二极管 V，J 为继电器的线圈。

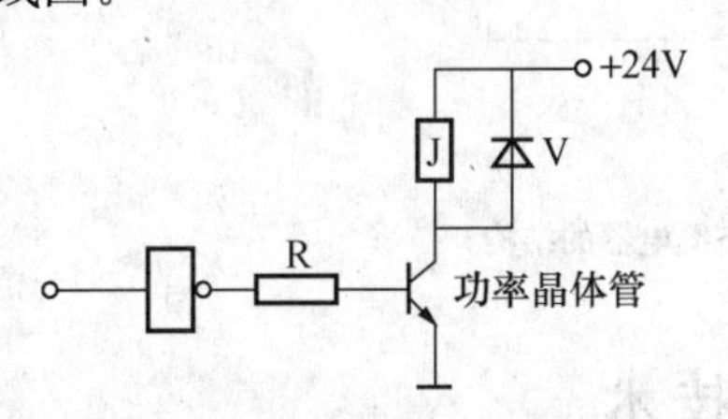

图 2 - 31　功率晶体管输出驱动继电器

(2) 达林顿阵列输出驱动继电器电路。当驱动电流需要达到几百毫安时，如驱动中功率继电器、电磁开关等装置，输出电路必须采取多级放大或提高三级管增益的办法。达林顿阵列驱动器是由多对两个三极管组成的达林顿复合管构成，它具有高输入阻抗、高增益、输出功率大及保护措施完善等特点，同时多对复合管也非常适用于计算机控制系统中的多路负荷。

图 2 - 32 给出了达林顿阵列驱动器 MC1416 内部电路原理图和使用方法。MC1416 内含 t 个达林顿复合管，每个复合管的集电极电流都在 500mA 以上，截止时能承受 100V 电压。为了防止 MC1416 组件反向击穿，可使用内部保护二极管。

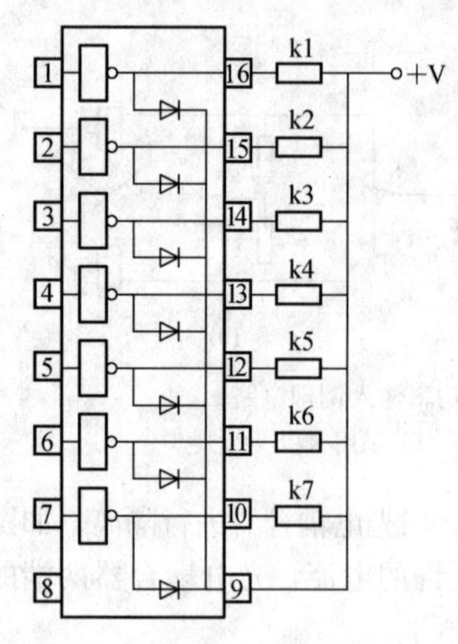

图 2-32 MC1416 驱动 7 个继电器

2. 大功率交流驱动电路

固态继电器（Solid State Relay，SSR）是一种新型的无触点开关电子继电器，它利用电子技术实现了控制回路与负荷回路之间的电隔离和信号耦合，而且没有任何可动部件或触点，却能实现电磁继电器的功能，故称为固态继电器。它具有体积小、开关速度快、无机械噪声、无抖动和回跳、寿命长等传统继电器无法比拟的优点，在计算机控制系统中得到广泛的应用。

固态继电器 SSR 是一个四端有源器件，有两个输入端、两个输出端，根据输出的控制信号分为直流固态继电器和交流固态继电器。图 2-33 为固态继电器的结构和使用方法。固态继电器的输入/输出之间采用光电耦合器进行隔离。过零电路可使交流电压变化到 0V 附近时让电路接通，从而减少干扰。电路接通后，由触发电路给出晶闸管器件的触发信号。固态继电器在选用时要注意输入电压范围、输出电压类型及输出功率。

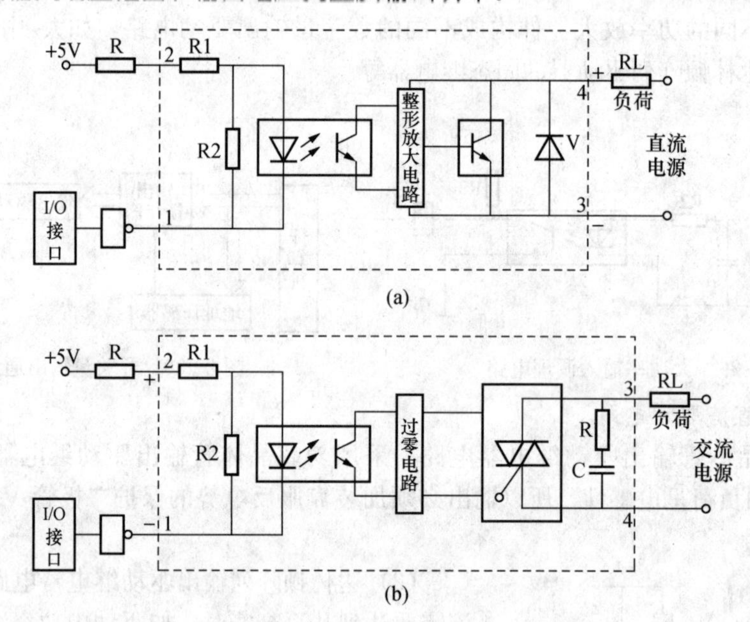

图 2-33 固态继电器结构

(a) 直流固态继电器的结构；(b) 交流固态继电器的结构

第五节 硬件抗干扰技术

所谓干扰，就是有用信号以外的噪声或造成计算机设备不能正常工作的破坏因素。在与干扰作斗争的过程中，人们积累了很多经验，有硬件措施，有软件措施，也有软硬结合的措施。硬件措施如果得当，可将绝大多数干扰拒之门外，但仍然有少数干扰窜入微机系统，引起不良后果，所以软件抗干扰措施作为第二道防线是必不可少的。软件抗干扰措施是以

CPU的开销为代价的。硬件抗干扰效率高，但要增加系统的投资和设备的体积；软件抗干扰投资低，但要降低系统的工作效率。

对于计算机控制系统来说，干扰既可能来源于外部，也可能来源于内部。外部干扰是指那些与系统结构无关，而是由外界环境因素决定的；而内部干扰则是由系统结构、制造工艺等决定的。外部干扰主要是空间电磁场的影响，环境温度、湿度等气象条件也是外来干扰。内部干扰主要是由分布电容、分布电感引起的耦合感应，电磁场辐射感应，长线传输的波反射，多点接地造成的电位差引起的干扰，寄生振荡引起的干扰，甚至元器件产生的噪声也属于内部干扰。

一、过程通道抗干扰技术

过程通道是系统信息传输的路径。按干扰的作用方式不同，过程通道的干扰主要有串模干扰（常态干扰）和共模干扰（共态干扰）。

1. 串模干扰及其抑制方法

（1）串模干扰。所谓串模干扰是指叠加在被测信号上的干扰噪声。这里的被测信号是指有用的支流信号或缓慢变化的交变信号，而干扰噪声是指无用的、变化较快的杂乱交变信号。串模干扰和被测信号在回路中所处的地位是相同的，总是以两者之和作为输入信号。串模干扰也称为常态干扰，如图2-34所示。

（2）串模干扰的抑制方法 。由于串模干扰与有效信号迭加在一起，因此，去除这种干扰往往比较困难。串模干扰的抑制方法应从干扰信号的特性和来源入手，分别对不同情况采取相应的措施。

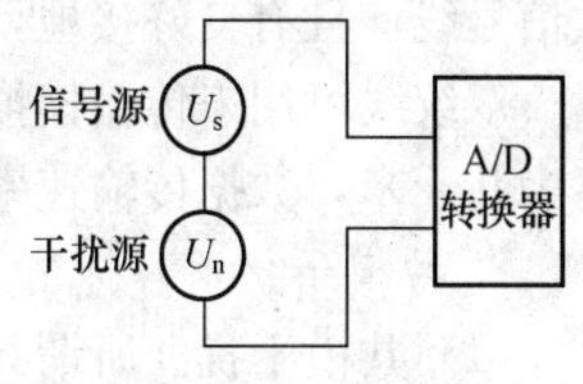

图2-34 串模干扰

1）采用硬件滤波器抑制串模干扰是一种常用的方法。根据串模干扰频率与被测信号频率的分布特性，可以选用低通、高通、带通等滤波器。其中，如果串模干扰频率比被测信号频率高，则采用输入低通滤波器来抑制高频率串模干扰；如果串模干扰频率比被测信号频率低，则采用高通滤波器来抑制低频串模干扰；如果串模干扰频率落在被测信号频谱的两侧，则应用带通滤波器。滤波器又可以分为模拟滤波器、数字滤波器两类，模拟滤波器又有无源和有源滤波器之分。

一般情况下，串模干扰均比被测信号变化快，故常用RC低通滤波网络作为A/D转换器的输入滤波器，如图2-35所示为一种无源RC低通滤波器，它可使50Hz的串模干扰信号衰减600倍左右。该滤波器的时间常数小于200ms，因此，当被测信号变化较快时，应相应地改变网络变化参数，以适当减小时间常数。一种二阶有源低通滤波器如图2-36所示。

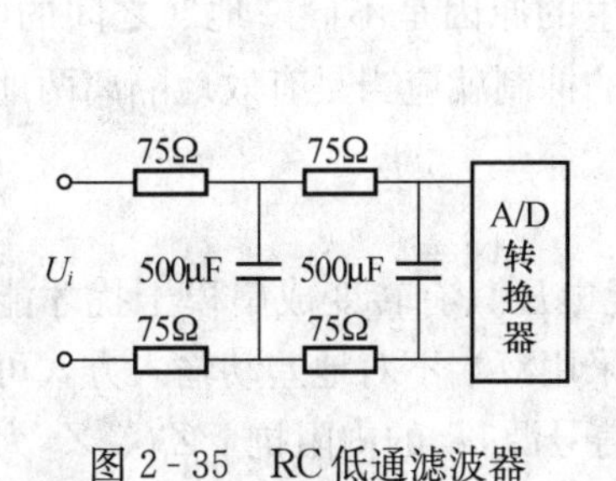

图2-35 RC低通滤波器

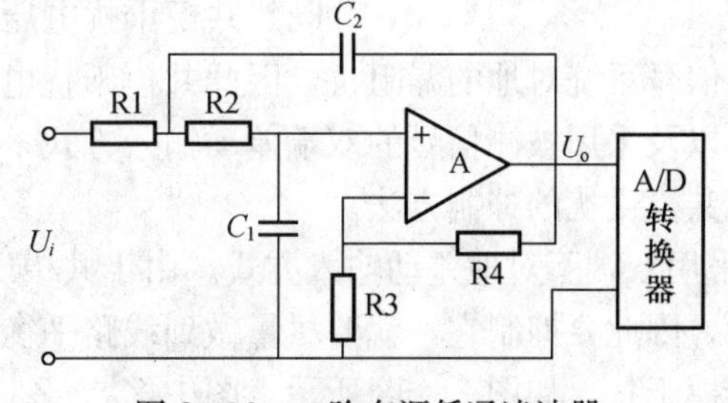

图2-36 二阶有源低通滤波器

2）当尖峰型串模干扰成为主要干扰源时，用双积分式A/D转换器可以削弱串模干扰的影响。因为此类转换器对输入信号的平均值而不是瞬时值进行转换，所以对尖峰干扰具有抑制能力，如果取积分周期等于主要串模干扰的周期或为整数倍，则通过积分比较变换后，对串模干扰有更好的抑制效果。

3）对于串模干扰主要来自电磁感应的情况下，对被测信号应尽可能早地进行前置放大，从而达到提高回路中的信号噪声比的目的；或者尽可能早地完成A/D转换或采取隔离和屏蔽等措施。

4）从选择逻辑器件入手，利用逻辑器件的特性来抑制串模干扰。此时可采用高抗扰度的逻辑器件，通过高阈值电平来抑制低噪声的干扰；也可采用低速逻辑器件来抑制高频干扰；当然也可以人为地通过附加电容器，以降低某个逻辑电路的工作速度来抑制高频干扰。对于主要由所选用的元器件内部的热扰动产生的随机噪声所形成的串模干扰，或在数字信号的传输过程中夹带的低噪声或窄脉冲干扰时，这种方法是比较有效的。

5）采用双绞线做信号引线。其目的，就是因为外界电磁场会在双绞线相邻的小环路上形成相反方向的感应电势，从而互相抵消减弱干扰作用。双绞线相邻的扭绞处之间为双绞线的节距，双绞线的不同节距会对串模干扰起到不同的抑制效果：节距越小，干扰的衰减比越大，抑制干扰的屏蔽效果越好。为了增强抗干扰能力，可选用带有屏蔽的双绞线或同轴电缆做信号线，且有良好接地，并对测量仪表进行电磁屏蔽。

双绞线可用来传输模拟信号和数字信号，用于点对点连接和多点连接应用场合，传输距离为几千米，数据传输速率可达2Mb/s。

2. 共模干扰及其抑制方法

（1）共模干扰。所谓共模干扰是指A/D转换器两个输入端上公有的干扰电压。这种干扰可能是直流电压，也可能是交流电压，其幅值可达几伏甚至更高，取决于现场产生干扰的环境条件和计算机等设备的接地情况。共模干扰也称为共态干扰。

因为在计算机控制生产过程时，被控制和被测试的参量可能很多，并且是分散在生产现场的各个地方，一般都用很长的导线把计算机发出的控制信号传送到现场中的某个控制对象，或者把安装在某个装置中的传感器所产生的被测信号传送到计算机的A/D转换器。因此，被测信号U_s的参考接地点和计算机输入信号参考接地点之间往往存在一定的电位差U_{cm}，如图2-37所示。对于A/D转换器的两个输入端来说，分别有U_s+U_{cm}和U_{cm}两个输入信号，显然，U_{cm}是共模干扰电压。

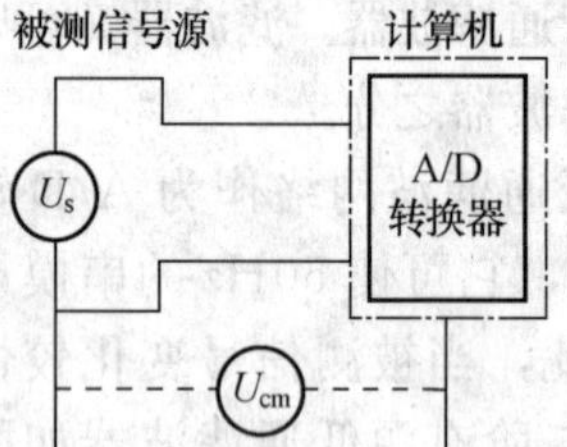

被测信号源
计算机
A/D
转换器
U_s
U_{cm}
共模干扰

图2-37 共模干扰示意图

既然共模干扰电压产生的原因是不同“地”之间的电位差，以及模拟信号系统对地的漏阻抗，因此共模干扰电压的抑制就应当是有效地隔离两地之间的电联系，以及采用被测信号的双端差动输入方式。

（2）共模干扰的抑制方法。

1）采用双端不对地差动输入方式。由于共模干扰电压只有转变成串模干扰才能对系统产生影响，因此要抑制它，就要尽量做到线路平衡。采用双端不对地差动输入方式可以有效地抑制共模干扰，如图2-38所示。图中Z_{s1}、Z_{s2}为信号源U_s的内阻抗，Z_{c1}、Z_{c2}为输入电路的输入阻抗。共模干扰电压U_{cm}对放大器两个输入端A、B产生的共模电压为

$$U_{AB}=U_A-U_B=U_{cm}\left(\frac{Z_{c1}}{Z_{s1}+Z_{c1}}-\frac{Z_{c2}}{Z_{s2}+Z_{c2}}\right) \tag{2-12}$$

如果 $Z_{s1}=Z_{s2}$，$Z_{c1}=Z_{c2}$，那么 $U_{AB}=0$，表示不会引入共模干扰，但上述条件实际上无法满足，只能做到 Z_{s1} 接近 Z_{s2}，Z_{c1} 接近 Z_{c2}，因此有 $U_{AB}\neq 0$，也就是说实际上总存在一定的共模干扰电压。显然，当 Z_{s1} 和 Z_{s2} 越小，Z_{c1} 和 Z_{c2} 越大，并且 Z_{c1} 和 Z_{c2} 越接近时，共模干扰的影响就越小。一般情况下，共模干扰电压 U_{cm} 总是转化成一定的串模干扰 U_n 出现在两个输入端之间。

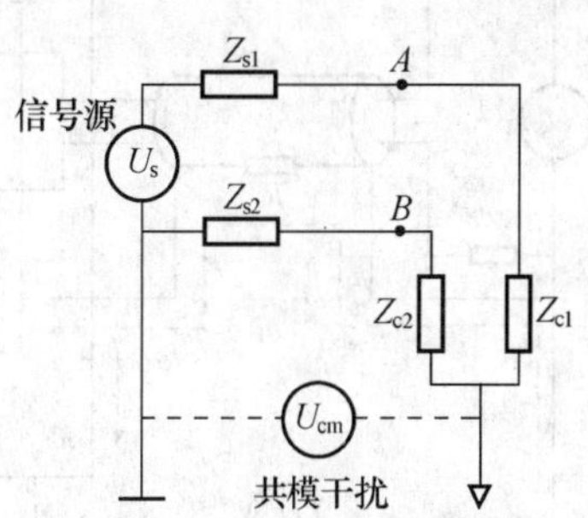

图 2-38 双端不对地差动输入方式

2）变压器隔离。利用变压器把模拟信号电路与数字信号电路隔离开来，也就是把模拟地与数字地断开，以使共模干扰电压 U_{cm} 不能成为回路，从而抑制了共模干扰。另外，隔离前和隔离后应分别采用两组互相独立的电源，切断两部分的地线联系。

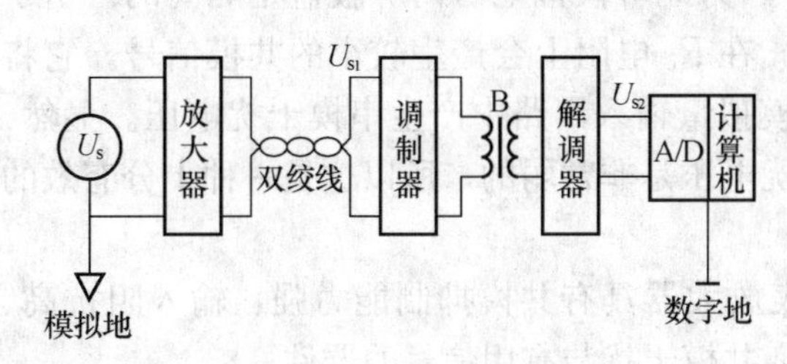

图 2-39 变压器隔离

在图 2-39 中，被测信号 U_s 经放大后，首先通过调制器变换成交流信号，经隔离变压器 B 传到二次侧，然后用解调器再将它变换为直流信号 U_{s2}，再对 U_{s2} 进行 A/D 变换。

3）光电隔离。光电耦合器是由发光二极管和光敏三极管封装在一个管壳内组成的，发光二极管两端为信号输入端，光敏三极管的集电极和发射极分别作为光电耦合器的输出端，它们之间的信号是靠发光二极管在信号电压的控制下发光，传给光敏三极管来完成的。

光电耦合器有以下几个特点：首先，由于是密封在一个管壳内，或者是模压塑料封装的，所以不会受到外界光的干扰；其次，由于是靠光传送信号，切断了各部件电路之间地线的联系；第三，发光二极管动态电阻非常小，而干扰源的内阻一般很大，能够传送到光电耦合器输入端的干扰信号就变得很小；第四，光电耦合器的传输比与晶体管的放大倍数相比，一般很小，远不如晶体管对干扰信号那样灵敏，而光电耦合器的发光二极管只有在通过一定的电流时才能发光。因此，即使是在干扰电压幅值较高的情况下，由于没有足够的能量，仍不能使发光二极管发光，从而可以有效地抑制掉干扰信号。此外，光电耦合器提供了较好的带宽、较低的输入失调漂移和增益温度系数，因此，能够较好地满足信号传输速度的要求。

在图 2-40 中，模拟信号 U_s 经放大后，再利用光电耦合器的线性区，直接对模拟信号进行光电耦合传送。由于光电耦合器的线性区一般只能在某一特定的范围内，因此，应保证被传信号的变化范围始终在线性区内。为保证线性耦合，既要严格挑选光电耦合器，又要采取相应的非线性校正措施，否则将产生较大的误差。另外，光电隔离前后两部分电路应分别采用两组独立的电源。

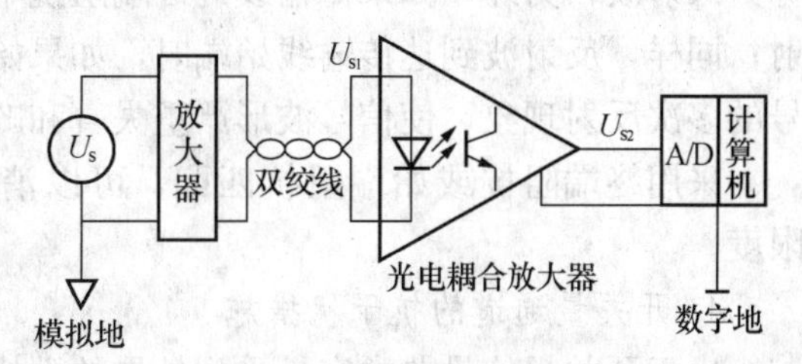

图 2-40 光电隔离

光电隔离与变压器相比，实现起来比较容易、成本低、体积也较小，因此在计算机控制系统中得到了广泛的应用。

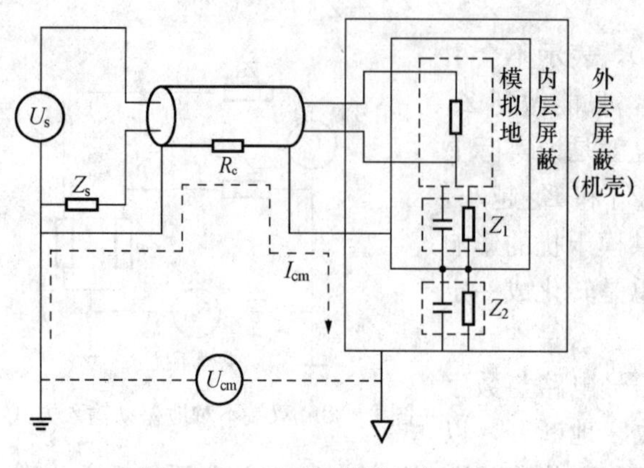

图 2-41 双层屏蔽浮地输入方式

4）浮地屏蔽。采用浮地输入双层屏蔽放大器来抑制共模干扰，如图 2-41 所示。这是利用屏蔽方法使输入信号的“模拟地”浮空，从而达到抑制共模干扰的目的。

图 2-41 中 Z_1 和 Z_2 分别为模拟地与内屏蔽盒之间和内屏蔽盒与外屏蔽层（机壳）之间的绝缘阻抗，它们由漏电阻和分布电容组成，所以此阻抗很大。图 2-41 中，用于传送信号的屏蔽线的屏蔽层和 Z_2 为共模电压 U_{cm} 提供了共模电流 I_{cm} 的通路，但此电流不会产生串模干扰，因为此时模拟地与内屏蔽盒是隔离的。由于屏蔽线的屏蔽层存在电阻 R_c，因此共模电压 U_{cm} 在 R_c 电阻上会产生较小的共模信号，它将在模拟量输入回路中产生共模电流，此电流在模拟量输入回路中产生串模干扰电压。显然，由于 $R_c \ll Z_2$，$Z_s \ll Z_1$，故由 U_{cm} 引入的串模干扰电压是非常弱的，所以这是一种十分有效的共模抑制措施。

5）采用仪表放大器提高共模抑制比。仪表放大器具有共模抑制能力强、输入阻抗高、漂移低、增益可调等优点，是一种专门用来分离共模干扰与有用信号的器件。

3. 长线传输干扰及其抑制方法

计算机控制系统是一个从生产现场的传感器到计算机，再到生产现场执行的庞大系统。由生产现场到计算机的连线往往长达几十米，甚至几百米。即使在中央控制室内，各种连线也有几米到十几米。由于计算机采用高速集成电路，致使长线的“长”是相对的。这里所谓的“长线”其长度并不长，而且取决于集成电路的运算速度。例如，对于毫微秒级的数字电路来说，1m 左右的连线就应当作长线来看待；而对于十毫微秒级的电路，几米长的连线才需要当作长线处理。

信号在长线中传输遇到三个问题：一是长线传输易受到外界干扰；二是具有信号延时；三是高速变化的信号在长线中传输时，会出现波反射现象。当信号在长线中传输时，由于传输线的分布电容和分布电感的影响，信号会在传输线内部产生正向前进的电压波和电流波，称为入射波；另外，如果传输线的终端阻抗不匹配，那么当入射波到达终端时，便会引起反射；同样，反射波到达传输线始端时，如果始端阻抗也不匹配，还会引起新的反射。这种信号的多次反射现象，使信号波形严重失真和畸变，并且引起干扰脉冲。

采用终端阻抗或始端阻抗匹配，可以消除长线传输中的波反射或者把它抑制到最低限度。

4. 开关量通道的抗干扰措施

由于开关量信号非常容易受到外界的干扰，因此，对于开关量通道必须采取可靠的抗干扰措施。

（1）开关量信号负逻辑传输。开关断开时，开关量输入信号为低电平，开关接通时为高电平，这种方式称为正逻辑。开关断开时，开关量输入信号为高电平，开关接通时为低电平，这种方式称为负逻辑。负逻辑方式具有较强的抗噪声能力。

（2）提高数字信号的电压等级。一般输入信号的动作电平为 TTL 电平，由于电压较低，容易受到外界干扰，触点的接触也往往不良，可能导致输入失灵。可以将输入信号提高到+24V，经过长线传输接入计算机，在入口处再将高电压信号转换成 TTL 电平。这种电压传送方式不仅提高了抗干扰能力，而且使触点接触良好，从而保证运行可靠。

（3）在开关量通道中，采用光电耦合器件进行信号隔离。

（4）提高输入端的门限电压。在输入端加入二极管或施密特触发器，对于振幅不大的干扰有很好的抑制作用。

二、系统供电与接地的抗干扰措施

1. 系统供电的抗干扰措施

计算机控制系统一般是由交流电网供电，电网电压与频率的波动将直接影响到控制系统的可靠性与稳定性。此外，在系统正常运行的过程中，计算机的供电不允许中断，否则不但会使计算机丢失数据，而且还会影响生产。因此必须采取电源保护措施，防止电源干扰，并保证不间断地供电。

（1）供电系统的一般保护措施。计算机控制系统的供电一般采用图 2-42 所示的结构。为了抑制电网电压波动的影响而设置交流稳压器，保证 220V（AC）供电。交流电网频率为 50Hz，其中混杂了部分高频干扰信号。为此采用低通滤波器让 50Hz 的基波通过，而滤除高频干扰信号。最后由直流稳压电源给计算机供电，建议采用开关电源。开关电源用调节脉冲宽度的办法调整直流电压，调整以开关方式工作，功耗低。这种电源用体积很小的高频变压器代替了一般线性稳压电源中体积庞大的工频变压器，对电网电压的波形适应性强，抗干扰性能好。

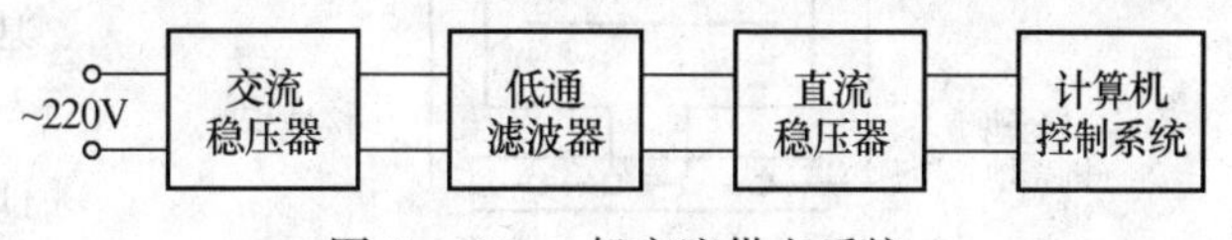

图 2-42 一般交流供电系统

（2）电源异常的保护措施。计算机控制系统的供电不允许中断，一旦中断会影响生产，为此，可采用不间断电源 UPS，其原理如图 2-43 所示。正常情况下由交流电网供电，同时电池组处于充电状态。如果交流供电中断，电池组经逆变器输出交流电代替外界交流供电，这是一种无触点的不间断切换。UPS 用电池组作为后备电源，如果外界交流电中断时间较长，就需要大容量的蓄电池组。为了确保供电安全，可以采用交流发电机或第二路交流供电线路。

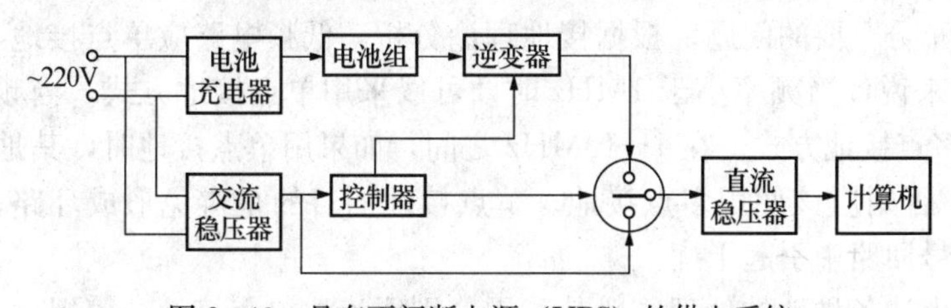

图 2-43 具有不间断电源（UPS）的供电系统

2. 系统接地的抗干扰措施

计算机控制系统接地的目的有三个：一是为各电路工作提供基准电位；二是抑制干扰，使计算机稳定地工作；三是保护计算机、电器设备和操作人员的安全。但不恰当的接地不但不能抑制干扰，反而会造成极其严重的干扰，因此，正确的接地对计算机控制系统极为重要。通常接地可分为工作接地和保护接地两大类。保护接地主要是为了避免操作人员因绝缘层的损坏而发生触电危险以及保证设备的安全；工作接地则主要是为了保证控制系统稳定可靠地运行，防止地形成环路引起干扰。下面主要讨论工作接地。

(1) 地线系统分析。在计算机控制系统中，一般有以下几种地线：模拟地、数字地、安全地、系统地、交流地。

1) 模拟地作为传感器、变送器、放大器、A/D 和 D/A 转换器中模拟电路的零电位。模拟信号有精度要求，有时信号比较小，而且与生产现场连接。因此，必须认真地对待模拟地。

2) 数字地作为计算机中各种数字电路的零电位，应该与模拟地分开，避免模拟信号受数字脉冲的干扰。

3) 安全地的目的是使设备机壳与大地等电位，以避免机壳带电而影响人身及设备的安全。通常安全地又称为保护地或机壳地，机壳包括机架、外壳等。

4) 系统地就是上述几种地的最终回流点，直接与大地相连，如图 2-44 所示。众所周知，地球是导体而且体积非常大，因而其静电容量也非常大，电位比较恒定，所以人们把它的电位作为基准电位，也就是零电位。

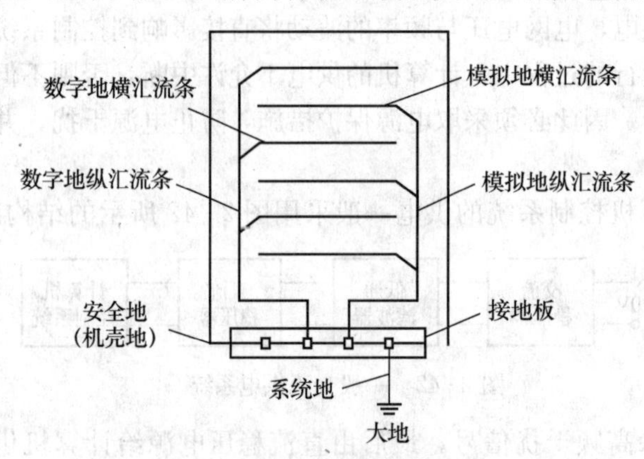

图 2-44 单点回流法接地方式

5) 交流地是计算机交流供电电源地，即动力线地，它的地电位很不稳定。在交流地上任意两点之间，往往很容易就有几伏至几十伏的电位差存在。另外，交流地也很容易带来各种干扰。因此，交流地绝对不允许分别与上述几种地相连，而且交流电源变压器的绝缘性要好，绝对要避免漏电现象。

显然，正确的接地是一个十分重要的问题。根据接地理论分析，低频电路应单点接地，高频电路就近多点接地。一般来说，当频率小于 1MHz 时，可以采用单点接地方式；当频率高于 10MHz 时，可以采用多点接地方式。在 1~10MHz 之间，如果用单点接地时，其地线长度不得超过波长的 1/20，否则应该使用多点接地。单点接地的目的是避免形成环路，地环路产生的电流会引入到信号回路中引起干扰。

在过程控制计算机中，对上述各种地的处理一般是采用分别回流法单点接地。模拟地、数字地、安全地（机壳地）的分别回流法如图 2-44 所示。回流线往往采用汇流条，而不采用一般导线。汇流条由多层的铜导体构成，截面呈矩形，各层之间有绝缘层。采用多层汇流条以减少自感，可减少干扰窜入。在稍严格的系统中，分别使用横向及纵向汇流条，在机柜里各层机架之间分别设置汇流条，以最大限度地减少公共阻抗的影响。在空间上将数字地汇流条与模拟地汇流条之间隔开，以避免通过汇流条之间的电容产生耦合。安全地（机壳地）始终与信号地（模拟地、数字地）是浮离开的。这些地之间只在最后汇聚一点，并且常常通过铜接地板交汇，然后用直径不小于 300mm^2 的多股铜软线焊接在接地极上后深埋地下。

(2) 低频接地技术。在一个实际的计算机控制系统中，通道的信号频率绝大部分在 1MHz 以下。因此，此处只讨论低频接地而不涉及高频问题。

1) 一点接地方式。信号地线的接地方式应采用一点接地，而不采用多点接地。一点接地主要有两种接法：即串联接地（或称共同接地）和并行接地（或称分别接地），如图 2-45 所示。

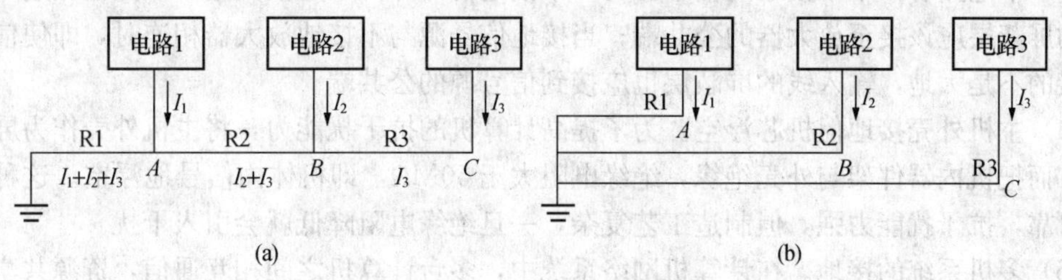

图 2-45 一点接地方式

（a）串联一点接地方式；（b）并联一点接地方式

从防止噪声的角度看，如图 2-45（a）所示的串联接地方式是最不适用的。由于地电阻 R1、R2 和 R3 是串联的，所以各电路间相互发生干扰。虽然这种方式很不合理，但由于比较简单，用的地方仍然很多。当各电路的电平相差很大时就不能使用这种方式，因为高电平将会产生很大的地电流并干扰到低电平电路中去。使用这种串联一点接地方式时还应注意把低电平的电路放在距接地点最近的地方，就是图 2-45（a）最靠近地电位的 A 点上。

如图 2-45（b）所示的并联接地方式在低频时是最适合的，因为各电路的地电位只与本电路的地电流和地线阻抗有关，不会因为地电流而引起各电路间的耦合。这种方式的缺点是需要连很多根地线，用起来比较麻烦。

2）实用的低频接地。一般在低频时用串联一点接地的综合接法，即在符合噪声标准和简单易行的条件下统筹兼顾，也就是说可用分组接法，即低电平电路经一组共同地线接地，高电平电路经另一组共同地线接地。注意不要把功率相差很多、噪声电平相差很大的电路接入一组地线接地。

在一般的系统中至少要有三条分开的地线（为避免噪声耦合，三种地线应分开），如图 2-46 所示。一条是低电平电路地线；一条是继电器、电动机等的地线（称为噪声地线）；一条是设备机壳地线（称为金属件地线）。若设备使用交流电源，则电源地线应和金属件地线相连。这三条地线应在一点连接接地。使用这种方法接地时，可解决计算机控制系统的大部分接地问题。

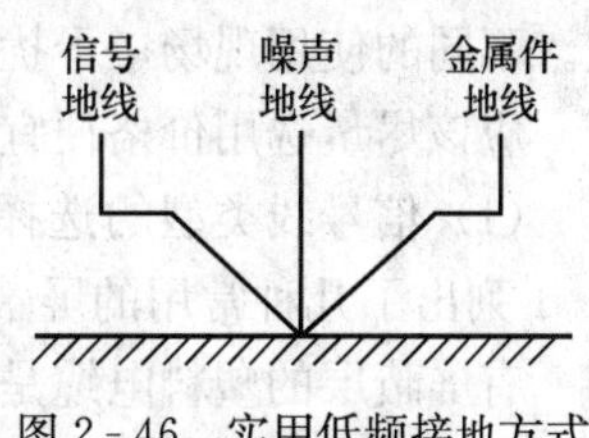

图 2-46 实用低频接地方式

（3）通道馈线的接地技术。

1）电路一点地基准。一个实际的模拟量输入通道，总可以简化成由信号源、输入馈线和输入放大器三部分组成。这部分接地常见的错误是将信号源与输入放大器分别接地形成双端接地。这种接地方式之所以错误，是因为它不仅会遭致磁场耦合的影响，而且还会因地电位不等而引起环流噪声干扰。实际上，由于各处接地体几何形状、材质、接地深度不可能完全相同，土壤的电阻率因地层结构各异也相差甚大，使得接地电阻和接地电位可能有很大的差值。这种接地电位的不相等，几乎每个工业现场都会碰到，一定要引起注意。

为了克服双向接地的缺点，应采用单端接地的方式。当单端接地点位于信号源的一端时，放大器电源不接地；当单端接地点位于放大器的一端时，信号源不接地。

2）电缆屏蔽层的接地。当信号电路是一点接地时，低频电缆的屏蔽层也应一点接地。

如欲将屏蔽层一点接地，则应选择较好的接地点。

当一个电路有一个不接地的信号源与一个接地的（即使不是接大地）放大器相连时，输入线的屏蔽层应该接至放大器的公共端；当接地信号源与不接地放大器相连时，即使信号源一端接的不是大地，输入线的屏蔽层也应接到信号源的公共端。

(4) 主机外壳接地但机芯浮空。为了提高计算机的抗干扰能力，将主机外壳作为屏蔽罩接地，而把机内器件架与外壳绝缘，绝缘电阻大于50MΩ，即机体内信号地浮空。这种方法安全可靠，抗干扰能力强，但制造工艺复杂，一旦绝缘电阻降低就会引入干扰。

(5) 多机系统的接地。在计算机网络系统中，多台计算机之间相互通信，资源共享，如果接地不合理，将使整个网络系统无法正常工作。近距离的几台计算机安装在同一机房内，可采用如图2-47所示的多机一点接地方法。对于远距离的计算机网络，多台计算机之间的数据通信，通过隔离的方法把地分开。例如，采用变压器隔离技术、光电隔离技术和无线电通信技术。

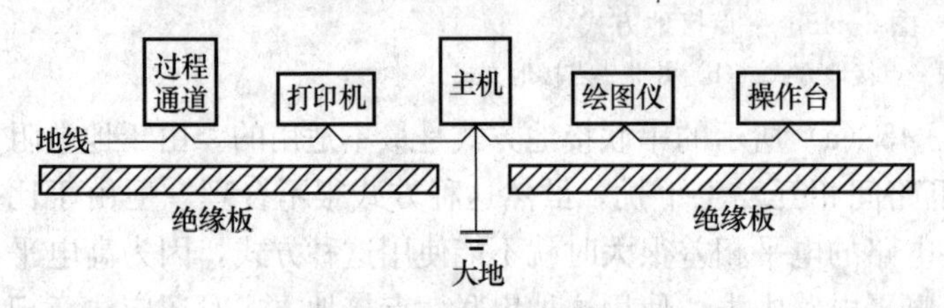

图2-47　多机系统一点接地

三、信号线的选择与敷设

在计算机控制系统中，信号线的选择与敷设也是一个不容忽视的问题，如果能合理地选择信号线，并在实际施工中又能正确地敷设信号线，那么可以抑制干扰；反之，将会给系统引入干扰，造成不良影响。

1. 信号线的选择

对于信号线的选择，一般应从抗干扰和经济实用等方面考虑，而抗干扰能力则应放在首位。不同的使用现场，干扰情况也不同，应选择不同的信号线。在不降低抗干扰能力的条件下，应该尽量选用价格便宜、敷设方便的信号线。

(1) 信号线类型的选择。在精度要求高、干扰严重的场合，应当采用屏蔽信号线。表2-1列出了几种常用的屏蔽信号线的结构类型及其对干扰的抑制效果。

有屏蔽层的塑料电缆是按抗干扰原理设计的，几十对信号在同一电缆中也不会互相干扰。屏蔽双绞线与屏蔽电缆相比性能稍差，但波阻抗高、体积小、可挠性好、装配焊接方便，特别适用于互补信号的传输。双绞线之间的串模干扰小、价格低廉，是计算机控制系统中常用的传输介质。

表2-1　　屏蔽信号线性能及其效果

屏蔽结构	干扰衰减比	屏蔽效果（dB）	备注
铜网（密度85%）	103：1	40.3	电缆的可挠性好，适合近距离使用
铜带叠卷（密度90%）	376：1	51.5	带有焊药，易接地，通用性好
铝聚酯树脂带叠卷	6610：1	76.4	应使用电缆沟，抗干扰效果最好

(2) 信号线粗细的选择。从信号线价格、强度及施工方便等因素出发，信号线的截面积在$2mm^2$以下为宜，一般采用$1.5mm^2$和$1.0mm^2$两种。采用多股线电缆较好，其优点是可挠性好，适宜于电缆沟有拐角和狭窄的地方。

2. 信号线的敷设

选择了合适的信号线，还必须合理地进行敷设。否则，不仅达不到抗干扰的效果，反而会引进干扰。信号线的敷设要注意以下事项。

（1）模拟信号线与数字信号线不能使用同一根电缆，要绝对避免信号线与电源线合用同一根电缆。

（2）屏蔽信号线的屏蔽层要一端接地，同时要避免多点接地。

（3）信号线的敷设要尽量远离干扰源，如避免敷设在大容量变压器、电动机等电器设备附近。如果有条件，将信号线单独穿管配线，在电缆沟内从上到下依次架设信号电缆、直流电源电缆、交流低压电缆、交流高压电缆。表 2-2 为信号线和交流电力线之间的最小间距，供布线时参考。

表 2-2　　信号线和交流电力线之间的最小间距

电力线容量		信号线和交流电力线之间的最小间距/cm
电压/V	电流/A	
125	10	12
250	50	18
440	200	24
5000	800	48

（4）信号电缆与电源电缆必须分开，并尽量避免平行敷设。如果现场条件有限，信号电缆与电源电缆不得不敷设在一起时，则应满足以下条件：

1）电缆沟内要设置隔板，且使隔板与大地连接，如图 2-48（a）所示。

2）电缆沟内用电缆架或在沟底自由敷设时，信号电缆与电源电缆间距一般应在 15cm 以上，如图 2-48（b）和（c）所示；如果电源电缆无屏蔽，且为交流电压 220V（AC）、电流 10A 时，两者间距应在 60cm 以上。

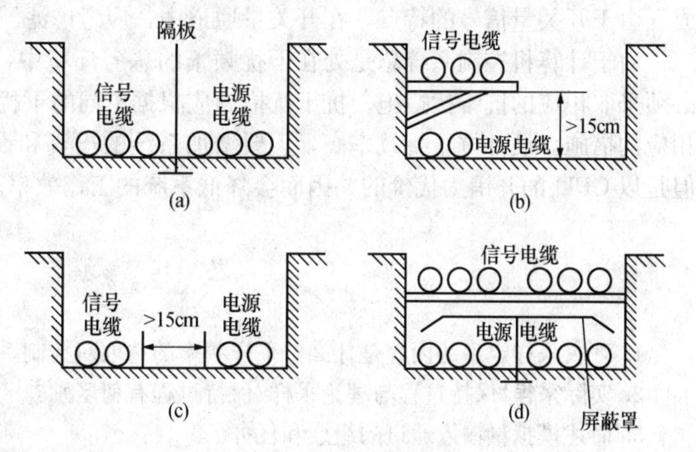

图 2-48　信号线的敷设

3）电源电缆使用屏蔽罩，如图 2-48（d）所示。

本 章 小 结

本章主要介绍了模拟量信号的采样与保持、模拟量输入/输出通道、开关量输入/输出通道、硬件和软件抗干扰技术等内容。

采样是将一个连续时间函数 $X(t)$ 用时间离散的连续函数 $X^*(t)$ 来表示。理想的采样应该是抽取模拟量信号的瞬间函数值。数字信号 $X(nT)$ 是指量化的离散模拟量信号，量化是采用一组数码（如二进制编码）来逼近离散模拟量信号的幅值，并将其值用该数码表示出来。

采样周期 T 或采样频率 f_s 的确定，必须使采样结果 $X^*(t)$ 既不因采样频率太高而浪费时间或不能实现，又不因采样频率太低而失真于采样前信号 $X(t)$。选择采样周期 T 或采样频率 f_s 的依据是香农（Shannon）采样定理。

理想的采样过程是在采样时刻 kT 时瞬间使开关 K 闭合，并把 kT 时刻的输入信号送给 A/D 转换器进行模数转换，而其他时间开关 K 则断开。当然，只有 A/D 转换器具有瞬间转换的能力且开关动作时间为 0 时，才能按这种方法对开关 K 进行控制。而实际的采样/保持电路恰恰相反，在采样时刻 kT 开关 K 断开，即进行保持，这一保持过程应该持续到 A/D 转换结束，开关 K 才重新闭合。

模拟量输入通道的任务是把从系统中检测到的模拟量信号，转换成二进制数字信号，经接口送入计算机中。模拟量输入通道一般由 I/V 变换、多路开关、信号放大器、采样/保持器、A/D 转换器、接口及逻辑控制电路等组成。模拟量输出通道的任务是把计算机输出的数字量转换成模拟电压或电流信号，以驱动相应的执行机构，达到控制的目的。模拟量输出通道一般由接口逻辑电路、D/A 转换器、采样/保持器、多路开关、V/I 变换等部分组成。

开关量（数字量）通道的任务是把现场设备的状态信息送入计算机，并实现计算机对现场被控开关和设备的控制。开关量输入通道主要由输入缓冲器、输入调理电路、输入地址译码器等组成，开关量输出通道主要由输出锁存器、输出驱动电路、输出地址译码电路等组成。由于开关量信号的特点，在开关量通道中，应考虑滤波、隔离、抗干扰措施。

由于计算机控制系统总是处在干扰频繁的恶劣环境中，因此，为了保证系统正常工作，必须采取相应的抗干扰措施。抗干扰措施应根据不同的干扰形式，从硬件和软件两方面采取相应的措施。硬件抗干扰效率高，但要增加系统的投资和设备的体积；软件抗干扰投资低，但是以 CPU 的开销为代价的，因而会降低系统的工作效率。

思考题

1. 香农采样定理的内容是什么？采样频率的选取对控制系统有什么影响？
2. 实际采样/保持过程与理论采样/保持过程有何区别？
3. 简述模拟量输入通道的组成和任务。
4. 简述逐位逼近式、双斜积分式、电压/频率式 A/D 转换器的工作原理。
5. 简述 D/A 转换器的工作原理。
6. 简述数字量输入通道的组成及各部分的功能。
7. 常用的数字量输出驱动电路有哪些？就其中一种作简要说明。
8. 什么是串模干扰？如何抑制串模干扰？
9. 什么是共模干扰？如何抑制共模干扰？
10. 简述系统供电与接地的抗干扰措施。
11. 在计算机控制系统中，敷设信号线时应注意哪些问题？

第三章 计算机控制系统的软件基础

计算机控制系统的硬件只能构成裸机，它为过程计算机控制系统提供了物质基础。裸机只是系统的躯干，既无“大脑思想”，也无“知识和智能”，因此必须为裸机配备软件，才能把人的思维和知识用于对生产过程的控制。软件是各种程序的统称，软件的优劣不仅关系到硬件功能的发挥，而且也关系到计算机对生产过程的控制品质和管理水平。

一个基本的过程计算机控制系统的软件可以粗略地分成两个部分：系统软件（即计算机系统软件）和应用软件（在过程计算机控制系统中主要指过程控制软件），如图 3-1 所示。

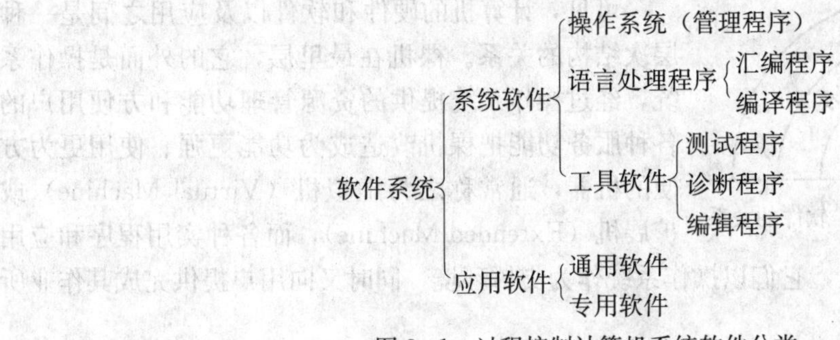

图 3-1 过程控制计算机系统软件分类

(1) 系统软件。系统软件一般指通用的、面向计算机的软件。它的主要任务是使硬件系统所提供的能力得到充分的利用和发挥，支持应用软件的运行并提供必需的服务。

系统软件是一组支持开发、生成、测试、运行和程序维护的工具软件，它一般与应用对象无关。计算机控制系统的系统软件一般由以下几部分组成：操作系统、编程语言、工具软件。

(2) 应用软件。过程计算机控制系统的应用软件一般可分成两部分：与过程计算机控制系统紧密相关的过程控制系统专用软件；能扩展过程计算机控制系统功能的通用计算机应用软件。

通用计算机应用软件主要指在计算机控制过程中都可以应用的一般性软件。在目前的计算机控制系统中可以理解为面向一般计算机控制系统的，不需要专门开发又能提供通用软件接口的软件，如通用的数据库软件、MS Excel 制表软件、通用的组态软件等。这类软件在业界已经获得了一致的认可，能与很多计算机控制系统和软件系统实现无缝连接。

过程控制专用软件主要由两类软件组成：一类是具有报警检测的过程数据的输入/输出、数据表示（又称实时数据库）、连续控制调节、顺序控制、历史数据的存储、过程画面的显示和管理、报警信息的管理、生产记录报表的管理和打印、参数列表显示、人机接口控制、通信管理等实时和历史数据处理和管理功能相关软件；另一类是专用组态生成软件、系统诊断软件等与过程计算机控制系统开发相关的软件。在大型分布式过程计算机控制系统（如 DCS、FCS）中，这些软件根据系统的实现需要会分布在过程计算机控制系统的不同部分。这类软件一般都是针对具体的计算机控制系统而制定开发的。

本章主要介绍计算机控制系统中的有关软件知识，包括操作系统、数据结构和数据库技术。

第一节　操作系统基础

计算机操作系统（Operating System）是一个非常复杂而且庞大的系统，在这里仅仅对计算机操作系统作一些基本的介绍和分析，为全面理解过程计算机控制系统建立基础。

一、操作系统的基本概念

任何一个计算机系统都是由两部分组成：计算机硬件和计算机软件。没有任何软件支持的计算机称为裸机（bare machine），它仅仅构成计算机系统的物质基础，而实际呈现在用户面前的计算机系统是经过若干层软件改造的计算机。图3-2所示为操作系统与计算机硬件、软件的关系。

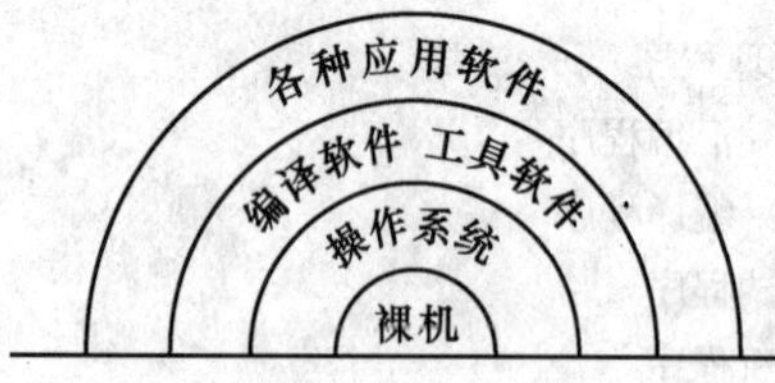

图3-2　操作系统与硬件、软件的关系

可见，计算机的硬件和软件以及应用之间是一种层次结构的关系。裸机在最里层，它的外面是操作系统，经过操作系统提供的资源管理功能和方便用户的各种服务功能把裸机改造成为功能更强、使用更为方便的机器，通常称之为虚拟机（Virtual Machine）或扩展机（Extended Machine），而各种实用程序和应用程序运行在操作系统之上，它们以操作系统作为支撑环境，同时又向用户提供完成其作业所需的各种服务。

因此，引入操作系统的目的可以从三个方面来考察。

（1）从系统管理人员的观点来看，引入操作系统是为了合理地组织计算机工作流程，管理和分配计算机系统硬件及软件资源，使之能为多个用户高效率地共享。因此，操作系统是计算机资源的管理者。

（2）从用户的观点来看，引入操作系统是为了给用户使用计算机提供一个良好的界面，以使用户无需了解许多有关硬件和系统软件的细节，就能方便地使用计算机。

（3）从发展的观点看，引入操作系统是为了给计算机系统的功能扩展提供支撑平台，使之在追加新的服务和功能时更加容易和不影响原有的功能。

因此，可以这样来定义操作系统：操作系统是计算机系统中的一个系统软件，它是这样一些程序模块的集合——它们管理和控制计算机系统中的硬件和软件资源，合理地组织计算机工作流程，以便有效地利用这些资源为用户提供一个功能强大、使用方便和可扩展的工作环境，从而在计算机与其用户之间起到接口的作用。

二、操作系统的功能

操作系统的功能主要包括五个部分：处理机管理、存储管理、设备管理、文件管理和用户接口，下面仅从使用的角度来简单介绍各部分的功能。

（一）处理机管理

计算机用户面对用户所提出的任务，通常是要求多个任务同时执行，才能达到响应速度快和及时处理问题的目的，可是往往只有一个中央处理器（CPU），这就产生了CPU的分配问题，如何合理地调配CPU，既能保证多个用户所提出的任务同时运行，又能满足不同用户的各种要求，达到预定的目标。这些都是处理机必须解决的问题。

处理机管理的对象是物理 CPU 和用户提交的作业。处理机管理由三部分组成：作业管理、进程管理和交通管理。

1. 作业管理

所谓作业（Job），就是用户请求计算机执行的一项工作，一般的作业又分成若干个顺序处理的作业步，作业步是在一个作业的处理过程中，计算机所做的相对独立的工作，一般来说，每一个作业步产生下一个作业步的输入文件。例如，用户把编写的控制程序提交给计算机去完成，这项工作通常分为输入、编译、连接、运行和输出这五个作业步。

作业管理的流程如图 3-3 所示。

相应地，使作业处于下列四种状态。

(1) 提交状态。用户向计算机提交作业的过程。

(2) 后备状态。设备管理程序将用户作业存入磁盘。

(3) 运行状态。作业调度程序从磁盘中选出若干个作业进入内存，并给它分配必要的资源，使它能够运行。

(4) 完成状态。作业执行完毕，作业调度程序收回给它的资源，并令其退出系统。

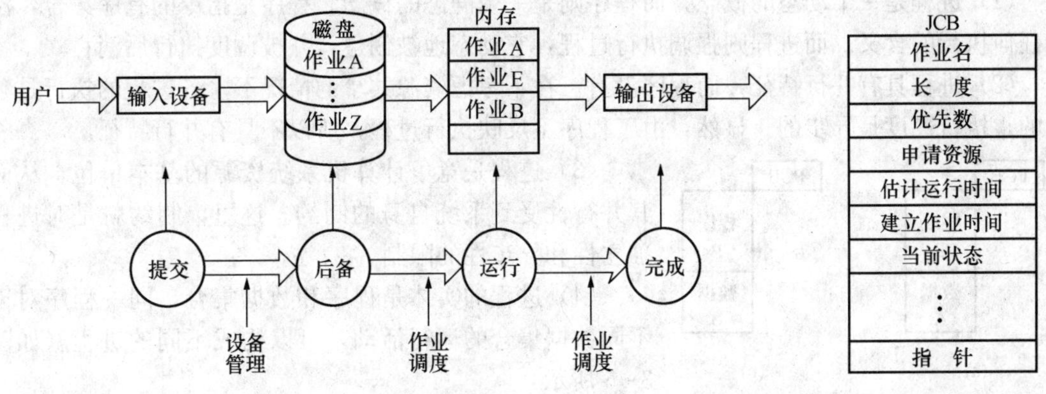

图 3-3　作业流程及状态　　　　图 3-4　作业控制块

为了便于作业管理和标识作业，必须给每个作业建立一个作业控制块（Job Control Block，JCB）用来描述作业的特性。JCB 是一张线性表，具体填写作业名、作业长度（占用存储量）、作业优先数、作业申请资源（如 I/O 设备）、作业估计运行时间、建立作业时间、作业当前状态和指针等，如图 3-4 所示。有时需要对作业分类管理，那就将同类作业的 JCB 链接起来，形成 JCB 链表，如图 3-5 所示。

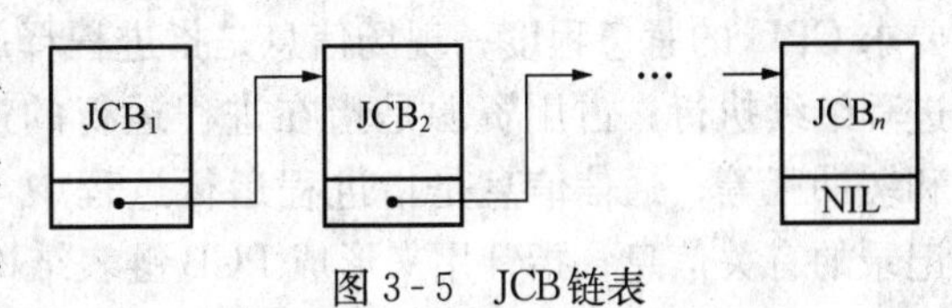

图 3-5　JCB 链表

JCB 是作业存在的唯一标志，系统建立一个作业时，就要为其建立一个 JCB，当作业退出系统时，那就删除其 JCB。

作业调度程序按照作业调度算法从后备作业中选出若干个作业存入内存，进入运行状态。下面是几种常用的作业调度算法。

(1) 先来先服务。按作业进入的先后顺序选取作业（最简单）。

(2) 最短时间优先。按作业申请的运行时间，优先选取运行时间短的作业。

(3) 最高响应比优先。所谓响应比是指作业等候时间与作业估计运行时间的比值，优先选取该比值最大的作业。

（4）多队列循环。其基本思想是把全部作业分成几类，每类设置一个队列，然后从这些队列中依次循环选取作业。

作业调度程序为每个被选中的作业做好运行前的准备工作。第一是为作业建立进程（Process）或称为任务（Task），第二是给作业分配所需的资源。例如，对于用高级语言编写的控制程序这类作业，应该为其建立编译、连接、运行、输出等进程，为其分配内存空间、打印机等设备资源。必须指出，被选中的作业处于运行状态，并不一定已占用 CPU 在执行。

如果作业完成了预定的各项功能，作业调度程序还要做一系列的善后处理工作，如输出执行结果、收回分配给它的全部资源、撤销 JCB 等。

综上所述，作业调度程序的管理对象是作业，应具备四项功能：为每个作业建立 JCB；按照作业调度算法选取作业；为作业建立进程和分配资源；作业执行完了的善后处理。

2. 进程管理

所谓进程（Process），就是程序为某个数据集合所进行的一次执行过程。

进程与程序是两个既有联系又有区别的概念，它们的区别和关系可简述如下。

（1）进程是一个动态的概念，而程序则是一个静态的概念。程序是指令的有序集合，没有任何执行的含义。而进程则强调执行过程，它动态地被创建，并被调度执行后消亡。

（2）进程具有并行特征，而程序没有。在不考虑资源共享的情况下，各进程的执行是独立的，执行速度是异步的。显然，由于程序不反映执行过程，所以不具有并行特征。

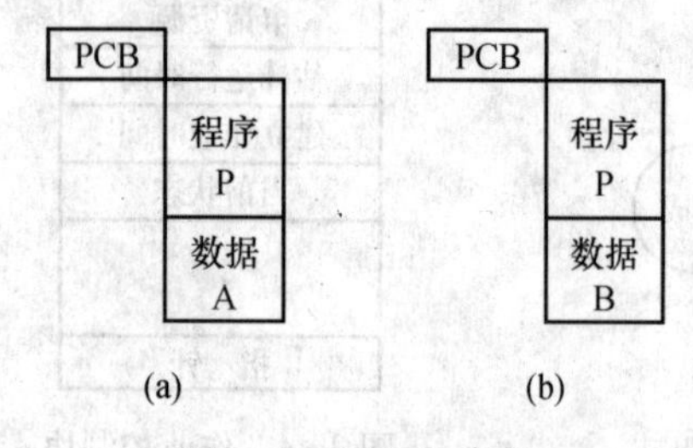

图 3-6　进程的表征

(a) 进程 A；(b) 进程 B

（3）进程是竞争计算机系统资源的基本单位，从而其并行性受到系统自身的制约。这里，制约就是对进程独立性和异步性的限制。

（4）进程的实体是程序和数据集合，同一程序对于不同数据集合的运行活动，可以构成不同的进程（如图 3-6 所示）。

为了便于进程管理和标识进程，必须给每一个进程建立一个进程控制块（PCB），PCB 是一张线性表，图 3-7 给出了 PCB 所包含的部分项目：进程名；当前状态（如图 3-8 所示）；优先数反映进程要求 CPU 的紧急程度；现场信息是指进程释放 CPU 时的断点，以便再次占用 CPU 时保证进程继续执行；占用资源是指在进程运行的过程中，所需的内存空间和缓冲区等；通信信息是指进程运行过程中与别的进程进行通信时所记录的有关信息；指针用来形成 PCB 链表结构，便于对进程的管理。

PCB 是进程存在的唯一标志，每建立一个进程就要为其建立一个 PCB，当撤销进程时，就删除 PCB。进程由 PCB 表、程序和数据集合组成，如图 3-6 所示。图中同一程序 P，配置了不同的数据集合（A 和 B），构成了两个不同的进程。例如，同一个 FORTRAN 编译程序就能同时为几个源程序服务，构成几个不同的进程，这就体现了程序与进程的区别。

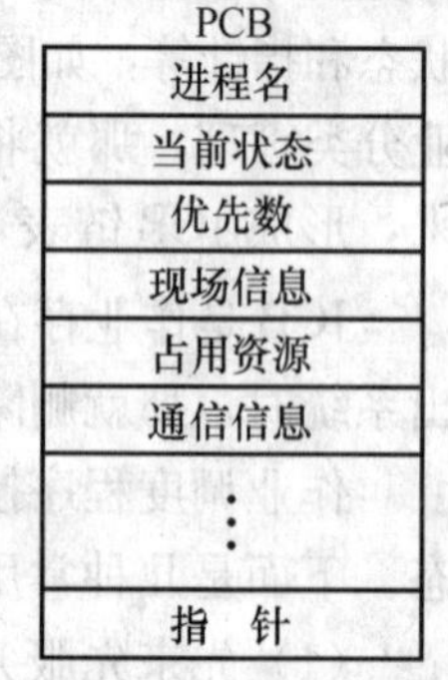

图 3-7　进程控制块

进程管理主要包括进程控制和进程调度两部分功能。

（1）进程控制。计算机系统中的进程是不断产生、活动和消亡的。大多数进程并不是永远存在于系统之中，进程可以由管理程序产生，也可以由父进程产生子进程。产生进程就是建立 PCB，使程序和数据具备占用 CPU 的条件，并不等于说就立即执行，进程的活动变迁如图 3-8 所示。

进程的活动可能要经历就绪、执行和封锁状态。

1）就绪状态。进程的一切执行条件皆具备，只是因为进程个数多于物理 CPU，尚未获得 CPU 而暂时等待。这种“万事俱备，只欠东风”的进程就处于就绪状态。

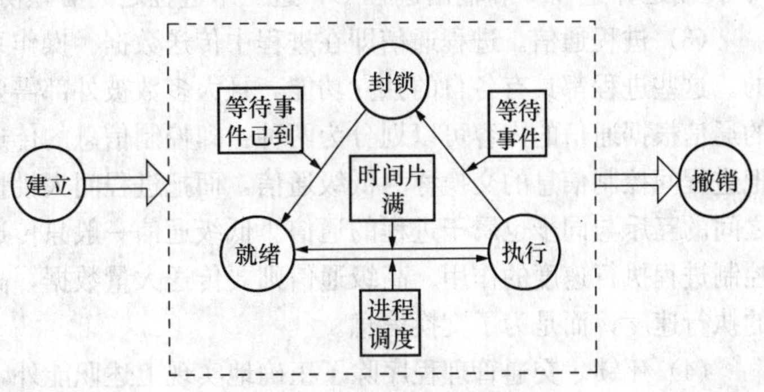

图 3-8　进程的活动及状态

2）执行状态。已经获得 CPU 并正在执行的进程处于执行状态。

3）封锁状态。由于某种原因（如等待输入、输出或通信等事件）暂时无法执行的进程处于封锁状态。

进程三状态的变迁原因如图 3-8 中方框内所示。执行中的进程由于等待某事件而进入封锁状态或称挂起；一旦事件满足就进入就绪状态。进程是按固定时间片占用 CPU 执行的，一旦时间片已满仍未执行完，那就进入就绪状态。进程调度程序按照进程调度算法从就绪进程中选出一个进程去执行。为了便于进程的管理，通常把处于就绪状态和封锁状态的 PCB 链接起来，形成就绪 PCB 链表和封锁 PCB 链表。

（2）进程调度。进程调度算法是分配 CPU 的策略，它的优劣直接影响计算机的实时性和利用率。下面是几种常用的进程调度算法。

1）最高优先数法。进程调度程序每次选就绪进程中优先数最高的去执行，优先数的确定可根据运行时间的长短、占用内存量的大小、使用外部设备的频繁程度、计算的重要性等因素来综合考虑。

2）循环轮转法。每次调就绪 PCB 链表顶端的进程去执行，并分配给它一定的时间片，当它用完时间片被强迫返回时，将其排在链表末端，以等待下次轮到它执行。

3）分级调用法。将全部进程分为若干类，每一类为一个等级。按照级别从高到低顺序调度，仅当高一级无就绪状态的进程时才选低一级的。

3. 交通管理

交通管理程序具有四项主要职能：实现进程状态的转变；实现进程之间的互斥与同步；进程通信；避免死锁。

（1）进程状态的转变：在图 3-8 中，进程从就绪状态转向执行状态是由进程调度程序完成的，而进程其他状态之间的转变皆由交通管理程序来实现。

（2）进程之间的互斥与同步。操作系统的两大特征是并发性和资源共享。并发性就是多个进程同时存在。由于进程多资源少，就出现了竞争资源的现象。例如，多个进程共享一台打印机，如果进程 A 和进程 B 都想占用打印机，若由于进程 A 抢先占用了打印机，那么进程 B 只好处于封锁状态。这种本来没有关系的进程，因为互相竞争资源而产生了制约关系，称之为互斥。

通常为了完成一个作业，要建立一组进程来共同完成一项工作，这些伙伴进程之间建立了一种直接关系，表现出协同工作的特性，称之为同步。如某项控制作业，建立了输入进程I、控制运算进程C和输出进程O，这三个进程之间必须协调一致，相互配合。

（3）进程通信。进程通信即在进程中传送数据。操作系统可以被看作是由各种进程组成的。这些进程都具有各自的独立功能，且大多数被外部需要而启动执行。一般说来，进程间的通信根据通信的内容可以划分为两种：即控制信息的传送与大批量数据的传送。有时，也把进程间控制信息的交换称为低级通信，而把进程间大批量数据的交换称为高级通信。进程之间的互斥与同步也属于进程的通信。低级通信一般只传送一个或几个字节的信息，以达到控制进程执行速度的作用。高级通信则要传送大量数据，高级通信的目的不是为了控制进程的执行速度，而是为了交换信息。

（4）死锁。交通管理程序除了正确地实现上述职能外，还要合理地分配资源，避免出现死锁现象。例如，系统只有一台打印机和一台绘图仪，假设A进程正占用着打印机，而它还想占用绘图仪，但是绘图仪已被B进程占用着，而B进程在未释放绘图仪之前又想占用打印机，这样，出现了A和B两个进程互相等待的现象，就都无法解脱，称之为进入了死锁状态。

所谓死锁，是指各并发进程彼此互相等待对方所拥有的资源，且这些并发进程在得到对方的资源之前不会释放自己所拥有的资源，从而造成大家都想得到资源又都得不到资源，各并发进程不能继续向前推进的状态。

死锁的起因是并发进程的资源竞争。产生死锁的根本原因在于系统提供的资源个数少于并发进程所要求的该类资源数。但是可以采用适当的资源分配算法，以达到消除死锁的目的。解决死锁的方法一般可分为预防、避免、检测与恢复三种。预防是采用某种策略，限制并发进程对资源的请求，从而使得死锁的必要条件在系统执行的任何时间都不满足；避免是指系统在分配资源时，根据资源的使用情况提前做出预测，从而避免死锁的发生；死锁检测与恢复是指系统设有专门的机构，当死锁发生时，该机构能够检测到死锁发生的位置和原因，并能通过外力破坏死锁发生的必要条件，从而使得并发进程从死锁状态中恢复出来。

（二）存储管理

计算机的内存储器用于暂时存放数据，容量小，存取速度快，属于CPU的直接工作空间；计算机外存储器（如磁盘）用于永久存放数据，容量大，存取速度慢，属于CPU的后备存储空间。怎样把内存储器和外存储器有机地结合起来，互相取长补短，构造一个满足多个用户作业需要、使用方便、安全可靠的存储空间，这就是存储管理的目的。存储管理应具备以下四项主要功能。

（1）内存分配。多个作业并行工作，同时存于内存储器，必须合理地给每个作业分配所需的内存空间。

（2）地址转换。由于在作业或进程中采用逻辑地址，而占用CPU执行时又必须是物理地址，这就要求把逻辑地址正确地转换成物理地址，称为再定位。

（3）内存保护。保证每个作业只能在属于自己的内存中活动，不能相互干扰。

（4）内存扩充。由于多个作业同时占用内存，实际内存容量往往小于作业需要量，因此，必须充分利用外存，并与内存配合好，达到扩充内存的目的。这就是虚拟存储器的概念，把容量小的内存空间改造成容量大的虚拟内存空间。

为了实现上述功能，人们研究了各种存储管理的方法，例如，界地址存储管理、页式存储管理、段式存储管理和段页式存储管理等。

（三）设备管理

设备管理的对象是输入设备和输出设备（I/O 设备），如打印机、绘图仪等。设备管理的作用是为用户提供一种既简便又可靠的使用 I/O 设备的方法，用户只需给出使用设备的命令，而无需提供使用设备的具体程序，设备管理的目的是实现快速的 CPU 和慢速的 I/O 设备并行工作，提高设备的利用率，满足多个用户服务作业的需求。

设备管理程序按其功能可分为三个主要部分：输入/输出管理、设备处理和设备分配。

1. 输入/输出管理

现代计算机的输入/输出设备多数不是由 CPU 直接控制的，而是由专门的设备管理机构来控制。比如图 3-9 所示的通道和控制器。

通道是输入/输出设备和内存储器之间的双向数据通道，当通道接收 CPU 的命令后，便能独立执行相应的通道程序，再通过控制器去控制设备操作；反之，借助中断请求，它还能向 CPU 报告通道、控制器和设备的当前状态，以便操作系统进行相应的处理。由于通道能相对独立地完成 I/O 信息传输，实施对 I/O 设备的管理，从而能实现 CPU 和 I/O 设备的并行工作，提高了系统的使用效率。

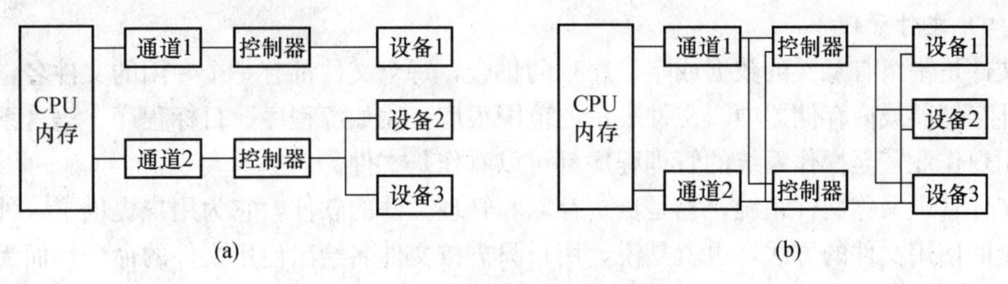

图 3-9　通道结构方式示例

(a) 单路；(b) 多路

通道结构方式如图 3-9 所示，一种是单路方式，只有一种选择，控制简单；另一种是多路方式，具有多重选择，调度灵活。

由于通道、控制器、设备所构成的多重通路，使 I/O 控制变得复杂起来，为了提高设备的利用率，采用动态分配方式，也就是当用户作业真正需要设备时才分配给它，而不是事先静态分配。为此，输入/输出管理程序就必须随时掌握设备、控制器和通道的使用情况及其状态，以便回答有无用来为 I/O 请求服务的通路。为此，输入/输出管理程序为通道、控制器和设备分别建立了反映它们相互间联系及其状态的管理控制块（线性表）：设备控制块（DCB）、控制器控制块（CUCB）和通道控制块（CCB）。

2. 设备处理

设备处理程序的主要功能是解释、执行 CPU 发出的使用设备的命令，处理设备发出的中断请求。

用户是通过设备命令来使用和控制设备的，当设备处理程序收到该命令后，首先判断命令的合法性，如不合法，则拒绝执行；然后将设备命令转换成通道程序，并建立相应的设备处理进程，如果能够找到一条当前可用的通路，该进程就可以执行；否则，该进程必须等待。

因此，用户使用设备是很方便的，只需发出一条合适的命令，关于使用命令的具体程序，设备的启动、控制和I/O中断的处理等烦琐的工作皆由设备处理程序来完成。

3. 设备分配

设备分配程序的功能是解决将设备分配给谁。因为多个用户作业并行运行，将会同时出现若干个作业竞争同一台设备的问题，这就要考虑按什么原则或策略来分配设备。

通常将设备分为两类：一类是独占设备，如打印机、绘图仪等，在一个作业运行的整个期间，此设备就分配给该作业；另一类是共享设备，如磁盘、磁带等，可供若干个作业同时共享，存放各自的信息。

对于独占设备，根据作业优先级的高低或顺序排队方式来动态分配设备，当作业急需设备时才分配给它，一旦它使用完毕，立即收回，以便再分配给其他作业。

对于像磁盘这样的共享设备，可以采用虚拟设备的使用方法。例如，当有若干个作业需要使用打印机时，暂且将各个作业的打印信息存入磁盘，待打印机空闲时，再逐个打印出来。这样，用户作业使用的并不是实际的物理设备，而是一种虚拟设备，但是对用户作业来说，已经满足了它使用设备的请求。无论是输入设备，还是输出设备，都可以借助于磁盘存储器，采用虚拟设备的方法来解决问题。这种预输入和缓输出方式也称为假脱机（Spool）方式。

（四）文件管理

文件是一组有意义的数据或字符序列的集合，每个文件都有一个专用的文件名，文件存放在外存储器或内存储器中，文件表示的范围很广，比如源程序、目标程序、语言系统、数据、用户作业甚至操作系统的管理程序都可以看作是文件。

文件管理又称文件系统，它是负责存取和管理文件的软件，它为用户提供了一种既简单又安全的使用文件的方法，也就是说，用户只需按文件名给出使用文件的命令，而无需提供使用文件的具体程序。

文件系统必须完成下列工作。

(1) 为了合理地存放文件，必须对磁盘等辅助存储器空间（或称文件空间）进行统一管理。在用户创建新文件时为其分配空闲区，而在用户删除或修改某个文件时，回收或调整存储区。

(2) 为了实现按名存取，需要有一个用户可见的文件逻辑结构，用户按照文件逻辑结构所给定的方式进行信息的存取和加工。这种逻辑结构是独立于物理存储设备的。

(3) 为了便于存放和加工信息，文件在存储设备上应按一定的顺序存放。这种存放方式被称为文件的物理结构。

(4) 完成对存放在存储设备上的文件信息的查找。

(5) 完成文件的共享和提供保护功能。

（五）用户接口

上述四项功能是操作系统对资源的管理。除此以外，操作系统还为用户提供了使用计算机方便灵活的手段，即提供一个友好的用户接口。一般说来，操作系统提供两种方式的接口来和用户发生关系，为用户服务。

一种用户接口是程序一级的接口，即提供一组广义指令（或称为系统调用、程序请求）

供用户程序和其他系统程序调用。当这些程序要求进行数据传输、文件操作或有其他资源要求时，通过这些广义指令向操作系统提出申请，并由操作系统代为完成。

另一种接口是作业一级的接口，提供一组控制操作命令（或称为作业控制语言，或像UNIX中的Shell命令语言）供用户去组织和控制自己作业的运行。作业控制方式典型的分两大类：脱机控制和联机控制。操作系统提供脱机控制作业语言和联机控制作业语言。

三、实时多任务操作系统

实时多任务操作系统就是能够执行多任务的实时操作系统，主要应用于计算机控制系统的实时检测、控制、监督等任务。它除了具有一般操作系统的基本功能以外，最主要的特征就是实时性强，即要确保对多个任务或者随机发生的事件做出“及时”的响应，在任何时候总能保证优先级最高的任务占用CPU，这除了需要基本的硬件支持外，主要由操作系统内部的事件驱动方式和任务调度机制来完成。

在实时操作系统中，不同的任务有不同的驱动方式。实时任务由时间或事件驱动，即由于某事件发生或时间条件满足而被激活，如图3-10所示。

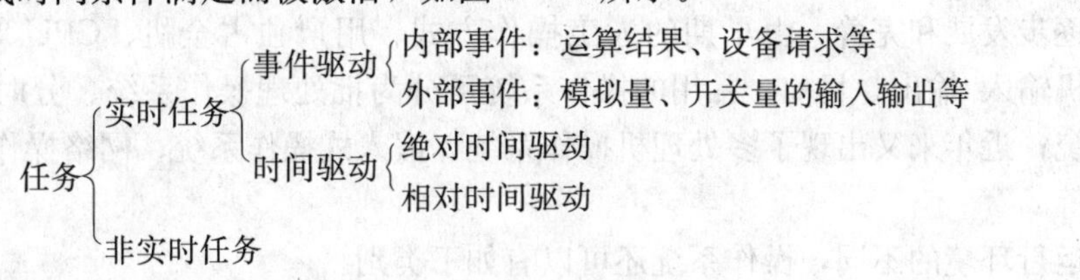

图3-10　任务及驱动方式

1. 内部事件驱动和外部事件驱动

内部事件驱动是指某一程序运行的结果导致另一任务的启动。运行结果可能是数据满足一定的条件或超出一定的极限，也可能是释放某一资源。内部事件驱动的任务一般属于同步任务的范畴。

外部事件驱动是最典型的实时任务，通常是指控制对象的现场状态发生变化或出现异常，立即请求CPU响应处理。此时CPU必须中断正在执行的任务而优先响应外部请求，立即执行系统设计时设定的对应任务。在实时系统中，外部事件的发生是不可预测的，它驱动的任务是最重要的任务，优先级最高。外部中断通常由系统的中断控制器触发。在设计时要根据轻重缓急的要求合理安排中断源与优先级。

时间驱动包括绝对时间驱动和相对时间驱动。绝对时间驱动是指在某个指定时刻执行任务。为了绝对时间的同步，在广域分布式系统中通常需要通过卫星授时或其他方式进行对时。相对时间驱动是指周期性执行任务，相对于上一次执行时间计时，执行的时间间隔一定。除了周期性任务之外，还有一些同步任务也可能有相对时间驱动，如等待某种条件到来，等待时间是编程设定的，例如任务被挂起一段时间。相对时间可用计算机的内部时钟或软时钟计时。

实时操作系统中也包含一些无实时性要求的任务，比如系统初始化任务，只是在系统启动时执行一次即可。操作系统内的任务按照优先级排列，调度机制按照优先级调度任务。

2. 同步任务和异步任务

实时操作系统中处理的任务包括同步任务和异步任务。同步或异步是指事件发生的时间或任务执行的顺序关系。

由于事件1停止而引起事件2发生，或者事件2发生事件3才可能发生，这样一系列的时间相关事件称为同步事件。由同步事件驱动的任务称为同步任务。同步的目的是使相关任务在执行顺序上协调，不至于发生时间相关的差错，以保证任务互斥地访问系统的内存、外设等系统资源。

3. 资源

程序运行时可使用的软硬件环境统称为资源，主要包括CPU的可利用时间、系统可提供的中断源、内存空间与数据、通用外部设备等。在实时操作系统中，没有指派给具体作业或任务的资源属于系统资源，是共享资源，可以动态再分配。两个或两个以上任务可能同时访问的共享资源，称为临界资源，系统中的公共数据区、打印机等都是临界资源。

第二节 典型操作系统介绍

自20世纪50年代以来，在不断改善计算机系统性能和提高资源利用率的过程中，操作系统也在逐步发展和完善。由早期的人工操作方式、用户独占全机、CPU等待人工操作，发展到脱机输入/输出；目前，常用的操作系统可分为批处理操作系统、分时操作系统和实时操作系统；近年来又出现了多处理机操作系统、嵌入式操作系统、网络操作系统和分布式操作系统等。

按照运行环境的不同，操作系统还可以有如下类别。

(1) 大型机操作系统。这是最高端计算机使用的操作系统，典型的系统如IBM为S390系统开发的OS390。这样的计算机注重I/O能力和稳定性，操作系统也有特殊要求。大型机操作系统要有很强的并发处理能力，可以一次性地处理非常多的频繁访问I/O的作业。这种系统对于事务处理、安全的要求也是很高的。

(2) 服务器操作系统。它们仅次于大型机操作系统，主要运行在各种服务器上，如某些个人计算机、工作站或者其他的服务器，并提供各种服务。这个领域的操作系统比较丰富，如各种UNIX、Windows 2000、Linux等都可以充当。

(3) 多处理机操作系统。这一类操作系统主要是考虑如何把多个具有处理能力的计算单元整合成一个单一的计算机系统。它们的宿主计算机通常是并行计算机、机群系统或者多处理器系统。这一类操作系统通常是在服务器操作系统的基础之上增加通信软件以增加针对硬件而要求的一些特性。

(4) 个人计算机操作系统。这样的计算机系统应该能够给单一用户提供友好的人机界面、多媒体能力等。

(5) 实时操作系统。此类操作系统和前面的相关阐述基本一致。

(6) 嵌入式操作系统。在电器、电子和智能机械上，嵌入安装各种微处理器或微控制芯片。嵌入式操作系统（Embedded Operating System）就是运行在嵌入式智能芯片环境中，对整个智能芯片以及它所操作、控制的各种部件装置等资源进行统一协调、调度、指挥和控制的系统软件。

(7) 智能卡操作系统。这恐怕是最小的操作系统了，它们仅能提供很少的功能，处理很少的请求。有的智能卡系统中有一个Java的解释器，可以从网络下载并运行Java Applet。

在过程计算机控制系统中，广泛采用的是在个人计算机上运行的实时操作系统；在大型计算机控制系统中有时会采用支持多处理机的服务器操作系统。目前在过程计算机控制系统中获得应用的具体操作系统主要有 UNIX、Windows 2000/NT。在目前主流的 DCS 系统上运行的上位机操作系统也以 UNIX、Windows 2000/NT 为主，近几年许多从前使用 UNIX 作为操作系统的 DCS 系统也提供了使用 Windows 2000/NT 的新一代 DCS 系统。所以本书后面会对 Windows NT 作专门介绍。

一、主流操作系统简介

1. Windows 2000/NT 操作系统

初学者很容易将 Windows 操作系统与 Windows 2000/NT 操作系统混为一谈，其实，这是两个不同的操作系统，虽然它们具有非常类似的用户操作界面。Windows 2000/NT 是 Microsoft 的一个真正的操作系统——Windows NT 的升级版本，它的内核是采用的 Windows NT 的 32 位内核。Windows NT 是 Microsoft 在参加 IBM 的操作系统 OS/2 的研究之后，开发出的自己的操作系统。虽然目前 Microsoft 推出了 Windows NT 技术架构的最新操作系统 Windows XP，但在过程计算机控制系统中还没有获得应用。

Windows NT 是 Microsoft 推出的可在个人机和其他各种 CISC、RISC 芯片上运行的真正 32 位、多进程、多道作业的操作系统，并配置了廉价的网络和组网软件，应用程序阵容强大。NT 即 New Technology 之义，Windows NT 主要是为客户机/服务器而设计的操作系统。它采用了抢占式多任务调度机制（Pre-emptive Multitasking），每一应用系统能够访问 4GB 的虚拟存储器空间，建立在通用计算机代码 Unicode（UCS 的子集）的基础上。其特点有如下几点。

（1）可扩充性好，基于微内核的概念，适应环境的变化。

（2）可移植性好，系统主体采用 C、C++编程，具有处理器分立和操作平台分立特性。

（3）具有独立的可装卸的驱动程序，使 I/O 控制和操作更加灵活。

（4）具有较好的可靠性、稳固性和安全性，采用了结构化异常处理，抵御硬件和软件错误。

（5）具有较好的兼容性，针对 16 位、32 位操作和多种操作系统平台提供二进制兼容。

2. OS/2 操作系统

OS/2 操作系统是 IBM 公司为个人计算机用户开发的一种强功能的单用户、多任务操作系统。自 1987 年第一版问世，经过 v2.0、v3.0，到目前的 OS/2 Warp 和 OS/2 Warp 4，迅速成为一种新型的个人计算机操作系统。它具有如下特点。

（1）是一种新型的单用户、多任务操作系统。

（2）具有强大的虚拟存储功能，可访问大于 1GB 的虚拟地址空间，并采用新型的动态连接技术，力求程序代码部分公用。

（3）基于 Mach 型微内核技术，采用完善的、先进的多任务功能，有利于程序隔离和对 CPU、存储器等资源的全面管理。

（4）具有清晰的用户界面，提供功能强大的应用程序接口（Application Program Interface，API），让用户通过 API 使用系统资源，增强了系统安全性和完整性。

（5）具有类似于 Windows 的用户视窗操作界面，利用窗口可观察多个用户的作业运行。

（6）具有强大的设备驱动与支持能力，强大的图形程序接口（GPI）支持，成为面向图形处理的操作系统。

(7) 它是一种内置(built-in)式操作系统,不需要以其他操作系统为铺垫,但可以提供DOS操作系统的兼容环境。

(8) 目前还缺乏大量的以OS/2为操作平台的实用工具、应用软件和应用系统。

3. UNIX操作系统

UNIX操作系统是全球闻名的功能强大的分时多用户、多任务操作系统,最早由美国电话与电报公司(AT&T)贝尔实验室研制。在1969年以来,广泛地配置于大、中、小型计算机上,随着微型机系统功能的增强,逐渐下移配置到个人计算机和微机工作站上。它的早期微机版本被称为XENIX系统,目前,已将UNIX系统的5.x版本在微机上实现运行。UNIX系统是一种开放式的操作系统,它具有如下主要的特点。

(1) 它是一个真正的多用户、多任务操作系统,也是一种著名的分时操作系统。

(2) 具有短小精悍的系统内核和功能强大的核外程序,前者提供系统的基本服务,后者则向用户提供大量强大的系统功能服务,这种两层结构既方便了系统应用和维护,又方便了系统扩充。

(3) 具有典型的树型结构的文件系统,并可建立可拆卸的文件子系统(文件存储系统)。

(4) 具有良好的可移植性,便于系统开发和应用程序开发。

(5) 虽然用户操作界面多采用命令行方式,但其强有力的SHELL编程环境,既成为命令解释工具,又成为一种编程语言,并具有X-Windows等强大的图形显示环境。

4. Linux操作系统

Linux是一个复杂、庞大并且效率很高的通用操作系统。正是因为Linux具有良好的体系结构,它才能在保持效率的基础上不断扩充自己的能力,丰富自己的功能。从体系结构层次上来说,Linux没有采用一般UNIX的层次式结构,也不是微内核的,它是一个整体式的结构,它的模块机制使它带有可扩展系统的特征。Linux内核主要由五个子系统组成:进程(任务)调度、内存管理、虚拟文件系统、网络接口、进程(任务)间通信,如图3-11所示。

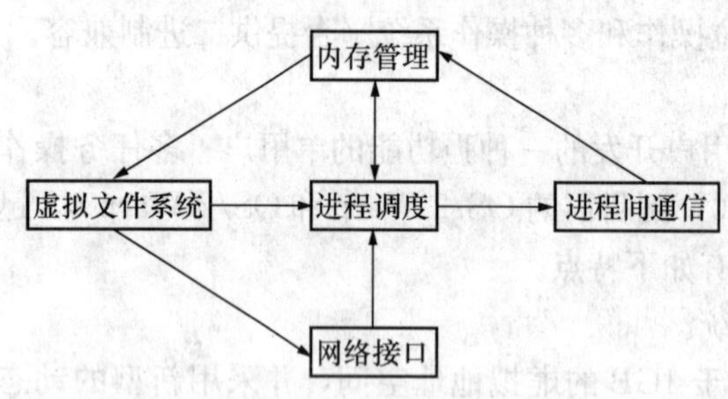

图3-11 Linux的子系统及相关关系

处于中心位置的是进程调度子系统,所有其他的子系统都具有运行的实体,或者是中断处理进程、或者是核心级的进程、或者是用户进程,这些都是依赖于进程调度才可以并发的操作。一般情况下,当一个进程等待系统服务完成时,它被阻塞;当服务结束时,进程被恢复执行。例如,当一个进程通过网络发送一条消息时,网络接口需要阻塞发送进程,直到成功地完成消息的发送后,网络接口才给进程返回一个代码,表示操作的成功或失败。

各个子系统之间的依赖关系如下。

(1) 进程调度与内存管理之间的关系。这两个子系统互相依赖。在多道程序环境下,程序要运行必须为之创建进程,而创建进程的第一件事情,就是将程序和数据装入内存。

(2) 进程间通信与内存管理的关系。进程间通信系统要依赖内存管理支持共享内存通信机制,这种机制允许两个进程除了拥有自己的私有空间,还可以存取共同的内存区域。

(3) 虚拟文件系统与网络接口之间的关系。虚拟文件系统利用网络接口支持网络文件系统（NFS），并利用内存管理支持 RAMDISK 设备。

(4) 内存管理与虚拟文件系统之间的关系。内存管理利用虚拟文件系统支持交换，交换进程（Swapd）定期由调度程序调度，这也是内存管理依赖于进程调度的唯一原因。当一个进程存取的内存映射被换出时，内存管理向文件系统发出请求，同时，阻塞当前正在运行的进程。

除了这些依赖关系外，内核中的所有子系统还要依赖于一些共同的资源。这些资源包括所有子系统都用到的过程，例如，分配和释放内存空间的过程，打印警告或错误信息的过程，还有系统的调试过程等。

此外，由于 Linux 操作系统的源代码是公开的，很容易对其进行剪裁，所以它也是目前嵌入式系统开发的主流操作系统之一。

5. MAC 操作系统

MAC 操作系统是运行在 Apple 的 Macintosh 和 PowerPC 上的个人机操作系统。它与上述操作系统有较大的区别。这些区别在于：MAC 操作系统（如 MAC V6、V7）的系统核心采用了微内核的概念，并且被固化在主机的非易失性存储体中。MAC 的文件系统并不包含在操作系统之内，而是独立建立的，是一种可以拆卸和替换的档案结构。MAC 的命令解释和操作、用户交互操作等也不同于操作系统，而是通过一种称为工具箱的集成软件来完成系统的所有操作。这种新的操作系统结构概念，引起了其他后继操作系统的变化，也导致了操作系统在配置结构上的变化。MAC 操作系统具有很好的用户界面和安全机制，系统运行很安全（因为操作系统核心固化），成为具有新颖性和特色性的操作系统。其特点如下。

(1) 用户界面十分友好，方便灵活。

(2) 操作系统核心固化，不易丢失破坏，具有较高的安全性。

(3) 采用微内核概念，小型化操作系统内核。

(4) 文件系统、命令解释系统、用户操作界面独立于操作系统单独存在。

(5) 首创系统工具箱的概念，处理所有交互式操作。

(6) 系统具有很好的安全性。

二、Windows NT 结构概述

Windows NT 是目前在过程计算机控制系统中获得广泛应用的上位机操作系统。Windows NT 的结构用图 3-12 可以很好地说明，显示出了组成 NT 结构的不同部分、它们的模式和构件间的互操作等。

1. 内核与微内核

只要计算机打开，总在运行的一个程序是操作系统，它使用真正的主存、磁盘空间和其他资源，这些是使计算机工作的必要开销。操作系统设计人员的目标是用尽可能少的开销完成 OS 应该完成的任务。NT 减少开销的方法是使基本的操作系统尽可能小而紧凑，只有那些在其他地方不能正常运行的功能才被放在基本操作系统或内核中。

内核是操作系统的核心。在图 3-12 中可看到内核与操作系统其他部分的关系，内核位于屏蔽硬件的代码层之上，即硬件抽象层（Hardware Abstraction Layer，HAL）之上。

内核驻留在内存中并且不能被抢先（除了某些中断）。内核的功能如下。

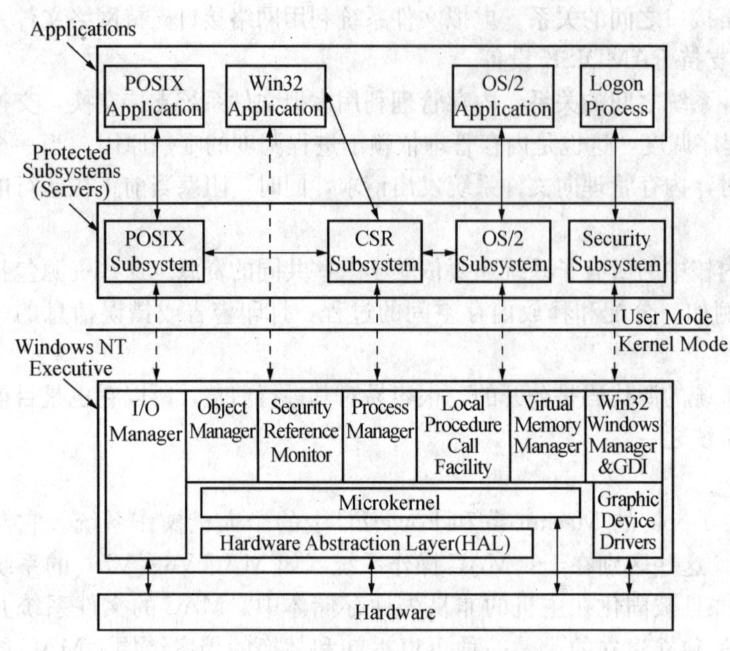

图 3-12 Windows NT 系统的结构

(1) 处理硬件异常和中断。

(2) 调度、赋优先权和分派基本执行单位——线程(Thread)。

(3) 在多处理器环境中同步各处理器上的操作。

2. 操作模式(Operating Modes)

在应用程序运行期间,应用程序与其他程序和NT操作系统轮流占用处理器。若程序在多处理器系统中运行,则有多个程序(或甚至同一程序的多个线程)同时在多个处理器上运行,但处理器上程序仍然轮流执行,主存、磁盘空间和其他资源由所有正在执行的程序共享。必须提供一种机制将应用程序与操作系统和其他应用程序分隔开来。Windows 95 的应用程序分离不是很好,常导致应用程序主存崩溃,产生通用保护错(GPF)。

Windows NT 解决这个问题的方法是使操作系统代码在处理器高优先级上运行,如核心态(或称管态)(Kernel Mode)。在核心态运行的操作系统代码可访问系统数据和硬件。运行于处理器非高优先级的应用程序,如用户态(或称目态)(User Mode)对系统数据和硬件的访问有限制。因此,若某个错误程序非法运行时,操作系统将可以控制并且能终止它,而不影响其他程序。Windows NT 使用处理器提供的保护机制(也叫环,Rings)来实现态分离。当应用程序运行时,操作系统不使用 CPU,也不知道应用程序要做什么事。然而操作系统占用 CPU 来检查该应用程序是否试图在与其不相适应的环级上运行,若应用程序运行不正常,则 CPU 产生一个异常并激活操作系统,这时操作系统控制并处理这个应用程序。

若某应用程序要访问硬件,如某个应用程序要打印或从磁盘读数据,它激活操作系统服务,通常是通过一组定义好的接口——应用程序接口(Application Program Interface,API)。

3. 硬件抽象层(HAL)

操作系统包括 Windows NT 的设计适于在多种硬件平台上运行,由硬件抽象层(HAL)将特殊平台的细节屏蔽掉。Windows NT 设计适于在 Intel、Alpha 和 PowerPC 上运行。虽然在指令集(精减指令集 RISC 和非 RISC)、字长(64 位和 32 位)、甚至处理器数目方面硬件都各不相同,但由于有 HAL,操作系统的大部分都不用考虑这些硬件差别。

4. 处理器支持(Processor Support)

许多桌面计算机和服务器都是单处理器的,大型机则使用多处理器,即在一台机器内有多个处理器。随着处理器的降价和支持多处理器的操作系统的出现,桌面计算机和服务器中使用多处理器越来越常见了。

在非对称多处理（Asymmetric Multiprocessing，ASMP）中，操作系统专门占用一个或多个处理器，并在剩余处理器上调度运行应用程序。支持对称多处理（Symmetric Multi-processing，SMP）的操作系统对处理器就没有这种限制，可在任一个处理器上运行任何程序的能力提供了更好的负荷平衡（在ASMP中，当应用程序在等待占有处理器时，运行操作系统的处理器可能是空闲的）。SMP中的容错性也好一些，因为在ASMP中当用于运行操作系统的某一处理器有错误时，尽管其他处理器是正常的也意味着计算机不能正常运行。改进负荷平衡和容错能力的代价是昂贵的。SMP操作系统的设计和维护很复杂，Windows NT和许多UNIX操作系统都支持SMP。对于应用程序，SMP的支持是透明的。

5. 执行

在Windows NT中，执行（Executive）指的是运行于核心态的操作系统代码。除了内核和硬件抽象层，执行还包括为应用提供存储管理、I/O处理、对象处理、进程管理、安全监测和本地过程调用等服务的模块。这些模块不是以一个叠加在另一个之上的层次形式实现的，而是以对等管理器的形式实现，它们之间有着互操作。

(1) 进程管理器。进程（在Windows NT中将任务称为进程）是程序的运行实例。每个进程都有自己的4GB存储地址空间，构成进程的代码就驻留于其中；每个进程还拥有运行所要求的文件、线程等资源。执行的进程管理部分负责进程（和线程）的创建、管理（包括暂停和继续进程的执行）和删除。

尽管进程是运行实例，进程本身并不运行。一个进程由一个或多个线程构成，线程是执行的单位。一个进程至少有一个线程——主线程，也可创建多个线程，每个线程有其存储空间。在多处理器系统中，同一进程的两个或更多个线程可并行执行，这样同一程序的某一部分可并行执行。然而，方便和有效的代价是要同步（Synchronize）线程。若用一个线程在后台做一个耗时的排序操作，则主线程要确定排序的输入不变，且在排序完成后必须通知主线程。使用线程是发挥Windows NT编程优势的一种方法，可以使用诸如信号量（Sema-phore）的通信技术来同步线程。

(2) 存储管理器。每个进程的地址空间为4GB，而许多桌面计算机和服务器没有这么多的实际主存。考虑到同一时刻有多个进程，很显然必须要有一种机制将进程地址空间映射到实际主存上。映射由虚拟内存管理器（Virtual Memory Manager）来完成。“虚拟内存”中的“虚拟”二字表示进程存储的大部分（或全部）并不是实际主存，不在主存中的地址空间的内容存储在硬盘上。

在执行期间，程序可能需要额外的存储，这可能是因为程序控制转移到了未驻留在主存的代码段，或要求更多的主存保存应用数据。不管是哪种原因，因为实际主存有限，实际主存中的某些内容必须被换出。交换存储内容的处理称为请求调页（Demand Paging）。页（Page）是将被换入或换出的最小存储容量，典型的页尺寸为4KB。实际主存和进程地址空间都被划分成页，因此每个进程有（4GB/4KB）100万页，若有32MB实际主存，则有(32MB/4KB) 8000个实际主存页。选择移出页的技术称为先进先出（FIFO）。操作系统跟踪最先进入的页，并在换出时选择这些页。这种技术的思想是最近使用过的页有更大的机会被再次使用，因此要保存在实际主存中。虚拟内存管理器使用页表（Page Table）（真正的页表是多级表）来保存所有主存页的状态信息。

虚拟内存管理力求保证适当的平衡。若分配给进程的主存太多，则只能运行少量进程，且某些进程因占用的实际主存不能被快速访问而浪费了；分配给进程的主存太少将导致频繁地作页交换，使得操作系统占用了许多应用程序进程CPU时间（这种情况发生时，系统将是抖动（Thrashing）的）。由于不同进程访问存储的方式不同，对一个进程为最优的分配可能对另一个进程不是最优的，因此为了折中，操作系统将监测分配的页数和被每一进程使用的页数[也称为工作集（Working Set）]，并自动地微调存储的分配。

Windows NT使用32位线性存储地址。线性存储（Iinear Memory）意味着整个存储被视为一个大的平面，每个地址是32位地址空间中的一个值。4GB的限制是从32位地址（2^{32}）得来的。进程地址空间的一半用于应用程序进程，另一半用于系统功能。

（3）输入/输出管理器。Windows NT执行的这一部分处理所有的输入和输出，包括显示器、磁盘和CD-ROM等的输入/输出。I/O管理器使用统一驱动器模式（Uniform Driver Model）。在这种模式中，对设备的每一次I/O请求都通过I/O请求包（I/O Request Packet，IRP）；而不考虑特定的I/O设备。设备细节由I/O管理器的下一层处理。I/O管理器异步地执行I/O任务，发出I/O请求的进程被操作系统抢先，并等待直到收到I/O已完成的信号。

Windows NT中的I/O管理器使用了大量的子构件，如网络重定向器/服务器（远程访问服务器，Remote Access Server或RAS）、Cache管理器、文件系统、网络驱动器和设备驱动器。

（4）对象管理器。执行的这一部分负责创建、管理和删除对象。Windows NT操作系统中几乎每个部分都是一个对象，例如，主存、进程、设备等都是对象。对象有与之关联的属性，对象功能的激活通过方法（Methods）来完成。从对象的创建到被删除期间，都有唯一的标识对象的句柄（Handle）与之关联。

（5）安全性引用监测器。由于黑客和病毒的存在，计算机系统的安全性正在引起人们的重视。随着因特网的普及，黑客和病毒的侵入机会急剧增加。任何有外部连接和（或）软驱的计算机都有被破坏和被病毒侵入的可能，因此操作系统增强了安全性功能。操作系统应提供的安全性级别从D（最不安全级）到A（最安全级），每级再细分。许多操作系统开发商的目标是C2级，Windows NT达到了C2安全级。

Windows NT在所有资源中都实现了安全系统，例如文件有一个关联的安全级。操作系统的所有用户，包括系统管理员、其他用户和应用程序都有与其关联的安全级，安全信息用一个访问控制表（Access Control Iist）描述。当某个用户要访问某一资源时，比较两者的安全级以判断该用户是否可访问这个资源。当然，安全性比这要复杂得多。安全性遍布于整个Windows NT，并且是许多API和MFC类的一部分。

（6）本地过程调用机制。应用程序（客户，Client）要向保护子系统（服务器，Server）请求服务，例如，一个Win 32应用程序从Win 32子系统请求服务（尽管“客户/服务器”使人联想到一个小型的Windows桌面系统通过网络访问大型服务器，但客户和服务器也可并存于同一台机器中）。对分布于网络上的客户和服务器，最常用的通信机制是工业标准——远程过程调用（Remote Procedure Call，RPC）。当客户与服务器并存于同一台机器中时，就有共同的资源如共享的存储，因此就有了优化通信机制的可能，这样优化为本地过程调用（Iocal Procedure Call）。

6. 保护子系统

不由内核执行的操作系统功能由一组非高优先级的服务器执行，称为保护子系统（Protected Subsystem）（图 3-12）。当用户的应用程序做了一个 NT API 调用时，这些调用由保护子系统处理。保护子系统方法的一个优点是允许开发新的保护子系统模块，而不会影响基本的操作系统和其他的保护子系统，同理可加强保护子系统。例如，当 Microsoft 要撤销对 OS/2 或 POSIX 应用程序的支持时，则所有要做的工作只是去掉这些保护子系统中的代码。尽管 Windows NT 可运行 POSIX 和 OS/2 应用程序，但不能在 Windows 应用程序和 POSIX（或 OS/2）应用程序间传递数据和文件；也不能看到 POSIX 和 OS/2 应用程序的图形用户界面。虽然 Windows 就是以图形用户界面闻名的，而 POSIX 和 OS/2 只支持字符模式应用程序。这些都是因为 Win 32 子系统是主子系统，支持文本、图形、网络和所有 Windows NT 提供的功能的编程。而 POSIX 和 OS/2 子系统是"兼容模式"子系统，只支持文本，而没有图形和网络支持。图 3-12 中 POSIX 或 OS/2 系统与 Win 32 子系统间的连线指出，对大多数应用程序调用，OS/2 和 POSIX 子系统确实调用了 Win 32 子系统。

除了保护子系统，Windows NT 还支持虚拟机（Virtual Machine）。例如，所有的 DOS 程序在虚拟 DOS 机（Virtual DOS Machine，VDM）中运行。使用同样的机制可以运行 16 位的 Windows 应用程序，16 位的 Windows 应用程序可能产生的 GPF 并且关闭 Windows 3.1 的现象将不会在此出现，因为应用程序只影响虚拟机，而不是整个操作系统。这种防护的代价是某些 16 位的应用程序（游戏、访问硬件的应用程序或通过非标准形式以增强性能的程序）不能在 Windows NT 上运行，但 Windows 2000 通过更好地整合 DirectX 技术改进了 Windows NT 在这方面的不足。Windows NT 可同时运行多个虚拟机。

第三节　数　据　结　构

计算机应用总是和软件、程序分不开的。要使计算机发挥更大、更好的作用，就必须设计出性能良好的计算机程序。要做到这一点，就应掌握一系列的程序设计知识，其中数据结构知识是必不可少的。因为人们从使用计算机的角度着手处理问题时，必须分析该问题涉及哪些数据，这些数据具有什么性质，数据之间有什么相互关系，采用什么方式存储数据并体现出它们之间的关系，所求解的问题含有哪些运算，各采用什么算法等。而这些正是数据结构所研究的内容。本节在这里仅仅对数据结构的基本概念和内容进行讨论，对于更专业的研究可参考相关专业书籍和资料。

一、数据结构的基本概念

（1）数据（Data）。数据是信息的载体，它能够被计算机识别、存储和加工处理。它是计算机程序加工的原料，应用程序处理各种各样的数据。在计算机科学中，所谓数据就是计算机加工处理的对象，它可以是数值数据，也可以是非数值数据。数值数据是一些整数、实数或复数，主要用于工程计算、科学计算和商务处理等；非数值数据包括字符、文字、图形、图像、语音等。

（2）数据元素（Data Element）。数据元素是数据的基本单位。在不同的条件下，数据元素又可称为元素、结点、顶点、记录等。有时，一个数据元素可由若干个数据项（Data Item）组成，例如，学籍管理系统中学生信息表的每一个数据元素就是一个学生记录，它包括学生的学号、姓名、性别、籍贯、出生年月、成绩等数据项。这些数据项可以分为两种：一种叫做初等项，如学生的性别、籍贯等，这些数据项是在数据处理时不能再分割的最小单位；另一种叫做组合项，如学生的成绩，它可以再划分为数学、物理、化学等更小的项。通常，在解决实际应用问题时是把每个学生记录当作一个基本单位进行访问和处理的。

(3) 数据对象（Data Object）或数据元素类（Data Element Class）。数据对象或数据元素类是具有相同性质的数据元素的集合。在某个具体问题中，数据元素都具有相同的性质（元素值不一定相等），属于同一数据对象（数据元素类），数据元素是数据元素类的一个实例。

(4) 数据结构（Data Structure）。数据结构是指互相之间存在着一种或多种关系的数据元素的集合。在任何问题中，数据元素之间都不会是孤立的，它们之间都存在着这样或那样的关系，这种数据元素之间的关系称为结构。

数据结构包括数据的逻辑结构和物理结构。数据的逻辑结构是数据元素之间的逻辑关系；数据的物理结构（或称存储结构）是数据元素在计算机存储器内的表示及配置。

数据结构不但研究数据本身的特性，而且研究数据之间存在的关系和数据的组织，是一个二元组：

$$\text{Data\_Structure} = (D, R)$$

式中 D——数据元素的有限集；

R——D 中数据元素之间所存在的关系的有限集。

如果数据集合 D 中的数据元素之间存在着不同的关系集合 R_1 和 R_2，那么 $DS_1=(D, R_1)$ 和 $DS_2=(D, R_2)$ 是两个不同的数据结构。

数据结构并不涉及元素的具体内容。例如矩阵

$$A=\begin{bmatrix} a_{11} & a_{12} & \cdots & a_{1n} \\ a_{21} & a_{22} & \cdots & a_{2n} \\ \vdots & & & \\ a_{m1} & a_{m2} & \cdots & a_{mn} \end{bmatrix}=[a_{ij}]$$

就可以用行号 i（$i=1, 2, \cdots, m$）和列号 j（$j=1, 2, \cdots, n$）来表示集合的关系 R。

二、常用数据结构

常用的三种数据结构类型是顺序结构、链表和树。

1. 顺序结构

所谓顺序结构，就是将数据存放在从某个存储地址开始的连续存储单元中。顺序结构包括线性表、数组、堆栈和队列，其中前两种为静态顺序结构，后两种为动态顺序结构。

(1) 线性表。线性表（Lines List）是一种最常用、最简单的数据结构，它是一组有序的数据元素，可表示为：$(a_1, a_2, \cdots, a_n)$，其中 a_i（$i=1, 2, \cdots, n$）是数据元素，其下标 i 表示元素的序号，代表元素在线性表中的位置，n 是表中元素的个数，定义为表的长度，当 $n=0$ 时，则为空表。

线性表中每个数据元素的位置是固定的，元素之间的位置是线性的。在 $(a_1, a_2, \cdots, a_n)$ 中，a_1 是第一个元素，a_n 是第 n 个元素，当 $1<i<n$ 时，a_i 的前一个元素（称为直接前驱）是 a_{i-1}，后一个元素（称为直接后继）是 a_{i+1}。表中每一个元素，除了第一个和最后一个元素外，有且仅有一个直接前驱，有且仅有一个直接后继，这些就是对线性表的数据结构的描述。

在计算机中，用一组连续的存储单元依次存储线性表的数据元素。假设每个元素占用 l 个存储单元，则第 i 个元素 a_i 存储地址 LOC（a_i）为

$$\mathrm{LOC}(a_i)=\mathrm{LOC}(a_1)+(i-1)\times l$$

式中，LOC（a_1）为线性表中第一个元素的存储地址，也称为线性表首址。

运算和运算规则是构成一个数据结构不可缺少的部分。对线性表可能进行的运算有下列几种。

1）确定线性表的长度 n。

2）存取线性表的第 i 个数据元素，插入一个新的数据元素。

3）删除第 i 个元素。

4）在第 i 个和第 $i+1$ 个数据元素之间插入一个新的数据元素。

5）将一个线性表拆成两个或两个以上的线性表。

6）将两个或两个以上的线性表合并成一个线性表。

7）重新复制一个线性表。

8）对线性表中的数据元素按某个数据值递增（或递减）的顺序进行重新排序。

9）按某个数据值查找数据元素。

并非每个线性表都必须进行所有这些运算，一般情况下只需进行其中的一部分运算即可，其中删除、插入、查找和排序是线性表最常用的运算。

（2）数组。数组（Array）是线性表的简单推广，其中每个元素是由一个数值和一组下标组成。例如一个 $m\times n$ 的矩阵，可以看成是一个二维数组，其中每个元素 a_{ij} 都和一个二维空间的数据（i，j）（$i=1$，2，…，m；$j=1$，2，…，n）相对应；反之，线性表是数组的一种特例。例如，线性表相当于数组中的一行或一列元素。

对于数组，通常可以进行以下两种运算：①给定一组下标，查找与其相对应的数据元素；②给定一组下标，存取或修改与其相对应的数据元素。

（3）堆栈。堆栈（Stack）是一种特殊结构的线性表，限定只能在表的一端进行插入或删除（包括存取），如图 3-13 所示。

堆栈中元素以 a_1，a_2，…，a_n 的顺序进栈，以相反的顺序 a_n，a_{n-1}，…，a_1 出栈，即后进入的元素先退出，因此堆栈又称后进先出表 LIFO（Last In First Out）。允许插入或删除的一端称为栈顶（top），其相反的另一端则称为栈底（bottom），这很像子弹夹，进栈的过程相当于压入（push）子弹，出栈的过程相当于弹出（pop）子弹。

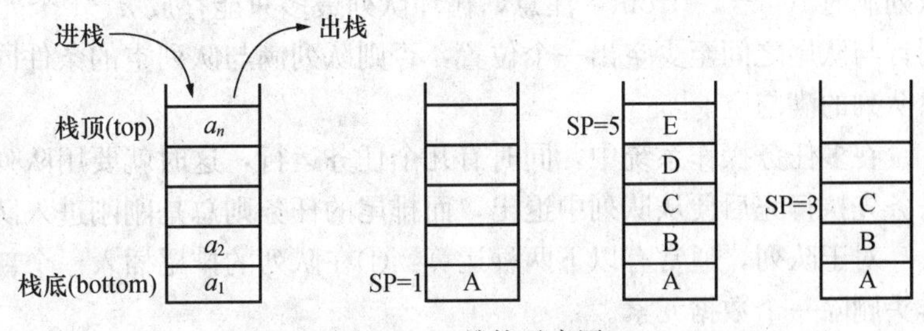

图 3-13　堆栈示意图

设堆栈的长度为 n，用栈顶指针 SP 来描述栈。当 SP=0 时，称之为空栈；当 SP=n 时，称之为满栈。每次进栈，SP 加 1，反之，每次退栈，SP 减 1，空栈时（SP=0）想退栈称之为下溢，满栈（SP=n）时想进栈，称之为上溢。

堆栈有两种类型：一种是地址增加型堆栈（每存放一个数据，存储地址加 1）；另一种

是地址减少型堆栈（每存放一个数据，存储地址减 1）。

对于堆栈，通常有以下三种运算：①向栈顶插入一个新的数据元素（SP+1）；②删去栈顶一个数据元素（SP−1）；③读栈顶一个数据元素。

堆栈在程序设计中的应用十分普遍，例如，子程序的调用及其返回处理、断点保存和恢复、数据的暂存等。

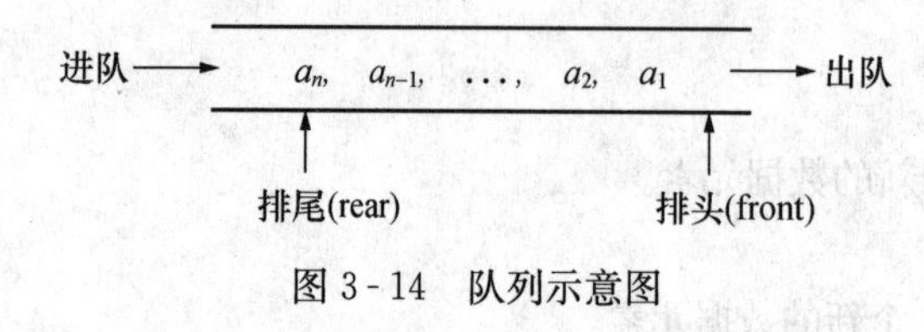

图 3-14 队列示意图

（4）队列。队列（Queue）也是一种特殊的线性表，和堆栈相反，队列是先进先出表 FIFO（First In First Out）。表中元素以 a_1，a_2，…，a_n 的顺序进入，还以相同的顺序出去，如图 3-14 所示。

在队列中，限定所有的插入在表的一端进行，这一端称为排尾（rear）；而删除在表的另一端进行，这一端称为排头（front）。

设队列的长度为 n，用头指针 front 和尾指针 rear 来描述队列，新进入队列的元素加在队尾（rear+1），取数据时则先取走队首元素（front+1）。排头指针总是指向队列中实际排头的前面一个位置，而尾指针总是指向队列的最后一个元素，front=rear=0 是队列的初始状态，rear=front 时表示队列空（下溢），rear=n 时，表示队列满（上溢）。

尽管 n 可以很大，但经过一段时间的使用以后，都将会使 rear＝n，即队列满（上溢），无法再在队列中添加新的数据，而队列前面的位置却可能空着，永远不再使用，因为旧的数据已被取走，这样就造成了很大的浪费，产生“假溢出”，使队列无法长期使用。解决此问题的办法是采用循环队列，如图 3-15 所示。

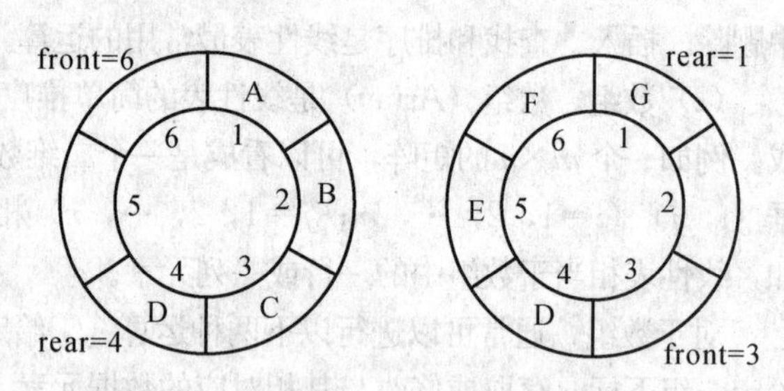

图 3-15 循环队列示意图

采用模 n 运算，即 n+1=1，如图 3-15 中的模为 6，那么当队列空时应有 front＝rear，队列满时 rear+1=front，注意，循环队列最多只能存放 n−1 个元素而不是 n 个元素，即队列首与队尾之间至少空出一个位置，否则队列满与队列空的条件同为 front=rear，无法判断出队列的满与空。

在多任务操作系统中，同时有几个任务运行，这时就要用队列来管理任务排队，排头的任务先执行完后便从队列中退出，而排尾的任务则总是刚刚进入队列的任务。

对于队列，通常有以下两种运算：①在队列的排尾插入一个新的数据元素；②在队列的排头删除一个数据元素。

2. 链表

前面介绍的线性表、数组、堆栈和队列的共同特点是要求连续的存储单元来顺序存放数据元素，从而也就存在共同的缺点，一是进行插入或删除操作时，要移动大量的数据元素，并且浪费时间；二是不易扩展，有时为了留有余地，将会浪费存储空间。为了克服这些缺点而采用链形结构，简称链表，如图 3-16 所示。

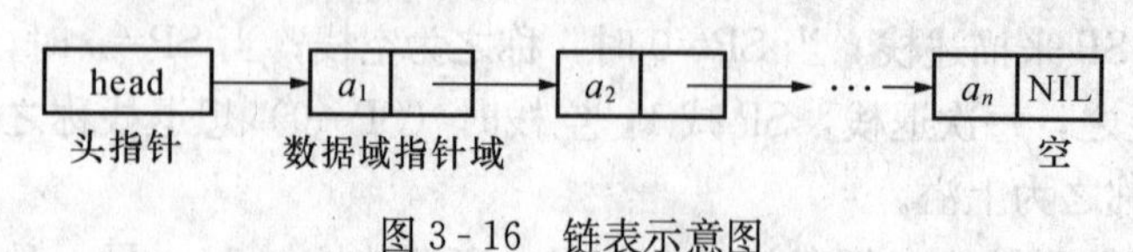

图 3-16 链表示意图

链表用一组任意的存储单元存放线性表的数据元素，这组存储单元可以是连续的，也可以是不连续的。链表的基本单元称为结点，结点由两部分组成：一个是数据域，用来存放数据元素；另一个是指针域，用来存放下一个结点的数据域首址。一个结点代表一个数据元素，而结点在表中的位置只需由指针来决定，通过指针域将各结点按要求的顺序连接起来组成一个首尾相连的表，由于其组成像一条链条，故取名为链表。

为了确定链表中第一个结点的数据域首址，设置了头指针（head）；为了标识链表中的最后一个结点，将其指针域设置为“空”（NIL）。

对于链表的这种结构，在逻辑上是有序的，用指针可指明各结点（或数据元素）之间的关系；而在物理上则可能是无序的，各结点在存储器中的物理位置可以任意配置。在使用链表时，只着眼于它的逻辑顺序，而往往不注意它的实际存储位置。

链表特别适合于做插入或删除运算，而这种运算是线性表中最重要的运算。链表的插入或删除，只需改变结点的指针域，而不必变更其物理位置。

在图3-17中，要在结点 a_1 和 a_2 之间插入一个新的结点 b，只需把结点 a_1 指针域改为指向结点 b，而把新结点 b 的指针域指向结点 a_2，a_2 以后的各结点不必变更，至于新结点 b 的物理位置则可以任意配置。

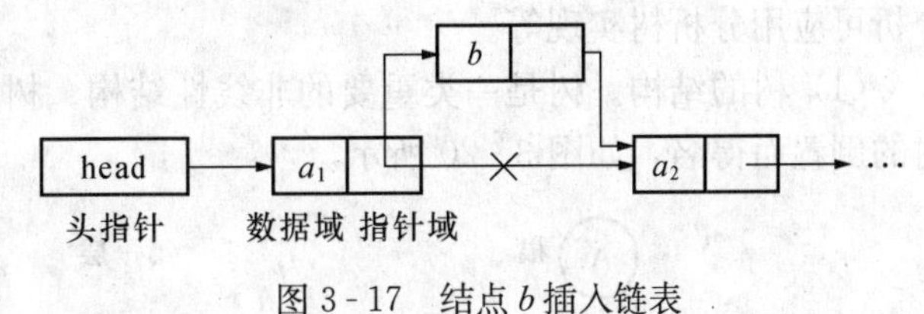

图3-17　结点 b 插入链表

在图3-18中，要把结点 a_2 删除，只需将结点 a_1 的指针域改成指向结点 a_3，其余都不必变更。

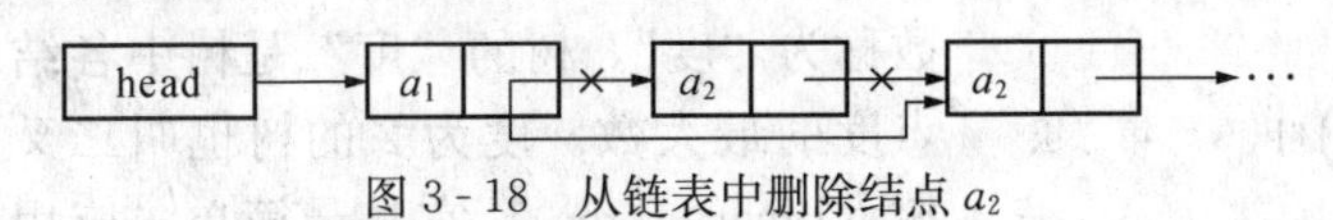

图3-18　从链表中删除结点 a_2

如果给出链表中某结点的存储地址，便可以从头指针（head）开始顺序查找到该结点。对于图3-19（a）所示的单链表，只能从头指针开始查找，查找时间长。为了加快查找，可采用图3-19（b）、（c）所示的循环链表或双重链表。

如果把单链表中最后一个结点的空指针域改成指向第一个结点的首址，那就构成了循环链表，循环链表的优点是可以从任何一个结点开始查找所需的结点，但是单链表和循环链表都只能是单向查找。

为了能够双向查找，可以采用双重链表。双重链表中每个结点有三个域：左指针域、数据域和右指针域。左指针域用来链接其前驱结点，右指针域用来链接其后继结点。

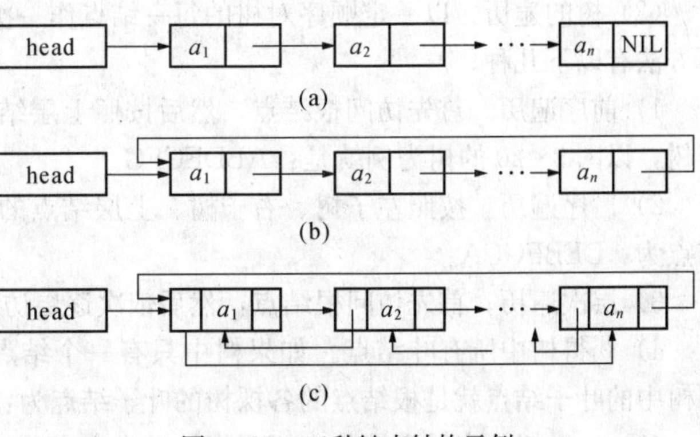

图3-19　三种链表结构示例

（a）单链表；（b）循环链表；（c）双重链表

链表可以用来存放大量的数据和信息。例如，过程计算机控制系统中众多的控制模块、运算模块、顺序逻辑模块所对应的数据区（或线性表）以及大量的操作信息、历史记录等，都可以以链表的方式存储。

链表的运算通常有三种：插入结点、删除结点和查找结点。

3. 树

前面讨论的数据结构都属于线性结构，线性结构的特点是逻辑结构简单，易于进行查找、插入和删除等操作，其主要用于对客观世界中具有单一的前驱和后继的数据关系进行描述，而现实中许多事物的关系并非这样简单，如人类社会的族谱、各种社会组织机构以及城市交通、通信等，这些事物中的联系都是非线性的，采用非线性结构进行描绘会更明确和便利。

所谓非线性结构是指在该结构中至少存在一个数据元素，有两个或两个以上的直接前驱（或直接后继）元素。树型结构和图型就是其中十分重要的非线性结构，可以用来描述客观世界中广泛存在的层次结构和网状结构的关系。树型结构在计算机科学中，特别是计算机软件中得到了广泛的应用。一个软件系统可分解成树状结构；事故分析可采用树型判断；语法分析可应用分析树实现等。

（1）树的结构。树是一类重要的非线性结构。树型结构简称树（Tree），因其形状很像树的倒置而得名，如图 3-20 所示。

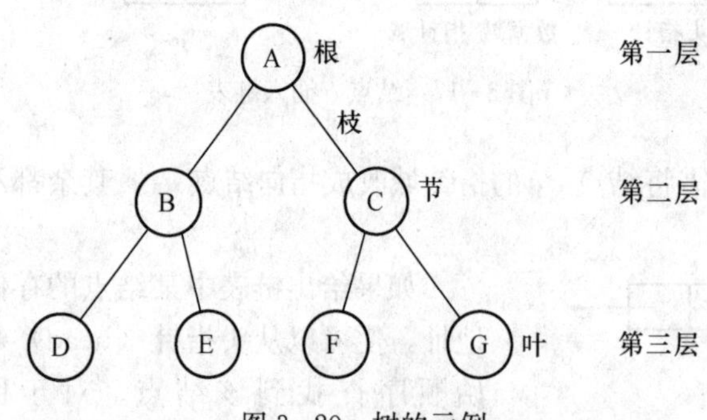

图 3-20　树的示例

为了形象地描述树中各结点之间的层次关系，把最高结点 A 称为树“根”，结点之间的连线称为树“枝”，具有下枝的结点称为树“节”，不具有下枝的结点称为树“叶”。结点的下枝数称为“度”，树的“度”是树中各结点度的最大数。度为 2 的树也叫二叉树（Binary Tree），它是最简单、应用十分广泛的一种树型结构。也常用家族术语来形象地描述树中各结点之间的层次关系，例如在图 3-20 中，结点 A 是结点 B、C 的父亲，结点 B 是结点 D、E 的父亲，结点 C 是结点 F、G 的父亲，结点 A 又是结点 D、E、F、G 的祖父；还可以使用儿子、孙子等术语。结点的层次从根算起，树中结点的最大层次称为树的深度。

（2）树的遍历。以一定顺序对树的每一结点作一次访问的过程称为树的遍历。常用的遍历方法有以下几种。

1）前序遍历。首先访问根结点，然后按照上层结点、左子树、右子树的次序访问各棵子树，以图 3-20 的树为例就是：ABDECFG。

2）后序遍历。按照左子树、右子树、上层结点的次序，先访问各棵子树，然后访问根结点为：DEBFGCA。

3）层次遍历。首先访问根结点，然后依次逐层访问以下各层上的结点为：ABCDEFG。

4）获得树中所有叶结点。如果树中只有一个结点，那么此结点就是此树的叶子结点，即树中的叶子结点就是根结点的各棵树的叶子结点为：DEFG。

（3）二叉树的表示和转化。用双指针链表来表示二叉树，可以很方便地进行插入、删除和查找。并且比用有序表节省很多存储单元。树的深度越深，就越节省。图 3-21 是用链表表示二叉树的例子。

用一种完整而有规律的走法遍历二叉树，可以得到二叉树结点（信息）的线性排列。

例如，可以用图 3-22 所示的二叉树来表达一个算术表达式：

$$e/f-[c*d-(a+b)]$$

其中根和节表示运算符，而叶表示运算数。从叶开始逐层向上寻找对应的父亲，即运算符。每上一层就做一次运算，直到根结点。

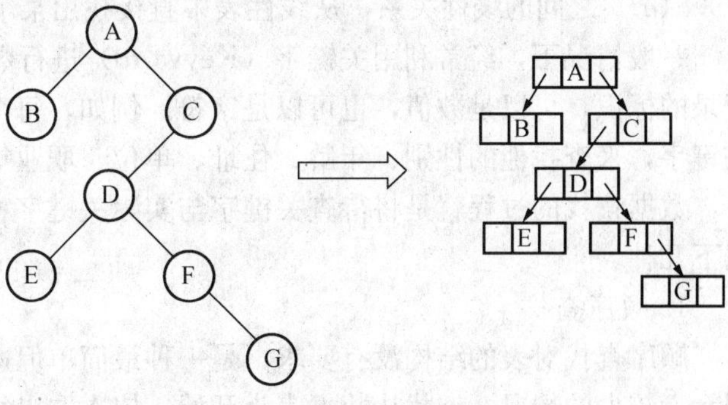

图 3-21　二叉树的链表表示

后序遍历该树，可得到字符串 $ef/cd*ab+--$。这个线性排列（称作表达式的后缀表示或称为逆波兰记号）清晰地表达了树的含义。

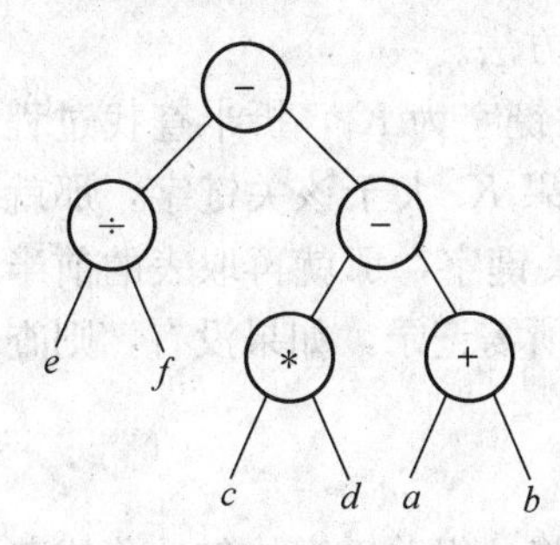

图 3-22　表达式 $e/f-[c*d-(a+b)]$ 的二叉树

一般树结点的度各不相同，用链表表示时，若用不定长的结点，则运算十分复杂；若用定长结点，则将造成大量指针域的浪费。为了提高效率，可以把一般树转化为二叉树。转化步骤如下：

1）在兄弟结点之间加一条连线。

2）对每个结点，除了其最左的子结点之外，抹掉该结点与其余子结点之间的连线，并且将每一层结点与最左边的子结点连线变成垂直，兄弟结点之间的连线放成水平。

3）以根结点为轴心，将整棵树顺时针转 45°。

图 3-23 就是按照以上步骤进行的一般树到二叉树的转化。图 3-23（a）为一个一般树，图 3-23（c）为其相应的二叉树，在这棵二叉树中，每一结点的左子结点是原树中的儿子，右子结点则是原树中的兄弟。

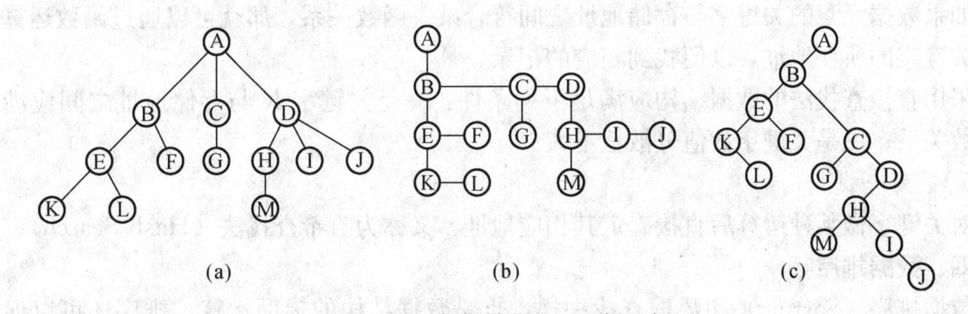

图 3-23　一般树转化为二叉树示例

三、数据查找

前面介绍了线性表、数组、堆栈、队列、链表和树型数据结构，利用这些数据结构解决实际问题时，还经常遇到数据查找（Search）。例如，从线性表中查找某个数据元素，就会碰到选择何种查找方法才能节省查找时间的问题。

如果数据元素的位置取决于其序号，可以直接利用其序号 i 与数据元素 a_i 的存储地址 LOC（a_i）之间的线性关系，从线性表中直接找出某个数据元素。

一般情况下，经常利用关键字（Keyword）进行数据查找。关键字是数据元素、结点和记录的标识，可以是数值，也可以是字符。例如，每个人的姓名和身份证号码，都可以作为关键字，来查找他的性别、年龄、住址、单位、职业等。

数据查找的过程就是将待查关键字与实际关键字相比较的过程。常用的数据查找方法有以下几种。

1. 顺序查找

顺序查找对表的结构没有要求，是一种最简单但速度最慢的查找方法，因此只适用于数据元素较少的情况。查找从数据表头开始，依次取出每个数据元素的关键字与待查关键字进行比较，如果两者相同，则表明查到记录；如果整个表查找完毕仍未找到所需记录，则查找失败。

2. 折半查找

对于按关键字大小顺序排列的数据表，可以采用折半查找的方法。

设有一个按关键字从小到大顺序排列的表，若待查记录的关键字为 K_i，折半查找过程如下：首先选取表中间的一个数据元素的关键字与 K_i 比较，如果 K_i 大于该关键字，那就再取表的后半部分中间的记录，比较其关键字；如果 K_i 小于该关键字，那就再取表的前半部分中间的数据元素，比较其关键字。这样重复进行，直至找到所需记录，如果没有，则查找失败。

3. 分块查找

分块查找是介于顺序查找和折半查找之间的一种折衷方法。将一组关键字均匀地分成若干块，块间按大小排列，块内不排序。另外，建立一个各块中最大关键字表，设待查数据元素的关键字为 K_i，查找分两步进行，首先用折半查找法查找最大关键字表，确定 K_i 在哪一块；然后用顺序查找法查找 K_i 所在的块，从而查到所需记录。

4. 直接查找

如果数据元素的关键字与存储地址之间符合某一函数关系，那就可以通过函数运算直接求得关键字的所在地址，以便找到相应的记录。

采用直接查找法的数据结构应满足下列条件：一是关键字 K 与存储地址之间应满足某个函数关系；二是关键字数值分散性不大。

5. 散列查找

对关键字做某种运算后直接确定其相应地址，又称为哈希查找法（Hash Search）。

四、数据排序

数据排序（Sorting）和数据查找一样，也是数据结构的辅助运算。排序还可以促进查找方法的改进，提高查找的速度，更是数据处理的一项基本的活动，在计算机处理的问题中，用于排序的计算时间超过25%。

所谓排序就是把无序的数据表按关键字值大小顺序排列，变成有序的数据表。

常用的数据排序方法有插入排序、希尔排序、选择排序、冒泡排序和快速排序。

1. 插入排序

插入排序的方法是每次把第 i 个关键字与前 $i-1$ 个逐个进行比较，一旦找到合适的位置就进行插入，这很像玩扑克牌时理顺排序的过程。图 3 - 24 所示为一个插入排序的具体例子。

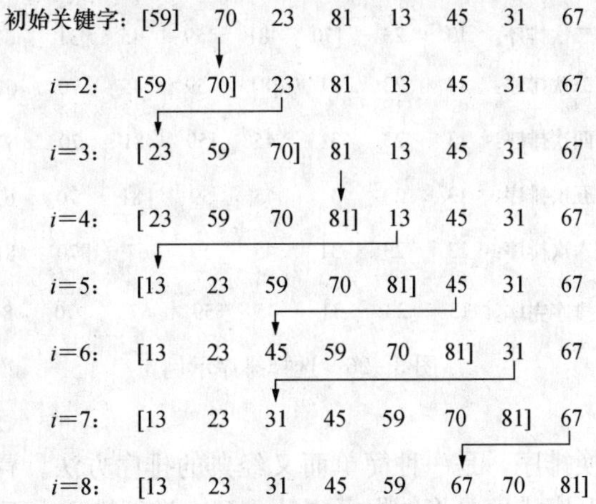

初始关键字：[59]　70　23　81　13　45　31　67
i=2：[59　70]　23　81　13　45　31　67
i=3：[23　59　70]　81　13　45　31　67
i=4：[23　59　70　81]　13　45　31　67
i=5：[13　23　59　70　81]　45　31　67
i=6：[13　23　45　59　70　81]　31　67
i=7：[13　23　31　45　59　70　81]　67
i=8：[13　23　31　45　59　67　70　81]

图 3 - 24　插入排序示例

2. 希尔排序

首先反复比较两个相距 d_1 关键字，按大小排序；然后取 $d_2<d_1$，再反复比较两个相距 d_2 的关键字的大小，并按大小排序；然后取 $d_3<d_2$，再反复比较两个相距 d_3 的关键字的大小，并按大小排序。依次类推，直至 $d_i=1$ 为止。

该方法是对插入排序的改进，每一遍以不同的增量进行插入排序。如在图 3 - 25 中，第一遍增量为 4，第二遍增量为 2，第三遍增量为 1。增量为 1 时，便是插入排序。经过前面几遍的跳跃式排序，所有记录已几乎有序了，所以最后一遍进行插入排序时，数据的移动量较小。由于在前面几遍的排序中不需要逐项进行比较，从而减少了数据移动，提高了排序的速度。

初始关键字：59　70　23　81　13　45　31　67
d1=4
13　45　23　67　59　70　31　81
d2=2
13　45　23　67　31　70　59　81
d3=1
排序完毕：13　23　31　45　59　67　70　81

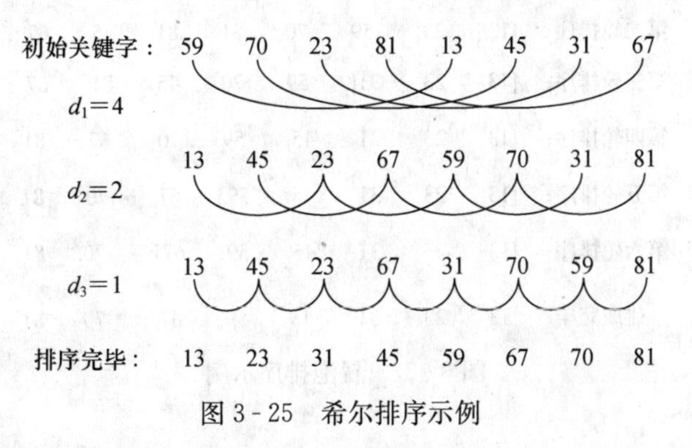

图 3 - 25　希尔排序示例

3. 选择排序

选择排序的过程如图 3 - 26 所示。设共有 N 个关键字，首先找出数据表中 N 个关键字的最小项，将其与表中第一个关键字大于它的项对换；然后再在其余 $N-1$ 个关键字中找出最小的，将其与表中第一个关键字大于它的项对换。依次类推，从 $N-1$ 个逐步（每次减少 1 个）减到 1 个（最大关键字）。这样，就把关键字从小到大排序完毕。

初始关键字:	[59	70	23	81	13	45	31	67]
第一次排序:	13	[70	23	81	59	45	31	67]
第二次排序:	13	23	[70	81	59	45	31	67]
第三次排序:	13	23	31	[81	59	45	70	67]
第四次排序:	13	23	31	45	[59	81	70	67]
第五次排序:	13	23	31	45	59	[81	70	67]
第六次排序:	13	23	31	45	59	67	[70	81]
排序完毕:	13	23	31	45	59	67	70	81

图 3-26 选择排序示例

4. 冒泡排序

冒泡排序又称为交换排序，是一种简单而又经典的排序方法。冒泡排序一般分为两种：升序排序和降序排序，升序排序是将数据元素从小到大进行排列，而降序排序正好相反。

对于升序排序来说，冒泡排序的基本思想是：从最后一个数据元素开始，两两相邻元素进行比较，将较小的数据元素交换到前面，直到把最小数据元素交换到最前面为止，然后认为该数据元素已排好序，再对剩下的数据元素重复上面的过程，直到将所有数据元素排好序为止。图 3-27 为冒泡排序示例。这种排序的方法被形象地比喻成“冒泡”，在排序过程中，小的数据元素就如气泡一般逐层上冒，而大的数据元素逐个下沉，通常把每一轮比较交换过程称为一次起泡。可以看出，完成一次起泡后，已排好序的数据元素就增加一个，要排序的数据元素相应就减少一个，从而使下次起泡过程的比较运算减少一次。

初始关键字:	59	70	23	81	13	45	31	67
第一轮排序:	[13]	59	70	23	81	31	45	67
第二轮排序:	[13	23]	59	70	31	81	45	67
第三轮排序:	[13	23	31]	59	70	45	81	67
第四轮排序:	[13	23	31	45]	59	70	67	81
第五轮排序:	[13	23	31	45	59]	67	70	81
第六轮排序:	[13	23	31	45	59	67]	70	81
排序完毕:	13	23	31	45	59	67	70	81

图 3-27 冒泡排序示例

5. 快速排序

快速排序是对冒泡排序的改进，是目前内部排序（指全部要排序的记录都在内存）中速度最快的一种排序方法。它的基本原理是：首先取表中第一个关键字 K_1 作为控制关键字，从最末项 j 开始往前与 K_1 比较，找到 $K_{j-d}<K_1$ 就交换（$d\geqslant0$）；再从第二个关键字 K_2 开始往后与 K_{j-d} 比较，找到 $K_i>K_{j-d}$，再交换（$i\geqslant2$）；继续此过程，直至把控制关键字 K_1 放在表中某个合适的位置 m，记成 $K_1(m)$，使得它前面的所有关键字都小于它，而它后面的关键字都大于它。这样，整个表以 $K_1(m)$ 为界分为左右两部分。这是第一遍排序，再分别对左右两部分进行排序，又把这左右两部分分成更小的两部分，这样继续下去，直到每部分只剩下一项为止。如图 3 - 28 所示为快速排序的示例。

初始关键字：	59	70	23	81	13	45	31	67
$K_1=59$：	31	70	23	81	13	45	59	67
	31	59	23	81	13	45	70	67
	31	45	23	81	13	59	70	67
	31	45	23	59	13	81	70	67
第一遍结束：	(31	45	23	13)	59	(81	70	67)
第二遍结束：	[(13	23)	31	45]	59	[(70	67)	81]
排序结束：	13	23	31	45	59	[(67	70)	81]

图 3 - 28　快速排序示例

第四节　数 据 库 系 统

一、数据库系统概述

1. 数据库系统的基本概念

数据库系统（Data Base System）是在文件系统的基础上发展起来的。数据库系统要求数据在统一的控制下为尽可能多的应用服务，即实现数据的共享，同时使应用程序和数据尽可能地相互独立，使得应用程序尽可能少地依赖于存储介质和数据的物理结构。数据库技术还提供了对数据的安全性、完整性、保密性等进行统一控制的数据库管理系统（Data Base Management System，DBMS）。数据库系统实现了有组织地、动态地存储大量的关联数据，方便多用户访问计算机软、硬件资源组成的系统等功能。它与文件系统的重要区别在于：它能实现数据的充分共享、交叉访问以及与应用程序的高度独立性。数据库是存储在一起的相关数据的集合，没有不必要的冗余，数据被结构化，在数据库中插入新数据、修改和检索原有数据等操作都能通过 DBMS，按一种公共的、可控制的方法进行。数据库技术建立在全局的数据模型上，各个用户对数据的存取和控制都统一由 DBMS 执行。

数据库系统是采用数据库技术的计算机系统。因此数据库系统的含义已经不仅仅是一组对数据进行管理的软件（即 DBMS），也不仅仅是数据库本身。一个数据库系统是一个实际可运行的、按照数据库方式存储、维护和向应用系统提供数据和信息支持的系统。它是存储介质、处理对象和管理系统的集合体，通常由数据库、硬件、软件和数据库管理员四部分组成。

（1）数据库（DB）。数据库是与一个特定组织的各项应用相关的全部数据的汇集。通常由两大部分组成：一部分是有关应用所需要的工作数据的集合，称作物理数据库，它是数据库的主体；另一部分是关于各级数据结构的描述数据，称作描述数据库，通常由一个数据字典系统管理。

（2）硬件支持系统。硬件支持系统是一个完整的计算机系统，包括数据库服务器、大规模存储设备、网络通信设备、用户终端等。在客户机/服务器的系统结构中，越来越多地采用集群服务器的结构。

(3) 软件支持系统。软件支持系统主要包括操作系统、各种宿主语言、实用程序和数据库管理系统等。数据库管理系统（DBMS）是管理数据库的软件系统，它是在操作系统中文件系统的基础上发展起来的。为了开发应用系统，还要有各种宿主语言及其编译系统，这些语言应与数据库有良好的接口。应用开发工具软件是系统为应用开发人员和最终用户提供的高效率、多功能的交互程序设计系统，属于第四代语言范畴，这些工具包括报表生成器、表格系统、图形系统、具有数据库存取和表格 I/O 功能的软件、数据字典等，它们为数据库应用系统的开发和应用提供了良好的环境。

(4) 数据库管理员（Data Base Administrator，DBA）。管理、开发和使用数据库系统的人员，主要有数据库管理员（DBA）、系统分析员、应用程序员和用户。数据库系统中的不同人员涉及到不同的数据抽象级别，具有不同的数据视图。用户通过应用系统的用户接口使用数据库，常用的接口方式包括菜单驱动、表格操作、图形显示、报表生成等；应用程序员负责设计应用系统的程序模块，根据外模式编写应用程序和对数据库的操作过程；系统分析员负责系统的需求分析和规范说明，他们和用户及 DBA 相结合，确定系统的软、硬件配置并参与数据库各级模式的概要设计。DBA 控制数据库的整体结构，负责保护和控制数据，使数据能被任何有权使用的人有效使用；DBA 还负责维护数据库，但对数据库的内容不负责，而且为了保证数据的安全性，数据库的内容应该是对 DBA 封锁的。DBA 工作的两个重要工具是：一系列的实用程序，用于 DBMS 的装配、重组、日志、恢复、统计分析等；数据字典是关于数据库的"数据"。

2. 数据库系统结构

数据库系统结构分为三个层次：内层、概念层和外层。这个结构是在 1975 年 2 月由美国国家标准局（ANSI）提出的，其体系结构如图 3-29 所示。从某个角度看到的数据特性称为数据视图。外层最接近于用户，是单个用户所能看到的数据，单个用户使用的数据视图称为外模型；概念层是涉及所有用户的数据定义，也就是全局的数据视图，称为概念模型；内层最接近于物理存储设备，涉及实际数据存储的方式，物理存储的数据视图称为内模型。这三种模型用数据库的数据定义语言（DDL）描述分别得到外模式（或子模式）、概念模式（或模式）、内模式（或存储模式）。数据库的三级结构是对数据库的三个抽象级别，它把数

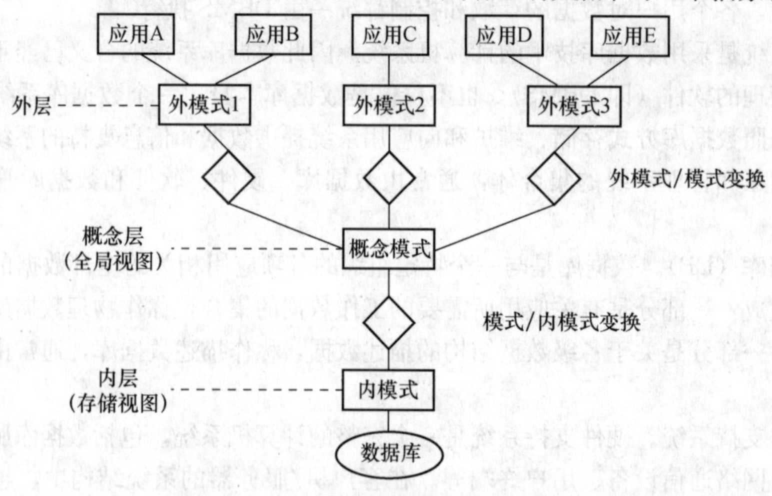

图 3-29 数据库系统的体系结构

据的具体组织留给DBMS管理，使用户能逻辑抽象地处理数据，而不必关心数据在计算机中的表示和存储。数据库的三级结构之间是有差别的，而且三级的数据结构往往差别很大。为实现这三个抽象级别之间的转换，数据库管理系统在这三级结构间提供了两层变换：外模式/模式变换、模式/内模式变换。

对用户来说主要关心的是如何方便地构成数据库，并不关心DBMS和操作系统OS的软件，也不关心物理数据库中数据存放的格式。而对于数据库设计者来说，就十分关心DBMS。DBMS本质上取决于数据模型。所谓数据模型是表示现实世界中客观存在的实体与实体之间的联系。通常把现实世界抽象成三种数据模型，即层次模型、网络模型和关系模型。在层次模型和网络模型中，文件中存放的是数据，各文件之间的联系是通过指针来实现的。而在关系模型中，文件中存放两类数据：一类是实体本身的数据；另一类是实体间的联系，这种联系是通过存放关键字来实现的。这三种数据模型相应的DBMS都已经实现了，用层次和网络模型设计的数据库系统是通过指针查找数据的，而用关系模型设计的数据库系统是用表格来查找数据的，这三种数据库系统的结构是相似的。

3. 数据库管理系统

在数据库系统中用于管理数据库的软件称之为数据库管理系统（DBMS），它是数据库系统的核心组成部分。DBMS总是基于某种数据模型，是某种数据模型在计算机系统上的具体实现。数据库系统的一切操作，包括查询、更新以及各种控制都通过DBMS进行。DBMS对数据的管理通过操作系统（OS）实现。DBMS与OS之间的接口称为存储记录接口，与用户之间的接口称为用户接口。DBMS提供给用户可使用的数据语言，包括数据定义语言（DDL）和数据操纵语言（DML）。用户若要对数据库进行操作，先由DBMS把操作从应用程序带到外层、概念层，再到内层，进而操作存储器中的数据。一个DBMS的主要目标是使数据作为一种可管理的资源来处理。DBMS应使数据易于为各种不同的用户所共享，应增进数据的安全性、完整性和可用性，并提供高度的数据独立性。

二、实时数据库

1. 实时数据库的产生和发展

在计算机的应用中，有许多应用包含了对数据的实时存取和实时管理。这些应用一方面要维护大量的数据，另一方面又具有很强的时间性，要求在一定的时间限期内或指定的某一确定时刻从外部系统采集数据，并按照指定的要求处理数据，再对外部系统做出及时的响应。这些系统处理的数据具有一定的时效性，即这些数据只在一定的时间范围内有效，超过此时间范围后这些数据便失去了实时意义。这些应用有一个显著的共同特征，即需要处理实时数据，同时还需要管理实时数据。所以必须同时需要实时数据处理技术和数据库技术。

实时数据的管理与传统的数据管理不同，应用的技术也不同。传统的数据库系统支持数据管理，但只处理永久性数据，没有定时限制。传统的实时系统支持数据处理以及数据处理的定时限制，但一般只支持具有简单结构的数据，不包含对共享数据完整性和一致性的维护。因此，只有将数据库与实时系统两者的概念、技术、方法和机制相结合的实时数据库系统，才能同时满足实时性和数据一致性的需要。

1975年，美国霍尼威尔（Honeywell）公司首先向市场推出了以微处理器为基础的TDC－2000分散控制系统（DCS），世界各国的一些主要仪表厂家也相继研制出各具特色的各种分散控制系统。DCS技术和产品的发展，引发了实时数据管理和实时数据库概念的出现。实时数据库理论是在关系数据库的基础上，研究实时事务、实时并发控制和实时任务调度的。国际上从20世纪80年代后期开始比较系统地发表有关实时数据库的论文，并进行商品化的实时数据库产品开发。

2. 实时数据库在计算机控制系统中的应用

过程控制系统是实时数据库最重要的应用领域之一。在生产装置运行过程中，实时数据库系统实时采集装置的运行数据，随时掌握装置的运行状况，并通过对生产过程中关键数据的监控和分析，对出现的问题及时进行处理，使生产的运行状态保持平稳。在实时数据库系统中，通过高效的压缩技术和海量的存储技术，保存大量的生产过程的历史数据，帮助生产人员分析生产过程的变化规律，对生产过程进行优化；还可以帮助生产人员分析生产故障，确定故障产生的原因和防止的方法，防止故障的重复发生。先进控制和实时优化技术是提高生产企业经济效益的有力手段之一，实时数据库系统为其提供了一个数据平台。可以利用实时数据和历史数据对生产的工艺过程进行先进控制、优化控制和在线分析，反映生产过程的规律，实时调整工艺参数，使过程处于优化状态。

实时数据库系统与现场控制设备直接相连，使企业管理层能实时地得到来自生产过程的实时数据，为管理信息系统的开发与应用提供了一个理想的平台，它是连接生产过程系统和企业综合自动化系统的桥梁。图3-30给出了以过程实时数据库为核心的监控平台示意图。

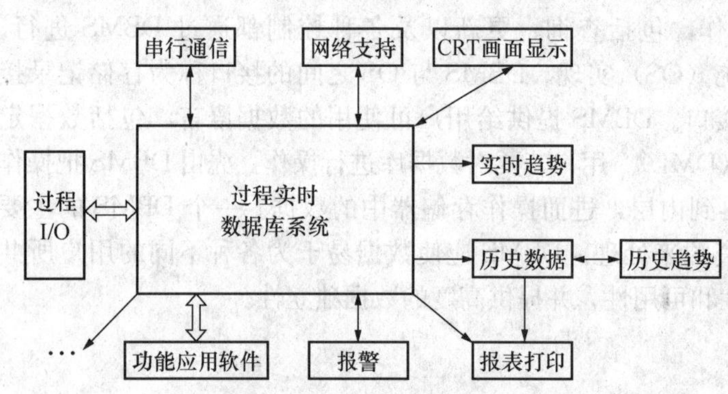

图3-30 以过程实时数据库为核心的监控平台示意图

实时数据库系统在应用中是一个关键的系统平台软件。只有选择一个优秀的实时数据库系统，才可以与应用系统密切配合，提高应用系统的运行效率，达到应用系统运行的预期效果。一般来说，选择实时数据库系统时要考虑系统可靠性、系统功能、系统性能、系统开销、运行平台、系统结构、系统开放性、系统安全性、使用方便性等因素。

3. 实时数据库的时间特性

实时数据库系统是其数据和事务都具有定时特性或确定的定时限制的数据库系统。系统的正确性不仅依赖于逻辑结果，而且依赖于逻辑结果产生的时间。

在实时系统的应用中，计算机系统以外部系统的数据作为输入数据，再用其输出来控制外部系统，系统内的数据由实时数据库进行管理。实时数据库中的数据表示外部系统的当前状态，只有数据与外部系统的实际情况相吻合时，数据才有意义。在一个实时系统中，必须满足时间限制，以保证应用的正确性。实时数据库在实时系统中进行数据组织和数据管理。在与外部系统进行交互时，外部系统产生激励，实时数据库必须在限定的时间内接受这种激励，即在限定的时间内接受外部系统的数据输入；当外部系统需要进一步的控制输出时，必须在限定的时间内产生控制输出。因而，在设计实时数据库时必须考虑下列时间特性。

(1) 实时数据库中存在着随着时间的推进而成为无效的数据。在实时数据库中，大量的数据反映当前外部世界的实时状态。当外部世界改变时，描述外部世界状态的数据也会发生变化。因此，在实时数据库中并非所有的数据都是永久的，许多数据是短暂的，随着时间的推移，数据不再能反映外部世界的状态时，数据就成为了无效数据。

(2) 实时数据库系统及与之交互的外部世界存在以实时方式发生的事件。在实时应用中，外部世界对实时数据库系统产生多种活动请求。这些活动请求在外部世界与实时数据库系统交互时表现为事件，实时数据库系统内部同样也有为配合内部活动而设置的各种事件。这些事件周期性或非周期性地实时发生，实时数据库系统必须对发生的事件迅速做出反应，以事件驱动的方式激发一定的活动进行处理。

(3) 实时数据库系统必须及时完成活动，并产生正确结果。当事件发生时，实时数据库系统要有与之相关联的活动来进行处理。完成这些活动要求及时、正确，完成活动并不简单地要快，而是要求及时。

数据、事件、活动都有与之相联系的时间限制。设计实时数据库系统时一定要充分考虑时间特性，考虑外部环境所施加的时间限制、系统性能所决定的时间限制、数据的时间一致性所要求的时间限制以及其他时间限制。

三、分布式实时数据库

1. 分布式数据库

20 世纪 70 年代中期以来，随着计算机网络通信技术的迅速发展，以及地理上分散的公司、团体和组织对于数据库技术更为广泛的应用需求，在集中式数据库系统成熟技术的基础上产生和发展了分布式数据库系统。分布式数据库系统是数据库技术和网络技术相互渗透和有机结合的结果。自 1977 年法国 IRISA 研究中心公布第一个分布式数据库系统以来，已经有几十个分布式数据库系统投入运行。一些商品化产品也投入运行，如 ORACLE、Sybase、Informix 等大型数据库产品都具有分布式功能，Microsoft 公司的后台数据库产品 SQL Server 也是一个具有分布式功能的数据库产品。一般来说，分布式数据库系统应该包括以下几层意思。

(1) 分布性。数据库中的数据不是存储在同一场地（更确切地说，是不存储在同一台计算机的存储设备上），这体现了分布式数据库和集中式数据库的区别。

(2) 逻辑整体性。这些存储在不同场地的数据在逻辑上是相互联系的，是一个整体（逻辑上如同一个集中数据库），这体现了分布式数据库和分散在计算机网络不同结点上的数据库或文件的集合的区别，后者与各结点的数据之间没有内在的逻辑联系，所以在讨论分布式数据库时就有了全局数据库（逻辑上）和局部数据库的概念。

分布式数据库系统是在集中式数据库的基础上发展起来的，但不是简单地把集中数据库分散地实现，而是具有自己的特点和性质。集中数据库的许多概念和技术，如数据独立性、并发控制、数据完整性等在分布式数据库系统中都有了一定程度的变化。

1) 分布透明性。是指用户不必关心数据的逻辑分片，不必关心数据物理位置分布的细节，也不必关心冗余数据的一致性问题，同时也不必关心物理场地上数据库支持哪种数据模型。分布透明性的优点是很明显的，有了分布透明性，用户的应用程序书写起来就如同数据没有分布一样，当数据从一个场地移到另一个场地时不必改写应用程序，增加冗余数据也不必改写应用程序。数据分布的信息由系统存储在数据字典中，用户对非本地数据的访问请求由系统根据数据字典予以解释、转换和传送。

2) 数据冗余度的适度增加。在集中数据库系统中，尽量减少数据的冗余度是系统的设计目标之一。而在分布式数据库系统中却需要一定的数据冗余度，在不同的场地存储同一数据的多个副本，这是为了提高系统的可靠性、可用性。当某一场地出现故障时，系统可以对另一场地上同一数据的副本进行操作，不会因一处故障而导致整个系统的瘫痪。

一般来说，增加冗余度是为了方便检索，提高系统的可靠性、可用性，但增加数据的冗余度同样会带来和集中数据库中一样的问题，即冗余数据会浪费存储空间，而且容易造成各副本之间的数据不一致性，而为了保证数据的一致性，系统要付出一定的代价。

(3) 全局的一致性、可串行性和可恢复性。分布式数据库中各局部数据库应满足集中式数据库的一致性、可串行性和可恢复性。除此之外，还应保证数据库的全局一致性、并行操作的可串行性和系统全局的可恢复性。

(4) 集中与自治相结合的控制结构。在分布式数据库中，数据的共享有两个层次：一是局部共享，即在局部数据库中存储局部场地上各用户的共享数据，这些数据是本场地用户常用的数据；二是全局共享，即在分布式数据库的各个场地也存储可供网中其他场地用户共享的数据，支持系统中的全局应用。与此相应的控制结构也有两个层次：集中和自治。分布式数据库系统中常常采用集中和自治相结合的控制机制，协调各 DBMS 的工作，执行全局应用。当然，不同的系统集中和自治的程度不尽相同，有些系统高度自治，连全局事务的协调也由局部 DBMS、局部 DBA 共同承担，而不是集中控制；而有些系统则集中控制程度较高，场地自治功能较弱。

重复对改善数据的可用性很有用。最极端的情况是每个场地上都重新配置一个完整的数据库，建立一个完全重复的分布式数据库，这样可用性最高，只要有一个场地能工作，整个系统都能工作，且改善了全局查询的性能。全局查询可以在任一场地上提出，当该场地上包含了数据库的服务器软件时，该全局查询可在局部场地内完成。但其缺点是更新操作效果极差，一次逻辑更新，为了保证其副本之间的一致性，必须更新所有场地上的数据库副本，从而使并发机制及恢复机制更加复杂。完全重复的另一个极端是完全不重复，即每个数据库片段只存储在一个场地上，其他场地上没有该片段的副本。这时所有的数据库片段必须不相交，这种配置称为非冗余配置。介于两者之间的是部分重复，即某些片段重复，某些片段不重复，或所有的片段均重复，但并不是所有场地都保留所有的数据片段的副本。在分布式数据库系统中，每个片段或片段的每个副本必定分配在一个场地上，这种处理称为数据分布或数据分配。场地选择各副本的重复度不仅取决于系统性能和可用性目标，而且取决于每个场地上事务的种类和频度。例如，要求可用性好，事务能在任何场地上提交且大部分只是查询，则可采用完全重复分布式数据库；要求存取数据库特定部分的某些事务只在特定的场地上提交，则在这些特定的场地上分配相应的数据库片段；如果某些数据需要经常更新，则对数据库的副本数应有限制，以防止网络的负担过重。

2. 分布式实时数据库

所谓分布式实时数据库，从功能上来说是针对网络计算机系统，采用以分布式实时数据库为核心的监控平台软件，实现过程采集数据的共享和实时同步。在分布式过程实时数据库系统中，数据库分别存储在两种存储介质上，对于系统的实时数据以内存为存储介质，对历史数据以外存（一般是硬盘）为存储介质。以内存为存储介质的主要目的是提高数据的读写速度以满足实时系统的时限要求。

这类系统中通常有三类客户：监控客户、内部客户和外部客户。监控客户一般是指监控程序、生产过程的操作人员，对生产过程进行协调的调度人员和企业的管理人员。这类客户可以直接访问内存数据库和外存数据库。在这类客户中，可以根据客户的具体情况对客户的不同个体予以不同的授权。一般来说，监控程序的授权最高，可以直接访问内、外存数据库；而企业的管理人员可能只能访问外存数据库，而禁止对内存数据库的直接访问。

内部客户是指企业中除监控客户外的其他客户，这类客户各外部客户是被动的，其所能看到的数据是由数据库管理员决定的，数据库管理员根据企业的具体情况决定发布哪些数据。发布到 Web 上的数据库信息再经过企业内部 Web 服务器管理人员对信息进行分类，发布给不同的对象。

外部客户是指企业外部的客户，这类客户所了解到的信息由于企业出于安全方面的考虑而受到很大的限制，一般在企业内部安全机制的基础上再经过对信息的进一步过滤而实现。

四、DCS 系统的实时数据库

DCS 数据库管理和处理的数据分为动态数据和配置数据两类。

动态数据包括实时数据、历史数据及报警和事件信息。实时数据是外部信号在计算机内的映象或快照（Snapshot），当然也包括以这些外部信号为基础产生的内部信号，为使实时数据尽可能与外部数据源的真实状态一致，实时数据库需要与通信或 I/O 紧密配合；历史数据是按周期或事件变化保存的带时标的过程数据记录；报警和事件信息是实时数据在特定条件下的结构化表示方式，报警和事件信息也分为实时和历史。

配置数据一般属于静态数据，但不是不变的数据，而是在大多数时间内不变，并且引起变化的源头不是现场过程，而是人工操作，配置数据包括数据库配置、通信配置、控制方案配置和应用配置数据等。配置数据在工程师站离线产生，装载到控制器和操作站上。

DCS 实时数据库与其他数据库一样，由一组结构和结构化数据组成，当可以以分布式形式存在多个网络结点时，还可能有一个“路由表”，存储实时数据库分布的路径信息。

不同 DCS 厂家开发和使用的数据库系统从逻辑视图来看基本相同，但物理结构则有很大差别。但总体来说，DCS 数据库都是基于“点”的，在不同的系统中，点也叫“变量”、“标签”或“工位号”。在逻辑上，一个点结构很像关系数据库中的一条记录，一个点由若干个参数项组成，每个参数项都是点的一个属性。一个数据库就是由一系列点记录组成的表。

一般来说，一个点应该包括以下几个方面的信息：点索引标识、点名称、说明信息、报警管理信息、显示用信息、转换用信息以及一些算法的计算用信息。系统中不同的点所对应的信息是不同的，有的长，有的短。例如，一般一个模拟量点需要 100 多个字节，而一个开关量数据只需要 60 多个字节。在 DCS 实时数据库系统中，存入数据库中的数据除了几种典型的信号如模拟量输入、模拟量输出、开关量输入、开关量输出以外，那些由计算产生的中间结果也要存入数据库，以便于管理。

在模拟量点的数据结构中应包括如下几个方面的信息：①点索引信息；②点当前值和状态信息；③显示的信息；④报警显示、管理信息；⑤采样或控制输出信息；⑥与通道有关的信息；⑦转换用信息。

在计算点和设定量点记录的数据结构中一般包括如下几个方面的信息：①点索引和点名信息；②点状态信息；③点记录类型和模拟量值；④初始值和说明；⑤工程单位和报警上下限。

开关量输入和输出量的记录结构一般包括如下几个方面的信息：

①点索引、点名和点状态；②通道地址和位号；③记录类型和信号类型；④采样周期和置“1”、置“0”的说明；⑤报警管理信息；⑥SOE（Sequence of Event）时间。

DCS系统对历史数据库的要求一般比对实时数据库的要求复杂得多。对于不同的目的，历史数据库所要存放的数据种类和时间间隔有很大差别。

本 章 小 结

本章主要介绍了计算机控制系统的软件组成、操作系统的功能和原理、几种典型的操作系统、数据结构和数据库系统。

一个基本的计算机控制系统的软件可以分为系统软件和应用软件两部分，系统软件一般包括操作系统、编程语言和工具软件；应用软件一般可分为过程控制系统专用软件和通用计算机应用软件。

操作系统可以描述为一组控制和管理计算机硬件和软件资源，合理地组织计算机工作流程以及方便用户的程序集合，其功能主要包括三个方面：①控制和管理计算机系统的硬件和软件资源，使之得到有效的利用；②合理地组织计算机系统的工作流程，以增强系统的处理能力；③提供用户与操作系统之间的软件接口，使用户能通过操作系统方便地使用计算机。

主流操作系统包括 Windows 2000/NT 操作系统、OS/2 操作系统、UNIX 操作系统、Linux 操作系统和 MAC 操作系统等。目前主流 DCS 系统上运行的上位机操作系统以 UNIX、Windows 2000/NT 为主，而 Windows 2000/NT 是新一代 DCS 系统广泛采用的上位机操作系统。

数据结构是指互相之间存在着一种或多种关系的数据元素的集合。常用的数据结构包括线性表、堆栈和队列、链表和二叉树等。查找和排序是对数据结构经常进行的操作。

数据库系统是采用数据库技术的计算机系统，它是一个实际可运行的、按照数据库方式存储、维护和向应用系统提供数据和信息支持的系统，它是存储介质、处理对象和管理系统的集合体，通常由数据库、硬件、软件和数据库管理员四部分组成，分布式实时数据库在DCS中得到了广泛的应用。

思 考 题

1. 计算机控制系统的软件系统包括哪些部分？
2. 什么是计算机操作系统？其主要功能有哪些？
3. 什么是作业？简述作业管理的流程和作业状态。
4. 什么是进程？进程和程序有何区别与关系？进程的活动有哪些状态？
5. 实时多任务操作系统的特点是什么？
6. 什么是数据？什么是数据元素？什么是数据对象？什么是数据结构？
7. 常用的数据结构有哪些？什么是队列中的“假溢出”现象？如何解决？
8. 常用的数据排序方法有哪几种？就其中一种作简要说明。
9. 什么是数据库系统？它包括哪些组成部分？
10. 什么是实时数据库的时间特性？分布式数据库有哪些特点？
11. 在DCS实时数据库中，模拟量点、计算点和设定点、开关量输入和输出点的数据结构中一般包括哪些信息？

第四章　计算机控制系统常规及新型控制策略

常规控制系统的控制方式是将被测参数如温度、压力、流量、水位等由传感器变换成统一的电信号送入调节器，在调节器中与给定值进行比较，其偏差经 PID 运算后得出控制信号送到执行机构，再进行相应的调节，从而达到自动控制的目的。在常规控制系统中，调节任务多由模拟仪表（单元组合仪表或组装仪表）来完成，在系统中处理的大多数是时间上连续的模拟量，常规控制系统的分析设计方法一般是建立在微分方程或传递函数的基础上，借助于拉普拉氏变换进行的。而在计算机控制系统中，常规的模拟调节器被数字调节器所取代，计算机只能接收和处理二进制代码，也就是计算机只能接受和处理离散信号或数字信号，所以称之为数字控制系统或离散控制系统。由于实际系统的被控参数大多是连续量，所以首先必须经过采样，通过模拟量输入通道变换成数字量信息送入计算机，经过一定的运算处理后，输出相应的控制信号，再由模拟量输出通道输出，通过执行机构达到控制目的。

可见，在计算机控制系统中除了输入/输出是连续变化的模拟量以外，其处理的大多数是离散的数字信号，这样在分析、设计计算机控制系统的时候，就不能再用常规控制系统即连续控制系统的分析方法，而是要根据数字控制系统的信号特点和控制方式，采用差分方程、Z 变换和 Z 传递函数等数学工具作为分析的手段。

数字控制系统的设计取决于数字控制器的控制规律和被控对象的物理特性。数字控制系统的设计方法很多，按照其特点大致分为三大类：第一类方法是按连续控制理论方法设计控制器，然后离散化，这种方法称为模拟设计法，该方法的好处是可以利用连续系统的一整套成熟的设计方法，设计出满意的控制算法，这种方法易于普及和掌握，也很方便，但有它的局限性，它只是逼近连续控制系统的指标，不能充分发挥计算机控制系统的控制功能；第二类方法是直接用离散化的方法对数字控制系统进行设计，它基本上脱离了连续控制系统的经典设计方法，而是基于系统的 Z 传递函数进行设计，它能设计出连续系统的设计方法达不到或难以实现的指标；第三类方法是以状态空间模型为基础的，是现代控制理论的设计方法。

多年以来，在过程控制中，按被调量与给定值之间偏差的比例（P）、积分（I）和微分（D）进行控制的 PID 控制器（PID 调节器）是应用最为广泛的一种自动控制器，它具有原理简单、易于实现、鲁棒性（Robustness）强和适用面广等优点。在计算机用于生产过程控制以前，过程控制中采用的气动、液动和电动的 PID 调节器几乎一直占有垄断地位。计算机的出现和它在过程控制中的应用使这种情况开始有所改变。近 20 多年以来相继出现了一批复杂的、只有计算机才能实现的控制算法，然而在目前，即使在过程计算机控制中，PID 控制仍然是应用最为广泛的控制算法。因此，本章主要介绍计算机控制系统最常用的数字 PID 控制算法、数字 PID 控制算法的改进以及数字 PID 控制算法的工程实现，并简要介绍串级控制系统、前馈—反馈控制系统、纯滞后补偿控制系统、解耦控制系统等几种在火电厂控制中常用的复杂控制系统。另外，本章还将介绍近年来出现的且已在工业控制实际中成功应用的预测控制和模糊控制等先进控制策略。

第一节 数字 PID 控制算法

PID 控制是根据被调量与给定值之间偏差的比例（Proportional）、积分（Integral）、微分（Differential）进行控制，是控制系统中应用最为广泛的一种控制规律。实际运行的经验和理论的分析都表明，PID 控制规律对许多工业过程都能得到满意的控制效果。不过，用计算机实现 PID 控制，不仅仅是简单地把 PID 控制规律数字化，而是进一步与计算机的逻辑判断功能相结合，使 PID 控制更加灵活多样，更能满足生产过程的各种要求。

一、数字 PID 控制算法

PID 控制是连续控制系统理论中技术最成熟，应用最广泛的一种控制规律，它结构灵活，系统参数整定方便，在大多数工业生产过程中控制效果比较好。

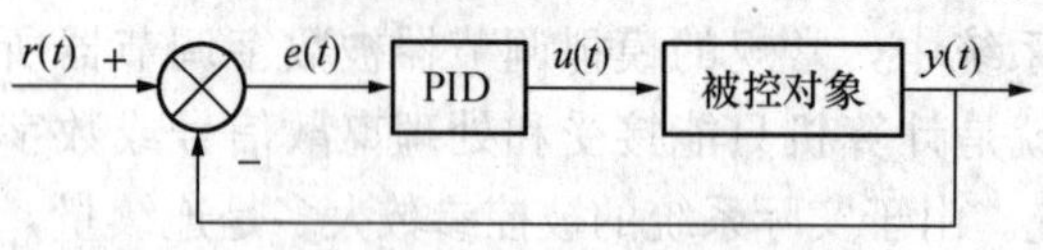

图 4-1 模拟 PID 控制系统

在过程控制中，采用如图 4-1 所示的 PID 控制，其控制算法为

$$u(t)=K_{\mathrm{p}}\left[e(t)+\frac{1}{T_{\mathrm{i}}}\int_{0}^{t}e(t)\mathrm{d}t+T_{\mathrm{d}}\frac{\mathrm{d}e(t)}{\mathrm{d}t}\right] \tag{4-1}$$

对应的传递函数形式为

$$\frac{U(s)}{E(s)}=K_{\mathrm{p}}\left(1+\frac{1}{T_{\mathrm{i}}s}+T_{\mathrm{d}}s\right) \tag{4-2}$$

式中：K_{p} 为比例增益；T_{i} 为积分时间；T_{d} 为微分时间；$u(t)$为控制量；$e(t)$为被调量 $y(t)$ 与给定值 $r(t)$之间的偏差。

在连续系统中，上述 PID 控制规律是通过负反馈系统来实现的，在计算机控制系统中，由于由数字调节器取代了常规调节器，所以 PID 控制规律由数字 PID 调节器来实现。为了便于计算机实现 PID 控制算式，必须把式（4-1）给出的微分方程转换成差分方程。当采样周期相当短时，可以用求和来近似积分项，用后向差分来近似微分项，即

$$\int_{0}^{t}e(t)\mathrm{d}t\approx\sum_{j=0}^{k}Te(j) \tag{4-3}$$

$$\frac{\mathrm{d}e(t)}{\mathrm{d}t}\approx\frac{e(k)-e(k-1)}{T} \tag{4-4}$$

式中：T 为采样周期；k 为采样序号，$k=0, 1, \cdots, n$；$e(k)$和 $e(k-1)$分别为第 k 次和第 $k-1$ 次采样所得的偏差信号。

将式（4-3）和式（4-4）代入式（4-1），可得

$$u(k)=K_{\mathrm{p}}\left\{e(k)+\frac{T}{T_{\mathrm{i}}}\sum_{j=0}^{k}e(j)+\frac{T_{\mathrm{d}}}{T}\left[e(k)-e(k-1)\right]\right\} \tag{4-5}$$

式中：$u(k)$ 为第 k 次采样的控制量。

式（4-5）即为 PID 控制规律的差分方程。当采样周期 T 与被控对象时间常数 T_0 相比较小时，上述差分方程与微分方程非常接近，相应的控制效果也与连续控制十分接近。

需要说明的是，由于将微分方程转换成差分方程的方法不是唯一的，因此对同一 PID 算式，可能会有多种不同的离散化描述。

式（4-5）的计算值提供了执行机构的位置 $u(k)$，如阀门的开度，所以被称为位置式

数字 PID 算式。

在位置式数字 PID 算式中，由于要累加偏差 $e(j)$，不仅要占用较多的存储单元，也不便于程序的编写，因此可以对式（4 - 5）进行改进。

根据式（4 - 5）可以写出 $u(k-1)$的表达式，即

$$u(k-1)=K_{\mathrm{p}}\left\{e(k-1)+\frac{T}{T_{\mathrm{i}}}\sum_{j=0}^{k-1}e(j)+\frac{T_{\mathrm{d}}}{T}[e(k-1)-e(k-2)]\right\} \tag{4-6}$$

将式（4 - 5）与式（4 - 6）相减，可得

$$\begin{aligned}\Delta u(k)&=u(k)-u(k-1)\\&=K_{\mathrm{p}}\left\{[e(k)-e(k-1)]+\frac{T}{T_{\mathrm{i}}}e(k)+\frac{T_{\mathrm{d}}}{T}[e(k)-2e(k-1)+e(k-2)]\right\}\\&=K_{\mathrm{p}}[e(k)-e(k-1)]+K_{\mathrm{p}}\frac{T}{T_{\mathrm{i}}}e(k)+K_{\mathrm{p}}\frac{T_{\mathrm{d}}}{T}[e(k)-2e(k-1)+e(k-2)]\\&=K_{\mathrm{p}}[e(k)-e(k-1)]+K_{\mathrm{i}}e(k)+K_{\mathrm{d}}[e(k)-2e(k-1)+e(k-2)]\end{aligned} \tag{4-7}$$

$$K_{\mathrm{i}}=K_{\mathrm{p}}T/T_{\mathrm{i}}$$

$$K_{\mathrm{d}}=K_{\mathrm{p}}T_{\mathrm{d}}/T$$

式中：$K_{\mathrm{p}}=1/\delta$ 为比例增益（δ 为比例带）；K_{i} 为积分系数；K_{d} 为微分系数。

式（4 - 7）的计算值对应于第 kT 时刻执行机构位置的增量，所以称此式为增量式数字 PID 算式。因此，第 k_{T} 时刻的实际控制量为

$$u(k)=u(k-1)+\Delta u(k) \tag{4-8}$$

在实际应用中，应根据执行机构的形式合理选择使用位置式数字 PID 算式或增量式数字 PID 算式。

二、数字 PID 控制算法的改进

在计算机控制系统中，由于有零阶保持器带来的相位滞后，因此，单纯地使用数字 PID 控制算法的控制效果不如连续控制系统。但是在计算机控制系统中，控制算法是由软件实现的，因而可以很方便地对数字 PID 算法进行各种改进，这样不仅可以实现在传统的模拟控制器中难以实现的一些算法，提高数字 PID 控制算法的适应性，也可以使计算机控制系统的控制效果比连续控制系统好得多。下面介绍几种常用的改进算法。

（一）积分算法的改进

1. 积分分离数字 PID 算法

在标准 PID 控制算法中，当有较大的扰动或大幅度改变给定值时，由于短时间内出现较大的偏差，加上系统本身的惯性和滞后，在积分项的作用下，往往会引起系统产生较大的超调和长时间的波动。特别是对于温度、成分等变化缓慢的过程，这一现象更为严重，其主要原因是由于积分作用的相位滞后特性。为此，可采用积分分离措施来改变这种状况，即当偏差 $e(k)$较大时，取消积分作用；当偏差 $e(k)$较小时才将积分作用投入。积分分离数字 PID 算法可以表示为

$$u(k)=K_{\mathrm{p}}e(k)+K_{\mathrm{f}}K_{\mathrm{i}}\sum_{j=0}^{k}e(j)+K_{\mathrm{d}}[e(k)-e(k-1)] \tag{4-9}$$

$$K_{\mathrm{f}}=\begin{cases}1, |e(k)|\leqslant E_0\\0, |e(k)|>E_0\end{cases} \tag{4-10}$$

式中：K_{f} 为积分分离系数；E_0 为积分分离阀值。

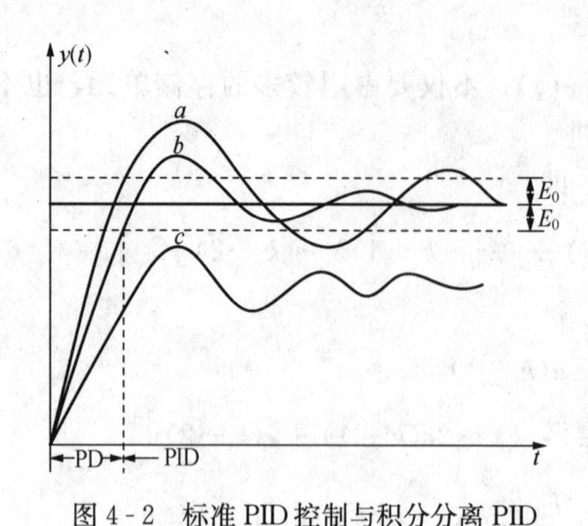

图 4-2 标准 PID 控制与积分分离 PID 控制效果的比较

a—标准 PID 控制；b—积分分离 PID 控制，E_0 合适；c—积分分离 PID 控制，E_0 太小

图 4-2 给出了标准数字 PID 算法与积分分离数字 PID 算法的控制效果示意图。从图中可见，采用积分分离数字 PID 算法后，显著降低了被调量的超调量，缩短了调节时间。

积分分离阀值 E_0 应根据具体对象及要求确定。若 E_0 值过大，则达不到积分分离的目的；若 E_0 值过小，一旦被控量 $y(t)$ 无法跳出积分分离区，则只进行 PD 控制，这将会使调节结果出现残差。

2. 变速积分数字 PID 算法

在标准 PID 控制算法中，由于积分系数 K_i 为常数，所以，在整个控制过程中，积分增量不变。而系统对积分项的要求是系统偏差大时积分作用减弱以至全无，而在小偏差则应加强积分作用，否则，积分系数取大了会产生超调，甚至积分饱和，取小了又迟迟不能消除静差。因此，如何根据系统的偏差大小改变积分的速度，这对于提高调节品质是至关重要的。

变速积分 PID 算法较好地解决了这一问题，它的基本思想是设法改变积分项的累加速度，使其与偏差大小相对应，偏差越大，积分越慢，反之则越快。变速积分 PID 算法就是设置一个偏差的系数函数 $f[e(k)]$，当 $|e(k)|$ 增大时，$f[e(k)]$ 减小，反之增大。变速积分 PID 算法的表达式为

$$u(k)=K_pe(k)+K_i\left\{\sum_{j=0}^{k-1}e(j)+f[e(k)]e(k)\right\}+K_d[e(k)-e(k-1)] \quad (4-11)$$

变速积分 PID 控制算法可以消除积分饱和现象，大大减小超调量，使 PID 控制的适应能力显著增强。虽然变速积分与积分分离两种 PID 算法很类似，但其调节方式却不相同，积分分离对积分项采用的是所谓的“开关”控制，而变速积分则是缓慢变化，相比较而言，变速积分的调节品质大为提高，且已得到越来越广泛的应用。

3. 抗积分饱和

在实际过程中，控制量因受到执行元件机械和物理性能的约束而限制在有限的范围内，即 $u_{min}\leqslant u\leqslant u_{max}$，其变化率也有一定的限制范围，即 $|\dot{u}|\leqslant|\dot{u}_{max}|$。如果计算机给出的控制量 u 在上述范围内，那么控制可以按预期的结果进行。一旦超出了上述范围，例如超出最大阀门开度或进入执行元件的饱和区，那么实际执行的控制量就不再是计算值，由此将得不到预期的效果，这种效应通常称为饱和效应，这类现象在给定值发生突变时特别容易发生，所以有时也称为启动效应。

在位置式数字 PID 控制算法中，如果执行机构已到极限位置或执行元件已进入饱和区，仍然不能消除偏差时，由于积分作用，尽管计算 PID 位置算式所得到的运算结果继续增大或减小，而执行机构已无相应的动作，这种主要由积分作用引起的饱和现象称为积分饱和。当出现积分饱和时，长时间出现的偏差通过积分项的累积作用使调节过程的超调量增加，控制品质变坏。为了克服积分饱和现象，可以采用如下的方法。

（1）遇限削弱积分法。遇限削弱积分法的基本思想是：当控制量进入饱和区后，将停止

积分项的累加，而执行削弱积分的运算。即在计算 $u(k)$时，先判断 $u(k-1)$是否已超出限制值，若 $u(k-1)>u_{max}$，则只累加负偏差，若 $u(k-1)<u_{min}$，则只累加正偏差，这样可以避免控制量长时间停留在饱和区。

（2）有效偏差法。当根据 PID 位置算式计算出的控制量超出限制范围时，控制量实际上只能取边界值 u_{max}或 u_{min}。有效偏差法是将这一控制量相应的偏差值作为有效偏差值计入积分累计而不是将实际偏差计入积分累计，因为按实际偏差计算的控制量并未执行。

在 PID 位置式算法中，除了对控制量 u 的限制外，对控制量变化率 $\dot{u}$ 的限制也会引起饱和，也可以采用类似的修正方法予以消除。

（3）给定值变化限制。限制给定值变化的方法可以使控制输出不会达到执行器上下限，从而避免出现积分饱和现象，但这种方法不能克服干扰的影响。

（4）增量式 PID 算法。在增量式 PID 算法中，由于执行元件本身是机械或物理的积分存储单元，在算法中不出现累加和的形式，所以不会发生位置式算法那样的累积效应，这样就直接避免了导致大幅度超调的积分累积效应，这是增量式算法相对于位置式算法的一个优点。但是，在增量式算法中，却有可能出现比例和微分饱和现象，通常采用“积累补偿法”把因饱和暂时未能执行的增量信息积累起来，等到可能时再补充执行。

4. 梯形积分

在 PID 控制器中，积分项的作用是消除残差，为了减少残差，应提高积分项的运算精度。为此，可将矩形积分改为梯形积分，其计算公式为

$$\int_0^t e\mathrm{d}t \approx \sum_{j=0}^{k} \frac{e(j)+e(j-1)}{2}T \tag{4-12}$$

5. 消除积分不灵敏区

由式（4-7）可知，增量式数字 PID 算式中的积分项输出为

$$\Delta u_i(k) = K_i e(k) = K_p \frac{T}{T_i} e(k) \tag{4-13}$$

由于计算机字长的限制，当运算结果小于字长所能表示的数字的精度，计算机就作为“零”将此数丢掉。从式（4-13）中可以知道，当计算机的运行字长较短，采样周期 T 也短，而积分时间 T_i 又较长时，$\Delta u_i(k)$容易出现小于字长的精度而丢失，此积分作用消失，这就称为积分不灵敏区。

例如，某温度控制系统，温度量程为 0～1275℃，A/D 转换为 8 位，并采用 8 位字长定点运算。设 $K_p=1$，$T=1$s，$T_i=10$s，$e(k)=50$℃，根据式（4-13）得

$$\Delta u_i(k) = K_p \frac{T}{T_i} e(k) = \frac{1}{10}\left(\frac{255}{1275}\times 50\right) = 1$$

这就说明，如果偏差 $e(k)<50$℃，则 $\Delta u_i(k)<1$，计算机就将此数作为“零”丢掉，控制器应没有积分作用，只有当偏差达到 50℃时，才会有积分作用。这样，势必造成控制系统的残差。

为了消除积分不灵敏区，通常采用以下措施。

（1）增加 A/D 转换位数，加长运算字长，这样可以提高运算精度。

（2）当积分项 $\Delta u_i(k)$连续出现小于输出精度 ε 的情况时，不要将它们作为“零”舍掉，而是把它们一次次累加起来，即

$$S_i = \sum_{j=1}^{n} \Delta u_i(j) \tag{4-14}$$

直到累加值 S_i 大于 ε 时，才输出 S_i，同时把累加单元清零。

(二) 微分算法的改进

1. 实际微分数字 PID 算法

式 (4-5) 和式 (4-7) 为数字 PID 的基本算法，其中使用的微分为理想微分。理想微分 PID 控制的实际控制效果并不理想。一方面，由于理想微分的作用持续时间很短，动作幅度很大，执行机构不可能按控制器输出动作；另一方面，理想微分容易引入高频干扰，且对过程噪声有放大作用，致使执行机构动作频繁，不利于设备的长期运行。

在模拟控制仪表中，PID 运算是靠硬件实现的，由于反馈电路本身特性的限制，无法实现理想的微分，其特性是实际微分的 PID 控制。数字 PID 的实际微分算法可以从与模拟 PID 表达式的对应关系中求得，通常有以下几种形式。

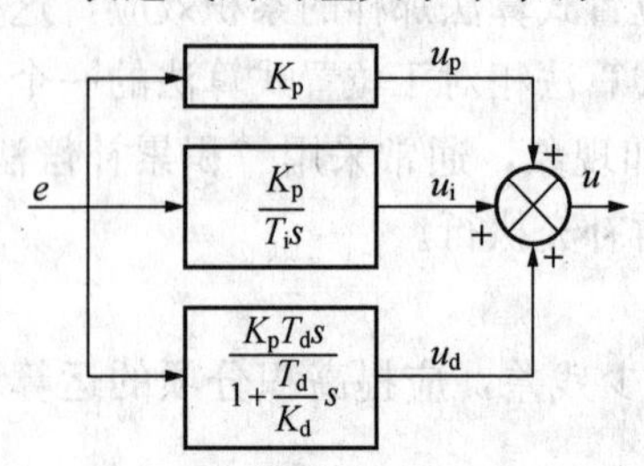

图 4-3 实际微分 PID 算法

(1) 标准实际微分 PID 算法。标准实际微分 PID 算法的传递函数为

$$\frac{U(s)}{E(s)} = K_p\left(1 + \frac{1}{T_i s} + \frac{T_d s}{1 + \frac{T_d}{K_d}s}\right) \tag{4-15}$$

式中：K_p 为比例增益；T_i 为积分时间；T_d 为微分时间；K_d 为微分增益。

为了便于编写程序，式 (4-15) 可以用图 4-3 表示。编程时，首先分别求出比例项、积分项和微分项的差分方程式 $u_p(k)$、$u_i(k)$ 和 $u_d(k)$，然后将它们相加求出总输出 $u(k)$。由此得到采用实际微分的位置式 PID 算法为

$$\left.\begin{aligned}
u_p(k) &= K_p e(k) \\
u_i(k) &= \frac{K_p T}{T_i}\sum_{j=0}^{k} e(j) \\
u_d(k) &= \frac{T_d}{K_d T + T_d}\{u_d(k-1) + K_p K_d[e(k) - e(k-1)]\} \\
u(k) &= u_p(k) + u_i(k) + u_d(k)
\end{aligned}\right\} \tag{4-16}$$

相应地，采用实际微分的增量式 PID 算法为

$$\left.\begin{aligned}
\Delta u_p(k) &= K_p[e(k) - e(k-1)] \\
\Delta u_i(k) &= \frac{K_p T}{T_i} e(k) \\
u_d(k) &= \frac{T_d}{K_d T + T_d}\{u_d(k-1) + K_p K_d[e(k) - e(k-1)]\} \\
\Delta u_d(k) &= u_d(k) - u_d(k-1) \\
\Delta u(k) &= \Delta u_p(k) + \Delta u_i(k) + \Delta u_d(k) \\
u(k) &= u(k-1) + \Delta u(k)
\end{aligned}\right\} \tag{4-17}$$

式中：$u_d(k)$、$u_d(k-1)$分别为实际微分环节第 kT、$(k-1)T$ 时刻的输出。

(2) 不完全微分数字 PID 算法。微分作用容易引入高频干扰，因此可以在数字 PID 控制器中串接低通滤波器（一阶惯性环节）来抑制高频干扰，这就组成了不完全微分 PID 控制算法，如图 4-4 所示。图中低通滤波器的传递函数为

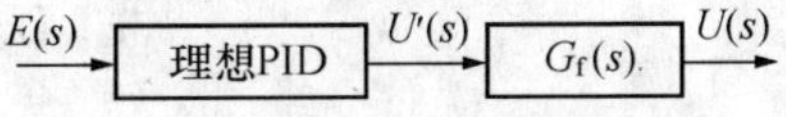

$E(s)$ → 理想PID → $U'(s)$ → $G_f(s)$ → $U(s)$

图 4-4　不完全微分 PID 算法

$$G_f(s) = \frac{1}{T_f s + 1} \tag{4-18}$$

由图 4-4 可得

$$u'(t) = K_p\left[e(t) + \frac{1}{T_i}\int_0^t e(t)\mathrm{d}t + T_d\frac{\mathrm{d}e(t)}{\mathrm{d}t}\right] \tag{4-19}$$

$$T_f\frac{\mathrm{d}u(t)}{\mathrm{d}t} + u(t) = u'(t) \tag{4-20}$$

所以

$$T_f\frac{\mathrm{d}u(t)}{\mathrm{d}t} + u(t) = K_p\left[e(t) + \frac{1}{T_i}\int_0^t e(t)\mathrm{d}t + T_d\frac{\mathrm{d}e(t)}{\mathrm{d}t}\right] \tag{4-21}$$

对上式进行离散化，可得不完全微分数字 PID 的位置式算法

$$u(k) = \alpha u(k-1) + (1-\alpha)u'(k) \tag{4-22}$$

式中

$$u'(k) = K_p\left\{e(k) + \frac{T}{T_i}\sum_{j=0}^{k} e(j) + \frac{T_d}{T}[e(k) - e(k-1)]\right\} \tag{4-23}$$

$$\alpha = \frac{T_f}{T_f + T} \tag{4-24}$$

与标准的数字 PID 算法一样，不完全微分数字 PID 也有增量式算法，即

$$\Delta u(k) = \alpha\Delta u(k-1) + (1-\alpha)\Delta u'(k) \tag{4-25}$$

$$\Delta u'(k) = K_p[e(k) - e(k-1)] + K_i e(k) + K_d[e(k) - 2e(k-1) + e(k-2)] \tag{4-26}$$

在不完全微分 PID 算法中，如果令 $T_f = T_d/K_d$，则其中的微分项与式（4-15）中的实际微分项相同。

(3) 理想微分与实际微分 PID 算法控制效果比较。下面将理想微分 PID 算法与实际微分 PID 算法的控制效果作一下比较。

设控制器输入为阶跃序列：$e(k)=a$，$k=0$，1，2，…。

当使用理想微分 PID 算法时，微分项输出为

$$u_d(k) = K_p\frac{T_d}{T}[e(k) - e(k-1)] \tag{4-27}$$

将 $e(k)$代入式（4-27）可得

$$u_d(0) = K_p\frac{T_d}{T}a$$

$$u_d(1) = u_d(2) = \cdots = 0$$

可见，理想微分 PID 控制器在阶跃输入时，微分作用只在第一个采样周期里起作用，如图 4-5（a）所示。由于 $T_d \gg T$，所以控制器的输出 $u(0)$将会很大。

当使用不完全微分 PID 算法时，微分项的输出为

$$U_{\mathrm{d}}(s)=K_{\mathrm{p}}\frac{T_{\mathrm{d}}s}{1+T_{\mathrm{f}}s}E(s) \tag{4-28}$$

或

$$u_{\mathrm{d}}(t)+T_{\mathrm{f}}\frac{\mathrm{d}u_{\mathrm{d}}(t)}{\mathrm{d}t}=K_{\mathrm{p}}T_{\mathrm{d}}\frac{\mathrm{d}e(t)}{\mathrm{d}t} \tag{4-29}$$

对式（4-29）离散化，可得

$$u_{\mathrm{d}}(k)=\frac{T_{\mathrm{f}}}{T+T_{\mathrm{f}}}u_{\mathrm{d}}(k-1)+\frac{K_{\mathrm{p}}T_{\mathrm{d}}}{T+T_{\mathrm{f}}}[e(k)-e(k-1)] \tag{4-30}$$

当 $k\geqslant 0$ 时，$e(k)=a$，由式（4-30）可得

$$u_{\mathrm{d}}(0)=\frac{K_{\mathrm{p}}T_{\mathrm{d}}}{T+T_{\mathrm{f}}}a$$

$$u_{\mathrm{d}}(1)=\frac{K_{\mathrm{p}}T_{\mathrm{f}}T_{\mathrm{d}}}{(T+T_{\mathrm{f}})^2}a$$

$$u_{\mathrm{d}}(2)=\frac{K_{\mathrm{p}}T_{\mathrm{f}}^2T_{\mathrm{d}}}{(T+T_{\mathrm{f}})^3}a$$

$$\cdots$$

显然，$u_{\mathrm{d}}(k)\neq 0$，$k=0, 1, 2, \cdots$，并且

$$u_{\mathrm{d}}(0)=\frac{K_{\mathrm{p}}T_{\mathrm{d}}}{T+T_{\mathrm{f}}}a\ll\frac{K_{\mathrm{p}}T_{\mathrm{d}}}{T}a$$

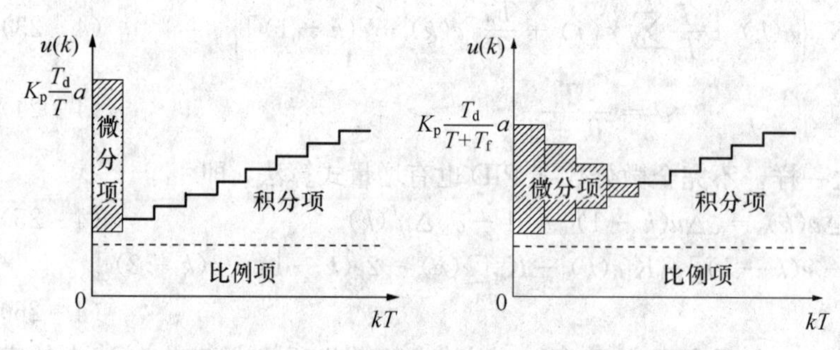

图 4-5　数字 PID 控制器的阶跃响应

（a）理想微分 PID 控制器；（b）不完全微分 PID 控制器

因此，在第一个采样周期里不完全微分数字 PID 算法的输出比理想微分数字 PID 算法的输出幅度要小得多，不完全微分数字 PID 算法的阶跃响应如图 4-5（b）所示。

比较这两种数字 PID 算法的阶跃响应，可以得知以下两点。

1）理想微分数字 PID 算法的控制品质较差，其原因是微分作用仅局限于第一个采样周期的大幅度输出，一般的工业执行机构，无法在较短的时间内跟踪较大的微分输出。

2）实际微分数字 PID 算法的控制品质较好，其原因是微分作用能缓慢地持续多个采样周期，使得执行机构能够较好地跟踪控制输出。

2. 微分先行数字 PID 控制算法

微分先行数字 PID 控制算法如图 4-6 所示，它和普通的 PID 控制算法之间的区别在于，只对被调量 $y(t)$ 进行微分，而对给定值 $r(t)$ 无微分作用，这种对被调量微分的 PID 控制算法称为微分先行 PID 控制算法，该算法适用于给定值频繁升降的系统，可以避免因给定值升降

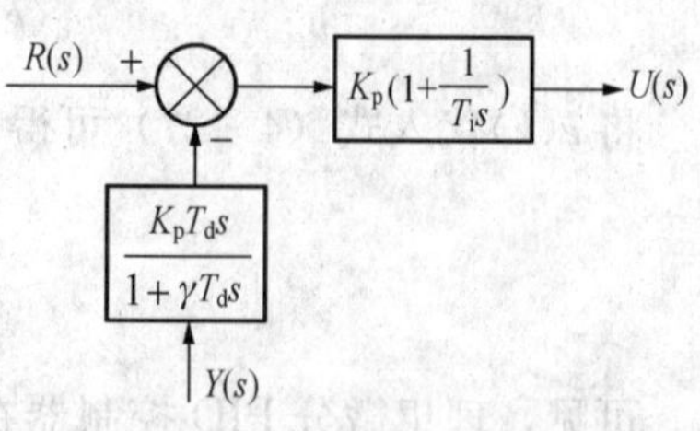

图 4-6　微分先行数字 PID 控制

所引起的超调量过大、调节阀门动作过分剧烈的摇荡。图 4-6 中，γ 为微分增益系数。

这种算法对于串级控制系统中的副回路不适用，因为在串级控制系统中，副回路的给定值是由主调节器给定的，也应该对其进行微分处理，因此，应该在副回路中采用偏差微分的 PID 控制算法。

（三）带死区的数字 PID 控制算法

在计算机控制系统中，为了避免控制作用的变化过于频繁，可以采用带死区的 PID 控制算法，如图 4-7 所示，这种算法是在 PID 前串联一个非线性环节来控制 PID 的动作，即

$$\left.\begin{aligned} e'(k) &= e(k) \quad &\text{当}|e(k)| > e_0\text{时} \\ e'(k) &= 0 \quad &\text{当}|e(k)| \leqslant e_0\text{时} \end{aligned}\right\} \tag{4-31}$$

在图 4-7 中，死区 e_0 是一个可调参数，其具体数值可以根据实际控制对象由试验确定。e_0 太小，使调节过于频繁，达不到被调节对象的目的；如果 e_0 取得太大，则系统将产生很大的滞后；当 $e_0=0$ 时，即为常规 PID 控制。

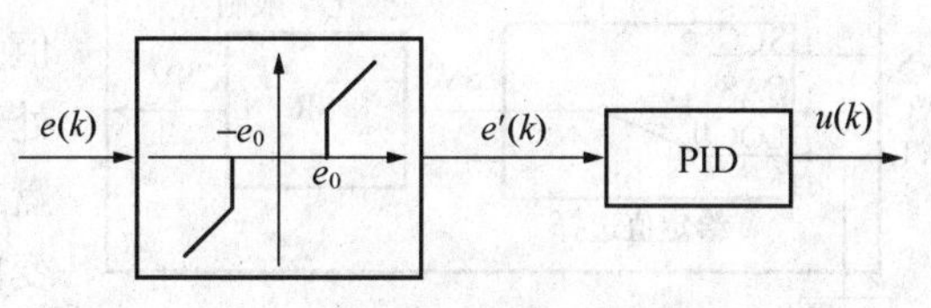

图 4-7　带死区的 PID 控制算法

第二节　数字 PID 控制器的工程实现

在模拟调节系统中，PID 控制器由模拟电路来实现，它是一台硬设备，与其他控制运算单元通过硬接线的方式连接在一起，构成完整的控制系统，共同完成特定的控制功能，通常一台模拟调节器只能控制一个回路。

在计算机控制系统中，数字 PID 运算功能由计算机程序实现，是一台软设备。为了方便使用，在计算机控制系统中常常将各种控制运算单元编写成子程序或函数并封装起来，称为功能块，除了 PID 控制功能外，还有丰富的算术、逻辑运算及动态运算功能，用户只需将这些功能块进行软连接（组态）即可构成相应的控制系统，同时提供可在线调整的内部参数。计算机控制中的数字 PID 控制器由 PID 控制程序及相应的数据区构成，称为 PID 控制功能块，每个 PID 控制功能块对应有一段数据区（参数表），即 PID 控制程序可以作为系统中各控制回路的公共子程序。同一个 PID 控制程序，通过与不同数据区的结合，可以形成若干个不同的 PID 控制功能块，实现各自的 PID 控制功能，所不同的是各个回路提供的原始数据不一样，输入/输出通道也不一样。本节主要讨论数字 PID 控制程序的功能，关于数据区的设置和使用请参考有关资料。

作为公共子程序，PID 控制程序应该具有通用性和工程实用价值，因此在设计 PID 控制程序时，必须考虑过程计算机控制的各种实际要求，具有多种功能，便于用户组态时选择。数字 PID 控制程序一般由给定值处理、被调量处理、偏差处理、PID 运算、控制量处理和自动/手动无扰切换等几部分组成，如图 4-8 所示。

一、给定值处理

给定值处理包括选择给定值 SV 和给定值变化率限制 SR 两部分，如图 4-9 所示。

1. 给定值选择

通过选择给定值方式（SV_MODE）的值为 0、1 或 2，分别对应软开关 LOC、CAS 或

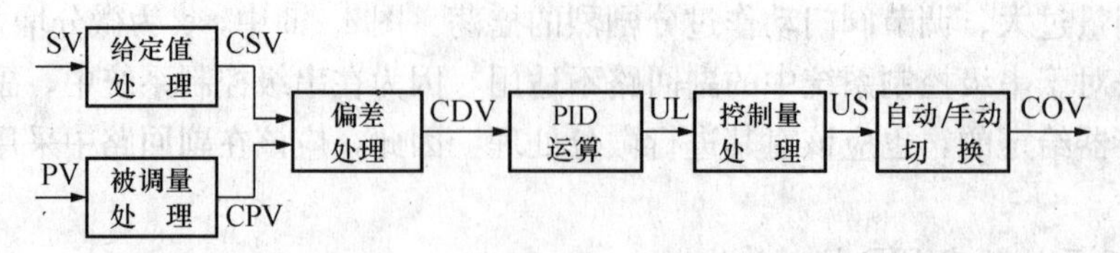

图 4-8　PID控制功能块的组成

SV—给定值；CSV—计算给定值；CDV—计算偏差；US—中间控制量；

PV—被控量；CPV—计算被调量；UL—计算控制量；COV—输出控制量

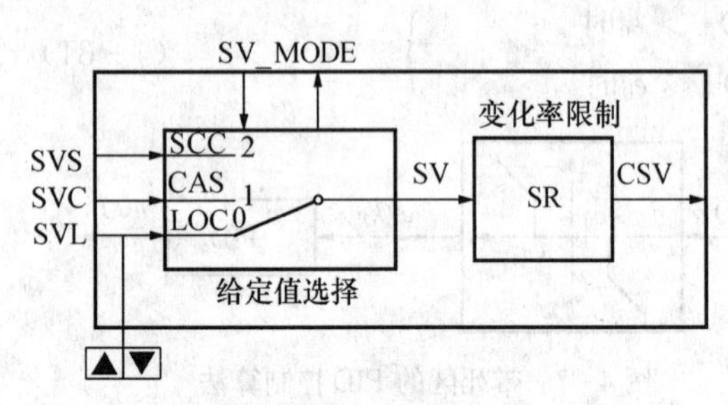

图 4-9　给定值处理

SVL—内给定值；CSV—计算给定值；

SVC—串级给定值；LOC—内给定开关；

SVS—SCC 给定值；CAS—串级开关；

SR—给定值变化率限制；SCC—SCC 开关；

SV—给定值；SV_MODE—给定值方式

SCC，可以构成内给定、串级或监控状态。

（1）内给定（LOC）状态。当 SV_MODE 值为 0 时，软开关处于内给定 LOC 位置，系统处于内给定状态，给定值由操作人员通过操作键盘或 PID 控制画面的给定值按键窗口设置或改变内给定值 SVL。

（2）串级（CAS）状态。当 SV_MODE 值为 1 时，软开关处于串级 CAS 位置，系统处于串级状态，可以构成串级控制的外给定状态，给定值来自主回路 PID 控制功能块或其他运算模块。

（3）监控（SCC）状态。当 SV_MODE 值为 2 时，软开关处于监控 SCC 位置，系统处于监控状态，给定值来自上位监控计算机的给定值 SVS。

给定值方式（SV_MODE）的选择可以通过 PID 控制画面的相应窗口或 PID 控制功能块参数表来选择，也可以通过程序进行选择。

2. 给定值变化率限制

给定值变化率限制主要是为了减少给定值突变对控制系统的扰动，防止比例（P）、微分（D）饱和，以实现平稳控制。给定值变化率 SR 通过 PID 控制功能块参数表赋值。

二、被调量处理

被调量 PV 处理主要包括 PV 方式（PV_MODE）、PV 滤波和 PV 高低限值报警检查三部分，如图 4-10 所示。

1. PV 方式（PV_MODE）

PID 控制功能块的输入一般来自生产过程，简称过程变量（PV），PV 方式（PV_MODE）分为以下两种。

（1）自动（AUTO）方式。此时 PID 控制功能块的输入信号来自模拟量输入（AI）块或其他功能块。为此，将 PV_MODE 设置为 AUTO，这是 PID 控制功能块的正常工作方式。

（2）手动（MAN）方式。此时可以人工设置 PV。为此，将 PV_MODE 设置为 MAN，这样便于仿真调试。

PV 方式（PV_MODE）的选择可以通过 PID 控制功能块的参数表设置，也可以通过程序进行赋值。

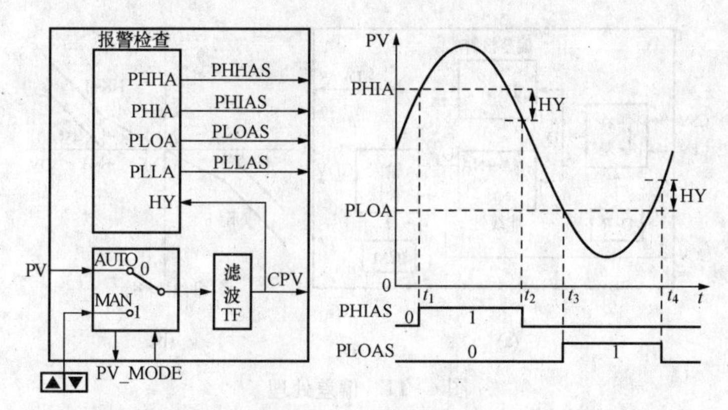

图 4-10　被调量处理

PV—被调量；PHHA—PV 高高限报警值；PHHAS—PV 高高限报警状态；
CPV—计算被调量；PHIA—PV 高限报警值；PHIAS—PV 高限报警状态；
TF—滤波时间常数；PLOA—PV 低限报警值；PLOAS—PV 低限报警状态；
PV_MODE—PV 方式；PLLA—PV 低低限报警值；PLLAS—PV 低低限报警状态；
HY—PV 报警死区

2. PV 滤波

PV 滤波的目的主要是为了实现平稳控制，对参与控制的被调量的变化率进行限制。PV 滤波采取一阶惯性滤波，其公式为

$$\frac{Y(s)}{X(s)} = \frac{1}{1+T_{\mathrm{f}}s} \tag{4-32}$$

式中：T_{f} 为滤波时间，s。

3. PV 高低限值报警

为了安全运行，需要对被调量 PV 进行高高限、高限、低限、低低限值报警检查，一旦越限，相应的报警状态为逻辑“1”（状态“ON”）。

当 PV>PHIA（高限报警值）时，则高限报警状态 PHIAS 为逻辑“1”；

当 PV<PLOA（低限报警值）时，则低限报警状态 PLOAS 为逻辑“1”；

当 PV>PHHA（高高限报警值）时，则高高限报警状态 PHHAS 为逻辑“1”，同时高限报警状态 PHIAS 也为逻辑“1”；

当 PV<PLLA（低低限报警值）时，则低低限报警状态 PLLAS 为逻辑“1”；同时低限报警状态 PLOAS 也为逻辑“1”；

当 PV 处于报警临界值时，为了避免报警状态的频繁变化，可以设置一定的报警死区 HY，如图 4-10 所示。

通过 PID 控制功能块参数表，依次给 PLLA、PLOA、PHIA，PHHA 赋值。

三、偏差处理

偏差处理主要包括偏差的正反作用计算、偏差报警、非线性特性和输入补偿四部分，如图 4-11（a）所示。

1. 计算偏差

根据 PID 控制器正/反作用方式（D_R）计算偏差 DV，即

当 D_R=OFF，代表正作用，此时偏差

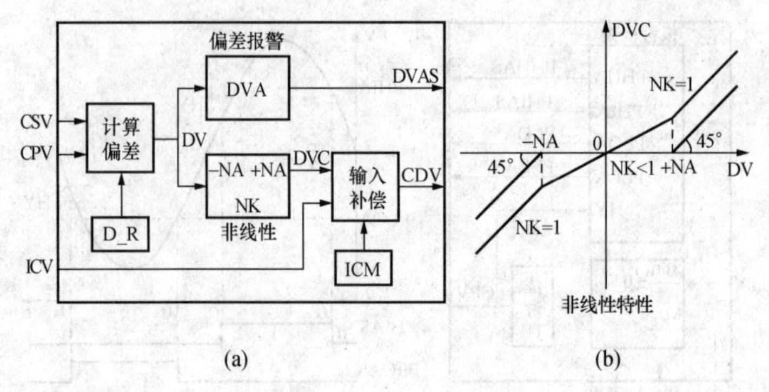

图 4-11 偏差处理

CSV—计算给定值；DV—偏差；DVA—偏差报警值；CPV—计算被调量；
DVC—中间偏差；DVAS—偏差报警状态；D_R—正/反作用方式；CDV—计算偏差；
NA—非线性区；ICV—输入补偿量；ICM—输入补偿方式；NK—非线性区增益

$$DV_{+}=CPV-CSV \tag{4-33}$$

即被调量增加时，使控制量增加；

当D_R=ON，代表反作用，此时偏差

$$DV_{-}=CSV-CPV \tag{4-34}$$

即被调量增加时，使控制量减少。

正/反作用方式可以通过PID控制功能块参数表赋值。

2. 偏差报警

对于控制要求较高的对象，不仅要设置被调量PV的高、低限报警，而且要设置偏差DV报警。

当偏差绝对值｜DV｜>DVA时，则偏差报警状态DVAS为逻辑“1”（状态“ON”）。

通过PID控制功能块参数表，给偏差绝对值DVA赋值。

3. 非线性特性

为了实现非线性PID控制或带死区的PID控制，设置了非线性区－NA至＋NA和非线性区增益NK，非线性特性如图4-11（b）所示。如果偏差DV在非线性区［－NA，＋NA］内，那么

当NK=0时，则为带死区的PID控制；

当0<NK<1时，则为非线性PID控制；

当NK=1时，则为正常的PID控制。

如果偏差DV在非线性区外，那就恢复正常的PID控制。

通过PID控制功能块参数表或程序给NA和NK赋值。

4. 输入补偿

为了扩展PID控制性能，对偏差进行输入补偿。根据输入补偿方式ICM的类型，决定偏差DVC与输入补偿量ICV之间的关系，即

当ICM=0，代表无补偿，此时CDV=DVC；

当ICM=1，代表加补偿，此时CDV=DVC＋ICV；

当ICM=2，代表减补偿，此时CDV=DVC－ICV；

当ICM=3，代表置换补偿，此时CDV=ICV。

利用输入补偿，可以组成复杂的PID控制回路，如前馈控制或纯迟延补偿控制。

输入补偿方式ICM通过PID控制功能块参数表赋值。

四、PID计算

PID计算分为选择PID计算的算式（EQ_MODE），微分方式（DV_PV）和控制量限幅（OH、OL）处理三部分，如图4-12所示。

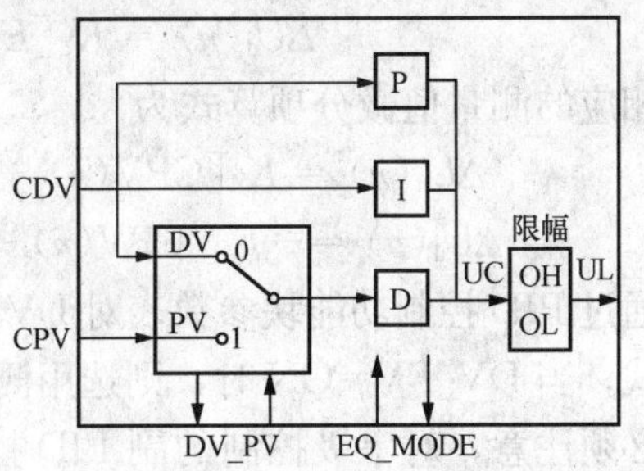

图4-12 PID计算

CDV—计算偏差；P—比例；OH—控制量上限值；CPV—计算被调量；I—积分；OL—控制量下限值；DV_PV—微分方式；D—微分；UC—计算控制量；EQ_MODE—PID算式；UL—限幅控制量

1. PID计算的算式

用户可以通过PID算式类型（EQ_MODE）选择不同的PID算式。

算式1（EQ_MODE=1）为理想微分PID算式

$$\frac{U(s)}{E(s)}=K_{\mathrm{p}}\left(1+\frac{1}{T_{\mathrm{i}}s}+T_{\mathrm{d}}s\right) \tag{4-35}$$

算式2（EQ_MODE=2）为实际微分PID算式之一

$$\frac{U(s)}{E(s)}=K_{\mathrm{p}}\left(1+\frac{1}{T_{\mathrm{i}}s}+\frac{T_{\mathrm{d}}s}{1+\frac{T_{\mathrm{d}}}{K_{\mathrm{d}}}s}\right) \tag{4-36}$$

算式3（EQ_MODE=3）为实际微分PID算式之二

$$\frac{U(s)}{E(s)}=\frac{1+T_{\mathrm{d}}s}{1+\frac{T_{\mathrm{d}}}{K_{\mathrm{d}}}s}K_{\mathrm{p}}\left(1+\frac{1}{T_{\mathrm{i}}s}\right) \tag{4-37}$$

算式4（EQ_MODE=4）为实际微分PID算式之三

$$\frac{U(s)}{E(s)}=\frac{1}{1+\frac{T_{\mathrm{d}}}{K_{\mathrm{d}}}s}K_{\mathrm{p}}\left(1+\frac{1}{T_{\mathrm{i}}s}+T_{\mathrm{d}}s\right) \tag{4-38}$$

PID算式类型EQ_MODE的选择可以通过PID控制功能块参数表对它赋值。

PID计算中必须考虑积分分离。当偏差$E(n)$较大时，取消积分作用；当偏差$E(n)$较小时，才将积分作用投入，即

当$|E(n)|>$IB时，用PD控制；

当$|E(n)|\leqslant$IB时，用PID控制。

通过PID控制功能块参数表给IB赋值。积分分离值IB应根据具体对象及要求确定。若IB值过大，达不到积分分离的目的；若IB值过小，一旦被调量PV无法跳出积分分离区，只进行PD控制，将会出现残差，如图4-2所示。

2. 微分方式

PID控制算式中的微分部分一般采用偏差DV微分。但为了避免给定值升降给控制系统带来冲击，有利于平稳操作，可以对微分项算式部分采用被调量PV微分，亦称为测量值微分。

偏差$E(n)$是测量值与给定值之差，考虑到PID控制器的正反作用，偏差$E(n)$的计算方法不同，即

$$E(n)=\mathrm{CPV}(n)-\mathrm{CSV}(n)\text{（正作用）} \tag{4-39}$$

或　　$$E(n)=\mathrm{CSV}(n)-\mathrm{CPV}(n)\text{（反作用）} \tag{4-40}$$

例如式（4-35）算式1中偏差微分项算式为

$$\Delta U_{\mathrm{d}}(n)=K_{\mathrm{d}}[E(n)-2E(n-1)+E(n-2)] \tag{4-41}$$

相应的测量值微分项算式为

$$\Delta U_{\mathrm{d}}(n)=K_{\mathrm{d}}[\mathrm{CPV}(n)-2\mathrm{CPV}(n-1)+\mathrm{CPV}(n-2)]\text{（正作用）} \tag{4-42}$$

$$\Delta U_{\mathrm{d}}(n)=-K_{\mathrm{d}}[\mathrm{CPV}(n)-2\mathrm{CPV}(n-1)+\mathrm{CPV}(n-2)]\text{（反作用）} \tag{4-43}$$

通过PID控制功能块参数表对DV_PV赋值，当DV_PV=OFF时，则选用偏差DV微分算式；当DV_PV=ON时，则选用测量值PV微分算式。

必须注意，对串级控制的副PID控制器而言，因其给定值是主PID控制器的控制量，故副PID控制器只能采用偏差微分，不能采用测量值微分。

3. 控制量限幅

由于长时间存在偏差或偏差较大时，计算出的控制量UC有可能溢出或小于零。所谓溢出就是计算出的控制量UC超出D/A所能表示的数值范围。例如，12位D/A的数值范围为000H～FFFH（H表示十六进制），一般执行机构有两个极限位置，如调节阀全关或全开，恰好对应000H到FFFH。如果执行机构已到极限位置，仍然不能消除偏差，此时由于积分作用，尽管UC继续增大或减小，而执行机构已无相应的动作，势必造成更大偏差，这就称为积分饱和。一旦偏差反向，进行反向积分，必须使UC减小或增大到极限范围内（000H～FFFH），执行机构才会动作，这段空程时间有可能影响控制品质。作为防止积分饱和的办法之一，可以对控制量UC限幅。

当UC≤OL时，则取UL=OL；

当OL<UC<OH时，则取UL=UC；

当UC≥OH时，则取UL=OH。

通过PID控制功能块参数表或程序可以给PID控制参数K_{p}、T_{i}、T_{d}、IB和OH、OL赋值。

五、控制量处理

为了扩展PID控制功能，实现安全平稳操作，必须对控制量进行处理，主要有输出补偿、输出保持和输出安全三部分，如图4-13所示。

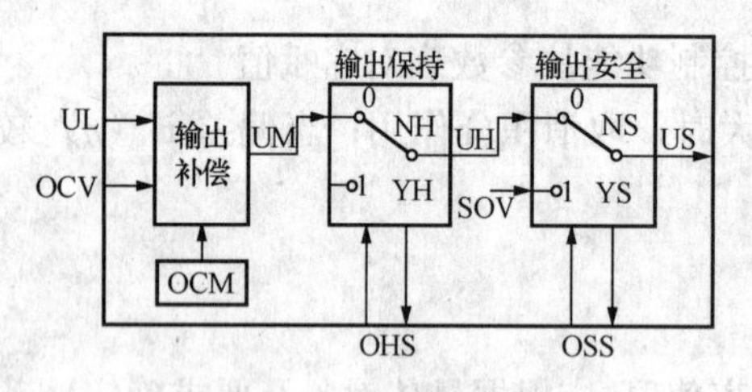

图4-13　控制量处理

UL—限幅控制量；OHS—输出保持开关；UM—补偿控制量；OCV—输出补偿量；OSS—输出安全开关；UH—保持控制量；OCM—输出补偿方式；SOV—输出安全值；US—安全控制量

1. 输出补偿

根据输出补偿方式OCM的类型，决定控制量UL与输出补偿量OCV之间的关系，即

当OCM=0，代表无补偿，此时UM=UL；

当OCM=1，代表加补偿，此时UM=UL+OCV；

当OCM=2，代表减补偿，此时UM=UL-OCV；

当OCM=3，代表置换补偿，此时UM=OCV。

利用输出补偿，可以组成复杂的PID控制回路，如前馈控制。

输出补偿方式OCM可以通过PID控制功能块参数表进行赋值。

2. 输出保持

根据生产工艺及生产状况要求执行机构位置保持不变，为此，设置了输出保持 OHS 状态。

当输出保持开关 OHS 为逻辑“1”（状态“ON”）时，软开关处于 YH 位置，现时刻的控制量 UH（n）等于前一时刻的控制量 UH($n-1$)，也就是说，输出控制量保持不变（或执行机构的位置保持不变），此时 PID 算式停止运算；当输出保持开关 OHS 为逻辑“0”（状态“OFF”）时，软开关处于 NH 位置，恢复正常输出方式，即 PID 算式恢复运算。

当 PID 控制功能块处于输出保持 YH 状态（OHS 为逻辑“1”）时，尽管输出保持不变也不进行 PID 计算，但为了保证在切向正常工作状态的无扰动切换，即保证切换瞬间输出控制量的连续性，在每个控制周期应使给定值（CSV）跟踪被控量（CPV），同时也要使 PID 差分算式中的历史数据 $E(n-1)$、$E(n-2)$、$U_d(n-1)$等清零，并使 UC($n-1$)值保持不变。

输出保持开关 OHS 的状态（“ON”或“OFF”）在 PID 控制功能块参数表中确定。

3. 输出安全

当系统出现不安全报警，必须及时消除不安全隐患，保证生产安全，为此，设置了输出安全状态 OSS 以及输出安全值 SOV。

当输出安全开关 OSS 为逻辑“1”（状态“ON”）时，软开关处于 YS 位置，现时刻的控制量 US（n）等于预置的安全输出值 SOV（0%～100%），此时 PID 算式停止运算；当输出安全开关 OSS 为逻辑“0”（状态“OFF”）时，软开关处于 NS 位置，又恢复正常输出方式，即 PID 算式恢复运算。

当 PID 控制功能块处于输出安全 YS 状态（OSS 为逻辑“1”）时，尽管不进行 PID 计算，但在每个控制周期应使给定值（CSV）跟踪被控量（CPV），同时也要使 PID 差分算式中的历史数据 $E(n-1)$、$E(n-2)$、$U_d(n-1)$ 等清零，并将输出安全值 SOV 赋给 UC($n-1$)。这样，一旦切向正常工作状态 NS（OSS 为逻辑“0”）时，由于 CSV=CPV［即偏差 E（n）为 0］，PID 差分算式中的历史数据为 0，故 ΔUC（n）=0，而 UC（$n-1$）又等于切换瞬间的输出安全值 SOV。这就保证了切换瞬间输出控制量的连续性，即

$$UC(n) = UC(n-1) + \Delta UC(n) = UC(n-1) = SOV$$

输出安全开关 OSS 的状态（“ON”或“OFF”）在 PID 控制功能块参数表中确定。

六、自动/手动切换

自动/手动切换包括 PID 工作方式（OV_MODE）、输出跟踪、输出控制量变化率限制及限幅四部分，如图 4-14 所示。

1. PID 工作方式（OV_MODE）

PID 工作方式（OV_MODE）分为手动（MAN）、自动（AUTO）、初始化（INIT）、副调极限保持（NLH）和 PV 坏保持（PBH）五种。

（1）手动（OV_MODE=0），此时 PID 控制功能块处于手动方式，PID 算式停止运算，控制量 MOV 来自人工设置，如从键盘或 PID 控制画面上来设置控制量 MOV。

（2）自动（OV_MODE=1），此时 PID 控制功能块处于自动方式，PID 算式恢复运算，控制量 US 来自 PID 算式。

（3）初始化（OV_MODE=2），此时 PID 控制功能块处于初始化方式，PID 算式停止运

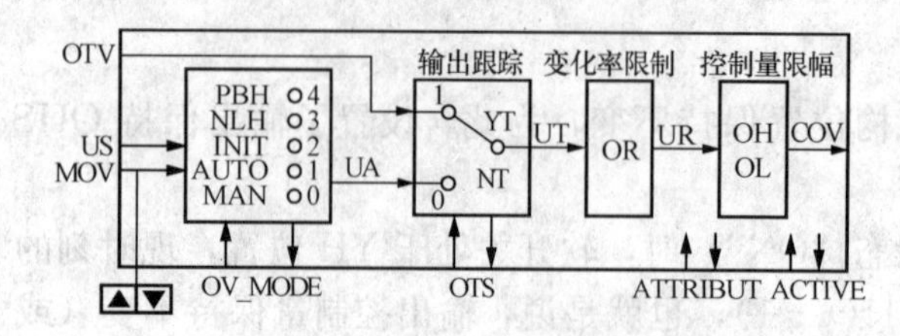

图 4-14 自动/手动切换

US—安全控制量；AUTO—PID 自动；UA—自动控制量；
MOV—手动控制量；MAN—PID 手动；UT—跟踪控制量；
OTV—输出跟踪量；INIT—初始化；UR—限制控制量；
OTS—输出跟踪开关；NLH—副调极限保持；
COV—输出控制量；OV_MODE—PID 工作方式；
PBH—PV 坏保持；ACTIVE—功能块激活；
OR—控制量变化率限制；ATTRIBUT—功能块属性

算。PID 控制功能块是否处于初始化方式，则取决于其前级或后级功能块的状态。

（4）副调极限保持 NLH（OV_MODE=3），此时主 PID 控制功能块输出保持，原因是其后级副 PID 控制块输出达到极限。一旦副 PID 控制功能块输出恢复正常，主 PID 控制块也恢复正常运算。

（5）PV 坏保持 PBH（OV_MODE=4），此时 PID 控制功能块输出保持，原因是其被调量 PV 为坏值。一旦 PV 恢复正常，PID 控制功能块也恢复正常运算。

根据控制要求，操作员可以通过 PID 控制画面或操作员键盘来改变 PID 控制功能块的手动或自动工作方式。

PID 控制功能块的副调极限保持（NLH）取决于其后级副调输出是否达到极限，而不能人工设置。PID 控制功能块的 PV 坏保持（PBH）取决于其 PV（即 AI 功能块）是否为坏值，而不能人工设置。PID 控制功能块的初始化方式取决于其前级或后级功能块的状态，而不能人工设置。

为了实现手动/自动状态的无扰动切换，在每个控制周期应：当 OV_MODE 为 MAN 时，应将 MOV 值赋给 $UC(n-1)$；当 OV_MODE 为 AUTO 时，应将 COV 值赋给 MOV。

PID 手动/自动工作方式可以通过单击 PID 控制画面的手动或自动窗口、PID 控制功能块参数表或程序给 OV_MODE 赋值 0（手动）或 1（自动）三种方法进行选择。

2. 输出跟踪

根据控制要求，输出控制量 COV 要跟踪某个变量，称为输出跟踪量 OTV。

当输出跟踪开关 OTS 为逻辑“1”（状态“ON”）时，软开关处于 YT 位置，控制量来自外部跟踪变量 OTV，此时 PID 控制器处于输出跟踪状态，PID 算式停止运算。当输出跟踪开关 OTS 为逻辑“0”（状态“OFF”）时，软开关处于 NT 位置，PID 算式恢复运算，控制量 UA 来自 PID 控制器本身，此时 PID 控制器处于正常工作状态。输出跟踪开关 OTS 状态“ON”或“OFF”取决于 PID 控制功能块参数表相应的开关设置。

为了实现输出跟踪/正常工作状态之间的无扰动切换，在每个控制周期，当 OTS 为状态“ON”（YT）输出跟踪时，应将 OTV 值赋给 $UC(n-1)$。

对于特殊的控制回路，为了操作安全，有必要为 PID 控制功能块配置手动操作器，作为后备操作，如图 4-15 所示。

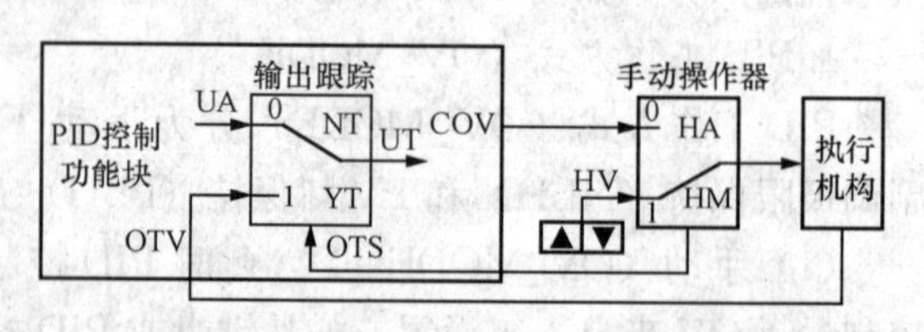

图 4-15 PID 控制功能块输出跟踪

一般手动操作器上有手动/自动（HM/HA）切换开关，手动操作按钮及双针指示表（其中一针指示计算机输出控制量 COV 或手动操作量 HV，另一针指示执行机构位置反馈）。当手动操作器处于自动 HA 工作状态时，可以接收来自计算机的输出控制量 COV。执行机构位置反馈通过 AI 功能块作为输出跟踪量 OTV，手动/自动（HM/HA）切换开关状态通过 DI 功能块作为输出跟踪开关 OTS。

对于配置了手动操作器的 PID 控制功能块应具有输出跟踪功能。

（1）手动操作器处于手动 HM 工作状态。当手动操作器处于手动 HM 工作状态时，PID 控制功能块处于输出跟踪 YT 状态（OTS 为逻辑“1”）。为了实现从输出跟踪 YT 状态到正常工作 NT 状态（OTS 为逻辑“0”）的无扰动切换，在每个控制周期应使给定值（CSV）跟踪被调量（CPV），同时也要使 PID 差分算式中的历史数据 $E(n-1)$、$E(n-2)$、$U_{\mathrm{d}}(n-1)$等清零，并将 OTV 值（执行机构位置反馈）赋给 UC(n−1)。

这样，一旦切向正常工作状态 NT 时，由于 CSV=CPV［即偏差 $E(n)$为 0］，PID 差分算式中的历史数据为 0，故 ΔUC(n)=0，而 UC(n−1)又等于切换瞬间的 OTV 值。这就保证了切换瞬间输出控制量的连续性，即

$$\mathrm{UC}(n) = \mathrm{UC}(n-1) + \Delta\mathrm{UC}(n) = \mathrm{UC}(n-1) = \mathrm{OTV}$$

（2）手动操作器处于自动 HA 工作状态。当手动操作器处于自动 HA 工作状态时，可以接收来自计算机的输出控制量 COV，此时 PID 控制功能块处于正常工作状态 NT（OTS 为逻辑“0”）。一旦人工将手动操作器切换到手动 HM 状态，由于其已跟踪 COV，从而实现了从正常工作状态 NT 到输出跟踪状态 YT 状态的无扰动切换。

3. 输出控制量变化率限制

为了实现平稳操作，需要对输出控制量的变化率 OR 加以限制。OR 的选取要适中，过小会使操作缓慢，过大则达不到限制的目的。OR 的单位为执行机构全程的百分数/秒，如 2%/s。通过 PID 控制功能块的参数表可以给 OR 赋值。

4. 输出控制量限幅

为了满足生产工艺的需要，保证执行机构工作在有效的范围内，需要对实际输出控制量进行上、下限限幅，使得 OL≤COV≤OH。

通过 PID 控制功能块的参数表可以给 OH、OL 赋值。

5. 无平衡无扰动切换

所谓无平衡无扰动切换，是指在进行 PID 控制方式切换之前，如从手动到自动或从自动到手动的切换，无需由人工进行手动输出控制信号与自动输出控制信号之间的对位平衡操作，就可以保证切换时不会对执行机构的现有位置产生扰动。为此，应采取以下措施。

1）当 PID 控制功能块处于手动（OV_MODE=0）方式时，尽管不进行 PID 计算，但在每个控制周期应使给定值（CSV）跟踪被调量（CPV），同时也要使 PID 差分算式中的历史数据 $E(n-1)$、$E(n-2)$、$U_{\mathrm{d}}(n-1)$等清零，并将输出控制量 COV 赋给 UC(n−1)。

这样，一旦切向自动（OV_MODE=1）方式时，由于 CSV=CPV［即偏差 $E(n)$为 0］，PID 差分算式中的历史数据为 0，故 ΔUC(n)=0，而 UC(n−1)又等于切换瞬间的输出控制量 COV。这就保证了切换瞬间输出控制量的连续性，即

$$\mathrm{UC}(n) = \mathrm{UC}(n-1) + \Delta\mathrm{UC}(n) = \mathrm{UC}(n-1) = \mathrm{COV}$$

2）当 PID 控制块处于自动（OV_MODE=1）方式时，为了实现从自动到手动的无平衡且无扰动切换，在自动方式下，每个控制周期应将 COV 值赋给 MOV。

第三节　数字 PID 控制器的参数整定

模拟 PID 控制器的参数整定是按照生产过程对控制性能的要求，决定控制器的参数 K_{p}、

T_i、T_d，而数字PID控制器的参数整定除了需要确定上述三个参数外，还需要确定系统的采样周期 T。通常被控对象有较大的惯性时间常数，而大多数的情况下，采样周期与对象的惯性时间常数相比要小得多，所以数字PID控制器的参数整定可以仿照模拟PID控制器参数整定的各种方法。

本节主要介绍采样周期的选择、几种常用的PID参数工程整定方法以及PID控制器参数自整定的概念与方法。

一、采样周期 *T* 的选择

数字PID控制算法与一般的采样控制不同，它是一种准连续控制，是建立在用计算机对连续PID控制进行数字模拟的基础上的控制，这种控制方式要求采样周期与系统时间常数相比充分小。采样周期越小，数字模拟越精确，控制效果就越接近于连续控制。

根据香农采样定理，采样周期 T 只需满足

$$T \leqslant \frac{\pi}{\omega_{\max}}（或\ \omega \geqslant 2\omega_{\max}）$$

$$\omega = 2\pi f$$

式中：ω 为采样角频率；$\omega_{\max}$ 为输入信号的上限角频率。

那么采样信号通过保持环节仍可复原或近似复原为模拟信号，而不丢失任何信号。由于控制系统的物理过程及参数变化比较复杂，输入信号的上限角频率很难确定，例如阶跃信号就包含了无限频率成分。因此，香农采样定理仅从理论上给出了选择采样周期的上限。但是采样周期的选择受到多方面因素的影响，在实际选择采样周期时，必须根据具体情况和系统的主要要求综合考虑各方面的因素。

对采样周期的选择要考虑如下因素。

(1) 对象的动态特性。采样周期 T 的选择应考虑被控对象的时间常数 T_0 和纯迟延时间 τ。当系统中仅是惯性时间常数起作用时，即 $\tau=0$ 或 $\tau<0.5T_0$ 时，可选 $T=(0.1\sim0.2)T_0$；当系统中纯迟延时间占主导地位时，即 $\tau\geqslant0.5T_0$ 时，可选 $T\approx\tau$。表4-1列出了几种常见对象选择采样周期的经验数据。

表4-1　　常见对象选择采样周期的经验数据

受控物理量	采样周期 T/s	备　注
流　量	1~5	优先选用1~2s
压　力	3~10	优先选用6~8s
液　位	6~8	优先选用7s
温　度	15~20	或取纯迟延时间。对于串级系统，$T_{副回路}=(1/4\sim1/5)\ T_{主回路}$
成　分	15~20	优先选用18s
手动输入	1	

(2) 作用于系统的扰动信号频率。对于控制系统，主要考虑系统的抗干扰能力，采样周期的确定要考虑到作用于系统的最大的高频随机干扰。一般来说，连续系统要比数字系统的抗干扰性好，这是因为采样的数据或多或少是过时的信号。只有在采样频率比扰动信号的特征频率高得多的情况下，数字控制系统的抗干扰性才不会比连续系统差得多。扰动信号的频率越高，则采样频率也应越高，即采样周期应远小于对象的扰动信号的周期，以使系统具有

良好的抗干扰和快速响应特性。

(3) 执行机构的特性。由于过程控制中通常采用电动调节阀或气动调节阀，响应速度不快，特别是电动执行机构，动作更慢，过短的采样周期，执行机构将来不及响应，达不到控制目的。而数字控制系统通常都采用零阶保持器，采样周期过大，保持器跳变加大，控制作用粗糙度增加。

(4) 对象所要求的控制质量。一般来讲，控制精度要求越高，则采样周期越短。但采样周期过小，前后两次采样的数值之差可能因计算机字长限制而反映不出来，使调节作用因此而减弱。此外，在用积分部分消除静差的控制回路中，如果采样周期太小，将会使积分部分的增益 T/T_i 过低，当偏差小到一定限度以下时，增量式算法中的积分项就有可能受到计算精度限制而始终为零，从而导致积分作用消失。因此，采样周期的选择必须大到使由计算机精度造成的“积分残差”减小到可以接受的程度。

(5) 性能价格比。控制性能要求采样周期要短，为此提高计算机字长、A/D、D/A 转换的位数和加快计算机运算速度，这会导致计算机系统投资增加，应综合考虑性能价格比，选取合适的采样周期。

(6) 控制回路数。控制回路数多，计算量大，采样周期要大；反之，可以减小采样周期。

从上述各种因素来看，它们对采样周期的要求是不同的，甚至是相互矛盾的，因此，在实际选择采样周期时，必须根据具体情况和主要要求做出折衷选择。

二、数字 PID 控制器的参数整定方法

由于热工等生产过程都具有较长的时间常数，相比较而言，控制系统的采样周期则很短，因此，数字 PID 控制器参数的整定，可以按模拟 PID 控制器的参数整定方法来确定。

控制器参数整定的方法很多，通常分为理论整定法和工程整定法两大类。理论整定法以被控对象的数学模型（如传递函数）为基础，通过理论计算（如根轨迹、频率特性等）直接求得控制器参数。理论整定法需要知道被控对象的精确数学模型，否则整定后的控制系统难以达到预定的效果。而实际问题的数学模型往往都是一定条件下的近似，所以，这种方法主要用于理论分析，在工程上用得并不是很多。

工程实际中应用最多的整定方法是工程整定法，它实际上是一种近似的经验方法，通过试验或者凑试或者通过试验结合经验公式来确定控制器的参数。由于其方法简单，便于实现，且能解决过程控制中的实际问题，因而被广大工程技术人员所接受。

1. 凑试法确定 PID 控制器参数

凑试法是通过模拟或闭环试验，观察系统的响应曲线（如阶跃响应曲线），根据各控制参数对系统响应的大致影响，反复凑试参数，以达到满意的响应，最后确定 PID 控制器参数。

从控制理论可知：增大比例系数 K_p，一般将加快系统的响应，在有静差的情况下有利于减小静差，但是过大的 K_p 会使系统有较大的超调，并产生振荡，使系统稳定性变差；增大积分时间 T_i，有利于减小超调，减小振荡，使系统更加稳定，但系统静差的消除将随之减慢；增大微分时间 T_d，亦有利于加快系统响应，使超调量减小，稳定性增加，但系统对扰动的抑制能力减弱，对扰动有较敏感的响应。

在凑试时，可参考以上参数对控制过程的影响趋势，对参数实行下述先比例、后积分、

再微分的整定步骤。

（1）整定比例部分。将比例系数由小变大，并观察相应的系统响应，直至得到反应快、超调小的响应曲线。如果系统没有静差或静差已小到允许的范围内，并且响应曲线已属满意，那么只需用比例控制器即可，比例系数可由此确定。

（2）加入积分环节。如果在比例控制的基础上系统的静差不能满足设计要求，则需加入积分环节。整定时首先置积分时间 T_i 为一较大值，并将经第一步整定得到的比例系数略微缩小（如缩小为原值的 0.8 倍），然后减小积分时间，使在保持系统良好动态性能的情况下，静差得到消除。在此过程中，可根据响应曲线的好坏反复改变比例系数与积分时间，以期得到满意的控制过程与整定参数。

（3）加入微分环节。若使用比例积分控制器消除了静差，但动态过程经反复调整仍不能满意，则可加入微分环节，构成比例积分微分控制器。在整定时，可先使微分时间 T_d 为零，在第二步整定的基础上，增大 T_d，同时相应地改变比例系数和积分时间，逐步凑试，以获得满意的控制效果和控制器参数。

应该指出，所谓“满意”的控制效果，是随不同的对象和控制要求而异的。此外，PID 控制器的参数对控制质量的影响不十分敏感，因而在整定过程中参数的选定并不是唯一的。实际上，在比例、积分、微分三部分产生的控制作用中，某部分的减小往往可由其他部分的增大来补偿。因此，用不同的整定参数完全有可能得到同样的控制效果。从应用的角度看，只要被控过程主要指标已达到设计要求，那么即可选定相应的参数为有效的控制器参数。

2. 试验经验法确定 PID 控制器参数

用凑试法确定 PID 控制器参数，需要进行较多的模拟或现场试验。为了减少试验凑试次数，可以利用人们在选择 PID 控制器参数时已获得的经验，根据要求，事先执行某些试验获得若干基础参数，然后按经验公式由这些基础参数导出 PID 控制器参数。

（1）稳定边界法（临界比例带法）。这是一种闭环整定方法，于 1942 年由齐格勒（Ziegler）和尼柯尔斯（Nichols）提出，又称 Z—N 法。该方法需要做稳定边界试验。首先将控制器设置为纯比例模式（$T_i=\infty$，$T_d=0$），比例系数 K_p 置于较小值（比例带 $\delta=1/K_p$），将控制系统投入闭环运行。给定值 r 做阶跃变化，从小到大逐渐改变控制器的比例系数 K_p，直到被控量 y 出现等幅振荡（称为临界振荡），如图 4-16（a）所示。根据此时的比例系数 K_u（称为临界比例系数）及振荡周期 T_u（称为临界振荡周期）按照表 4-2 给出的经验公式确定控制器参数。

表 4-2 稳定边界法整定 PID 参数（ψ=0.75）

控制规律	K_p	T_i	T_d
P	$0.5K_u$	∞	0
PI	$0.45K_u$	$T_u/1.2$	0
PID	$0.6K_u$	$T_u/2$	$0.125T_u$

应该注意的是，被控量的振幅应在测量精度满足的情况下尽可能小，以免对生产过程造成较大的影响；如生产过程不允许控制系统反复振荡，或者在试验时振荡频率很高而影响生产正常进行时，则不宜采用此法，如锅炉给水控制系统和燃烧控制系统就不能应用这种方

法。另外，由于该方法需要不断地调整参数以使系统达到临界振荡状态，因此对于反应较慢的系统，整定过程需要花费较长的时间。

（2）衰减曲线法。衰减曲线法也是一种闭环整定方法，试验过程与稳定边界法相似。所不同的是要调整比例带 δ（从大到小）直到被控量 y 出现如图 4-16（b）所示的 4∶1 的衰减振荡。然后根据此时的比例带 δ_v 及振荡周期 T_v 按照表 4-3 给出的经验公式确定控制器的参数。这种方法的缺点是有时衰减比不能准确确定。

表 4-3　　衰减曲线法整定 PID 参数

控制规律	δ	T_i	T_d
P	δ_v	∞	0
PI	$1.2\delta_v$	$0.5T_v$	0
PID	$0.8\delta_v$	$0.3T_v$	$0.1T_v$

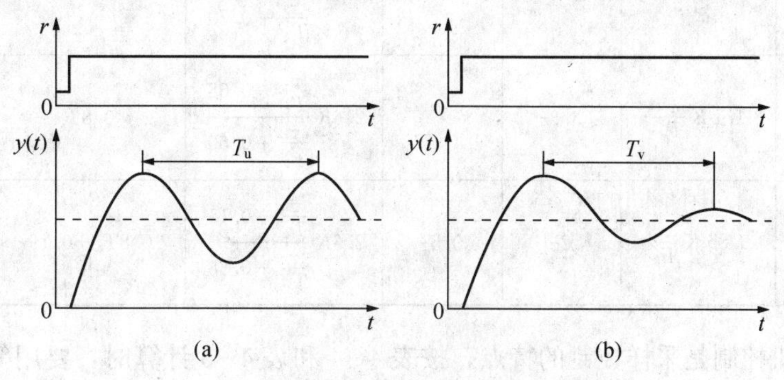

图 4-16　临界振荡与衰减振荡实验曲线

（a）临界振荡实验曲线；（b）衰减振荡实验曲线

（3）动态特性法。上述两种方法直接在闭环系统上进行控制器参数整定，而动态特性法却是在系统处于开环情况下，根据被控对象的阶跃响应曲线，求得被控对象的动态特性参数：迟延时间 τ、响应速度 ε（无自平衡能力对象）或迟延时间 τ、时间常数 T_c 和放大系数 K（有自平衡能力对象），如图 4-17 所示，然后按表 4-4 和表 4-5 的经验公式计算比例带 δ、积分时间 T_i 和微分时间 T_d。

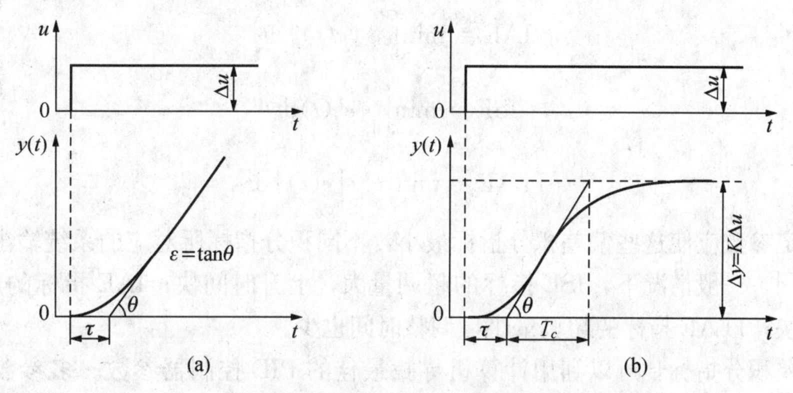

图 4-17　被控对象阶跃响应曲线

（a）无自平衡能力对象；（b）有自平衡能力对象

表 4 - 4　　被控对象无自平衡能力时的动态特性法整定 PID 参数（$\psi=0.75$）

控制规律	δ	T_i	T_d
P	$\varepsilon\tau$	∞	0
PI	$1.1\varepsilon\tau$	3.3τ	0
PID	$0.85\varepsilon\tau$	2τ	0.5τ

表 4 - 5　　被控对象有自平衡能力时的动态特性法整定 PID 参数（$\psi=0.75$）

控制规律	$\frac{\tau}{T_c}\leqslant 0.2$			$0.2<\frac{\tau}{T_c}\leqslant 1.5$		
	δ	T_i	T_d	δ	T_i	T_d
P	$K\frac{\tau}{T_c}$			$2.6K\dfrac{\frac{\tau}{T_c}-0.08}{\frac{\tau}{T_c}+0.70}$		
PI	$1.1K\frac{\tau}{T_c}$	3.3τ		$2.6K\dfrac{\frac{\tau}{T_c}-0.08}{\frac{\tau}{T_c}+0.60}$	$0.8T_c$	
PID	$0.85K\frac{\tau}{T_c}$	2τ	0.5τ	$2.6K\dfrac{\frac{\tau}{T_c}-0.15}{\frac{\tau}{T_c}+0.88}$	$0.8T_c+0.19\tau$	$0.25T_i$

针对计算机控制是采样控制的特点，按表 4 - 4 和表 4 - 5 计算时，要用等效纯迟延时间 τ_c 代替参数整定公式中的纯迟延时间 τ。所谓等效纯迟延时间 τ_c，就是被控对象的纯迟延时间 τ 加采样周期 T 的一半，即

$$\tau_c=\tau+\frac{T}{2} \tag{4-44}$$

这样估算出来的 PID 控制器参数更接近数字控制系统。

（4）基于偏差积分指标最小的整定方法。由于计算机的运算速度快，这就为使用偏差积分指标整定 PID 控制器参数提供了可能，常用的偏差积分指标有下列三种

$$\text{IAE}=\min\int_0^{\infty}|e(t)|\,\mathrm{d}t \tag{4-45}$$

$$\text{ISE}=\min\int_0^{\infty}e^2(t)\,\mathrm{d}t \tag{4-46}$$

$$\text{ITAE}=\min\int_0^{\infty}t\,|e(t)|\,\mathrm{d}t \tag{4-47}$$

最佳整定参数应使这些偏差积分指标最小，不同积分指标所对应的系统输出被控量响应曲线稍有不同。一般情况下，ISE 指标的超调量大，上升时间快；IAE 指标的超调量适中，上升时间稍快；ITAE 指标的超调量小，调整时间也少。

采用偏差积分指标，可以利用计算机寻找最佳的 PID 控制器参数。多参数的寻优已有成熟的方法，比如单纯形加速法、梯度法等。

一种工程实用的基于偏差积分指标最小的参数整定计算公式如下：

$$K_{\mathrm{p}}=\frac{A}{K}\left(\frac{\tau_{\mathrm{c}}}{T_{\mathrm{c}}}\right)^{-B} \tag{4-48}$$

$$T_{\mathrm{i}}=T_{\mathrm{c}}C\left(\frac{\tau_{\mathrm{c}}}{T_{\mathrm{c}}}\right)^{D} \tag{4-49}$$

$$T_{\mathrm{d}}=T_{\mathrm{c}}E\left(\frac{\tau_{\mathrm{c}}}{T_{\mathrm{c}}}\right)^{F} \tag{4-50}$$

式中：τ_{c}、T_{c} 和 K 分别为被控对象的等效迟延时间、时间常数和放大系数；计算常数 A、B、C、D、E 和 F 可查表 4-6。

表 4-6　偏差积分指标最小整定方法中的计算常数

积分指标	控制规律	A	B	C	D	E	F
ISE	P	1.411	0.917				
IAE	P	0.902	0.985				
ITAE	P	0.490	1.084				
ISE	PI	1.305	0.959	2.033	0.739		
IAE	PI	0.984	0.986	1.644	0.707		
ITAE	PI	0.859	0.977	1.484	0.680		
ISE	PID	1.495	0.945	0.917	0.771	0.560	1.006
IAE	PID	1.435	0.921	1.139	0.749	0.482	1.137
ITAE	PID	1.357	0.947	1.176	0.738	0.381	0.995

3. PID 控制器参数自整定

PID 控制器参数的工程整定方法基本上属于试验加凑试的人工整定法，这类整定方法不仅费时费事，而且往往需要熟练的技巧和工程经验，加之实际系统千差万别，又有滞后、非线性等因素，使 PID 参数的整定有一定的难度。为此，人们提出了 PID 控制器参数的自整定，所谓自整定（Auto-Tuning），是指控制器的参数可根据用户的需要自动整定，用户可以通过按动一个按钮或给控制器发送一个命令来启动自整定过程。将过程动态性能的确定和 PID 控制器参数的计算方法结合起来就可以实现 PID 控制器参数的自整定。自整定过程包括三个部分：过程扰动的产生；扰动响应的评估；控制器参数的计算。这同经验丰富的操作人员在手动整定 PID 控制器时使用的步骤是一样的。但应注意的是不要将控制器自整定与自校正（Self-Tuning）和自适应控制（Adaptive Control）相混淆，尽管它们在概念或方法上有所相似，但自校正或自适应控制却是在系统运行过程中，控制器根据过程动态特性的变化（这种变化往往是不可预知的）在线实时地连续调整控制器的参数，应该讲，自校正和自适应技术中包含了参数自整定。

多年来，国内外很多专家学者在 PID 控制器参数自整定方面进行了大量的研究工作，提出了多种 PID 控制器参数自整定方法，并在工业生产上得到了应用，取得了一定的成果。按工作机理划分，自整定方法可分为两类：基于模型的自整定方法和基于规则的自整定方法。在基于模型的自整定方法中，可以通过暂态响应试验、参数估计及频率响应试验来获得过程的模型，然后再根据相应的模型参数来计算 PID 控制器的参数；在基于规则的自整定方法中，不用获得过程试验模型，整定基于类似有经验的操作者手动整定的规则。在众多的自整定方法中，主要有两种方法在实际工业过程中应用较好，一种是由 Åstrom 和 Hägglund 提出的基于继电反馈的参数自整定方法（基于模型），另一种是由 Bristol 提出的基于模式识别的参数自整定方法（基于规则），下面对这两种自整定方法作一简单的介绍。

（1）基于继电反馈的参数自整定方法。在稳定边界法（Z—N 法）中，通过获得系统在纯比例控制作用下产生等幅振荡时的临界比例系数和临界振荡周期，根据经验公式整定 PID 控制器的参数值。1984 年世界著名的瑞典自动控制学者 Åstrom 和 Hägglund 提出用具有继电特性的非线性环节代替 Z—N 法中的纯比例作用，使被控过程出现极限环振荡，从而获得相应的临界参数，然后计算出 PID 控制器的参数。图 4 - 18 为这种自整定方法的系统框图，其中继电特性非线性环节的幅值为 d、滞环宽度为 h（引入滞环的目的是为了防止由于噪声而产生的颤动），其输出为周期性的对称方波。

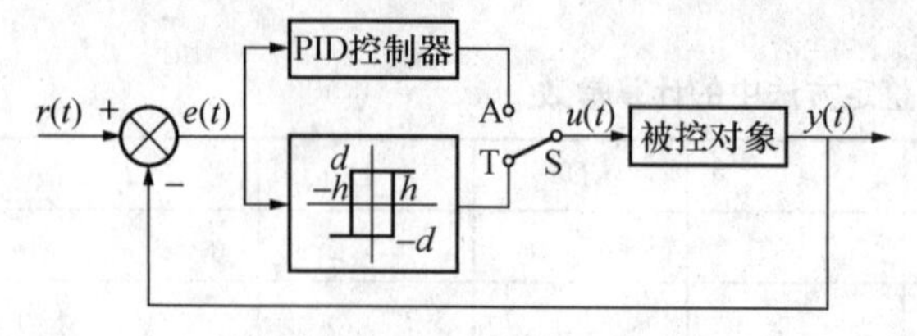

图 4 - 18 基于继电反馈的 PID 参数自整定系统框图

首先通过人工控制使系统进入稳定工况，然后将整定开关 S 接通 T，获得极限环，使被调量 $y(t)$出现临界等幅振荡，其振荡幅值为 a，振荡周期即为临界周期 T_u，临界增益为

$$K_u = \frac{4d}{\pi a} \tag{4-51}$$

一旦获得 T_u 和 K_u，再根据表 4 - 2 即可求得 PID 控制器的整定参数。最后将整定开关 S 接通 A，使 PID 控制器投入正常运行。

该方法简单、概念清楚，所需提供唯一的验前知识就是继电器特性幅值 d，继电器滞环的宽度 h 由测量噪声级来确定。但是，有时因噪声干扰会对被调量 $y(t)$的采样值带来误差，从而影响 T_u 和 K_u 的精确度，甚至因系统干扰太大，不存在稳定的极限环。

（2）基于模式识别的参数自整定方法。模式识别法又称图像识别法，它是由 Bristol 首先提出来的。其主要出发点是为了避开过程模型问题，用闭环系统响应波形上一组足以表征过程特性而数目又尽可能少的特征量作为状态变量，以此为依据实现控制器参数的自整定。在整定过程中，PID 控制器与被控对象相连构成闭环系统，观察系统对设定值阶跃变化的响应或对干扰的响应，根据实测的响应模式与理想的响应模式的差别来整定控制器参数。

该方法的优点是应用简单，不需要用户设定模型阶次等先验信息，甚至不需要预校正测试就能自动地整定，其主要缺点是需要大量的启发式规则，从而造成设计上的复杂性。另外，该方法对于系统存在正弦干扰、非最小相位动态特性及多变量交叉耦合的情况性能较差。

Foxboro 公司于 1983 年推出的 PID 自整定调节器 Exact 是模式识别法自整定调节器的一个具体实例。它引入超调量、衰减比和振荡周期 T 作为模式的状态变量，如图 4 - 19 所示，其中超调量为 $-E_2/E_1$；衰减比为（E_3-E_2）/（E_1-E_2），振荡周期为两个同向相邻波峰间的时间，它们与前面定义的系统性能指标不同。这种控制器参数整定法则采用“专家系统”（人工整定控制器参数的经验法则）与传统的参数整定规则相结合，因此，又称为专家自适应自整定调节器。调节器 PID 算法具有监测系统，可以自动判别峰值、记录振荡周期 T 等。计算 PID 参数的第一步，采用类似 Z—N 的算法，由 T 值按 $T_i/T=0.5$ 和 $T_d/T=0.12$ 估算 T_i 和 T_d 的初值。然后将得到的衰减比和超调量与各自给定的最大允许值比较。

如果值偏小，则减小比例带 δ，减小量的多少决定于最大允许衰减比与其实测值之差，以及最大允许超调量与其实测值之差。如果系统运行过程中未检测出峰值，则 PID 调节器参数 δ、T_i 和 T_d 均要减小。它们的减小量取决于最大允许的衰减比或超调量。

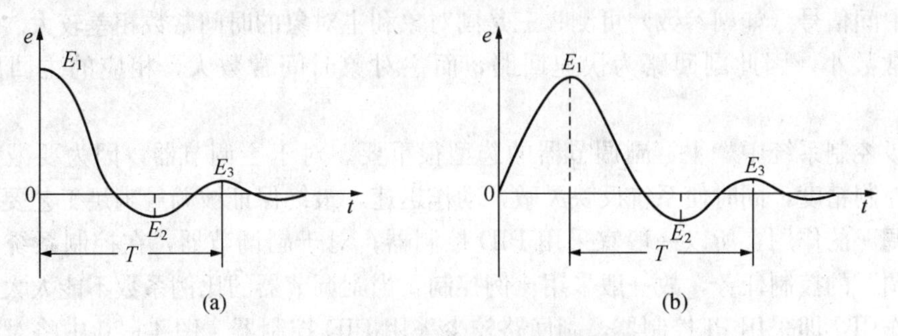

图 4-19 Exact 调节器采用的状态变量

(a) 设定值扰动；(b) 负荷扰动

第四节 复杂控制系统

前面所介绍的数字 PID 控制算法，是目前计算机控制系统中最常用的一种控制策略，在一般情况下，这种控制算法已经能够满足工业生产过程对控制的要求。但在实际生产过程中，还有相当一部分的被控对象由于本身的动态特性或工艺操作条件等原因，对控制系统提出了一些特殊要求，采用单回路控制系统往往不能达到良好的控制效果，这时就需要在单回路 PID 控制的基础上，组成复杂的控制系统。本节简要介绍串级控制系统、前馈-反馈控制系统、纯滞后补偿控制系统、解耦控制系统等几种在火电厂控制中常用的复杂控制系统。

一、串级控制系统

当被控系统中同时有几个干扰因素影响同一个被控量时，如果仍采用单回路控制系统，只控制其中一个变量，将难以满足系统的控制性能。串级控制系统是在原来单回路控制的基础上，增加一个或多个控制内回路，用以控制可能引起被控量变化的其他因素，从而抑制被控对象的时滞特性，提高系统动态响应的快速性。串级控制系统的原理框图如图 4-20 所示。

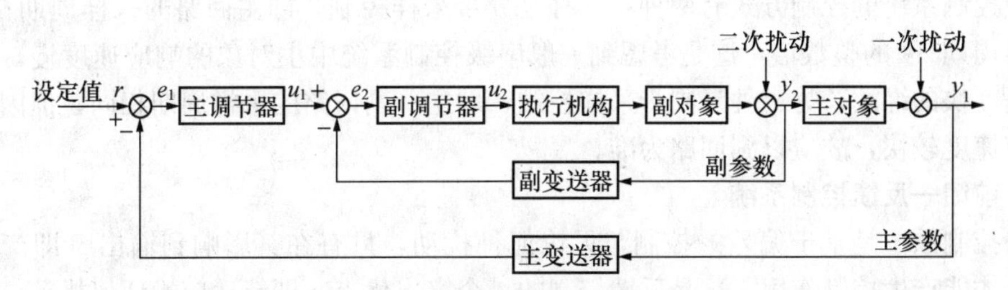

图 4-20 串级控制系统的原理框图

串级控制系统在结构上有两个闭环，其中里面的闭环称为副环或副回路，用于克服被控对象所受到的主要干扰；外面的闭环称为主环或主回路，用于最终保证主参数或被调量满足工艺要求。系统中有两个调节器，其中主调节器具有独立的给定值，其输出作为副调节器的给定值，副调节器的输出则送到执行机构去控制生产过程。由于整个闭环副回路可以作为一个等效对象来考虑，主回路的设计便与一般单回路控制系统没有什么大的区别。而副参数的选择应使副回路的时间常数较小，调节通道短，反应灵敏。当然，副回路还可以根据情况选择多个，形成多回路串级控制系统。采用串级控制系统需要满足三个条件，一是对象可以分段；二是中间信号（如副参数）可测；三是副对象和主对象的时间常数相差较大。通常副对象的时间常数小，因此副回路为快速回路，而主对象时间常数大，相应的主回路为慢速回路。

在串级控制系统中，主、副调节器的选型很重要。对于主调节器，因为要减少稳态误差，提高控制精度，同时使系统反映灵敏，动作迅速，最终保证被调量满足工艺要求，主要完成“细调”的作用，所以一般宜采用 PID 控制器；对于副调节器，在控制系统中通常是承担“粗调”的控制任务，故一般采用比例控制，当副调节器的比例系数不能太大时，则应加入积分作用，即采用 PI 控制器，副回路较少采用 PID 控制器。图 4 - 20 中将对象的扰动归结为一次扰动和二次扰动：一般把作用于副回路内的扰动称为二次扰动，而将作用于主回路的扰动称为一次扰动。

在计算机控制系统中，不管串级控制有多少级，计算机计算的顺序总是从最外面的回路向内回路进行的。在如图 4 - 20 所示的双回路串级控制系统中，在每个采样周期的计算顺序为（设主调节器采用 PID，副调节器采用 PI）

（1）计算主回路的偏差 $e_1(k)$

$$e_1(k) = r(k) - y_1(k) \tag{4-52}$$

（2）计算主回路 PID 控制器的输出 $u_1(k)$

$$u_1(k) = u_1(k-1) + \Delta u_1(k) \tag{4-53}$$

$$\Delta u_1(k) = K_{p1}[e_1(k) - e_1(k-1)] + K_{i1}\, e_1(k) + K_{d1}[e_1(k) - 2e_1(k-1) + e_1(k-2)] \tag{4-54}$$

（3）计算副回路的偏差 $e_2(k)$

$$e_2(k) = u_1(k) - y_2(k) \tag{4-55}$$

（4）计算副回路 PI 控制器的输出 $u_2(k)$

$$u_2(k) = u_2(k-1) + \Delta u_2(k) \tag{4-56}$$

$$\Delta u_2(k) = K_{p2}[e_2(k) - e_2(k-1)] + K_{i2}\, e_2(k) \tag{4-57}$$

串级控制系统的控制方式有两种：一种是异步采样控制，即主回路的采样周期 T_1 是副回路采样周期 T_2 的整数倍，这是考虑到一般串级控制系统中主对象的响应速度慢，副对象的响应速度快的缘故；另一种是同步采样控制，即主、副回路的采样周期相同，但因为副对象的响应速度较快，故应以副回路为准。

二、前馈—反馈控制系统

反馈控制系统是基于偏差的控制，无论何种扰动，只有在其影响到输出 y 即产生偏差后，系统才能产生控制作用，这是反馈控制的一个突出优点，即能适应于任何扰动。但另一方面，这种基于偏差的控制却会使系统的控制作用滞后，因为虽然扰动产生了，但由于系统对象的惯性，输出 y 并不马上随之变化，因而也不能及时产生控制作用。这种控制作用的滞后，往往会使系统的性能恶化，甚至达到不能允许的地步。

为了改善系统的控制性能，可采用基于扰动的控制方式，即当扰动一产生，便随即产生控制作用（而此时可能尚未产生偏差），这种控制方式叫做前馈控制或扰动补偿。

前馈控制是一种开环控制形式，其典型的结构如图 4 - 21 所示。

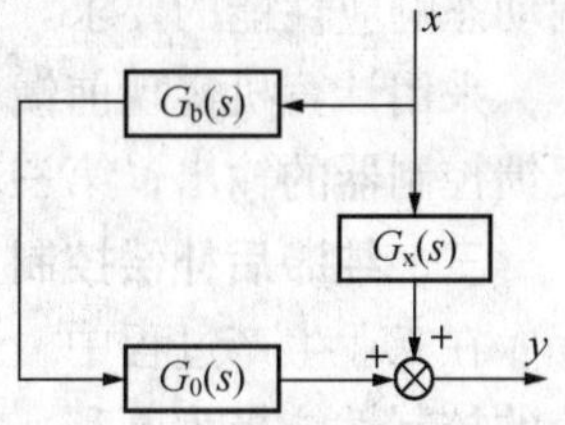

图 4 - 21 中 $G_0(s)$为在调节量作用下对象的传递函数，$G_x(s)$为在扰动 x 作用下对象的传递函数，$G_b(s)$为前馈调节器的传递函数。由于

$$Y(s)=X(s)G_x(s)+X(s)G_b(s)G_0(s) \quad (4-58)$$

图 4 - 21　前馈控制系统

如果适当选择前馈调节器的传递函数 $G_b(s)$，就可以做到在 x 发生扰动时被调量 y 不发生变化，即 $Y(s)=0$，这时前馈调节器 $G_b(s)$应满足

$$G_b(s)=-\frac{G_x(s)}{G_0(s)} \quad (4-59)$$

这时系统可以实现完全补偿，即对 x 的任何变化，被调量 y 都不会改变。

但是，在工业生产上只有前馈控制的系统是无法单独采用的，这是因为以下几点。

(1) 在实际工业生产过程中，使被调量发生变化的原因（扰动）是很多的，对每一种扰动都需要一个独立的前馈调节，这会使系统变得非常复杂，并且有些扰动往往是难于测量的，对于这些扰动就无法实现前馈调节。

(2) 为使系统不出现静态偏差，必须要按式（4 - 59）完全补偿，但式中 $G_0(s)$和 $G_x(s)$都不可能表达得很准确，在不同工况下它们还会改变，因此难以实现完全补偿。

(3) 实际调节对象的传递函数比较复杂，即使按式（4 - 59）得到了 $G_b(s)$，一般也难以用具体装置来准确实现。

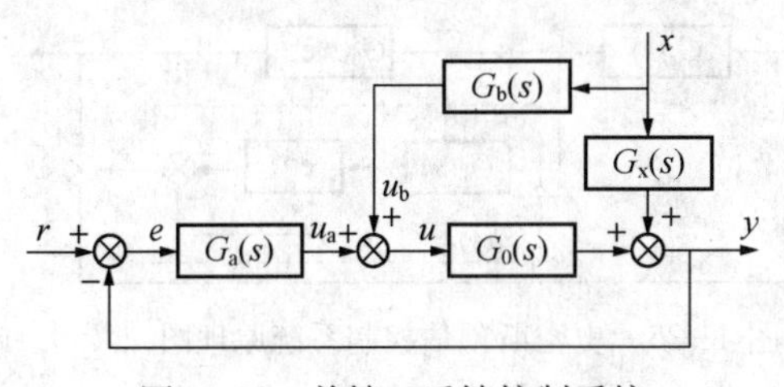

图 4 - 22　前馈—反馈控制系统

因此，实际的系统是把前馈和反馈结合起来，也就是在反馈控制系统的基础上附加一个或几个主要扰动的前馈控制，组成前馈—反馈控制系统，如图 4 - 22 所示，此时只对一些主要的扰动进行补偿，而没有必要追求完全补偿。这样依靠反馈控制来使系统在稳态时能准确地使被调量等于给定值，而在动态过程中则利用前馈控制来有效地减少被调量的动态偏差。

因为前馈—反馈控制系统仍然是一个单回路系统，所以在整定 $G_a(s)$时，可以不考虑闭合回路以外的前馈部分，按单回路系统整定。整定 $G_b(s)$时，也不考虑闭合回路，因为有反馈系统存在，不必追求完全补偿，一般采用比例微分或一阶惯性环节。

在实际应用中，还常采用前馈—串级控制系统，如图 4 - 23 所示。图中 $G_{a2}(s)$、$G_{a1}(s)$分别为主、副调节器的传递函数；$G_{02}(s)$、$G_{01}(s)$分别为主、副对象的传递函数。

前馈—串级控制及时克服进入前馈回路和串级副回路的干扰对被调量的影响，因前馈控制的输出不是直接作用于执行机构，而是补充到串级控制副回路的给定值中，这样就降低了对执行机

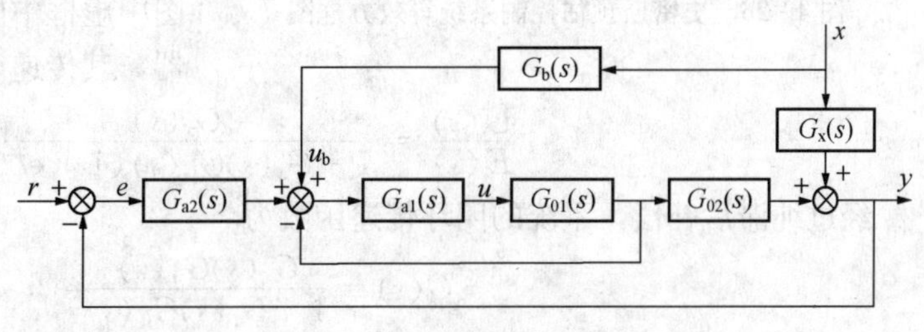

图 4 - 23　前馈—串级控制系统

构动态响应性能的要求，这也是前馈—反馈控制系统被广泛采用的原因。

采用计算机实现前馈－反馈控制算法的步骤是：首先计算反馈控制的偏差；第二步计算反馈控制器的输出；第三步计算前馈控制器的输出；最后计算前馈—反馈控制的输出。

三、纯滞后补偿控制系统

在工业生产过程中，许多对象具有纯滞延性质。被控对象较大的纯滞延时间 τ 对控制系统的控制性能极为不利，它使扰动作用不能及时被察觉，控制作用的效果不能及时反应，以致引起控制系统的超调和振荡，采用常规的PID控制很难获得良好的控制性能。长期以来，人们对纯滞后对象的控制进行了大量的研究，但在工程实际中有效的方法还不多。目前在国际和国内使用比较广泛的是纯滞后补偿控制法，又称为史密斯（Smith）预估算法。

在如图4－24所示的单回路控制系统中，$G_a(s)$表示控制器的传递函数，$G_0(s)e^{-\tau s}$表示被控对象的传递函数，$G_0(s)$为被控制对象中不包含纯滞后部分的传递函数，$e^{-\tau s}$为被控对象纯滞后部分的传递函数，τ 为被控对象的纯滞后时间。

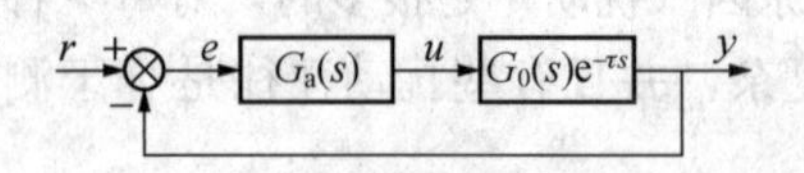

图4－24　带纯滞后环节的单回路控制系统

1957年，史密斯（O.J. M Smith）提出了一种纯滞后控制器，常被称为史密斯预估器或史密斯补偿器。其基本思想是根据过程的动态特性建立一个模型加入到反馈控制系统中，使被延滞了 τ 的被控量提前反映到控制器，让控制器提前动作，从而可以明显地减少超调量和加快调节过程。由于模拟仪表很难实现这种补偿，所以这种方法在很长一段时间里在工程中并不能应用。而现在用计算机控制系统已可以方便地实现各种纯滞后补偿的方法，对纯滞后对象的控制也得到了重视。

图4－25是史密斯预估控制系统原理框图。图中虚框即为史密斯补偿器，其等效传递函数 $G_s(s)$ 为

$$G_s(s)=G_0(s)(1-e^{-\tau s}) \tag{4-60}$$

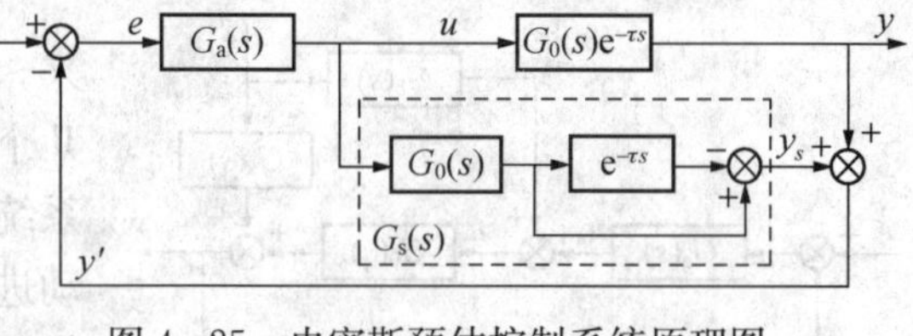

图4－25　史密斯预估控制系统原理图

从图4－25可得

$$\frac{Y'(s)}{U(s)}=G_0(s)e^{-\tau s}+G_s(s)=G_0(s)e^{-\tau s}+G_0(s)(1-e^{-\tau s})=G_0(s) \tag{4-61}$$

即加入了史密斯补偿器以后，可以使等效对象的传递函数不包含纯滞后特性。

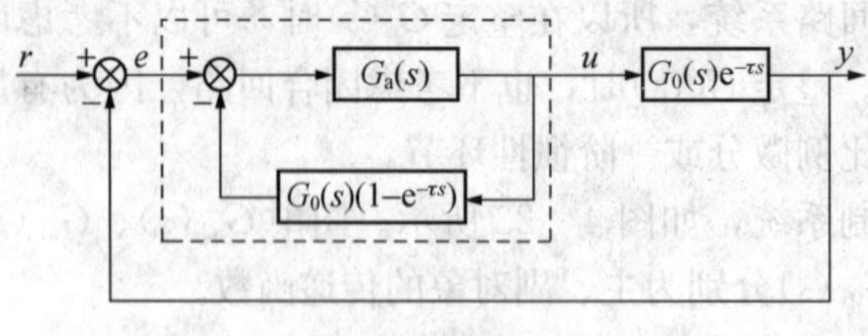

图4－26　史密斯预估控制系统等效方框图

实际上，史密斯补偿器实现时是并联在负反馈控制器 $G_a(s)$ 上的，将图4－25进行方框图等效变换得到图4－26的形式。图中虚框中的部分为带纯滞后补偿的控制器，其传递函数为

$$\frac{U(s)}{E(s)}=\frac{G_a(s)}{1+G_a(s)G_0(s)(1-e^{-\tau s})} \tag{4-62}$$

经过纯滞后补偿，系统的闭环传递函数为

$$G(s)=\frac{G_a(s)G_0(s)}{1+G_a(s)G_0(s)}e^{-\tau s} \tag{4-63}$$

此时，闭环系统的特征方程为

$$1+G_a(s)G_0(s)=0 \tag{4-64}$$

式（4-64）中已经不包含纯滞后环节，因此纯滞后特性不影响系统的稳定性。另外，由拉氏变换的位移定理可知，$e^{-\tau s}$仅是将控制作用在时间坐标推迟了一个时间 τ，控制系统的过渡过程及其他性能指标都与被控对象特性为 $G_0(s)$（即没有纯滞后）时完全相同。因而控制器可以按无纯滞后的对象进行设计。

史密斯预估控制器为解决纯滞后控制问题提供了一条有效的途径，但它也有不足之处。一是史密斯预估器对系统受到的负荷干扰无补偿作用；二是史密斯预估控制系统的控制效果严重依赖于对象的动态模型精度，特别是纯滞后时间，因此模型的失配或运行条件的改变都将影响到控制效果。针对这些问题，许多学者又在史密斯预估器的基础上研究了不少的改进方案。

四、解耦控制

在一个生产装置中，往往需要设置若干个控制回路，来稳定各个被控变量。由于各控制回路之间可能存在关联、互相耦合，因而构成了多输入、多输出的多变量控制系统。图4-27所示为一个典型的流量/压力耦合系统及其控制系统方框图。

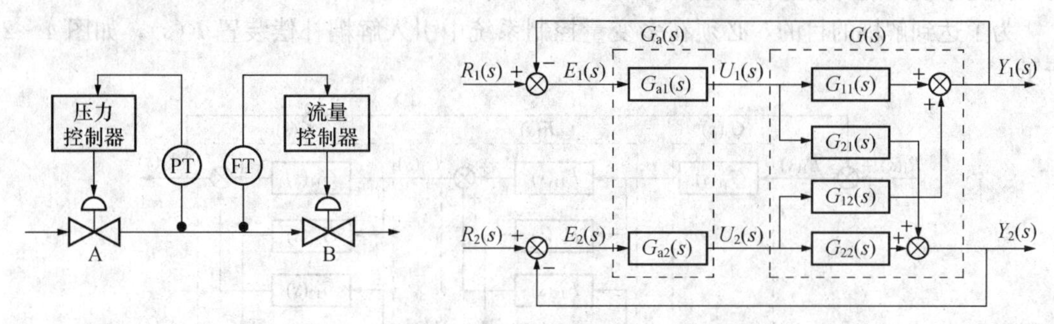

图4-27 流量/压力耦合系统及其控制系统方框图

由图4-27可知，控制阀A和B对系统压力和流量的影响程度是相同的，因此，当压力偏高而开大控制阀A时，流量也将增加，此时通过流量控制器作用去关小控制阀B，结果又会使管路的压力上升。阀A和阀B相互影响，是一个典型的关联系统，被控对象输入输出间的传递关系为

$$\boldsymbol{Y}(s)=\begin{bmatrix}Y_1(s)\\Y_2(s)\end{bmatrix}=\begin{bmatrix}G_{11}(s) & G_{12}(s)\\G_{21}(s) & G_{22}(s)\end{bmatrix}\begin{bmatrix}U_1(s)\\U_2(s)\end{bmatrix}=\boldsymbol{G}(s)\boldsymbol{U}(s) \tag{4-65}$$

式中：$\boldsymbol{G}(s)$ 为被控对象的传递函数矩阵。如果传递函数 $G_{12}(s)$和 $G_{21}(s)$都等于零，则系统的两通道之间无耦合；如果 $G_{12}(s)$和 $G_{21}(s)$中有一个等于零，则称系统是半耦合的；如果 $G_{12}(s)$和 $G_{21}(s)$都不等于零，则系统的两通道之间相互耦合，系统是关联的。

在实际生产过程中，这种各个变量之间的相互耦合、相互影响的控制系统是普遍存在的，而且在多数情况下，由于这种耦合，会使系统的性能变得很差，过渡过程时间较长，稳定性下降，严重时还会使系统无法正常工作。为此必须进行解耦，以减少或解除通道间的耦合，这样可以简化控制器的设计。常用的方法有通过正确选择控制量来减少耦合或采用解耦控制方法等。

解耦控制的主要目标是通过设置解耦补偿装置，使各控制器只对各自相应的被控量施加控制作用，从而消除回路间的相互影响。

上述多变量控制系统的开环传递函数矩阵为

$$\boldsymbol{G}_{k}(s)=\boldsymbol{G}(s)\boldsymbol{G}_{a}(s) \tag{4-66}$$

式中：$\boldsymbol{G}_{a}(s)=\begin{bmatrix} G_{a1}(s) & 0 \\ 0 & G_{a2}(s) \end{bmatrix}$为控制矩阵。

则系统的闭环传递函数矩阵为

$$\boldsymbol{\Phi}(s)=[\boldsymbol{I}+\boldsymbol{G}_{k}(s)]^{-1}\boldsymbol{G}_{k}(s) \tag{4-67}$$

式中：$\boldsymbol{I}$为单位矩阵。

对于一个多变量控制系统，如果系统的闭环传递函数矩阵$\boldsymbol{\Phi}(s)$为一个对角矩阵，即

$$\boldsymbol{\Phi}(s)=\begin{bmatrix} \Phi_{11}(s) & 0 & \cdots & 0 \\ 0 & \Phi_{22}(s) & \cdots & 0 \\ \vdots & \vdots & \ddots & \vdots \\ 0 & 0 & \cdots & \Phi_{nn}(s) \end{bmatrix} \tag{4-68}$$

那么，这个多变量控制系统各控制回路之间是相互独立的。因此，多变量控制系统解耦的条件是系统的闭环传递函数矩阵$\boldsymbol{\Phi}(s)$为对角矩阵。

为了达到解耦的目的，必须在多变量控制系统中引入解耦补偿装置$\boldsymbol{F}(s)$，如图4-28所示。

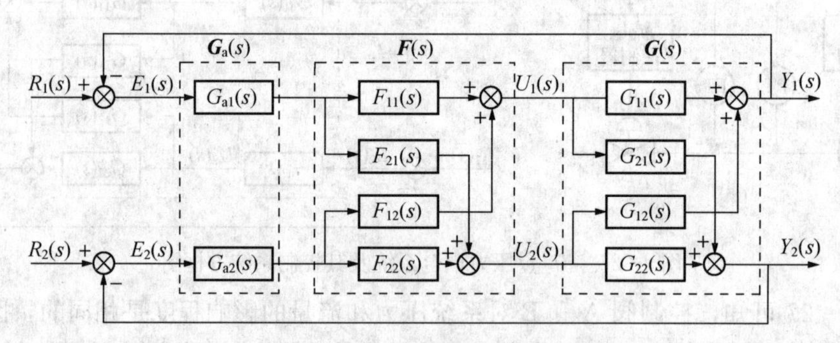

图4-28　多变量解耦控制系统方框图

由式（4-67）可知，为了使系统的闭环传递函数矩阵$\boldsymbol{\Phi}(s)$为对角矩阵，必须使系统的开环传递函数矩阵$\boldsymbol{G}_{k}(s)$为对角矩阵。因为$\boldsymbol{G}_{k}(s)$为对角矩阵时，$[\boldsymbol{I}+\boldsymbol{G}_{k}(s)]^{-1}$也必为对角矩阵，那么，$\boldsymbol{\Phi}(s)$必为对角矩阵。

引入解耦补偿装置后，系统的开环传递函数矩阵变为

$$\boldsymbol{G}_{k}\boldsymbol{F}(s)=\boldsymbol{G}(s)\boldsymbol{F}(s)\boldsymbol{G}_{a}(s) \tag{4-69}$$

式中：$\boldsymbol{F}(s)=\begin{bmatrix} F_{11}(s) & F_{12}(s) \\ F_{21}(s) & F_{22}(s) \end{bmatrix}$为解耦补偿矩阵。

由于各控制回路的控制器一般是相互独立的，控制矩阵$\boldsymbol{G}_{a}(s)$本身已为对角矩阵，因此，在设计时，只要使$\boldsymbol{G}(s)$和$\boldsymbol{F}(s)$的乘积为对角矩阵，就可以使$\boldsymbol{G}_{k}\boldsymbol{F}(s)$为对角矩阵。

因此，多变量解耦控制的设计要求是：根据对象的传递函数矩阵$\boldsymbol{G}(s)$，设计一个解耦补偿装置$\boldsymbol{F}(s)$，使得$\boldsymbol{G}(s)\boldsymbol{F}(s)$为对角矩阵。多变量解耦控制的综合方法主要有对角线矩阵综合法、单位矩阵综合法和前馈补偿综合法等，限于篇幅，此处不作介绍，请参考有关资料。

第五节　预　测　控　制

预测控制（Predictive Control）是一种基于模型的计算机控制算法。它的产生有着深刻的实际工业生产背景，20 世纪 60 年代发展起来并日趋完善的现代控制理论，在航空航天、制造等领域中获得了卓越的成就，然而应用于工业生产过程时却遇到了许多困难，其原因是现代控制理论的基础是精确的对象参数模型，如果模型不准，控制效果将大大降低，而工业生产过程往往具有非线性、时变性、强耦合和不确定性等特点，难以得到精确的数学模型。面对理论发展与实际应用之间的不协调，人们在 20 世纪 70 年代以后，从工业过程控制的特点出发，探索各种对模型精度要求不高而同样能实现高质量控制的方法。模型预测控制（Model Predictive Control，简称为预测控制）就是在这种背景下最初由美国和法国的几家公司在 20 世纪 70 年代先后提出的一类新型控制算法。它一经问世，就在石油、电力和航空等工业中得到了十分成功的应用并迅速发展起来。因此，预测控制的出现并不是某种理论研究的产物，而是在工业实践过程中发展起来的一种有效的控制方法。

预测控制的基本出发点与传统的 PID 控制不同：通常的 PID 控制是根据过程当前的和过去的输出测量值和设定值之间的偏差来确定当前的控制输入；而预测控制不但利用当前的和过去的偏差值，而且还利用预测模型来预估过程未来的偏差值，以滚动确定当前的最优输入策略。因此，从基本思想来看，预测控制优于 PID 控制。

由于预测控制是一类基于模型的计算机控制算法，因此，它是属于离散控制系统的。预测控制的基本思想如图 4-29 所示。图中 $u(k+i)$ 为优化控制规律；$y(k)$ 为当前的和过去的过程输出；$y(k+i)$ 为过程模型预测的输出；y_d 为设定值；P 为预测步长。预测控制是以某种模型为基础，利用过去的输入/输出数据来预测未来某段时间内的输出，再通过具有控制约束和预测误差的二次目标函数的极小化，得到当前和未来几个采样周期的最优控制规律。在下一采样周期，利用最新数据，重复这一优化计算过程。

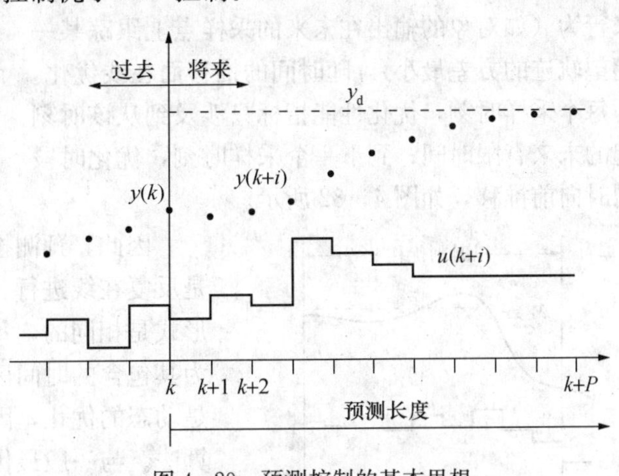

图 4-29　预测控制的基本思想

预测控制是基于预测模型的一类计算机控制算法的总称，其算法种类繁多，如模型算法控制（Model Algorithmic Control，MAC）、动态矩阵控制（Dynamic Matrix Control，DMC）、模型预测启发控制（Model Predictive Heuristic Control，MPHC）、广义预测控制（Generalized Predictive Control，GPC）等。虽然这些算法在表现形式上各不相同，但都包括预测模型、滚动优化和反馈校正三个部分，如图 4-30 所示。

1. 预测模型

在预测控制系统中，需要一个描述系统动态行为的基础模型，这一模型称为预测模型。它的功能是根据被控对象的历史信息和未来的输入，预测系统的未来输出。预测模型只强调模型

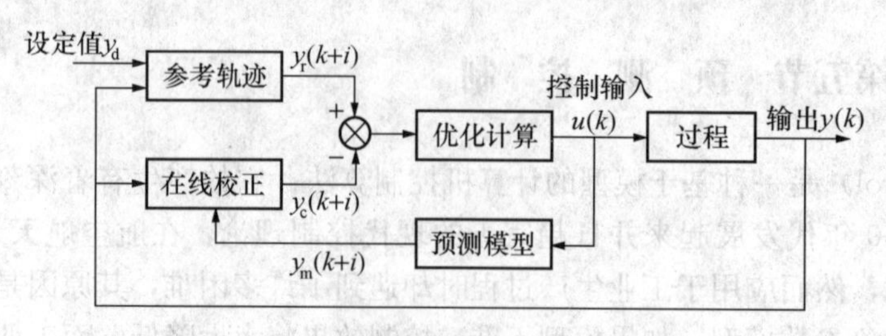

图 4 - 30 预测控制系统的基本结构图

的功能而并不强调其结构形式，因此，它可以是被控过程的脉冲响应、阶跃响应等非参数模型，也可以是微分方程、差分方程等参数模型。在预测控制中，大多数算法都是将脉冲响应或阶跃响应作为预测模型，这是由于这类非参数模型在实际工业过程中较易直接辨识。图 4 - 31 所示为单位阶跃输入下的响应曲线，一般可表示为

$$y(k+1)=h_1u(k)+h_2u(k-1)+\cdots+h_Nu(k+1-N)=\sum_{i=1}^{N}h_iu(k+1-i) \tag{4-70}$$

式中：$h_i=a_i-a_{i-1}$为脉冲响应系数；a_i 为过程阶跃响应系数；N 为一个较大的数，能使过渡过程基本上得到完成，即 $h_N=0$。

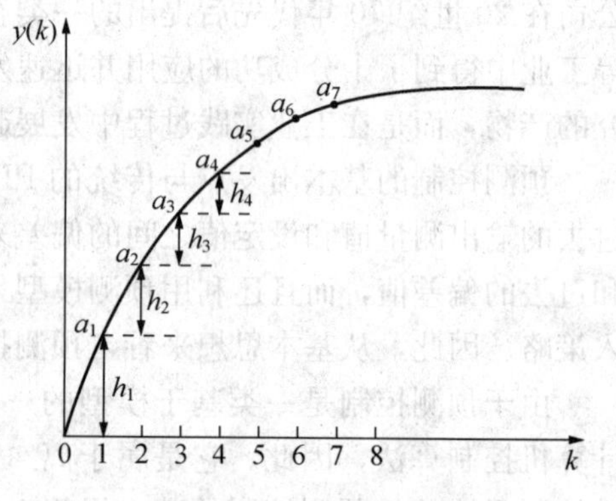

图 4 - 31 单位阶跃响应曲线

2. 滚动优化

模型预测控制不但基于预测模型，而且它还是一种优化控制算法。它通过某一性能指标的最优化来确定未来的控制作用，该性能指标涉及到系统未来行为（如对象的输出在未来的采样点上跟踪某一期望轨迹的方差最小），随时间的推移而在线优化，即每个采样时刻，优化性能指标只涉及到从该时刻起的未来有限时间；到下一个采样时刻，优化时段同时向前推移，如图 4 - 32 所示。

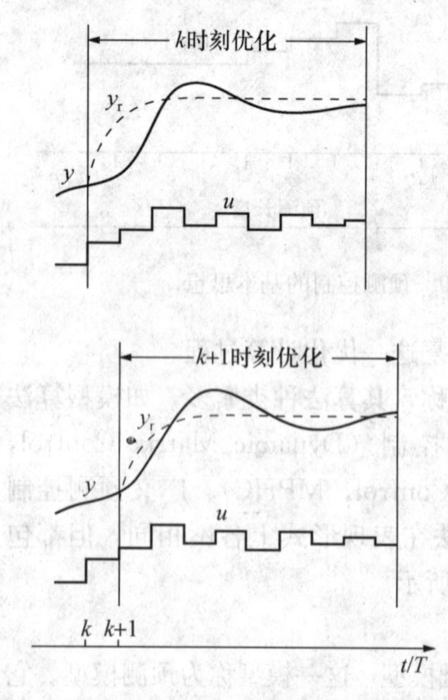

图 4 - 32 滚动优化

因此，预测控制的优化过程不是一次离线进行，而是反复在线进行。虽然各个不同时刻的优化指标的相对形式是相同的，每一步实现的是静态参数的优化，但因为其包含的时间区域不同，从控制的全过程看，实现的是动态的优化，因而预测控制被称为是“滚动优化”的算法。与一般最优控制中的全局优化相比，预测控制中的滚动优化只能得到全局的次优解，但由于它的优化始终建立在实际过程的基础上，使控制结果达到实际意义上的最优控制，能够有效地克服工业过程控制中的模型不精确、非线性、时变等不确定性的影响，这一点对工业控制的实际应用十分重要。

3. 反馈校正

通过滚动优化，预测控制在确定了一系列未来的控制作用后，为了防止模型失配或环境干扰引起控制对理想状态的偏离，通常的做法并不是将这些控制作用逐一全部实施，而只是实施当前时刻的控制作用；到下一采

样时刻，首先检测对象的实际输出，并利用这一实时测量信息对基于模型的预测输出值进行修正，然后进行新的优化。

因此，预测控制是一种闭环的反馈控制算法。预测控制的反馈校正形式是多样的，它可以在保持预测模型不变的基础上，对未来的误差做出预测并加以补偿；也可以根据在线辨识的原理直接修改预测模型。不论采取何种校正形式，预测控制都可实现滚动优化，不断根据系统的实际输出修正预测的准确性。

在预测控制算法中，考虑到过程的动态特性，为避免过程出现急剧变化的输入和输出，往往要求输出沿着一条所期望的平缓的曲线达到设定值，这条曲线通常称为参考轨迹，它是设定值经过在线“柔化”后的产物。目前最广泛采用的参考轨迹为一阶：

$$y_r(k+i)=a^i y(k)+(1-a^i)y_d(i=1,2,\cdots,p) \tag{4-71}$$

式中：y_d 为设定值；y_r（$k+i$）为参考轨迹值；y（k）为现时刻的输出测量值；a 为参考轨迹中决定其收敛速度的系数，通常 $0\leqslant a\leqslant 1$。参考轨迹的形状与 a 的关系如图 4-33 所示。

综上所述，预测控制中的滚动优化不仅基于模型，而且利用反馈信息，构成了闭环优化，是一种基于预测模型预测系统未来输出、滚动实施优化并结合了闭环反馈校正的计算机优化控制算法。由于它对预测模型的形式没有严格的要求，对精度要求也不高，尤其是它用滚动的有限时段优化取代了一次性的全局优化实现滚动优化控制，更符合实际工业过程控制的特点，对克服系统的不确定性影响具有更强的鲁棒性。

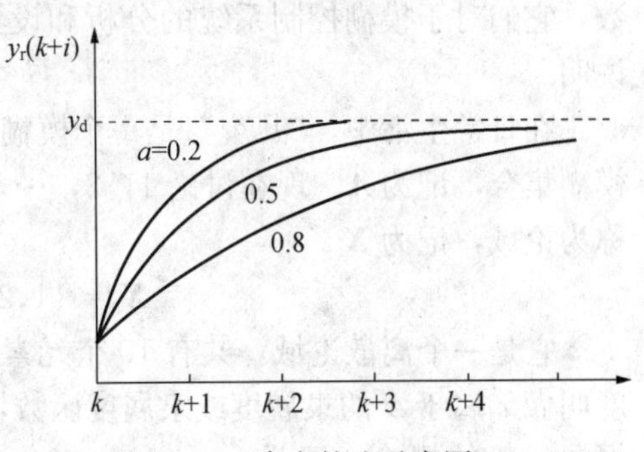

图 4-33　参考轨迹示意图

实用预测控制算法已引入 DCS 系统，其中最著名的是 IDCOM（Identification-command）控制算法软件包，广泛地应用于实际工业过程。此外还有霍尼韦尔公司开发的 HPC，横河公司的 PREDICTROL，山武霍尼韦尔公司在 TDC－3000LCN 系统中的应用模块（AM）上开发的采用卡尔曼滤波器的预测控制器（即预测控制软件包 PREDIMAT）。这类预测控制器既保持了原来预测控制的性能，又减少了测量噪声的影响。在这类预测控制器中，不是单纯地把卡尔曼滤波器置于以往预测控制之前进行噪声过滤，而是把卡尔曼滤波器作为最优状态推测器，同时进行最优状态推测与噪声滤波。

经过十多年的研究和应用，预测控制已有很大的发展。在模型的获取上，已不限于非参数模型的结构形式，提出了在辨识基础上建立的各种参数模型的结构，即使是非参数模型，也提出了建立模糊模型、表格模型、规则集模型、神经网络模型的可能。另外，从控制算法看，也不同于初始的单一算法，根据各种不同的性能指标，如误差的二次函数目标、线性目标、无穷泛数目标或带状目标等，可以导出不同的控制算法。同时在算法的模式上也有所突破，开始与自适应控制、鲁棒控制、非线性控制等结合起来。总之，随着预测控制在工业生产过程中的推广应用以及对其理论研究的深入，这种控制方法将会有更广泛的应用前景。

第六节　模　糊　控　制

1965 年美国自动控制理论专家 L. A. Zadeh 首次提出了模糊集合理论，此后模糊数学得到了迅速发展，形成了一系列比较完善的基础理论。模糊集合的引入，使得人们有可能用比较简单的方法对复杂系统做出合乎实际的、符合人类思维方式的处理。1973 年，L. A. Zadeh 继续丰富和发展了模糊集合理论，提出了一种把逻辑规则的语言表达转化成相关控制量的思想，从而为模糊控制的形成奠定了理论基础。1974 年，英国 E. H. Mamdani 首先将模糊控制应用于锅炉和蒸汽机的自动控制，从 20 世纪 70 年代中期以来，模糊控制在小型汽轮机控制、反应炉温度控制、小型热交换器控制、水泥窑控制、连续发酵过程递阶控制以及核反应堆控制等实际生产工程中获得了成功的应用。此外，由于模糊控制理论研究较为成熟，实际实现比较简单，故在一些非生产过程中，模糊控制的应用也日趋广泛。目前，模糊控制（Fuzzy Control）作为 20 世纪 90 年代的高新技术，得到了非常广泛的应用，被公认为是简单而有效的控制技术。本节简要介绍模糊控制器的工程设计方法。

一、模糊集合和隶属度函数

模糊控制的数学基础是模糊数学，模糊数学中有两个重要概念：模糊集合和隶属度函数，它们对于模糊控制系统的分析和设计十分重要。下面通过一个例子对它们进行简要的说明。

在日常生活中，“几个”是一个模糊的概念，如把“几个”视为一个集合，它便是一个模糊集合，记为 $\boldsymbol{A}$。现在讨论 1，2，…，10 共 10 个整数，这 10 个整数是所要讨论的全体，称为论域，记为 $\boldsymbol{X}$

$$\boldsymbol{X}=\{1,2,3,4,5,6,7,8,9,10\}$$

它是一个离散论域，共有 10 个元素，每一个元素 x 属于“几个”这个模糊集合 $\boldsymbol{A}$ 的程度叫做 x 属于 $\boldsymbol{A}$ 的隶属度或隶属度函数，记为 $\mu_A(x)$，它是一个 0 到 1 之间的实数。例如，根据一般的概念，可设 $\mu_A(1)=0$，$\mu_A(2)=0$，$\mu_A(3)=0.3$，$\mu_A(4)=0.7$，$\mu_A(5)=1$，$\mu_A(6)=1$，$\mu_A(7)=0.7$，$\mu_A(8)=0.3$，$\mu_A(9)=0$，$\mu_A(10)=0$。表示 1 和 2 这两个数属于“几个”这个模糊集合 $\boldsymbol{A}$ 的程度为 0，3 属于 $\boldsymbol{A}$ 的程度为 0.3，4 属于 $\boldsymbol{A}$ 的程度为 0.7……。

根据以上说明，可以给出模糊集合的定义。

给定论域 $\boldsymbol{X}$，$\boldsymbol{X}$ 上的一个模糊子集 $\boldsymbol{A}=\{x\}$ 是指：对任何 $x\in\boldsymbol{X}$，都有一个数 $\mu_A(x)\in[0,1]$ 与之相对应。这里 $[0,1]$ 表示从 0 到 1 的闭区间。$\mu_A(x)$ 称为 x 属于模糊子集 $\boldsymbol{A}$ 的隶属度函数。

模糊集合可用下述方法中的一种来表示。

第一种方法：$\boldsymbol{A}\in\{[x,\mu_A(x)]\mid x\in\boldsymbol{X}\}$，称为序偶形式。它把论域中的各元素及其隶属度函数以序偶的形式逐一列出。如上例，有

$\boldsymbol{A}=\{(1,0),(2,0),(3,0.3),(4,0.7),(5,1),(6,1),(7,0.7),(8,0.3),(9,0),(10,0)\}$

第二种方法：$\boldsymbol{A}=\sum_{i=1}^{n}\frac{\mu_A(x_i)}{x_i}$。它以普通数学中“分数”的形式列出了论域中的各元素及其隶属度函数，并把各“分数”用“+”号连接起来。各“分数”中，“分母”为论域中的元素，分子为其隶属度函数，但这里分数线“——”不表示相除，“+”号也不表示相加。如上例，有

$$\boldsymbol{A}=\frac{0}{1}+\frac{0}{2}+\frac{0.3}{3}+\frac{0.7}{4}+\frac{1}{5}+\frac{1}{6}+\frac{0.7}{7}+\frac{0.3}{8}+\frac{0}{9}+\frac{0}{10}$$

第三种方法：$\mathbf{A}=[\mu_A(x_1),\mu_A(x_2),\cdots,\mu_A(x_n)]$。这是一种向量表示方法，即不列写论域中的元素，而只列写出其隶属度函数。如上例，有

$$\mathbf{A}=[0\quad 0\quad 0.3\quad 0.7\quad 1\quad 1\quad 0.7\quad 0.3\quad 0\quad 0]$$

二、模糊控制系统的组成

模糊控制是一种以模糊数学为基础的计算机数字控制。模糊控制系统的组成类似于一般的数字控制系统，如图 4 - 34 所示。

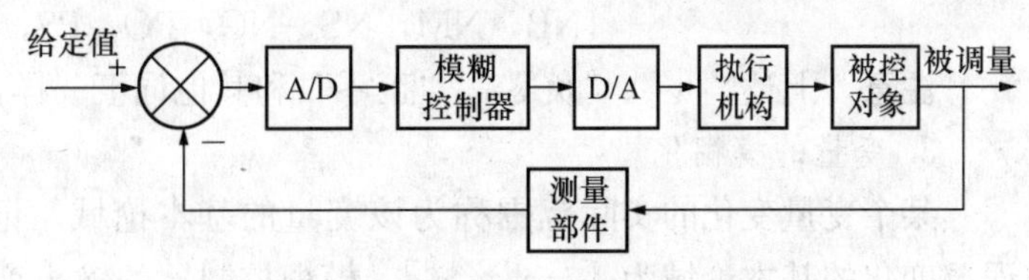

图 4 - 34　模糊控制系统的原理方框图

与一般的计算机控制系统相比，模糊控制系统的控制器是模糊控制器。模糊控制器是模糊控制系统的核心，其基本结构如图 4 - 35 所示。模糊控制器是基于模糊条件语句描述的语言控制规则，所以又称为模糊语言控制器，它所需要完成的主要功能包括：①将精确量（一般是系统的误差及误差的变化率）转化成模糊量；②按规则库中的语言规则进行模糊推理；③将推理的结果从模糊量转化成可以用于实际控制的精确量。

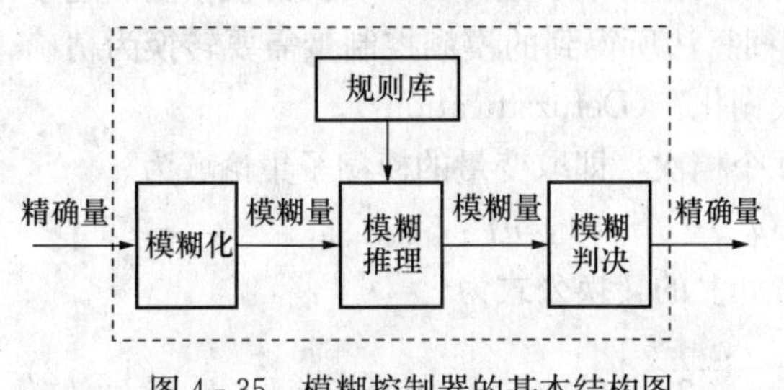

图 4 - 35　模糊控制器的基本结构图

三、模糊控制器的输入/输出变量及其模糊化

1. 模糊控制器是模仿人的一种控制

在人工控制过程中，一般根据被控量的误差 E，误差的变化 EC 和误差变化的变化即误差变化的速率 ER 进行决策。人对误差最敏感，其次是误差的变化，再次是误差变化的速率。因此，模糊控制器的输入变量通常取 E 或 E 和 EC 或 E、EC 和 ER，分别构成所谓一维、二维、三维模糊控制器。一维模糊控制器的动态性能不佳，通常用于一阶被控对象；二维模糊控制器的控制性能和控制复杂性都比较好，是目前广泛采用的一种形式。一般选择控制量的增量作为模糊控制器的输出变量。

2. 描述输入和输出变量的词集

在模糊控制中，输入/输出变量大小是以语言形式描述的，因此要选择描述这些变量的词汇。日常语言中对各种事物和变量的描述，总是习惯于分为三个等级，如物体的大小分为大、中、小；运行的速度分为快、中、慢；年龄的大小分为老、中、青；人的身高分为高、中、矮；产品的质量分为优、中、劣（或一、二、三等）。所以，一般都选用“大、中、小”三个词汇来描述模糊控制器的输入、输出变量的状态，再加上正负两个方向和零状态，共有七个词汇

{负大，负中，负小，零，正小，正中，正大}

用这些词的英文字头缩写简记为

{NB，NM，NS，O，PS，PM，PB}

一般情况下，选择上述七个词汇比较合适，但也可以多选或少选。选择较多的词汇可以精确描述变量，提高控制精度，但使控制规则变得复杂；选择的词汇过少，使变量的描述太粗糙，导致控制器性能变坏。

为了提高系统稳态精度，通常在误差接近于零时增加分辨率，将“零”又分为“正零”

和“负零”，因此描述误差变量的词集一般取为

{负大，负中，负小，负零，正零，正小，正中，正大}

用英文字头简记为

{NB，NM，NS，NO，PO，PS，PM，PB}

注意，上述“零”、“负零”、“正零”和其他词汇一样，都是描述了变量的一个区域。

3. 变量的模糊化

某个变量变化的实际范围称为该变量的基本论域。记误差的基本论域为 $[-x_e, x_e]$，误差变化的基本论域为 $[-x_c, x_c]$，模糊控制器的输出变量（系统的控制量）的基本论域为 $[-y_u, y_u]$。显然，基本论域内的量是精确量，因而模糊控制器的输入和输出都是精确量，但模糊控制算法需要模糊量。因此，输入的精确量（数字量）需要转换为模糊量，这个过程称为“模糊化”（Fuzzification）；另外，模糊算法所得到的模糊控制量需要转换为精确的控制量，这个过程称为“清晰化”或者“反模糊化”（Defuzzification）。

比较实用的模糊化方法是将基本论域分为 n 个档次，即取变量的模糊子集论域为

$$\{-n, -n+1, \cdots, 0, \cdots, n-1, n\}$$

从基本论域 $[a, b]$ 到模糊子集论域 $[-n, n]$ 的转换公式为

$$y = \frac{2n}{b+a}\left[x - \frac{a+b}{2}\right] \tag{4-72}$$

增加论域中元素个数可提高控制精度，但增大了计算量，而且模糊控制效果的改善并不显著。一般选择模糊论域中所含元素个数为模糊语言词集总数的两倍以上，确保诸模糊集能较好地覆盖论域，避免出现失控现象。例如选择上述七个词汇情况下，可选择 E 和 EC 的论域均为

$$\{-6, -5, -4, -3, -2, -1, 0, 1, 2, 3, 4, 5, 6\}$$

选择模糊控制器的输出变量即系统的控制量 U 的论域为

$$\{-7, -6, -5, -4, -3, -2, -1, 0, 1, 2, 3, 4, 5, 6, 7\}$$

4. 隶属度

为了实现模糊化，要在上述离散化了的精确量与表示模糊语言的模糊量之间建立关系，即确定论域中的每个元素对各个模糊语言变量的隶属度。隶属度是描述某个确定量隶属于某个模糊语言变量的程度。例如，在上述 E 和 EC 的论域中，+6 隶属于 PB（正大），隶属度为 1.0；+5 也隶属于 PB，但隶属度要比+6 小，可取为 0.8；+4 隶属于 PB 的程度更小，隶属度可取为 0.4；显然，−6~0 就不属于 PB 了，所以隶属度取为 0。

确定隶属度要根据实际问题的具体情况。实验研究结果表明，人进行控制活动时的模糊概念一般可以用正态型模糊变量描述。下面给出常用的确定模糊变量隶属度 μ 的赋值表，见表 4-7~表 4-9。

表 4-7 模糊变量 E 的赋值

E \ μ \ e	−6	−5	−4	−3	−2	−1	−0	+0	+1	+2	+3	+4	+5	+6
PB	0	0	0	0	0	0	0	0	0	0	0.1	0.4	0.8	1.0
PM	0	0	0	0	0	0	0	0	0	0.2	0.7	1.0	0.7	0.2

续表

e μ E	−6	−5	−4	−3	−2	−1	−0	+0	+1	+2	+3	+4	+5	+6
PS	0	0	0	0	0	0	0	0.3	0.8	1.0	0.5	0.1	0	0
PO	0	0	0	0	0	0	0	1.0	0.6	0.1	0	0	0	0
NO	0	0	0	0	0.1	0.6	1.0	0	0	0	0	0	0	0
NS	0	0	0.1	0.5	1.0	0.8	0.3	0	0	0	0	0	0	0
NM	0.2	0.7	1.0	0.7	0.2	0	0	0	0	0	0	0	0	0
NB	1.0	0.8	0.4	0.1	0	0	0	0	0	0	0	0	0	0

表 4-8　　模糊变量 *EC* 的赋值

ec μ EC	−6	−5	−4	−3	−2	−1	0	+1	+2	+3	+4	+5	+6
PB	0	0	0	0	0	0	0	0	0	0.1	0.4	0.8	1.0
PM	0	0	0	0	0	0	0	0	0.2	0.7	1.0	0.7	0.2
PS	0	0	0	0	0	0	0	0.9	1.0	0.7	0.2	0	0
O	0	0	0	0	0	0.5	1.0	0.5	0	0	0	0	0
NS	0	0	0.2	0.7	1.0	0.9	0	0	0	0	0	0	0
NM	0.2	0.7	1.0	0.7	0.2	0	0	0	0	0	0	0	0
NB	1.0	0.8	0.4	0.1	0	0	0	0	0	0	0	0	0

表 4-9　　模糊变量 *U* 的赋值

u μ U	−7	−6	−5	−4	−3	−2	−1	0	+1	+2	+3	+4	+5	+6	+7
PB	0	0	0	0	0	0	0	0	0	0	0	0.1	0.4	0.8	1.0
PM	0	0	0	0	0	0	0	0	0	0.2	0.7	1.0	0.7	0.2	0
PS	0	0	0	0	0	0	0	0	1.0	0.8	0.4	0.1	0	0	0
O	0	0	0	0	0	0	0.5	1.0	0.5	0	0	0	0	0	0
NS	0	0	0	0.1	0.4	0.8	1.0	0.4	0	0	0	0	0	0	0
NM	0	0.2	0.7	1.0	0.7	0.2	0	0	0	0	0	0	0	0	0
NB	1.0	0.8	0.4	0.1	0	0	0	0	0	0	0	0	0	0	0

四、建立模糊控制规则

模糊控制是语言控制，因此要用语言来归纳专家的手动控制策略，从而建立模糊控制规则表。手动控制策略一般都可以用条件语句加以描述。条件语句的基本类型为

if A or B and C or D then E

例如水温控制规则之一为：若水温高或偏高，且温度上升快或较快，则加大冷水流量。用条件语句表达为

if　E=NB or NM　and　EC=NB or NM　then　U=PB

下面推荐一种根据系统输出的误差及误差的变化趋势，消除误差的模糊控制规则。该规则用下述21条模糊条件语句来描述，基本总结了众多的被控对象手动操作过程中，各种可能出现的情况和相应的控制策略，其中误差E、误差变化EC及控制量U对于不同的被控对象有着不同的物理意义。例如锅炉的压力与加热的关系；汽轮机转速与阀门开度之间的关系；反应堆的热交换关系；飞机、轮船的航向与舵的关系；卫星的姿态与作用力的关系等。

(1) if　E=NB or NM　and　EC=NB or NM　then　U=PB
(2) if　E=NB or NM　and　EC=NS or O　then　U=PB
(3) if　E=NB or NM　and　EC=PS　then　U=PM
(4) if　E=NB or NM　and　EC=PM or PB　then　U=O
(5) if　E=NS　and　EC=NB or NM　then　U=PM
(6) if　E=NS　and　EC=NS or O　then　U=PM
(7) if　E=NS　and　EC=PS　then　U=O
(8) if　E=NS　and　EC=PM or PB　then　U=NS
(9) if　E=NO or PO　and　EC=NB or NM　then　U=PM
(10) if　E=NO or PO　and　EC=NS　then　U=PS
(11) if　E=NO or PO　and　EC=O　then　U=O
(12) if　E=NO or PO　and　EC=PS　then　U=NS
(13) if　E=NO or PO　and　EC=PM or PB　then　U=NM
(14) if　E=PS　and　EC=NB or NM　then　U=PS
(15) if　E=PS　and　EC=NS　then　U=O
(16) if　E=PS　and　EC=O or PS　then　U=NM
(17) if　E=PS　and　EC=PM or PB　then　U=NM
(18) if　E=PM or PB　and　EC=NB or NM　then　U=O
(19) if　E=PM or PB　and　EC=NS　then　U=NM
(20) if　E=PM or PB　and　EC=O or PS　then　U=NB
(21) if　E=PM or PB　and　EC=PM or PB　then　U=NB

上述21条模糊条件语句可以归纳为模糊控制规则表，见表4-10。

表4-10　　模糊控制规则表

E \ U \ EC	PB	PM	PS	O	NS	NM	NB
PB	NB	NB	NB	NB	NM	O	O
PM	NB	NB	NB	NB	NM	O	O
PS	NM	NM	NM	NM	O	PS	PS
PO	NM	NM	NS	O	PS	PM	PM
NO	NM	NM	NS	O	PS	PM	PM
NS	NS	NS	O	PM	PM	PM	PM

续表

EC / U / E	PB	PM	PS	O	NS	NM	NB
NM	O	O	PM	PB	PB	PB	PB
NB	O	O	PM	PB	PB	PB	PB

五、模糊关系与模糊推理

模糊控制规则实际上是一组多重条件语句，可以表示为从误差论域到控制量论域的模糊关系矩阵 $\boldsymbol{R}$。通过误差的模糊向量 $\boldsymbol{E}'$ 和误差变化的模糊向量 $\boldsymbol{EC}'$ 与模糊关系 $\boldsymbol{R}$ 的合成进行模糊推理，得到控制量的模糊向量，然后采用"清晰化"方法将模糊控制向量转换为精确量。

根据模糊集合和模糊关系理论，对于不同类型的模糊规则可用不同的模糊推理方法。以下以常用的 if A then B 类型的模糊规则的推理为例。

若已知输入为 A，则输出为 B；若现在已知输入为 A'，则输出 B'。用合成规则求取

$$B' = A' \circ R \tag{4-73}$$

式中："$\circ$"表示模糊数学中模糊集合的合成，模糊关系 R 定义为

$$R = A \times B, \quad \mu_R(x,y) = \min[\mu_A(x), \mu_B(y)] \tag{4-74}$$

式中："×"表示模糊集合的直积。

例如，已知输入的模糊集合 A 和输出的模糊集合 B 分别为

$$A = 1.0/a_1 + 0.8/a_2 + 0.5/a_3 + 0.2/a_4 + 0.0/a_5$$

$$B = 0.7/b_1 + 1.0/b_2 + 0.6/b_3 + 0.0/b_4$$

这里采用模糊集合的 Zadeh 表示法，其中 a_i、b_i 表示模糊集合所对应的论域中的元素，而 μ_i 表示相应的隶属度，"/"不表示分数的意思。

$$R = A \times B = \begin{bmatrix} 1.0\cap0.7 & 1.0\cap1.0 & 1.0\cap0.6 & 1.0\cap0.0 \\ 0.8\cap0.7 & 0.8\cap1.0 & 0.8\cap0.6 & 0.8\cap0.0 \\ 0.5\cap0.7 & 0.5\cap1.0 & 0.5\cap0.6 & 0.5\cap0.0 \\ 0.2\cap0.7 & 0.2\cap1.0 & 0.2\cap0.6 & 0.2\cap0.0 \\ 0.0\cap0.7 & 0.0\cap1.0 & 0.0\cap0.6 & 0.1\cap0.0 \end{bmatrix} = \begin{bmatrix} 0.7 & 1.0 & 0.6 & 0.0 \\ 0.7 & 0.8 & 0.6 & 0.0 \\ 0.5 & 0.5 & 0.5 & 0.0 \\ 0.2 & 0.2 & 0.2 & 0.0 \\ 0.0 & 0.0 & 0.0 & 0.0 \end{bmatrix}$$

则当输入

$$A' = 0.4/a_1 + 0.7/a_2 + 1.0/a_3 + 0.6/a_4 + 0.0/a_5$$

B' 由下式求取

$$B' = A' \cdot R = \begin{bmatrix} 0.4 \\ 0.7 \\ 1.0 \\ 0.6 \\ 0.0 \end{bmatrix}^{\mathrm{T}} \cdot \begin{bmatrix} 0.7 & 1.0 & 0.6 & 0.0 \\ 0.7 & 0.8 & 0.6 & 0.0 \\ 0.5 & 0.5 & 0.5 & 0.0 \\ 0.2 & 0.2 & 0.2 & 0.0 \\ 0.0 & 0.0 & 0.0 & 0.0 \end{bmatrix} =$$

$$[(0.4\cap0.7)\cup(0.7\cap0.7)\cup(1.0\cap0.5)\cup(0.6\cap0.2)\cup(0.0\cap0.0),$$
$$(0.4\cap1.0)\cup(0.7\cap0.8)\cup(1.0\cap0.5)\cup(0.6\cap0.2)\cup(0.0\cap0.0),$$
$$(0.4\cap0.6)\cup(0.7\cap0.6)\cup(1.0\cap0.5)\cup(0.6\cap0.2)\cup(0.0\cap0.0),$$
$$(0.4\cap0.0)\cup(0.7\cap0.0)\cup(1.0\cap0.0)\cup(0.6\cap0.0)\cup(0.0\cap0.0)] =$$

$$[(0.4 \cup 0.7 \cup 0.5 \cup 0.2 \cup 0.0), (0.4 \cup 0.7 \cup 0.5 \cup 0.2 \cup 0.0), (0.4 \cup 0.6 \cup 0.5 \cup 0.2 \cup 0.0), (0.0 \cup 0.0 \cup 0.0 \cup 0.0 \cup 0.0)] = (0.7, 0.7, 0.6, 0.0)$$

则

$$B' = 0.7/b_1 + 0.7/b_2 + 0.6/b_3 + 0.0/b_4$$

在上述运算中，“∩”为取小运算，“∪”为取大运算。

由于系统的控制规则库是由若干条规则组成的，对于每一条推理规则都可以得到一个相应的模糊关系，n 条规则就有 n 个模糊关系：R_1，R_2，…，R_n。对于整个系统的全部控制规则所对应的模糊关系即可对 n 个模糊关系 R_i（$i=1, 2, \cdots, n$）取“并”操作得到，即

$$R = R_1 \cup R_2 \cup \cdots \cup R_n = \bigcup_{i=1}^{n} R_i \tag{4-75}$$

六、模糊控制向量的模糊判决——“清晰化”

由上述得到的控制量是一个模糊集合，需要采用“清晰化”方法将模糊控制向量转换为精确量。下面介绍两种简单且实用的方法。

1. 最大隶属度法

这种方法是在模糊控制向量中，取隶属度最大的控制量作为模糊控制器的控制量。例如，当得到模糊控制向量为

$$U' = 0.1/2 + 0.4/3 + 0.7/4 + 1.0/5 + 0.7/6 + 0.3/7$$

由于控制量隶属于等级 5 的隶属度为最大，所以取控制量为

$$U = 5$$

这种方法的优点是简单易行，缺点是完全排除了其他隶属度较小的控制量的影响和作用，没有充分利用取得的信息。

2. 加权平均判决法

为了克服最大隶属度法的缺点，可以采用加权平均判决法，即

$$U = \frac{\sum_{i=1}^{n} \mu(u_i) u_i}{\sum_{i=1}^{n} \mu(u_i)} \tag{4-76}$$

例如

$$U' = 0.1/2 + 0.8/3 + 1.0/4 + 0.8/5 + 0.1/6$$

则

$$U = \frac{2 \times 0.1 + 3 \times 0.8 + 4 \times 1.0 + 5 \times 0.8 + 6 \times 0.1}{0.1 + 0.8 + 1.0 + 0.8 + 0.1} = 4$$

七、模糊控制表

模糊关系、模糊推理以及模糊判决的运算可以离线进行，最后得到模糊控制器输入量的量化等级 E、EC 与输出量即系统控制量的量化等级 U 之间的确定关系，这种关系通常称为“控制表”。对应于上述 21 条控制规则的控制表如表 4 - 11 所示。

模糊控制表可以离线求出，作为文件存储在计算机中，计算机实时控制时只要将 A/D 得到的误差 e 和误差的变化 ec 进行量化得到相应的等级 E 和 EC，然后从文件中直接查询所需采取的控制策略。

表 4-11　**模糊控制表**

U \ EC E	−6	−5	−4	−3	−2	−1	0	+1	+2	+3	+4	+5	+6
−6	7	6	7	6	7	7	7	4	4	2	0	0	0
−5	6	6	6	6	6	6	6	4	4	2	0	0	0
−4	7	6	7	6	7	7	7	4	4	2	0	0	0
−3	7	6	6	6	6	6	6	3	2	0	−1	−1	−1
−2	4	4	4	5	4	4	4	1	0	0	−1	−1	−1
−1	4	4	4	5	4	4	1	0	0	0	−3	−2	−1
−0	4	4	4	5	1	1	0	−1	−1	−1	−4	−4	−4
+0	4	4	4	5	1	1	0	−1	−1	−1	−4	−4	−4
+1	2	2	2	2	0	0	−1	−4	−4	−3	−4	−4	−4
+2	1	2	1	2	0	−3	−4	−4	−4	−3	−4	−4	−4
+3	0	0	0	0	−3	−3	−6	−6	−6	−6	−6	−6	−6
+4	0	0	0	−2	−4	−4	−7	−7	−7	−6	−7	−6	−7
+5	0	0	0	−2	−4	−4	−6	−6	−6	−6	−6	−6	−6
+6	0	0	0	−2	−4	−4	−7	−7	−7	−6	−7	−6	−7

八、确定实际的控制量

显然，实际的控制量 u 应为从控制表中查到的量化等级 U 乘以比例因子。设实际的控制量 u 的变化范围为 $[a, b]$，量化等级为（$-n$，$-n+1$，…，0，…，$n-1$，n），则实际的控制量应为

$$u=\frac{a+b}{2}+\frac{b-a}{2n}U \tag{4-77}$$

若 $a=-y_u$，$b=y_u$，则

$$u=\frac{y_u}{n}U \tag{4-78}$$

例如，在上述二维模糊控制器中当 E 和 EC 的量化等级分别为 -3 和 $+1$ 时，由控制表查得 $U=3$，模糊控制器输出的实际控制量应为 $u=\frac{3}{7}y_u$。

九、模糊控制算法的工程实现

根据上述模糊控制原理，可以用多种方法实现模糊控制算法。

（1）查表法。查表法是模糊控制应用最早、最广的方法。这种方法是离线完成模糊推理，得到模糊控制表，如表 4-11 所示，然后将模糊控制表存入计算机，在线控制时只要进行简单的查表操作，一般的单片机就能完成，而且实时性好。目前模糊控制家电产品大都采用这种方法。查表法的缺点是当改变模糊控制规则和隶属函数时，则需要重新计算模糊控制表。

（2）软件模糊推理法。这种方法是将模糊控制的全过程都用软件实现，在线进行输入量模糊化、模糊推理、模糊决策过程。目前美、日、德等国已经研制了多种模糊控制软件以供

各种应用程序的移植。

(3) 模糊控制器专用芯片。用硬件实现模糊控制的特点是实时性好、控制精度高。目前模糊控制器专用芯片已经商品化，在伺服系统、机器人、汽车等控制中得到了广泛的应用。随着模糊控制的广泛应用，模糊控制专用芯片的价格将不断降低。

本 章 小 结

本章介绍了数字PID控制算法、数字PID控制器的工程实现、数字PID控制器的参数整定，串级控制系统、前馈—反馈控制系统、纯滞后补偿控制系统、解耦控制系统等复杂控制系统，预测控制和模糊控制等先进控制系统。

数字PID控制算法有位置式和增量式两种算式，通过对积分算法（如积分分离、变速积分、抗饱和积分、梯形积分和消除积分不灵敏区等）和微分算法（实际微分、微分先行等）进行改进，不仅可以实现传统模拟控制器中难以实现的算法，提高数字PID控制算法的适应性，也可以改善计算机控制系统的控制效果。

数字PID控制程序一般由给定值处理、被调量处理、偏差处理、PID运算、控制量处理和自动/手动切换等几部分组成。

数字PID控制器的参数整定可以依照模拟PID控制器参数整定的各种方法，除此以外，还需要确定系统的采样周期T。

当被控系统中同时有几个干扰因素影响同一个被控量时，可以采用串级控制系统，在单回路控制的基础上增加一个或多个控制内回路，以控制可能引起被控量变化的其他因素，从而抑制被控对象的时滞特性，提高系统动态响应的快速性。串级控制系统的控制方式有两种，一种是异步采样控制，另一种是同步采样控制。

前馈—反馈控制系统是将前馈控制和反馈控制结合起来，在反馈控制系统的基础上附加一个或几个主要扰动的前馈控制，依靠反馈控制来使系统在稳态时能准确地使被调量等于给定值，而在动态过程中则利用前馈控制来有效地减少被调量的动态偏差。

纯滞后补偿控制（Smith预估）是解决具有较大纯滞后对象控制问题的一条有效途径。

对于多变量控制系统，可以通过设置解耦补偿装置，使各控制器只对各自相应的被控量施加控制作用，从而消除回路间的相互影响。

预测控制是一种基于模型的计算机控制算法，它不但利用当前和过去的偏差值，还利用预测模型来预估过程未来的偏差值，以滚动确定当前的最优输入/输出策略。预测控制有多种算法，如模型算法控制、动态矩阵控制、模型预测启发控制等，基本都包括预测模型、滚动优化和反馈校正三个部分。

模糊控制是以模糊集合理论、模糊语言变量及模糊逻辑推理为基础的一类计算机数字控制方法。

模糊控制器是基于模糊条件语句描述的语言控制规则，其主要功能包括：①将精确量（一般是系统的误差及误差的变化率）转化成模糊量；②按规则库中的语言规则进行模糊推理；③将推理的结果从模糊量转化成可以用于实际控制的精确量。

思　考　题

1. 数字PID控制算法的位置式算式和增量式算式有什么区别?

2. 数字PID控制算法积分项的改进主要有哪几种? 各是针对什么问题提出的? 就其中一种改进方法作简要说明。

3. 理想微分数字PID控制算法与实际微分数字PID控制算法的控制效果有何不同?

4. 数字PID控制器在工程实现时应考虑哪些方面? 就数字PID控制程序的各功能块作简要说明。

5. 数字PID控制器进行参数整定时，采样周期的选择选择应考虑哪些因素?

6. 数字PID控制器的参数整定方法主要有哪些? 就其中一种方法作简要说明。

7. 采用串级控制系统应满足哪些条件? 在计算机控制系统中，串级控制系统的控制方式有哪两种?

8. 简述纯滞后补偿控制的原理。

9. 简述预测控制的基本思想和主要内容。

10. 模糊控制器的主要功能是什么?

第五章　数据通信与网络技术

现代化工业生产规模不断扩大，对生产过程的控制和管理也日趋复杂，往往需要几台或几十台计算机才能完成控制和管理任务。不同地理位置、不同功能的计算机及设备之间需要交换信息，这样把多台计算机或设备连接起来，就构成了计算机通信网络。对于广大从事过程控制的技术人员来说，为了提高计算机的应用水平，有必要了解数据通信的基础知识、通信网络技术和通信网络协议。

第一节　数据通信基础

人类社会发展至今，通信形式与类型不胜枚举，概括地说，存在着两大类通信形式：非电通信和电通信。其中电通信是近代发展起来的新型通信方式，它在工业过程中的应用极为普遍。电通信可分为三种类型。

(1) 模拟通信。模拟通信是以模拟信号传输信息的通信方式。例如，在常规控制系统中，通常采用0～10mA或4～20mA或0～5V的模拟电信号传输信息。

(2) 数字通信。数字通信是将模拟电信号转换为数字信号后再进行传输的通信方式。例如，在数字采集系统中，A/D转换器与计算机CPU之间的信息传输。

(3) 数据通信。数据通信是一种通过计算机或其他数字装置与通信线路相结合，实现对数据信息的传输、转换、存储和处理的通信技术。所谓数据信息，是指具有一定编码、格式和位长要求的数字信息。例如，在计算机内部流通的信息以及计算机与计算机之间的交换信息都是数据信息。

应当明确数据通信与数字通信的不同之处：数字通信的信息源发出的是模拟信号，要经过采样、转换和编码后才得到数字信息；数据通信的信息源发出的是数字信息。

一、数据通信系统的组成

从结构上来说，一个最基本的通信系统由信息源、发送装置/接受装置、信道、通信控制部件、信息宿等部分组成，如图5-1所示，其中：信息源是将要被传输（发送）的数据信息，信息宿是通过传输已收到的数据信息；信道是信息传输通道，它包括传输介质（线路）和有关的中间通信设备，其功能是为信息传输提供必要的路径保障；收/发装置（或调制解调器）是一个以信息的发送、收集、分配和转储为目的的数据传输子系统，它只负责保证数据准确无误地传送，不涉及对数据信息的加工处理；通信控制部件是一个通信数据处理子系统，它负责实现计算机内部代码与通信编码之间的转换，以及通信过程中的网络控制方式、同步方式、差错控制和通信软件的选择与执行。

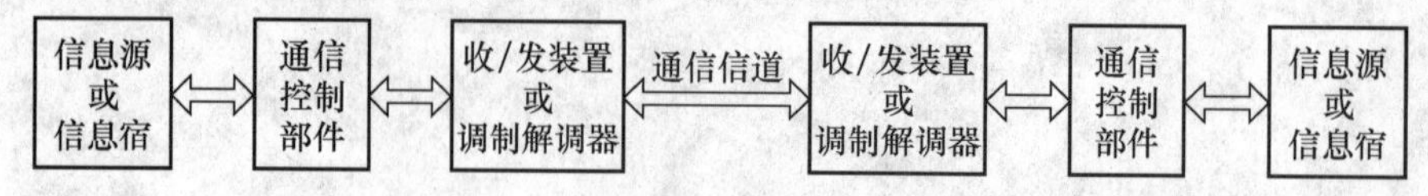

图5-1　数据通信系统的基本组成

二、数据通信方式

数据通信方式可以从不同的角度加以认识。下面根据分类方法说明不同的数据通信方式。

1. 按数据位的传送方式分类

(1) 并行通信方式。该方式是将一个二进制数据的所有位同时传送。并行通信方式的数据传送速度快，但因为数据有多少位就需要有多少条传输线路，所以通信成本高。该方式只适用于近距离计算机或设备之间的数据通信。

(2) 串行通信方式。该方式是将一个二进制数据逐位顺序传送。串行通信方式只需要一对传输线路，因而节省传输线路开支，特别是长距离传送时，这个优点更为突出。但该方式的通信速度比并行通信的速度慢。

随着通信技术的发展，串行通信的速度在不断提高，且能满足当前分散控制系统的数据通信的需求。为简化传输线路和节省投资，分散控制系统中的通信是以串行通信方式为主体的。

2. 按信息的传送方向分类

(1) 单工（Simplex）通信方式。该方式只允许信息沿一个方向传输，而不能作反向传输。数据信息只能从A站传送到B站，而不允许从B站向A站传送，即A站只能为发送端，B站只能为接收端。

(2) 半双工（Half Duplex）通信方式。该方式允许信息在两个方向上进行传输，但在同一时刻只限于一个方向传输。大多数计算机之间或计算机与终端之间都按这种通信方式工作。例如，计算机传送信息至终端，然后等待终端的响应回答。

(3) 全双工（Full Duplex）通信方式。该方式允许信息同时在两个方向上进行传输。

对于单工或半双工通信方式，通信线路采用二线制，而全双工通信方式一般采用四线制。

3. 按连接方式分类

(1) 总线连接的通信方式。该方式是将两台计算机的总线通过缓冲转换器直接相连。它采用的通信规程和通信速度由计算机的种类决定，波特率可达兆级。这种通信方式限于同类机型间使用，使用范围较窄，传送距离较短（10m左右），多用于计算机控制的双工系统中或多台计算机之间的数据交换。

(2) 调制解调连接的通信方式。该方式是将计算机输出的数据经并—串转换后再进行调制，然后在双芯传送线上发送；而接收端的计算机首先对收到的信息进行解调，然后经过串—并转换，使数据复原。这种通信方式使用范围较广，只要是通信速率相同的调制解调器就可相连，且通信距离可达数千米，但通信速度较低（一般只有几千波特），信息传输量也有限，故多用于数据通信不频繁的场合。

(3) 过程I/O连接的通信方式。该方式是利用计算机的输入/输出接口的功能来传送数据。它的优点是程序处理方便，数据传送的追加、变更和制作也比较容易。但它的通信能力有限，传送速率低（并行传送一般在5kb/s左右），传送距离通常限制在500m左右。

(4) 高速数据通道连接的通信方式。该方式是一种采用二进制串行高速传送的方式，它在高速数据通信指挥器的控制下，对要通信的计算机内存进行直接存储器存取（Direct Memory Access，DMA）操作，实现数据通信。这种方式对主机运行干扰少，传送速率高达2Mb/s以上，传送距离远至几万米，其通用性强，易于扩展，配线简单，工程费用低，因此，在分散控制系统中得到了广泛的应用。

除上述通信方式外，还存在按信息传输形式分类的基带传输和频带传输通信方式；按字符同步方式分类的异步传输和同步传输通信方式；按信息交换方式分类的线路交换、报文交换和分组交换通信方式。

三、数据通信的编码方式

数据通信系统的任务是传送数据或数据化的信息，这些数据通常以离散的二进制“0”和“1”序列的方式表示，这些“0”或“1”称为码元，它是所传输数据的基本单位。在数据信息传输的过程中，有两种基本的传输形式：一种是基带传输，即直接利用基带信号进行传输；另一种是频带传输，即将基带信号用交流信号或脉冲信号进行调制后再传输。

1. 基带传输

对于由“0”和“1”组成的数据信息，最普通且最简单的方法是用一系列的电脉冲信号来表示。这些具有固有频带且未经任何处理的原始电脉冲信号，称为基带信号。直接传送基带信号的传输方式称为基带传输。基带传输可以达到较高的数据传输速率，是目前广泛应用的数据通信方式。

基带传输的首要问题是如何把数据信息用电信号表示出来。常见的几种基带信号编码方法如下。

（1）单极性码。如图 5-2（a）所示，它是编码中最简单、最原始的一种。在一个码元（一位二进制符号）的时间内，数据“0”用零电位表示，数据“1”用正电位表示。由于单极性码具有直流成分且不含同步信息，其抗干扰性能较差，仅适用于很短距离的传输。

（2）双极性码。如图 5-2（b）所示，在一个码元的时间内，数据“0”用负电位表示，数据“1”用正电位表示，且正、负电平的幅值相等。其判决门限为零电位，零电位容易设置，不易受干扰，不易漂移。双极性码变化范围大，稳定可靠，有较强的抗干扰能力，在基带信号传输中比单极性码应用广泛，但仍然没有彻底解决信号同步的问题。

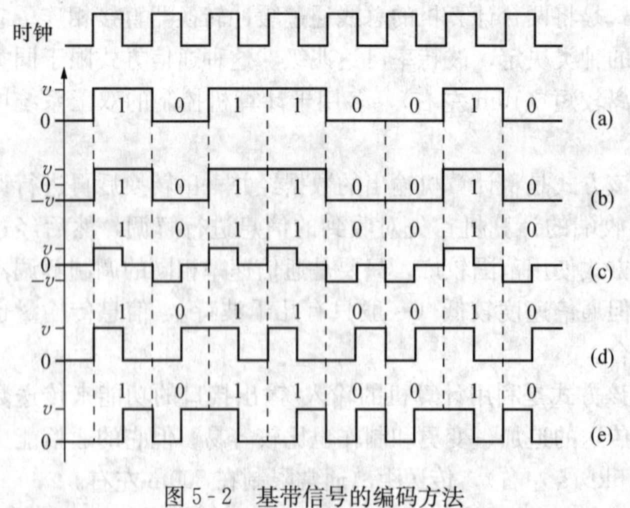

图 5-2 基带信号的编码方法

（3）归零码。上述单极性码和双极性码的特点是：如果重复发送数据“1”，势必连续发送幅值为 V 的电信号，如果重复发送数据“0”，势必连续发送幅值为零（或为 $-V$）的电信号，这样，上位码和下位码之间没有间隙，不易互相识别，所以可采用归零码来克服这个缺点。如图 5-2（c）所示，归零码使用正、负、零三种电平，信号在数据位的中间发生变化，“正”到“零”的跳变代表数据“1”，“负”到“零”的跳变代表数据“0”。归零码较好地解决了信号同步问题，但由于每一位数据都要产生两次跳变，因此占用更多的带宽。

（4）曼彻斯特（Manchester）码。如图 5-2（d）所示，它也是在数据位的中间产生跳变，用该跳变的方向来表示数据。由高到低的跳变代表数据“1”，由低到高的跳变代表数据

“0”。该跳变还被用作信号同步，即编码数据中自带时钟信息，保证了收发双方的同步，因此，这种编码也称为自同步编码，以太网中就使用了曼彻斯特码。

(5) 差动曼彻斯特码。如图 5-2 (e) 所示，差动曼彻斯特码是曼彻斯特码的一种改进形式，其不同之处在于，每位的中间跳变只用于同步时钟信号，而“0”和“1”的取值判断是用位的起始处有无跳变来表示（若有跳变则为“0”，若无跳变则为“1”）。这种编码的特点是每一位均用不同电平的两个半位来表示，因而始终能保持直流的平衡。这种编码也是一种自同步编码。在使用双绞线做传输介质的网络中，这种编码是非常方便的。由于变化的极性无关紧要，因此，当把设备接到通信网上时，完全可以不考虑哪条线应该接哪个端子。

2. 频带传输（调制与解调）

目前，工程上采用的传输系统主要是模拟式传输系统，它在传输数字基带信号时会产生信号波形的失真现象。这种失真是由于传输线路上存在的电容、电感和电阻所致。失真的程度与信号传输速度、传输距离等有关，传输距离越远，传输速度越快，信号的失真越严重，以至于在发送端发出的一个轮廓整齐的数据脉冲方波，到达接收端时却是一个面目全非的不规则波形。

当然，数字基带信号可以采用数字式传输信道。由于这种信道在每隔一定距离的位置装设一个中继器，它可对传送来的位信号进行整形、再生，以原来的强度和清晰度把位信号向下传送，因此可避免传输信号的失真。遗憾的是模拟式传输系统和通信设备至今仍占据统治地位。在此情况下，数据信号在模拟传输系统上远距离传输时，必需采用调制与解调手段。

所谓调制，就是在发送端用基带脉冲对载波波形的某个参数（如振幅、频率、相位）进行控制，使其随基带脉冲的变化而变化。如图 5-3 所示，这种已调制的信号通过通信线路传送到接收端，再经过解调，又恢复为原始的基带脉冲。通常把兼有调制和解调功能的调制解调器称为 MODEM。

常用的调制方法有三种：振幅调制、频率调制和相位调制。

(1) 振幅调制。如图 5-3 (a) 所示，就是用原始脉冲信号去控制载波的振幅变化，这种调制是利用数字信号的“1”和“0”去接通和断开连续的载波。相当于有一个开关控制载波一样，也称为振幅键控 (Amplitude Shift Keying, ASK)。

(2) 频率调制。如图 5-3 (b)、(c) 所示，用原始脉冲信号去控制载波的频率变化。调频信号可分为两种：一种是相位连续的调频信号 (b)，也就是发送端只有一个振荡器，用原始脉冲信号改变该振荡器的参数，使振荡频率发生变化；另一种是相位不连续的调频信号 (c)，即在发送端有两个振荡器 f_1 和 f_2，由原始脉冲信号控制 f_1 或 f_2 的输出。频率调制也称为频率键控 (Frequency Shift Keying, FSK)。

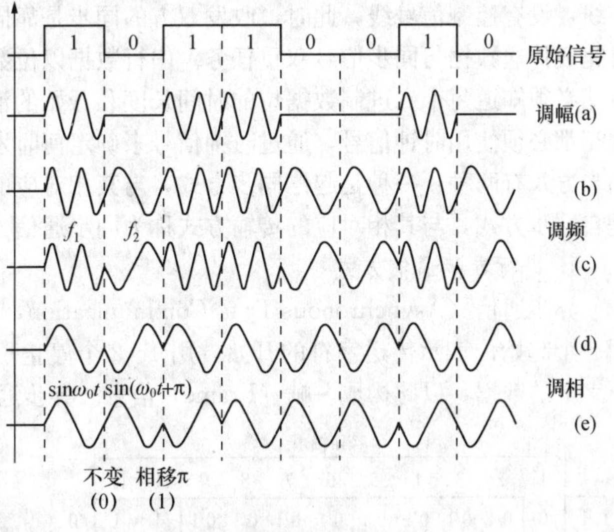

图 5-3 模拟信号的调制方式

(3) 相位调制。如图 5-3 (d)、(e) 所示，用原始脉冲信号去控制载波的相位变化。调相信号可分为两种：一种是绝对相移（d），当原始信号为“1”时，调相信号为 $\sin\omega_0 t$；当原始信号为“0”时，调相信号为 $\sin(\omega_0 t+\pi)$；另一种是相对相移（e），当原始信号为“1”时，调相信号的相位相对于前一信号的相位应移动 π；如果原始信号为“0”时，则调相信号的相位不变，相位调制也称为相位键控（Phase Shift Keying，PSK)。

3. 宽带传输

宽带是指比音频频带更宽的频带，它包括大部分电磁波频谱。使用这种宽频带进行传输的系统称为宽带传输系统，它能够容纳全部广播，并可进行高速数据传输。宽带传输系统是以电视电缆（CATV）技术为基础，采用频率调制等方法把电视电缆的频带分割成多个子频带，每个子频带都有各自的调制解调装置。因此，宽带传输就是在单根电缆（有时用双根电缆，一根用于发送，另一根用于接收）上采用多路调制解调的传输，数据传输率的范围是0～400Mb/s。

一根宽带信道能划分为多个逻辑信道，这样能将声音、图像和数据信息的传输综合在一条物理信道中进行，以满足办公自动化系统中的电话会议、图像传真、电子邮件、事务数据处理等服务的需要。可见，宽带传输一定是采用频带传输技术的，但频带传输不一定就是宽带传输。当然，宽带传输的技术复杂，设备多，要求传输介质的质量好，因此成本就高。

四、同步技术

无论是并行通信，还是串行通信，数据都是按时间顺序传送出去的。为保证发送与接收过程正确无误，必须使用同步技术，也就是使接收端按照发送端所发送的每个码元的起止时间来接收数据，即接收端和发送端的动作要在时间上取得一致。如果收、发两端同步不好，将会导致通信质量下降，甚至完全不能工作。

并行通信中是通过控制线来实现收发双方同步的，数据收发双方除了数据线相连外，还有若干控制信号线，用来传送、发送与接收装置的状态。而在串行通信中，往往只有一对通信线，没有控制信号线，此时，收发双方的同步是靠同步信号来实现的，而且一对传输线同时完成传送数据与同步信号双重任务。串行数据以位数据的方式按照时间顺序逐位发送，接收端必须知道每个二进制数据位的时间长度和开始的消息才能正确地恢复数据。发送端和接收端都必须使用时钟信号，通过时钟信号来确定何时发送和接收每一位数据。串行通信中的同步方式有两种：一种是起停同步方式，与其相对应的传输方式称为异步通信方式；另一种是自同步方式，与其相对应的传输方式称为同步通信方式。

1. 串行异步通信方式

异步通信（Asynchronous Data Communication，ASYNC）每次传送一个字符的数据。用一个起始位表示传送字符的开始，用1～2个停止位表示字符的结束。起、停位中间为一个字节的数据，以此构成一帧（Frame）信息。异步通信的信息格式如图 5-4 所示。

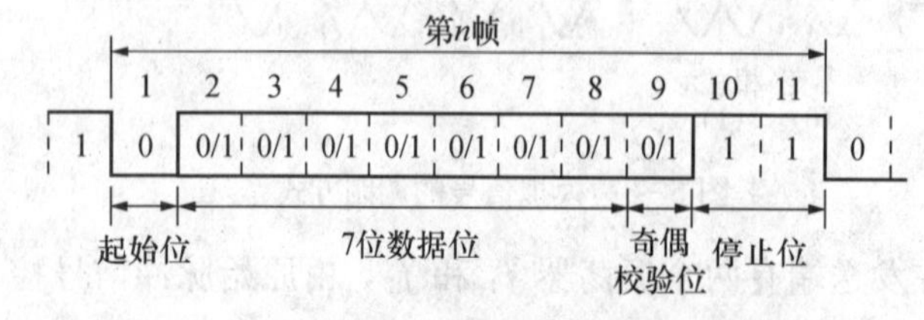

图 5-4 串行异步通信的信息帧格式

帧信息的第1位为起始位（低电平），第2～8位为7位数据，第9位为数据位的奇或偶校验位，第10～11位为停止位（高电平）。停止位可以用1位、1.5位或2位脉宽来表示，于是一帧信息由10位、10.5位或11位构成。

如果无数据发送，则为停止位（高电平）状态，也就是每个信息帧的间隔可用停止位任意延长。

进行异步通信时，收发双方必须有两项约定：一是帧信息格式，即字符的编码形式、奇偶校验形式、起始和停止位的格式等；二是传送速率。

在异步通信中，通信设备易于安装，维护简单且价格便宜。但是它的每个字符要用起始位和停止位作为字符开始和结束的标志，增加了网络的开销，因而数据传送效率低，信道资源不能得到充分的利用。

2. 串行同步通信方式

同步通信（Synchronous Data Communication，SYNC）每次传送 n 个字节的数据块。用一个或两个同步字符表示传送字符的开始，接着就是 n 个字节的数据块，字符之间不允许有空隙，而没有字符可发送时，则连续发送同步字符。

同步字符通常由用户选择，一般选择一个特殊的8位二进制码（如01111110）作为同步字符（称为单同步字符），或选择两个连续的8位二进制码作为同步字符（称为双同步字符）。收发双方必须使用相同的同步字符，确保收发两者同步。

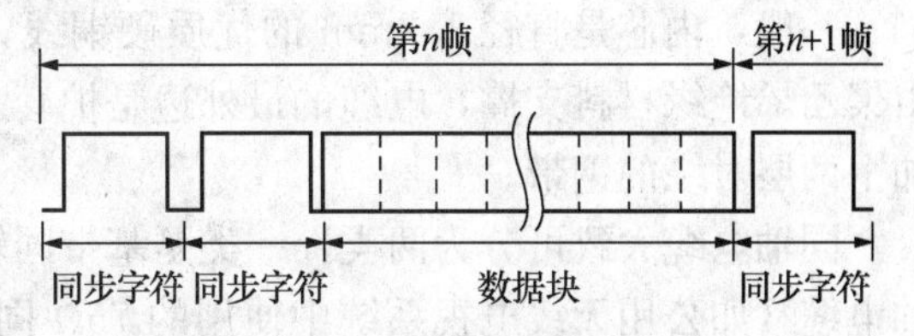

图5-5 串行同步通信的信息帧格式

在同步通信中，发送端首先对传送的原始数据进行编码，每位编码元中包含有数据状态和时钟信息，当编码数据形成后再往外发送；接收端收到编码数据后经过解码，便可得到解码数据（接收数据）和解码时钟（接收时钟）。由此可见，接收端无需设置独立的接收时钟源，而由发送端发出的编码自带时钟，实现了收、发双方的自同步功能。

同步通信的传送效率和传送速率高于异步通信；另外，由于传送的编码数据中自带时钟信息，保证了收、发双方的绝对同步。但同步通信的硬件比异步通信复杂。

五、通信传输介质共享技术

多台通信设备合用单一通信传输介质的技术称为通信传输介质共享技术。通信传输介质是通信网络中传输信息的物理通路。使用通信传输介质有点对点连接和多点共享两种方式。

1. 通信传输介质

通信传输介质可以是有线的，也可以是无线的；可采用电信号传输，也可采用非电信号传输。常用的有线通信传输介质有双绞线、同轴电缆和光缆，常用的无线通信传输介质有微波、红外和激光。

（1）双绞线。双绞线由两根具有绝缘保护层的铜导线对绞组成，其中一根为信号线，另一根为地线，导线通常由高纯度的铜制成，每根导线外包有绝缘层。两根导线有规则地扭绞在一起，可减小外部电磁干扰对传输信号的影响。将一对或多对双绞线封装在金属屏蔽护套内，可构成一条电缆，同时也加强了抗干扰和噪声的能力，如图5-6（a）所示。

双绞线是最普通的通信介质，适应于低速传输场合，可用来传输模拟信号或数字信号。在模拟信号传输时，每5～6km要有一个放大器；在数字信号传输时，每2～3km需要一个转发器。双绞线的最大带宽约为100kHz～1MHz，传输速率一般小于2Mb/s。

双绞线的特点是简单、成本低、比较可靠，但高频时损耗较大，由于存在电容效应而引起的信号衰减，其传输距离不宜太长。双绞线的连接十分简单，不需要任何专用设备，只要

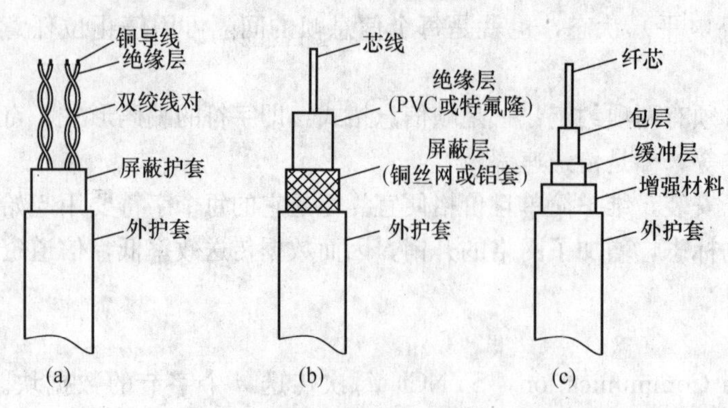

图 5-6 双绞线、同轴电缆和光缆传输介质示意图
(a) 双绞线；(b) 同轴电缆；(c) 光缆

通过普通的接线端子就可以将各种设备与通信网络连接起来。但是，随着分散控制系统通信速率的提高，双绞线的应用在逐渐减少。

(2) 同轴电缆。同轴电缆在分散控制系统中应用得比较普遍，它以单根铜导线为内芯，外裹一层绝缘材料，外覆密集网状屏蔽层，最外面为一层保护性塑料，如图 5-6 (b) 所示。

一般，内芯是直径 1.2mm 的优质硬铜线，屏蔽层是内径为 4.4mm 的筒状铜网，之间由聚乙烯绝缘材料支撑，电缆的最外边是护套。有时，为增加电缆的机械强度，外导体外还加上两层对绕的钢带。

同轴电缆大致可分为两类：一类是基带同轴电缆（如 50Ω 同轴电缆），另一类为宽带同轴电缆（如公用天线电视系统中使用的 75Ω 同轴电缆）。基带同轴电缆专门用于数字传输，其传输速率可达 10Mb/s。宽带同轴电缆既可用于模拟传输（如视频信号传输），也可用于数字传输，当用于数字传输时，其传输速率可达 50Mb/s。

与双绞线相比，同轴电缆具有较高的传输通频带、较低的传输损耗、较强的抗干扰能力和较稳定的一次参数（电阻、电感、电容、电导）等优点，在相同的传输距离内，它的数字传输速率高于双绞线，但它的结构较为复杂，造价较高。

目前，已研制出各种低损耗的接插头、直接耦合器、分路器，给同轴电缆的应用带来了极大的方便。但是，在同轴电缆的安装过程中，应尽量减小它的弯曲变化，以避免由此引起的阻抗变化导致传输信号的衰减和使用寿命的缩短。

(3) 光缆。光缆是一种由光导纤维组成的可进行光信号传输的新型通信介质，它以光的“有”和“无”形成“1”和“0”二进制信息取代常规的电信号，以光脉冲形式进行信号传输。光缆是基于“光线从高折射率物质射向低折射率物质时，在这两个物质的界面发生全折射”的原理而制成。

如图 5-6 (c) 所示，光缆的内芯是由二氧化硅拉制而成的、具有高折射率的光导纤维，其外敷设一层由聚丙烯或玻璃材料制成的低折射率的覆层。由于内芯与覆层的折射率不同，当光线以一定角度进入内芯时，能通过覆层几乎无损失地折射回去，使之沿着内芯向前传播。覆层外敷设一层合成纤维以增加光缆的机械强度，它可使直径为 100μm 光纤承受 300N 的抗拉力。

由于光缆中的信息是以光的形式传输的，因此，它对电磁干扰几乎毫无反应，光缆的这种良好的抗干扰性能对于具有强电磁干扰的电厂环境来说尤为重要。同时，与双绞线和同轴电缆相比，光缆具有优良的信息传输特性，可以在更大的传输距离上获得更高的传输速率。光缆的数据传输速率可高达几百 Mb/s，在不用转发器的情况下，光缆可在几千米的范围内传输信息。显然，光缆具有明显的优越性，是一种应用前景广泛的通信介质。

光缆的主要缺点是分支、连接比较困难和复杂，一般需采用专用的光缆连接器。

为方便对比分析，表 5-1 列出了以上三种通信传输介质主要性能的比较。

表 5-1　三种通信传输介质的主要性能比较

项目＼类型	双绞线	基带同轴电缆	宽带同轴电缆	光缆
传输信号	数字、模拟	数字	数字、模拟	模拟
最大带宽	100kHz～1MHz	10～50MHz	300～400MHz	实际不受限制
互连复杂性	简单	不太复杂	较复杂	复杂
噪声抑制能力	较好	很好	很好	非常好
最大传输距离	100m	2.5km	300km	100km
适用的网络类型	环型网	总线型或环型网	总线型或环型网	目前多用于环型网

2. 多路复用（Multiplexing）技术

所谓多路复用技术是指把多路独立信号在一条信道上进行传输的技术，其作用相当于把单条传输信道划分成多个子信道，以实现网络中若干结点共享通信信道的目的，提高通信线路的利用率。常用的多路复用技术主要有频分多路复用和时分多路复用。

（1）频分多路复用（FDM）技术。频分多路复用技术是把信道的频谱分割成若干条互不重叠的小频段，每条小频段作为一条子信道，而且相邻频段之间留有一空闲频段，以保证数据在各自频段上可靠地传输。这种方法在实现时需要使用多个 MODEM。

（2）时分多路复用（TDM）技术。时分多路复用技术是把信道的传输时间分割成许多时间段，当有多路信号准备传输时，每路信号占用一个指定的时间段，在此时间段内，该路信号占用整个信道进行传输。为了在接收端能够对复合信号进行正确的分离，接收端与发送端的时序必须严格同步，否则将造成信号间的混淆。

3. 集线技术

集线（Concentration）是基于多台通信设备一般不会同时发信，因此，采用有多个输入线、一个输出线的集线器，在任一时刻只选择一个输入与输出相连接，从而使多台通信设备合用同一通信传输介质。与多路复用相比，多路复用的输出信道容量等于全部输入信道容量之和。集线器的输出信道容量只需大于各通信设备平均数据传输率总和，即只占全部输入信道容量之和的 10%～20%。由于可能会发生信息阻塞情况，因此，需加入相应的措施以防止信息的丢失。

4. 多点线路技术

多点线路（Multidrop Line）技术是利用单一通信传输介质为多台通信设备服务的技术。如图 5-7 所示，在多点线路上，可以直接连通通信设备，也可以经集线器连接多台通信设备。多点线路技术采用广播方式发送信息，系统中的任一站发出的信息都能被所有的站接收，通过在信息帧中附加源地址和目的地址来区分信息的来源和去向。

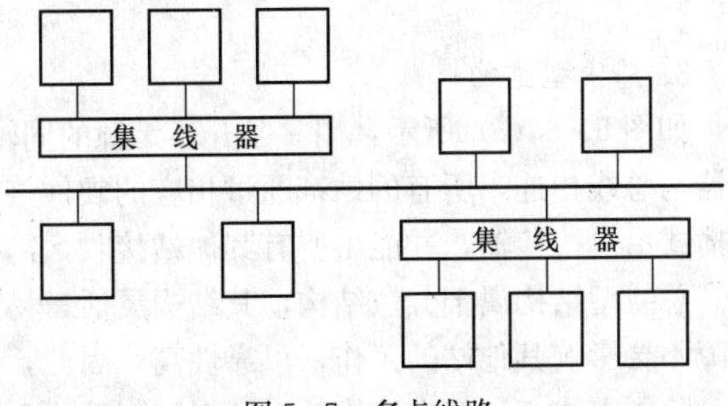

图 5-7　多点线路

为了使多点线路正常工作，避免信息在传输中发生冲突、拥挤、阻塞等，各通信站的发信时间应当错开，常用的方法有查询、令牌传递和竞争方式等几种。

第二节 通信网络技术

后面将要介绍的分散控制系统的主要功能有两方面：一是以分散的过程控制单元适应生产过程的控制要求；二是以集中的监视和操作管理达到信息综合，掌管全局的目的。对应的过程控制单元或操作管理单元都是以微处理机为基础的智能设备，为了将分散的信息综合，同时将管理的信息分散，必须将多个微机系统互联组成计算机网络。

通信网络将功能及地理位置分散的计算机或工作站作为结点，按一定的拓扑结构互联。根据一定的通信协议，在传输介质上用确定的网络控制方法正确地传输信息，使各站共享系统的数据资源。

一、网络拓扑结构

在计算机网络中，抛开网络中的具体设备，将工作站、服务器等网络单元抽象为“结点”，将网络中的电缆等通信介质抽象为“线”，这样从拓扑学（Topology）的角度观察计算机通信网络系统，就形成了点和线组成的几何图形，从而抽象出了网络系统的具体结构。因此，计算机通信网络的拓扑结构是指各台计算机以及设备之间互相连接的方式。常见的网络拓扑结构有三种：星型、环型和总线型。

1. 星型结构

如图5-8（a）所示，在星型结构中有一个主结点N，处于中心位置，它将分布于各处的多个站（S1～S4）（普通结点）用电缆连接起来，成辐射状，每一条电缆只为一个站服务。任何两个站之间的通信都要通过主结点。在星型结构中，仅主结点对网络有控制作用，由它轮流查询各站，各站只能响应查询，主结点将来自各站的信息集中并转发给相应的站。因此，主结点的信息存储量大，通信处理量大，硬、软件较复杂。主结点的故障将使网络停止工作，为提高网络可靠性，常采用主结点冗余的方法。

2. 环型结构

如图5-8（b）所示，环型结构是由结点和点—点链路串接起来的闭环（或物理上开环，逻辑上的闭环）结构，各站通过结点接口单元与环相连，数据沿单向或双向传输，当某个结点故障时，可将该结点旁通，因为是多设备共享一个环路，通常采用分布式控制方法，即各站都有主动通信能力，无主站从站之分，故又称为N∶N通信（不适用于信息流量大的场合）。

3. 总线型结构

如图5-8（c）所示，用一条开环无源的同轴电缆作为公共通信总线，各站通过T型接插器与总线相连，所有的站都通过相应的硬件接口直接挂在总线上，任何一个站的信息采用广播式沿总线传输，并能由所有其他站接收，需要按一定的访问控制方法决定设备的传输权力。总线型结构属于分散结构，其结构灵活，易于扩展。由于采用无源传输总线，一个站的故障不会影响其他站的工作，可靠性高，因此，总线型拓扑结构的使用是最普遍的。

除了上述三种基本结构外，还有网型结构和树型结构以及各种混合型拓扑结构。这些结构比较复杂，信息的传输可能有多条路径，为此，传送信息之前必须进行最佳路径选择，其优点是一旦某个结点发生故障时，可以迂回传输，可靠性高，信息流量大。缺点是网络的硬件、软件开销大，建网成本高。

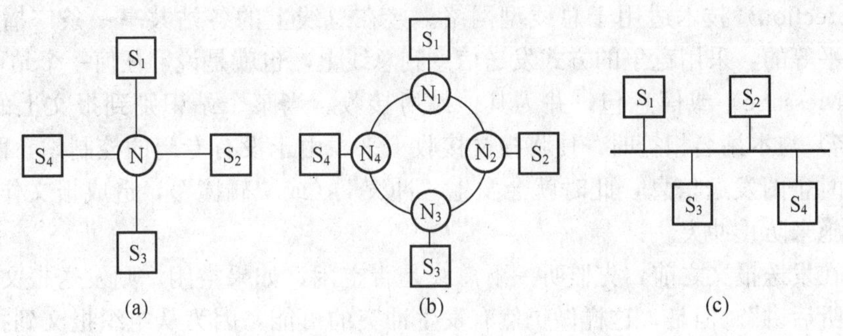

图 5-8　通信网络的拓扑结构

(a) 星型结构；(b) 环型结构；(c) 总线型结构

二、信息送取控制技术

通信网络上各站之间传递信息的过程是：首先源站将信息送上网络，然后目的站取走信息。要使信息能迅速正确地传递，必须选用适合网络拓扑结构的信息送取控制技术，也称为介质访问控制技术。

信息送取控制方法很多，常用的有：查询、令牌传送、CSMA/CD、时隙控制法、存储转发式等。

1. 查询

星型网络中的主结点或总线网上的主站，依次询问各站是否要通信，查询时先给各站发送一个询问信息，收到应答后再控制各站通信。如果同时有多个站要发送信息，主结点或主站可根据各站优先级高低，安排发送顺序。

2. 令牌传送

令牌传送（Token Passing）又称为许可证法，是一种数据流方式的控制方法。该方法既适用于环型网络，也适用于总线型网络。它是把一个独特的信息段（可是一位或多位）当作令牌，从一个结点传到另一个结点。某结点一旦收到此令牌信息，则表明该结点得到发送数据的机会。令牌有“空”和“忙”两种状态，“空”表明网络中没有结点发送信息，要发送数据的结点可以将该令牌捕获；“忙”表明网络中已有其他结点正在发送数据，另外的结点不可以捕获。“空”和“忙”两种状态是由令牌标志信息的编码实现的。

在环型网络中，当环网开始运行时，由被指定的结点产生一个“空”令牌沿环网传送。任何一个要发送数据的结点要等到令牌传给自己且判断为“空”令牌时，才可以发送数据。首先将“空”令牌置成“忙”，并置入传送信息、源结点名和目的结点名，然后将此令牌送入环网传输。令牌沿环网到达目的结点，目的结点将传送给自己的信息复制，然后继续往下传，当该令牌返回源结点且接收到目的结点的肯定应答信息时，则将发送数据从传输线路上撤销并把令牌置成“空”，送入环网继续传送，以便为其他结点占用。

在总线型网络上，初始化时，按有序序列指定站的逻辑位置，以便在总线上形成一个逻辑环。总线上站的逻辑次序与站的物理位置是无关的。像总线结构一样灵活，逻辑环中可随时注入新站，也可以删除（或跳过）故障站。

令牌传送的主要问题是令牌丢失。如果丢失了令牌，则由监视结点向网络中注入一个新的令牌。令牌传送效率高，响应时间短，利用率高，但控制比较复杂，成本高。

3. CSMA/CD

带有冲突检测的载体监听多路访问 CSMA/CD（Carrier Sense Multiple Access with

Collision Detection）技术适用于总线型网络。接在总线上的各站共享一条广播式传输线，每个站都是平等的，采用竞争的方式发送信息到总线上，也就是说，任何一个站可能随时地广播报文（Message）或信息包，并为其他站所接收。当某个站识别到报文上的接收站名（或目的站名）与本站名相符时，便将报文接收下来。由于没有专门的控制站，两个或多个站有可能同时企图发送信息，此时就会发生“冲突”（或“碰撞”），造成报文作废。因此，必须采取措施来防止冲突。

发送站在发送报文之前，先监听一下总线是否空闲，如果空闲，则发送报文到总线上，称之为“先听后讲”。但是，这样做仍然有发生冲突的可能，因为从组织报文到报文在总线上传输有一段延时，在这段时间内，另一个站通过监听可能认为总线空闲，也发送报文到总线上。这样就出现两站同时发送而发生冲突。

为了防止冲突，可采取两种措施。一种是发送报文的开始一段时间，仍然监听总线，采用边发送边接收的办法，把接收到的信息与自己发送的信息比较，若相同则继续发送，称之为“边听边讲”；若不相同则发生冲突，立即停止发送报文并发出一段简短的冲突标志（阻塞码序列），通知所有的站已经发生了冲突。发送冲突标志之后，等待一段随机时间再重新发送。通常把这种“先听后讲”和“边听边讲”相结合的办法称之为CSMA/CD技术。

概括CSMA/CD的控制策略是：竞争发送、广播式传输、载体监听、冲突检测、冲突后退和再试发送。打一个形象的比喻：辩论会上只有一个话筒，要发言者必须抢占话筒，谁先拿到话筒就先获得发言权，发完言后，把话筒放掉，继续让大家去抢占。

另一种是准备发送报文的站先监听一段时间（大约为总线传播延时的2倍），如果这段时间一直为空闲，则开始作发送准备。准备完毕，要将报文发送到总线上之前，再对总线进行一次短暂的监视，即二次检测。若仍为空闲，则正式开始发送；若为忙，则延时一段随机时间，然后再重复以上的二次检测过程。这样可以完全避免冲突（CA-Collision Avoidance），简称为CSMA/CA技术，即可避免冲突的载体监听多路访问。

CSMA/CD允许各站平等竞争，实时性好，尤其适用于工业过程控制的计算机网络。

4. 时隙控制法

时隙即时间片（Time Slot），又称为时间槽。时隙控制法是在用时间分割的通信介质上，为每个结点预先安排一个特定的时间片段，某结点要通信时，必须在指定的时间片段范围内进行。若通信内容较多，通信时间较长，需要把通信内容分成若干段，使得每一段信息能在一个规定的时间片段内传输完毕。

时间片控制法要求在一个时间片段内，当传送信息的目的地址属于某结点的地址时，该结点要把信息从传输线路上接收下来。

时间片控制法提供的是全广播式的工作方式，可适用于任何介质，也可适用于任何拓扑结构。时间片的长度可以是固定的，也可以是可变的。固定长度的时间片，技术比较简单，但有的时间片可能未被充分利用，从而造成通信容量的浪费；可变长的时间片，技术比较复杂，但是通信容量可被充分利用。

5. 存储转发式

存储转发式的信息传送过程为：源结点发送信息，到达它的相邻结点；相邻结点将信息存储起来，等到自己的信息发送完，再转发这个信息，直到将此信息送到目的结点；目的结点加上确认信息（正确）或否认信息（出错），向回发送直至源站；源结点根据返回信息决定下一步动作，如取消信息或重新发送。

存储转发式不需要交通指挥器，允许有多个结点在发送和接收信息，信息延时小，带宽利用率高。

三、信息交换技术

为了提高计算机通信网络的通信设备和线路的利用率，有必要研究通信网络上的信息交换技术。如图5-9所示的复杂网络，两站之间交换信息存在路径选择问题，即如何控制信息传输，才能提高通信效率。常用的信息交换技术有三种：线路交换、报文交换和分组交换。

1. 线路交换

所谓线路交换（Circuit Switching），是指通过网络中的结点在两个站之间建立一条专用的物理线路进行数据传送，传送结束后再“拆除”线路。

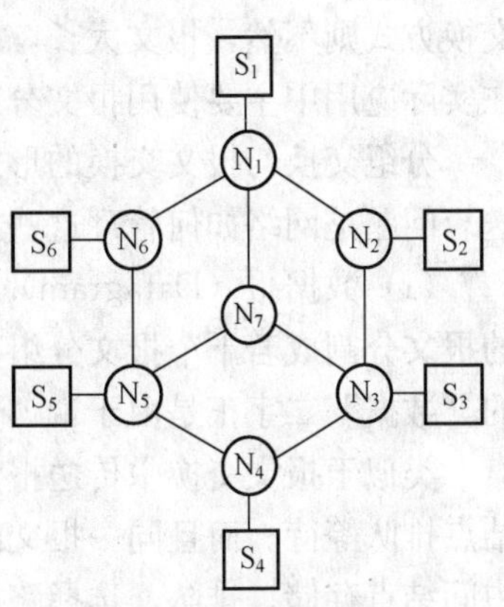

图5-9　复杂网络的信息交换

如图5-9所示，站S1要将报文M1传送给站S3，可以有多条途径，如N1→N2→N3、N1→N7→N3等，首先站S1向结点N1申请与站S3通信，按照路径选择算法（如路径短、等待时间短等），结点N1选择N7为下一个结点，结点N7再选N3为下一个结点，这样站S1经结点N1→N7→N3与站S3建立一条专用的物理线路，然后站S1向站S3传送报文，报文传送周期结束，立即“拆除”专用线路N1→N7→N3并释放占用的资源。

可见，线路交换方式的通信分三步：建立线路、传送数据，拆除线路。由于建立了一条专用线路，所以报文传送的实时性好，各结点的延时小。但是，一旦两站连接起来，即使没有数据传送，另外的站也不能使用线路上的结点，因而线路的利用率低。为了提高利用率，可以采用报文交换。

2. 报文交换

报文交换（Message Switching）不需要在两个站之间建立一条专用线路。如果某站想要发送一个报文，它把目的站名附加在报文上，然后把报文交给结点传送。在传送过程中，结点接收整个报文，并暂存这个报文，然后发送到下一个结点，直至目的站。

如图5-9所示，以S1站要发送报文M1给站S3为例。首先站S1把目的站S3的名字附加在报文上，再把报文交给结点N1，结点N1存储这个报文，并且决定下一个结点为N7，但是要在结点N1→N7之间的线路上传送这个报文，还要进行排队等待。当这段线路可用时，就把报文发送到结点N7。结点N7继续仿照上述过程，把报文发送到结点N3，最后到达站S3。

报文交换的优点是线路的利用率高，这是因为许多报文可以分时共享一条结点到结点的线路，并且能把一个报文发送到多个目的站，只需把这些目的站名附加在报文上，由于报文要在结点排队等待，延长了报文到达目的站的时间。

3. 分组交换

分组交换（Packet Switching）综合了线路交换和报文交换的优点。首先将前面所说的报文分成若干个报文段，并在每个报文段上附加传送时所必须的控制信息，如图5-10所

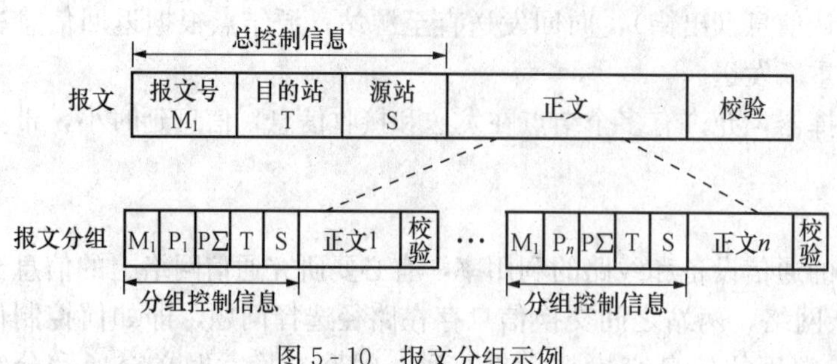

图 5-10 报文分组示例

P_1～P_n—报文分组号；PΣ—报文分组总组数

示。这些报文段经不同的路径分别传送到目的站后，再拼装成一个完整的报文。这些报文段称为报文分组，它是分组交换中的基本单位。

由于报文分组比报文短得多，传送时比较灵活，当出现差错组织重发时只需重发出错的报文分组。而报文交换方式则不然，报文太长，传送很不灵活，而且一旦出错必须从头到尾全部重发，因此，在实际应用中主要使用报文分组交换方式。

分组交换与报文交换的形式差别在于不是以报文为单位，而是以报文分组为单位进行传送。问题是网络如何管理这些报文分组流，一般有两种方法：数据报方法和虚电路方法。

（1）数据报（Datagram）方法。在数据报方法中，报文分组又称为数据报。一个完整的报文分割成若干个报文分组，发送站在发送时，把编排好的序号放在报文分组内，数据报的“数据”二字正是由于带“数字序号”而得名的。

类似于报文交换中传送报文那样，独立地传送报文分组，仍然要选择路径，报文分组在结点排队等待。而且同一报文的不同报文分组，可经不同路径传送到目的站。由于数据报经中间结点存储、排队、选择路径及转发，就有可能出现同一报文的各数据报沿不同的路径、经不同时间到达接收站。这样，接收站所收到的数据报的次序被打乱，接收站必须按数据报中的数字序号重新排序，以便恢复原来的次序。

（2）虚电路方法（Virtual Circuit）。在发送报文分组之前，需要在源站和目的站之间建立一条逻辑线路，它不同于线路交换中的专用物理线路，报文分组仍然要在结点排队等待，它具有虚的性质，所以称为虚电路。它与数据报方法的区别在于各结点不需要为每个报文分组选择下一个结点，只需在传送之前作一次路径选择。

虚电路方法适用于两个站希望在一段连续的时间内交换数据，而数据报方法适用于发送一个或几个报文分组（如状态信息、控制信息）等。一般地说，分组交换网络最好是这两种方法都有，这样可以进一步提高通信效率。

“虚电路”的建立过程如下：首先由发送站发出一个“呼叫请求”分组，按照某种路径选择原则，从一个结点传到另一个结点，最后到达接收站。若接收站已准备好接受这一逻辑信道，做好路径标记，发回一个“呼叫接收分组”沿原路径返回发送站，这样就建立起一条虚电路，即逻辑信道。当在虚电路上传送数据时，在每个报文分组内都附有路径标记，将引导这些报文分组沿该虚电路传送，在结点上不必再进行路径选择。报文分组在中转结点仍需排队等待。

四、差错控制技术

在信息传输过程中出现错误是不可避免的，所以采取措施使误码率降低到最小程度，是数据通信系统的重要内容之一。引起传输中的差错，虽然原因是多方面的，但是主要原因是传输信道特性不理想及外界干扰所造成的。提高传输质量的方法有两个方面：第一是改善信道的电特性，使误码率达到要求，但是由于受经济因素和技术因素等条件的限制，这方面的努力往往不能达到理想的效果；第二是采取检错、纠错技术，即所谓差错控制技术，在接收端检验出错误后，自动纠正错误或让发送端重新发送，直到接收到正确的信息为止。差错控制技术中，对信息数据进行可靠有效的编码是很重要的途径之一。

1. 纠错编码

纠错编码是差错控制技术的核心，因此也称为抗干扰编码。纠错编码的方法是在所要传送的数据序列中，按一定的规则加入一些新的码元，使这些新加入的码元与信息码元之间建立一定的关系，符合一定的规律，从而使码元之间产生某种相关性。经传输后，在接收端按发送端的编码规则进行译码，自动检测传输中产生的差错并采取纠正措施。新加入的码元称为监督码。新加入的码元越多，则冗余度越大，信息码组之间的差别越大，因而接收端越容易进行检错和纠错，即检错、纠错能力越强。但是这种方法的传输效率较低，即可靠性是靠有效性换来的。纠错编码的种类和方法很多，要根据干扰的性质来选择。目前，常用的纠错编码有以下几种。

（1）奇偶校验码。奇偶校验码是一种最简单的检错码，是在计算机内部和数据通信系统中广泛采用的编码。奇偶校验码的方法是在每个信息码组之后加上一位监督码元，使整个码组中的“1”或“0”的个数成为偶数或奇数，分别称为偶校验或奇校验。接收端检查不符合偶数或奇数规律时就判为出错。奇偶校验码方法的检错能力低，但是其设备简单，容易实现，它通常用于每帧只传送一个字节数据的异步通信方式。

（2）方阵校验码。方阵校验码也称为行列监督码，它的每个码元受到行和列的两次监督。具体方法是把若干要发送的码组排成方阵，如图 5-11 所示。

码			组				监督位	
1	1	0	0	1	0	1	0	“1”（偶校验）
0	1	0	0	0	0	1	0	
0	1	1	1	1	0	1	1	
1	0	0	1	1	1	0	0	
0	1	1	0	1	1	1	“1”	

图 5-11　方阵校验码

图 5-11 中，每行是一个码组，每行最后加一个监督位，进行行的偶（或奇）校验；同样，在每列的最后也加一位监督位，进行列的偶（奇）校验，然后一行一行地发送出去。

接收端同样按行列排成方阵，发现不符合行、列偶（或奇）校验规律时，即发现有错。方阵校验码在一定条件下还可以纠错，这是因为当某位出错时，通过行和列的共同校验，即可决定是哪一位出错。

方阵校验码常用于纠正突发差错，但是突发差错的长度被限制在一个码组的长度内。

（3）循环冗余码。上面介绍的抗干扰码是人们从长期的生产实践中总结出来的简单编码方法。随着编码理论的发展，现行的抗干扰编码发展成为两大类，一类是分组码，一类是卷积码，它们都由加入的监督位满足一定的数学关系。

分组码是与一组线性代数联立方程组相联系的，即信息码和监督位之间满足一定的线性变换关系。分组码的特点是每组监督码只监督本组信息码，与其他码组无关，具有分组独立监督作用，故称为分组码。而卷积码的监督位可监督前后信息码组，具有连环监督的作用，因而有时又称为连环码。

计算机通信中常用的一种分组校验码是循环码。循环码是一种重要的分组码，它除了具有一般线性码的特性外，还具有循环性。即任一码组循环一位（将最右端的码元移到最左端

表 5-2　(7，3) 循环冗余码

码组	信息位	监督位
1	000	0000
2	001	1101
3	011	1010
4	111	0100
5	110	1001
6	101	0011
7	010	0111
8	100	1110

或者相反）后仍为该码中的一个码组。如表 5-2 所示的（7，3）码，码长是 7 位，其中信息位为 3 位，监督位为 4 位。因为信息位为 3 位，所以该循环码只有 $2^3=8$ 个码组。从表 5-2 中可以看出，任一码组向右移或向左移一位，还是该表中的一个码组。

循环码是线性分组码，可以用代数的方法进行分析研究。为此，在分析研究中，常用码多项式来描述一个循环码组。一个长度为 n 的码组，码多项式的最高幂次方为 $(n-1)$。如表 5-2 中的第 2 个码组可以描述为

$$F(x)=0\cdot x^6+0\cdot x^5+1\cdot x^4+1\cdot x^3+1\cdot x^2+0\cdot x^1+1\cdot x^0 \tag{5-1}$$

码组中的 1 或 0 分别代表 x 项的系数，系数为 0 时可以舍去。因此上式可以简化为

$$F(x)=x^4+x^3+x^2+1 \tag{5-2}$$

式（5-2）是该（7，3）循环码多项式中的最低次多项式，是信息位中最低位为 1，其他位为 0 的那一个码组的表达式。由循环码特性可知，码组向左移一位，就意味着码多项式的幂次增高一位，相当于对码多项式 $F(x)$ 乘一个 x，相乘后的新码多项式仍代表该循环码的一个码组（实际即是第 3 码组）。当然移 i 次后即相当于乘 x^i，结果幂次方可能高于 x^{n-1} 次方，此时用 x^n-1 去除这个高于 $n-1$ 次的多项式，所得余式即该码组的多项式。

为此，得出如下结论：循环码中最低次多项式是生成多项式 $g(x)$，循环码其他码多项式都是生成多项式的倍数，即其他码多项式都能被生成多项式 $g(x)$ 整除，或者说循环码可以由生成多项式 $g(x)$ 生成。

因此，只要知道码组的生成多项式 $g(x)$，就可以很容易地产生循环码。一般说来，信息位长度为 k，监督位长度为 r，则码长为 $n=k+r$，这种循环码称为 (n,k) 码，具体的实现方法是：发送端对信息码按 k 位分组，以能被 $g(x)$ 整除的关系加 r 位监督码。方法如下。

长度为 k 的信息位的多项式为

$$m(x)=x^{k-1}+x^{k-2}+\cdots+x^1+x^0 \tag{5-3}$$

在上式基础上加 $r=n-k$ 位的监督位，即信息位要向左移 $n-k$ 位，这相当于 $m(x)$ 乘以 x^{n-k}，此时不能被 $g(x)$ 整除（因为右边空 $n-k$ 位），所以要加监督位 $r(x)$，监督位可以用下式求得：

$$Q(x)g(x)=x^{n-k}m(x)+r(x) \tag{5-4}$$

两边同时加上 $r(x)$

$$Q(x)g(x)+r(x)=x^{n-k}m(x)+r(x)+r(x) \tag{5-5}$$

采用模 2 运算法则，所以 $r(x)+r(x)=0$，则

$$x^{n-k}m(x)=Q(x)g(x)+r(x) \tag{5-6}$$

两边同时除以生成多项式 $g(x)$（采用模 2 运算法则，做减法不产生借位，加法不产生进位），得

$$\frac{x^{n-k}m(x)}{g(x)}=Q(x)+\frac{r(x)}{g(x)} \tag{5-7}$$

则余数 $r(x)$ 即为要加的监督位，$x^{n-k}m(x)$ 加上监督位 $r(x)$ 后则能被生成多项式 $g(x)$

整除，于是 $F(x)=x^{n-k}m(x)+r(x)$ 即表示所求得的循环码的码多项式。因此发送端信息位 $m(x)$ 对 $g(x)$ 进行除法运算，求出 $r(x)$，就是所要加的监督位 r，接收端对收到的循环码用 $g(x)$ 去除，若除尽则无错；否则出错，需要进行纠正。

例如表 5-2 中循环码的第 5 码组，信息为 110，其 $m(x)=x^2+x$，$r=4$，即移 4 位。

$$x^4\cdot(x^2+x)=x^6+x^5$$

除以生成多项式 $g(x)=x^4+x^3+x^2+1$（注意，此处除法中使用加减法时为模 2 运算）得

$$\frac{x^6+x^5}{x^4+x^3+x^2+1}=x^2+1+\frac{x^3+1}{x^4+x^3+x^2+1}$$

则码多项式为 $F(x)=x^6+x^5+x^3+1$。相应的码组为 1101001。

由此可见，循环冗余码（CRC）具有良好的数据结构，易于实现。编码器和接收端检测译码器较为简单，纠错能力强，因此循环冗余码特别适用于检测突发性错误，在计算机通信中得到了广泛的应用。目前，循环冗余码（CRC）在发送端的产生和接收端的校验一般都是由硬件 CRC 校验电路自动实现的，当然也可以通过软件实现（此时通信速度受到软件执行时间的限制）。

需要强调的是，收发双方必须使用相同的生成多项式，如 IBM 公司的 SDLC 传输控制规程，CRC 的生成多项式为 $g(x)=x^{16}+x^{15}+x^2+1$。

（4）校验和。校验和技术常用在高层协议中，在发送方，将要发送的整个数据单元分成大小都为 n（一般为 16）比特的若干段。然后将这些分段采用反码加法算法加在一起，等到一个 n 比特长的结果，该结果取反后得到一个 n 比特长的检查和，将检查和当作冗余位加在原始数据单元的末尾，随原始数据单元一起发送到接收方。

接收方按照发送方的方法将整个数据块分成大小为 n 的若干段，其中最后一段为检查和。然后将这些分段采用反码加法算法加在一起，得到一个 n 比特长的结果。如果结果为 n 个 1，则传输正确；反之，则是错误的。

2. 差错控制

对数据进行抗干扰编码是在通信网络中的物理通道中完成的，而发现差错、进行纠错与控制则是在数据链路层实现的。在 ISO 推荐的 OSI 参考模型中数据链路层通信协议采用四种差错控制方法。

（1）超时重发。在发送第一个数据帧时启动计时器，并等待接收器收到信息后发回的应答信号。以后每接到一个应答就重新启动计时器，直到全部数据得到应答为止。如果计时器超时仍未收到应答信号，发送端重发全部未应答的数据帧。

（2）拒绝接收。接收端接收到数据帧，若校验有错，就发出拒绝接收（REJ）帧。这种否认信息使发送端在超时之前就得知出错并开始重发。这种方式对于出错后的信息采取一律拒收的方法，直至接收到重发的那个数据帧为止。此方式需要与超时重发方式配合，故又称为自动重发纠错法（ARQ），它是计算机通信网络中应用较多的方法之一。

（3）选择拒绝。当接收到一个出错的数据帧时，接收端发出选择拒绝（SREJ）帧，要求发送端重发该指定的数据帧。它并不拒绝后续的数据帧，而是存入缓冲区，待重发的数据帧到达后，一起送主机，并且一并发出应答，从而使后续数据帧不必重发。

（4）探询（Poll）。主站主动发出探询命令，从站接到探询命令后尽快做出响应。响应

可以是数据帧，也可以是控制帧。主站收到应答，则信道工作正常；否则主站重发数据帧。

第三节 网络体系结构及网络协议

在计算机通信网络中，所有的站点都要共享网络中的资源，但由于挂接在网上的计算机或设备是各种各样的，可能出自于不同的生产厂家，型号也不尽相同，它们在硬件及其软件上的差异，给相互间的通信带来一定的困难。因此，需要有一套所有“成员”共同遵守的“约定”，以便实现彼此的通信和资源共享。一般将计算机通信双方在通信时必须遵循的一组规范称为网络协议（Protocol），它是计算机网络的核心要素之一。一个功能完善的计算机网络需要制定一套复杂的协议集合，对于这种协议集合，最好的组织方式是层次结构模型。因此，计算机网络层次结构模型与各层协议的集合被定义为计算机网络体系结构。

一、网络体系结构

为了实现计算机系统之间的互联，1977 年国际标准化组织（ISO）提出了开放系统互联参考模型 OSI（Open System Interconnection/Reference Model），从而形成了网络体系结构的国际标准，使得任何两个遵守 OSI 协议的系统可以相互连接。

OSI 参考模型将数据传输过程分解为七个功能层，如图 5-12 所示。

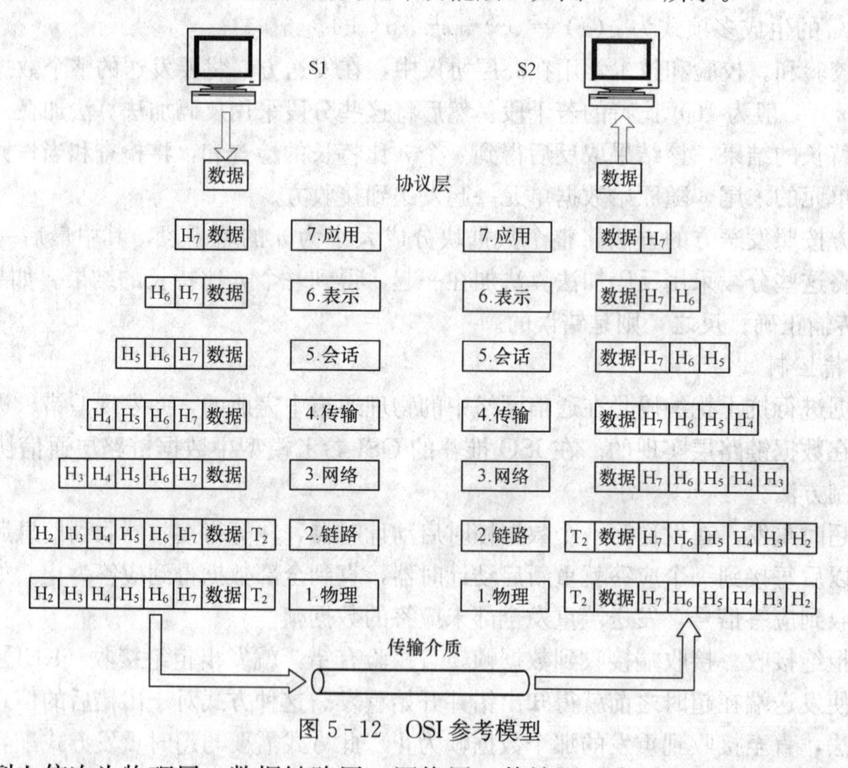

图 5-12 OSI 参考模型

从下到上依次为物理层、数据链路层、网络层、传输层、会话层、表示层及应用层，每一层完成相应的通信子功能，使用它自己的协议，且下层为上层提供服务。假设站 S_1 希望发送一批数据（或报文）给站 S_2，那么，首先是站 S_1 将数据传送到应用层（第 7 层），并将一个标题 H_7 添加到该数据上。标题 H_7 包含了第 7 层协议所需的信息，这样做称为数据封装。然后，以原始数据加上标题 H_7 作为一个整体单元，向下传送到表示层（第 6 层），第 6

层将整个单元加上自己的标题 H_6，标题 H_6 包含了第 6 层协议所需的信息，从而对数据进行第二次封装。这种处理过程一直继续到链路层（第 2 层）。第 2 层通常同时添加标题 H_2 和标尾 T_2，标尾中包含了用于差错检测的帧检验序列（FCS）。由第 2 层构成这个整体单元，成为一帧数据，它通过物理层（第 1 层）向外发送。当目的站 S_2 收到一帧数据时，接收过程从最底层的物理层开始进行，逐层上升。每一层都将其最外面的标题和标尾剥除（卸装），并根据包含在标题中的协议信息进行动作，然后把剩余的部分传送到上一层。直到最上层的应用层剥掉标题 H_7，目的站 S_2 即可得到所需的数据。至此，站 S_1 向站 S_2 的通信结束。同样，站 S_2 向站 S_1 的通信，其工作过程也是如此。由此可知以下几点：

（1）两个站之间真正的通信是在物理层之间进行的，其他各同等层之间不能直接通信。

（2）从结构上来看，第 2～7 层协议是组织数据传送的软件层，可称其为逻辑层。

（3）在 OSI 参考模型中，高一层的数据库不含底层协议控制信息，这使得相邻层之间保持相对的独立性，即有着清晰的接口，那么底层实现方法的变化不会影响高一层功能的执行。

OSI 参考模型各层的基本作用如下。

1. 物理层（Physical）

物理层是通信网络上各设备之间的物理接口，它直接实现设备间的数据传送。因此，物理层协议与所选择的通信介质、信道结构（串行、并行）、编码方式和接口电路等密切相关。所以，物理层协议规定了以下四个方面的特性。

（1）机械特性。规定了连接器（或插座）的规格、插脚分配及连接器的紧固与安装。

（2）功能特性。规定了连接器内各插脚的功能（数据线、控制线、定时线和接地线等）。

（3）电气特性。规定了传输线上数字信号的电压高低、转输距离和传输速率等。

（4）过程特性。规定了信号之间的时序关系。

物理层负责在物理线路上传输数据的位流（比特流），为链路层服务，该层所关心的主要内容包括如下。

（1）线路结构。两个设备或多个设备是如何物理相连的？线路共享还是独占？

（2）数据传送方式。两设备之间是单向传递还是双向传递？

（3）网络拓扑结构。网络设备是如何布局的？设备间直接传递数据还是要通过中间设备？

（4）信号及编码。用什么信号传送信息？“0”和“1”如何表示？

（5）传输介质。用什么介质传送数据？

该层协议已有国际标准，即 CCITT（国际电报电话咨询委员会）于 1976 年提出的 X. 25 建议第一级。RS—232C、RS—499/422/423/485 等均为物理层协议。

2. 数据链路层（Data Link）

数据链路层负责将被传送的数据按帧结构格式化，从一个站无差错地传送到下一个站。该层从第 3 层网络层接收数据，加上报头和报尾形成数据帧，其中包含地址及其他控制信息。

数据链路层的主要任务包括如下几方面。

（1）结点至结点的数据发送。

（2）地址功能。报头与报尾中含有当前站与下一站的物理地址，保证使数据从发送站经过中间站到达目的站。

（3）存取控制。当两个以上设备连在同一条线路上时，数据链路层协议负责确定某时间段内哪一个设备获得线路控制权。

（4）流量控制。调节数据通信流量。

（5）差错控制。具有检错和纠错功能，当发现传输错误时，一般是要求重新发送完整信息。

（6）同步。报头中的同步信息向接收端表明数据已经到来，同时还可以使接收端调整接收时钟；报尾包含差错控制位及指示数据帧结束的位。

数据链路层的协议可分两类：一类为面向字符的协议；另一类为面向位的协议。数据链路层协议的例子有高级数据链路控制协议（HDLC）以及逻辑链路控制协议（LLC）等。

3. 网络层（Network）

网络层负责将数据通过多种网络从源地址发送到目的地址，并负责多路径下的路径选择和拥挤控制。因此，本层要为数据从发送站到接收站建立物理和逻辑的连接。

网络层添加的报头中包含数据包源地址与目的地址的信息。这些地址与数据链路层中的地址是不同的，前者是当前站与下一个要经过站的物理地址，传输过程中是不断改变的，网络层中的地址是逻辑地址，在传输过程中是不变的。

该层的国际标准化协议是 X.25 的第三级。已有的一些标准协议（如 CCITT、X.25）可以支持网络层的通信，然而由于成本很高，结构复杂，所以在工业控制系统中一般不采用具有可选路径的通信网络。比较常用的是具有冗余的总线型或环型网络，在这些网络中不存在通信路径的选择问题，此时网络层协议的作用只是在主通信线路故障时，让备用通信线路继续工作。

4. 传输层（Transport）

传输层负责源端到目的端的完整数据传送，在这一点上与网络层是有区别的，网络层只负责数据包的传送，它并不关心数据包之间的关系。

计算机通常是多任务的，同时有若干个程序在运行。因此源地址到目的地址的数据发送不仅仅是从一台计算机发送到另一台计算机上，而应是从一台计算机的应用程序发送到另一台计算机的应用程序上。传输层的数据头中包含了服务点（端口地址或套接字地址）的信息。也就是说，网络层负责把数据包传送到正确的计算机，而传输层则是把完整的数据传送到计算机的应用程序上。

当传输层从会话层接收到数据后，将其分解为适合传输的数据段，在数据头中标明数据段的顺序，以便目的站的数据恢复。

为了提高安全性，传输层可以建立源站与目的站之间的“连接”。所谓“连接”是一个连接源站与目的站的逻辑通路，一个信息中的所有数据段都从这一通路通过，此时传输层还要考虑更多的顺序控制、流量控制、差错控制等。

5. 会话层（Session）

会话层控制建立或结束一个通信会话的进程。用户（即两个表示层进程）之间的连接称为会话。用于建立和管理进程（程序为某个数据集合进行的一次执行过程）之间的连接，为进程之间提供（单向或双向的）对话服务，为管理它们的数据交换提供必要的手段，并处理某些同步与恢复问题。会话层提供的服务项目包括：会话连接的建立和释放、常规数据交换、隔离服务、加速数据交换、交互管理、会话连接同步、异常报告等。会话层完成的主要通信管理和同步功能是针对用户的。

工业过程控制中的通信系统，常把传输层协议和会话层协议合在一起。这两层协议确定了数据传输的启动方法和停止方法，以及实现数据传输所需要的其他信息。

6. 表示层（Presentation）

表示层实现不同信息格式和编码之间的转换。用于向应用程序和终端管理程序提供一批数据变换服务，实现不同信息格式和编码之间的转换，以便处理数据加密、信息压缩、数据兼容以及信息表达等问题，使信息按相同的通信语言传送，例如不同类型计算机、终端和数据库之间的数据变换、协议转换、数据库管理服务等。表达层通常提供数据翻译（编码和字符集的转换）、格式化（修改数据的格式）、语法选择（对所用变换的初始选择和随后的修改）等服务项目。

7. 应用层（Application）

这一层是面向用户的，为用户应用程序（或进程）提供访问 OSI 环境的服务，例如通信服务、虚拟终端服务、网络文件传送、网络设备管理等。该层还具有相应的管理功能，支持分布应用的通用机制，解决数据传输的完整性问题或收/发设备的速度匹配问题。

在 OSI 参考模型中，应用层、表示层和会话层与应用有关，传输层和网络层主要负责系统的互联，而链路层和物理层定义了实现通信过程的技术。其中链路层和物理层是实际选用最多的，其他各层按需要选用。一般把第 3 层及以上各层统称为高层。

应当指出：开放系统互联（OSI）参考模型并非是协议标准，它仅仅是为协议标准提供了一个宏观的开放系统互联的概念和一种主体结构（协议层次），供制定各种协议标准参考。实际的通信网络协议有多种，在计算机控制系统中有着广泛的应用，包括目前应用最广的局域网 LAN 的网络协议、各种 DCS 的通信协议、各种 FCS 的通信协议、工业以太网以及串行通信总线的通信协议等，这些协议都是在 OSI 参考模型的基础上建立起来的。

二、计算机网络分类

计算机网络的分类标准很多，如按拓扑结构、信道访问方式、交换方式等。最有代表性的还是按分布距离的长短，可以将计算机网络分为局域网（LAN）、都市网（MAN）、广域网（WAN）和网间网（Internet），如表 5-3 所示。

表 5-3　计算机网络的分类

网络分类	分布距离	范　围	速　度
局域网	同一房间、建筑物、厂矿、校园	十米～几十千米	几百 Kb/s～几百 Mb/s
都市网	同一城市	几十千米	几十 Kb/s～几十 Mb/s
广域网	国家	几百千米	几 Kb/s～几十 Mb/s
网间网	州或州际	几千千米	几 Kb/s～几十 Mb/s

过程控制系统中的计算机网络为局域网络，它具有以下特点：

（1）有限的地理范围，一般为 100m～25km。

（2）较高的数据通信速率（几百 Kb/s 至几百 Mb/s）。

（3）较高的可靠性。

（4）快速实时响应能力。

（5）适应工业现场环境。

（6）分层结构。典型的网络层次如下：

1）现场总线。连接智能变送器、控制器和执行器的数据通信线路。

2）车间级网络系统。连接现场控制单元与监视操作单元的网络。

3）厂级网络。全厂信息的综合管理网络。

三、IEEE 802 局域网标准

美国电气与电子工程师协会（The Institute of Electrical and Electronic Engineer, IEEE）是世界上最大的专业学会。成立于 1980 年 2 月的 IEEE 802 课题组（IEEE Standards Project 802）于 1981 年底提出了 IEEE 802 局域网标准，参照 OSI 模型的物理层和数据链路层，保持 OSI 高 5 层和第 1 层协议不变，将数据链路层分成两个子层，分别是逻辑链路控制（LLC）子层和介质访问控制（MAC）子层，如图 5-13 所示。

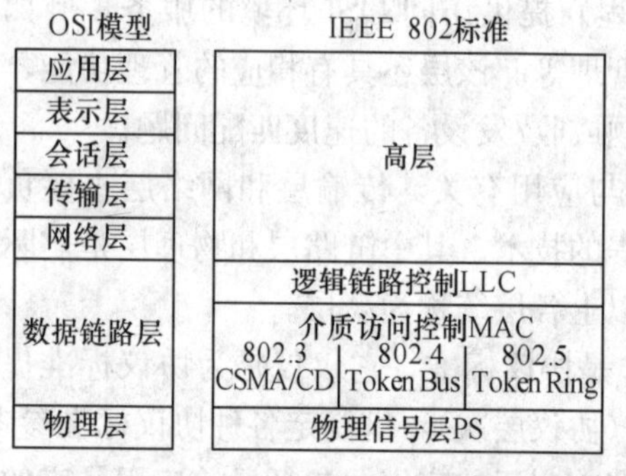

图 5-13 IEEE 802 标准与 OSI 模型的对应关系

（1）逻辑链路控制层（LLC）。支持数据链路功能、数据流控制、命令解释及产生响应等，并规定局部网络逻辑链路控制协议（LNLLC）。

（2）介质存取控制层（MAC）。支持介质存取，并为逻辑链路控制层提供服务。它支持的介质存取法包括：载体监听多路访问/冲突检测（CSMA/CD）、令牌总线（Token Bus）和令牌环（Token Ring）。

（3）物理信号层（PS）。完成数据的封装/拆装、数据的发送/接收管理等功能，并通过介质存取部件（也称收发器）收发数据信号。

IEEE 802 课题组在 1983 年通过了三种建议标准，定义了三种主要的局域网络技术，分别是：CSMA/CD（IEEE 802.3）、令牌总线（IEEE 802.4）、令牌环（IEEE 802.5）。网络的结构有总线型和环型两种；物理信道有单信道和多信道两种，单信道采用基带传输，信息经编码调制后直接传输，多信道采用宽带传输。

IEEE 802 是为局域网络制定的标准，到目前为止，已有的工作组及工作内容如下：

（1）IEEE 802.1。概述、体系结构和网络互联以及网络管理与性能测试。

（2）IEEE 802.2。逻辑链路控制 LLC（Logical Link Control）。

（3）IEEE 802.3。CSMA/CD 总线访问方法和物理层技术规范。

（4）IEEE 802.4。令牌总线（Token Bus）访问方法和物理层技术规范。

（5）IEEE 802.5。令牌环（Token Ring）访问方法和物理层技术规范。

（6）IEEE 802.6。城域网 MAN（Metropolitan Area Network）访问方法和物理层技术规范。

（7）IEEE 802.7。宽带技术（Broadband TAG）。

（8）IEEE 802.8。光纤技术（Fiber Optic TAG）。

（9）IEEE 802.9。综合语音/数据服务局域网（Isochronous LAN）。

（10）IEEE 802.10。局域网/城域网安全（LAN/MAN Security）。

（11）IEEE 802.11。无线局域网 WLAN（Wireless Local Area Network）。

（12）IEEE 802.12。高速局域网标准（100VG－AnyLAN）。

（13）IEEE 802.13。未使用。

（14）IEEE 802.14。电缆调制解调器（Cable Modem）。

（15）IEEE 802.15。无线个人网（Wireless Personal Area Network，WPAN）。

（16）IEEE 802.16。宽带无线接入（Broadband Wireless Access）。

（17）IEEE 802.17。弹性分组环（Resilient Packet Ring）。

（18）IEEE 802.18。无线管制（Radio Regulatory TAG）。

（19）IEEE 802.19。共存（Coexistence TAG）。

（20）IEEE 802.20。移动宽带无线访问（Mobile Broadband Wireless Acxess，MBWA）。

（21）IEEE 802.21。媒体无关切换（Media Independent Handoff）。

（22）IEEE 802.22。无线区域网（Wireless Regional Area Networks）。

每一个工作组又维护着若干子协议，并且随着网络技术的发展不断推出新的标准，后制定的标准一般是对已有标准的修改或扩展。其中，有些早期的工作组已经解散（如 802.4）或处于不活跃状态（如 802.2、802.5）。目前活跃的工作组是 802.1、802.3、802.11、802.15～802.22。随着网络技术的发展，新的工作组还是会不断出现的。

IEEE 802 标准于 1984 年已被国际标准化组织正式采纳，由于它主要是针对办公自动化和一般工业环境的，对工业过程控制环境仍有一定的局限性。

四、TCP/IP 协议簇

网络互联是目前网络技术研究的热点之一，并且已经取得了很大的进展。在诸多网络互联协议中，传输控制协议/互联网协议 TCP/IP（Transmission Control Protocol / Internet Protocol）是一个使用非常普遍的网络互联标准协议，全球最大的互联网就采用了 TCP/IP 协议。目前，众多的网络产品厂家都支持 TCP/IP 协议，TCP/IP 已成为一个事实上的工业标准。

TCP/IP 由一组协议组成，因此又称为 TCP/IP 协议族。TCP/IP 协议族中两个最重要的协议就是 TCP 协议和 IP 协议，并因此得名。TCP/IP 协议族的分层体系结构模型称为 TCP/IP 协议模型，由四个层次组成，各层所包含的常用协议及其与 ISO/OSI 模型的对应关系如图 5-14 所示。

OSI模型	TCP/IP模型
应用层	应用层（各种应用层协议如SMTP、DNS、FTP、TELNET等）
表示层	
会话层	
传输层	传输层 TCP/UDP
网络层	网际层IP
数据链路层	网络接口层
物理层	

图 5-14　TCP/IP 协议模型及与 OSI 模型的关系

1. 应用层

应用层向用户提供一组常用的应用程序，例如文件传送、电子邮件、远程登录等。严格地说，应用程序可以不属于 TCP/IP，但对一些常用的应用程序，TCP/IP 制定了相应的协议标准，所以把它们也作为 TCP/IP 的内容。应用层的协议很多，依赖关系相当复杂，但有些协议不能直接为一般用户所使用，那些直接能被用户使用的应用层协议，往往是一些通用的、容易标准化的协议，例如简单邮件传送协议 SMTP（Simple Mail Transfer Protocol）、域名服务 DNS（Domain Name Service）、文件传输协议 FTP（File Transfer Protocol）、远程终端访问协议 TELNET 等。

2. 传输层

传输层包含两个协议：传输控制协议 TCP 和用户数据报协议 UDP（User Datagram Protocol)。传输层的根本任务是提供一个应用程序到另一个应用程序之间的通信，它处理网际层没有解决的通信问题。在发送端，传输层软件负责解决多个应用程序复用下层通道的问题，并把发送的数据流分成若干个报文分组传递给下一层；在接收端，传输层软件则负责将数据交给上层相应的应用程序，根据使用协议的不同（TCP 或 UDP)，可能还需要解决分组的排序、流量控制及差错控制等问题。

3. 网际层

网际层包含多个协议，如网际协议 IP、网际控制报文协议 ICMP（Internet Control Message Protocol)、地址转换协议 ARP（Address Resolution Protocol)、反向地址转换协议 RARP（Reverse ARP）等，其中最重要的是 IP 协议。

网际层的功能是使主机可以将分组发往任何网络，并使各分组独立地传向目的地。这些分组到达的顺序可能和发送的顺序不同，因此当应用程序需要按顺序发送和接收时，传输层必须使用面向连接的 TCP 协议对分组进行排序，另外，应考虑分组路由和差错控制。

网际层的另一个重要任务是在互相独立的局域网上建立互联网络，即网际网。网间的报文来往根据它的目的 IP 地址通过路由器传到另一网络。

4. 网络接口层

网络接口层负责将 IP 分组通过选定的物理网络发送出去，和从物理网络接收数据帧并提取出 IP 分组交给 IP 层。

实际上，对应于 OSI 的物理层和数据链路层，TCP/IP 并未给出通用的定义，而更多的是通过网络接口层使用其他体系结构的协议，即 TCP/IP 网络的高层使用 TCP/IP 协议簇，而低层（物理层和数据链路层）广泛使用的是其他局域网或广域网协议，这就使得 TCP/IP 可以为各种各样的应用提供服务，同时也可以应用到各种各样的物理网络技术中。

五、工业以太网（Ethernet)

以太网是一种采用 CSMA/CD 介质访问控制方法的总线型拓扑结构网络，最初是由美国施乐（Xerox）公司于 1975 年推出的一种局域网，它以无源电缆作为总线来传送数据，并以曾经在历史上人们认为传播电磁波的“以太”（Ether）来命名，当时的数据率为 2.94Mb/s。1980 年 9 月，DEC、Intel、Xerox 合作公布了以太网物理层和数据链路层的规范，称为 DIX 规范。IEEE 802.3 是由美国电气与电子工程师协会 IEEE 在 DIX 规范基础上进行修改而制定的标准，并由国际标准化组织 ISO 接受而成为 ISO 802.3 标准。严格来讲，以太网与 IEEE 802.3 标准并不完全相同，但人们通常都将 IEEE 802.3 就认为是以太网标准。目前，它是国际上最流行的局域网标准之一。

所谓工业以太网，就是在以太网技术和传输控制协议/互联网协议 TCP/IP（Transmission Control Protocol/Internet Protocol）技术的基础上开发出来的一种工业网络。以太网最初是为办公应用开发的，是一种非确定性网络，且工作的环境条件往往很好。而工业应用中的部分数据传输对确定性有很高的要求，如要求一个数据包在 2ms 内由源结点送到目的结点，就必须在 2ms 内送到，否则就可能发生事故；并且通常工业应用的环境比较恶劣，比如强振动、高温或低温、高湿度和强电磁干扰等；另外，以太网协议本身并未提供标准的面向工业应用的应用层协议。因此，为了满足工业应用的要求，必须在以太网技术和TCP/IP技术的基础上做进一步的工作。对于前一个问题，解决的办法是进行改进，使得以太网能够实现确定性通信，并且能在恶劣的环境下工作；对于后一个问题，解决方法有三种：一是将现有的工业应用层协议与以太网、TCP/IP集成在一起，二是在以太网和现有的工业网络之间安装网关，进行协议转换，三是重新开发应用层协议。

工业以太网协议有多种，如HSE（High Speed Ethernet）、ProfiNet、Ethernet/IP、Modbus/TCP等，它们在本质上仍基于以太网技术（即IEEE 802.3标准）。对应于ISO/OSI参考模型，工业以太网协议在物理层和数据链路层均采用了IEEE 802.3标准，在网络层和传输层则采用了被称为以太网的“事实上”标准的TCP/IP协议族（包括UDP、TCP、IP、ARP、ICMP等协议），它们构成了工业以太网的低四层。在高层协议上，工业以太网协议通常都省略了会话层、表示层，而定义了应用层，有的工业以太网协议还定义了用户层（如HSE），如图5-15所示。

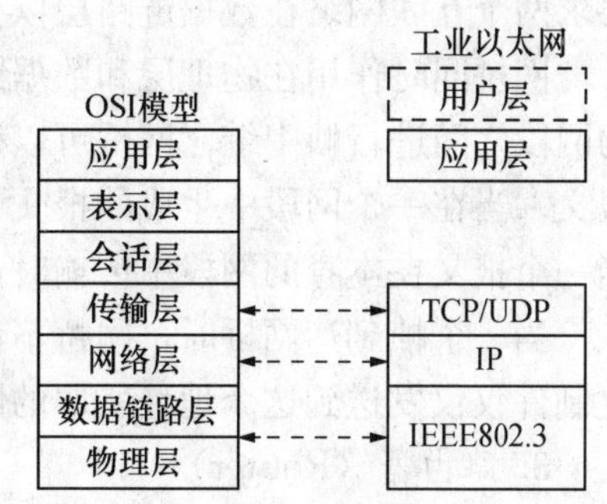

图5-15　工业以太网模型与OSI模型的关系

目前，在工业应用中，以太网在各个层次都有了应用，并且呈迅猛的上升趋势。随着因特网的迅猛发展、以太网技术的不断进步和工厂网络体系的进一步扁平化，在未来的工业应用中，将有可能出现以太网“一网打尽”的局面。

六、网络互联设备

联网的目的是使彼此独立的计算机设备实现资源共享和相互的信息交换。然而由于LAN本身的连接距离有限（一般在几千米之内），且用户针对不同的应用选择不同类型的LAN，容易在不同企业甚至同一企业内形成多个LAN孤岛。如何将这些LAN孤岛互联起来，便是网络互联所要解决的问题。网络互联从通信参考模型的角度可以分为几个层次：在物理层使用中继器，通过复制位信号延伸网段长度；在数据链路层使用网桥，在局域网之间存储或转发数据帧；在网络层使用路由器，在不同网络间存储转发分组信号；在传输层及传输层以上，使用网关进行协议转换，提供更高层次的接口。因此，中继器、网桥、路由器和网关是不同层次的网络互联设备。

1. 中继器（Repeater）

中继器又称重发器。由于网络结点间存在一定的传输距离，网络中携带信息的信号在通过一个固定长度的距离后，会因衰减或噪声干扰而影响数据的完整性，影响接收结点正确地接收和辨认，因而经常需要运用中继器。中继器接收一个线路中的报文信号，将其进行整形放大、生产复制，并将新生成的复制信号转发至下一网段或转发到其他介质段，这个新生成的信号将具有良好的波形。中继器一般用于方波信号的传输。有电信号中继器和光信号中继器，它们对所通过的数据不作处理，主要作用在于延长电缆和光缆的传输距离，在中继器的两端，其数据速率、协议（数据链路层）和地址空间都相同。当多个网络系统具有共同的特性时，这些相容网络间的互联是最为简单的。此时，只要在物理层采用中继器即可实现互联。

2. 网桥（Bridge）

网桥是存储转发设备，用来连接同一类型的局域网。网桥将数据帧送到数据链路层进行差错校验，再送到物理层，通过物理传输介质送到另一个子网或网段。它具备寻址与路径选择的功能，在接收到帧之后，要决定正确的路径将帧送到相应的目的站点。

网桥能够互联两个采用不同数据链路层协议、不同传输速率、不同传输介质的网络，它要求两个互联网络在数据链路层以上采用相同或兼容的协议。

网桥同时作用在物理层和数据链路层。它用于网段之间的连接，也可以在两个相同类型的网段之间进行帧中继。网桥可以访问所有连接结点的物理地址，有选择性地过滤通过它的报文。当在一个网段中生成的报文要传到另外一个网段中时，网桥开始苏醒，转发信号；而当一个报文在本身的网段中传输时，网桥处于睡眠状态。

当一个帧到达网桥时，网桥不仅重新生成信号，而且检查目的地址，将新生成的原信号复制件仅仅发送到这个地址所属的网段。

3. 路由器（Router）

路由器工作在物理层、数据链路层和网络层，它比中继器和网桥更加复杂。在路由器所包含的地址之间，可能存在若干路径，路由器可以为某次特定的传输选择一条最好的路径。

报文传送的目的地网络和目的地址一般存在报文的某个位置。当报文进入时，路由器读取报文中的目的地址，然后把这个报文转发到对应的网段中，它会取消没有目的地的报文传输。对于存在多个子网络或网段的网络系统，路由器是很重要的部分。

路由器如同网络中的一个结点一样工作，但大多数结点仅仅是一个网络的成员，而路由器同时连接到两个或更多的网络中，并同时拥有它们所有的地址。路由器是具有独立地址空间、数据速率和介质的网段间存储转发信号的设备。路由器连接的所有网段，其协议是保持一致的。

4. 网关（Gateway）

网关又被称为网间协议变换器，可以实现不同通信协议的网络之间、包括使用不同网络操作系统的网络之间的互联。由于它在技术上与它所连接的两个网络的具体协议有关，因而用于不同网络间转换连接的网关是不相同的。

网关将一个网络协议层次上的报文“映射”为另一网络协议层次上的报文。在不同类型的局域网互联时，必须制定互联协议（Interconnection Protocol，IP），解决网际寻址、路由选择、网际虚电路/数据报、流量控制、拥挤控制以及网际控制等服务功能的问题。网关有两种类型。

（1）介质转换型。该类型的网关是从一个子网中接收信息，拆除封装，并产生一个新封装，然后将信息转到另一个子网中去。

（2）协议转换型。该类型的网关是将一个子网的协议转换为另一个子网协议。对于语义不同的网，这种转换还需先经过标准互联协议的处理。

网络互联接口应用在局域网的扩展中和较大的分散控制系统中，占有十分重要的地位，特别是在现代火电厂的综合自动化系统中，网关是将厂内各种数字系统集成为一个实用大系统的主要关键设备。

七、分散控制系统的网络结构

国际电工委员会（IEC）把用于分散型控制系统的数据通信系统定名为过程数据公路，

简称 PROWAY，它是在 IEEE 802.2 和 IEEE 802.4 标准的基础上，根据工业应用网络的需要进行适当的扩充和修改而制定的。过程数据公路 PROWAY 已在分散控制系统中得到推广和应用，其基本特点如下。

(1) 拓扑结构主要有两种，即总线型结构和环型结构。

(2) 链路级传输规程多采用 HDLC 即高级数据链路控制规程，但为了适应工业环境的需要，对有关规程做了适当修改，如为了使接收站能了解接收信息的来源，对原 HDLC 帧格式中增加了源地址的内容，其次增加了更多的校验码，以提高信息传输过程中的可靠性。

(3) 目前的过程数据公路系统由通信控制器、数据通信接口和通信干线等部分组成。通信控制器负责整个通信系统的管理和通信权的分配；数据通信接口起着将各种工业自动化装置挂到通信公路上的作用；通信干线则是各装置和站点间传递信息的媒介。

以过程数据公路为基础的分散控制系统网络的体系结构如图 5-16 所示，主要由三级网络组成。

(1) 现场总线级。将现场的智能变送器、智能执行器及可编程 I/O 装置与主系统连接，取代目前 DCS 控制站的 I/O 卡件、端子柜等 I/O 系统。

(2) 数据公路级。遵守 IEC 的“工业用数据高速公路协议”PROWAY，把过程控制器(PC) 和局部操作站 (LOC) 连接起来。

(3) 综合管理网络。采用宽带 MAP 局域网络，把中央计算机、控制管理计算机和生产管理计算机等连成网络。

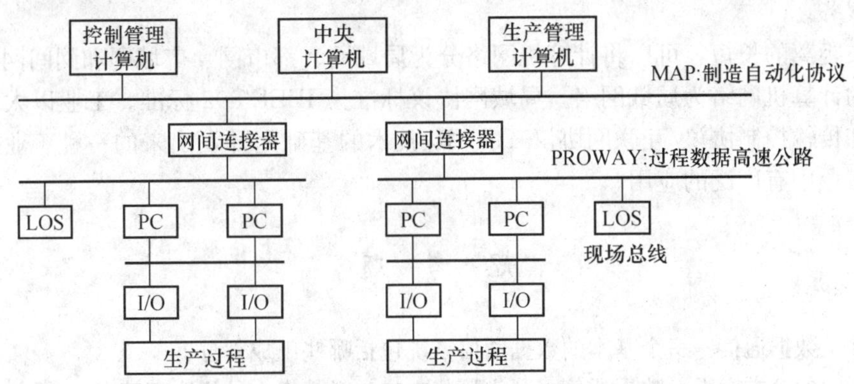

图 5-16　分散控制系统网络的体系结构

MAP—制造自动化协议；PROWAY—过程数据高速公路；

LOS—局部操作站；PC—过程控制器；I/O：过程输入/输出

在传统的分散控制系统中，其通信网络是一种数字—模拟混合系统，过程控制站与工程师站、操作员站之间采用全数字化的专用通信网络，而控制系统与现场仪表之间仍然使用传统的方法，传输可靠性差、成本高。

随着现场总线技术的产生和发展，全数字通信代替了 4～20mA 电流的模拟传输方式，使得控制系统与现场仪表之间不仅能传输生产过程测量与控制信息，而且能够传输现场仪表的大量非控制信息，使得工业企业的管理控制一体化成为可能，并且促使目前的自动化仪表、DCS 和可编程控制器 (PLC) 等产品面临体系结构和功能结构产生重大变革。

本 章 小 结

本章介绍了数据通信的基本概念、通信网络技术、网络体系结构和网络协议。

数据通信是一种通过计算机或其他数字装置与通信线路相结合，实现对数据信息的传输、转换、存储和处理的通信技术。一个最基本的通信系统由信息源、发送装置/接收装置、信道、通信控制部件、信息宿等部分组成。数据通信方式从不同的角度有多种分类，如串行通信与并行通信，单工、半双工、全双工等。数据传输的形式有基带传输、频带传输和宽带传输三种。并行通信中是通过控制线来实现收发双方同步的，串行通信中的同步方式有两种：一种是起停同步方式，与其相对应的传输方式称为异步通信方式；另一种是自同步方式，与其相对应的传输方式称为同步通信方式。常用的有线通信传输介质有双绞线、同轴电缆和光缆，通信传输介质共享技术有多路复用技术、集线技术和多点线路技术。

计算机通信网络的拓扑结构是指各台计算机以及设备之间互相连接的方式。常见的网络拓扑结构有星型、环型和总线型三种。信息送取控制方法包括查询、令牌传送、CSMA/CD、时隙控制法、存储转发式等。常用的信息交换技术有线路交换、报文交换和分组交换三种。差错控制技术中采用的纠错编码主要有奇偶校验码、方阵校验码和循环冗余码。

OSI参考模型将数据传输过程分解为物理层、数据链路层、网络层、传输层、会话层、表示层及应用层七个功能层，每一层完成相应的通信子功能，使用它自己的协议，且下层为上层提供服务。

按分布距离的长短，可以将计算机网络分为局域网、都市网、广域网和网间网。过程控制系统中的计算机网络为局域网络，局域网协议标准为IEEE 802标准。工业以太网是在以太网技术和传输控制协议/互联网协议TCP/IP技术的基础上开发出来的一种工业网络，在过程控制工业中有广泛的应用。

思 考 题

1. 什么是数据通信？一个基本的数据通信系统包括哪些组成部分？
2. 按不同的分类标准，数据通信可分为哪些方式？就其中一种说明其特点。
3. 在数据通信中数据信息有哪些基本的传输形式？各有什么特点？
4. 串行异步通信和同步通信如何实现收发双方的同步？两者有何区别？
5. 什么是网络拓扑结构？常用的网络拓扑结构有哪几种？各有什么特点？
6. 常用的信息送取控制方法有哪几种？简述各种方法的原理。
7. 常用的信息交换技术有哪几种？各有什么特点？
8. 某CRC校验码为（15，10）码，生成多项式为$g(x)=x^5+x^4+x^2+1$，发送的数据信息为1000100101，写出其带CRC校验码的代码多项式$F(x)$。
9. OSI参考模型将数据传输过程分解为哪几层？各层主要完成什么功能？
10. IEEE 802局域网标准主要包括哪些内容？
11. 简述分散控制系统网络体系结构及其特点。
12. 网络互联设备主要有哪些？主要功能是什么？

第六章　分 散 控 制 系 统

分散控制系统 DCS（Distributed Control System）是以微处理器为基础，全面融合计算机技术、测量控制技术、通信网络技术、人机接口技术（即所谓的 4C 技术，Computer、Control、Communication、CRT）而形成的现代控制系统。其主要特征在于分散控制和集中管理，即对生产过程进行集中监视、操作和管理，而控制任务则由不同的计算机控制装置来完成。

自 20 世纪 70 年代美国 Honeywell 公司推出的 TDC-2000 系统开始至今，DCS 系统已经经历了 30 多年的发展历程，并在工业生产过程控制中得到了广泛的应用，大幅度提高了生产过程的安全性、经济性、稳定性和可靠性。随着技术的发展，目前 DCS 已经进入了一个新的发展时期，即所谓的第四代 DCS。

第一节　分散控制系统概述

一、分散控制系统的发展历程

分散控制系统从 20 世纪 70 年代到现在，其产品虽然在原理上并没有多少突破，但由于技术的进步、外界环境变化和需求的改变，设计思想发展了，共出现了四代 DCS 产品。1975 年至 20 世纪 80 年代前期为第一代产品，20 世纪 80 年代中期至 90 年代前期为第二代产品，20 世纪 90 年代中期至 21 世纪初为第三代产品，目前的 DCS 产品已进入第四代。几代产品的区别可从 DCS 的三大部分，即控制站、操作站和通信网络的发展来判断。当然，由于产品生命周期是个复杂的问题，加之各 DCS 生产厂家的情况不同、产品换型年代不同及划分产品年代的观点也不同，所以这种产品的分代划分并非绝对的。

1. 第一代分散控制系统

1975 年，美国最大的仪表公司 Honeywell 率先推出综合分散控制系统 TDC—2000，从而开创了分散控制系统的新时代。从这以后，美国、西欧、日本的一些著名公司开发了自己第一代分散控制系统，如美国贝利公司的 Network—90、日本横河公司的 CENTUM、德国西门子公司的 Teleperm、美国西屋公司的 WDPF、美国 Foxboro 公司的 SPECWRUM、英国肯特公司的 P4000 等。第一代分散控制系统的基本结构如图 6-1 所示，它主要由五部分组成。

(1) 过程控制单元 PCU（Process Control Unit）。PCU 由 CPU、I/O 板、A/D 和 D/A 板、多路转换器、内总线、电源、通信接口和软件等组成，其具有较强的运算能力，具有反馈控制功能，可自主完成一路或多路连续控制的任务，达到分散控制的目的。

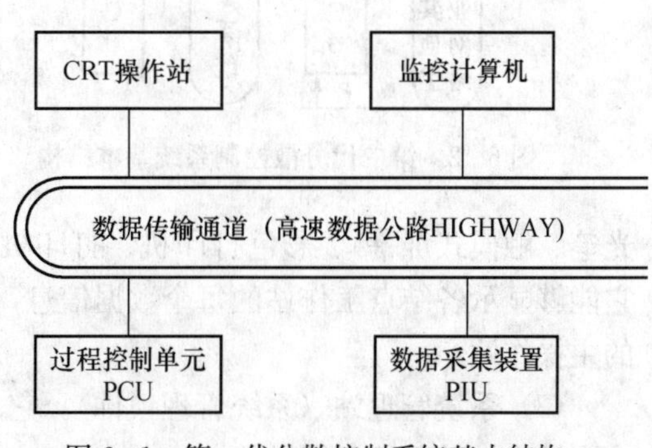

图 6-1　第一代分散控制系统基本结构

(2) 数据采集装置或过程接口单元 PIU (Process Interface Unit)。它也是微计算机结构，主要是采集非控制过程变量、开关量，进行数据处理和信息传递，一般无控制功能。

(3) CRT 操作站。它是由微处理器、高分辨率 CRT、键盘、外存、打印机等组成的人/机系统，实现对过程控制单元进行组态和操作，对全系统进行集中显示和管理，包括制表、打印、复制等功能。

(4) 监控计算机 (上位机)。它是分散控制系统的主计算机，这一代产品大多采用小型计算机或高性能的微型计算机，具有大规模的复杂运算能力及多输入、输出控制功能，它综合监视全系统的各工作站或单元，管理全系统的所有信息，通过它可以实现全系统的最优控制和全工厂的优化管理。

(5) 数据传输通道 (数据公路)。它由通信电缆、数据传输管理指挥装置以及通信软件等组成。它是联系 CRT、PCU、PIU 及监控计算机的桥梁，是实现分散控制和集中管理的关键，由它实现上通下达的纽带功能。

第一代分散控制系统在技术上有一定的局限性。虽然系统的控制单元得到了有效的分散，但控制单元的管理、全系统的信息处理以及显示和操作管理等功能都集中于监控计算机；系统还采用 8 位或 16 位微处理器；通信所采用的是初级工业控制局部网络；系统专用的通信协议限制了其他系统的加盟；有的系统还不具备顺序控制等功能。

2. 第二代分散控制系统

20 世纪 70 年代末以来，产品生产的竞争日趋激烈，批量生产的控制需求剧增，厂家对信息管理要求也不断提高，另外局部网络的成熟和对工业控制领域的渗透，导致了第二代分散控制系统的产生。其代表产品有贝利公司的第二代 Network—90、美国利诺公司的 MAX—1000、Honeywell 公司的 TDC—3000、西屋公司的 WDPF—Ⅱ、西门子公司的 Teleperm—ME、ABB 公司的 Procontrol—P 等。

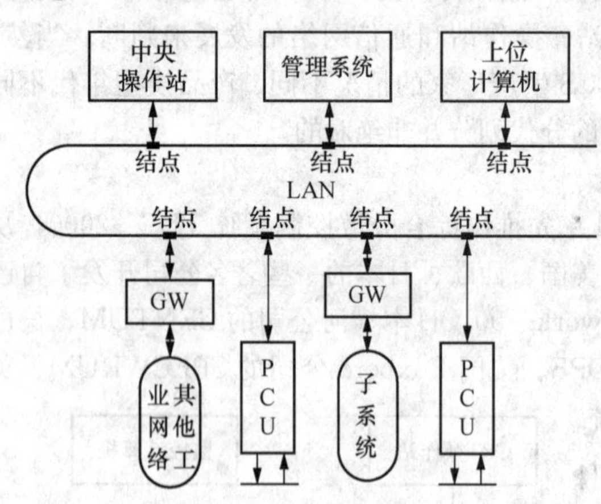

图 6-2 第二代分散控制系统基本结构

第二代分散控制系统的基本结构如图 6-2 所示，它主要由以下六部分组成。

(1) 结点工作站 (过程控制单元 PCU 或分散处理单元 DPU)。它的中央处理器 CPU 发展到 16～32 位，具有更大存储量的 ROM、RAM、EPROM。它是在第一代过程控制单元基础上发展而来的，不仅具有完善的连续控制功能，还具有顺序控制、批量控制功能，兼有数据采集、事件顺序记录 SOE (Sequence of Event) 能力。

(2) 中央操作站。它是由强功能的微处理器、图像显示器、键盘 (或鼠标、球标、光笔、触摸式屏幕)、彩色打印机、打印机和专用软件包等组成的全系统人机联系的窗口。它能够显示各结点工作站的每个数据信息，并具有操作管理各结点工作站的功能，是全系统的主操作站。

(3) 系统管理站 (系统管理模件)。它主要用于加强全系统管理功能，克服主计算机和中央操作站的某些局限性。

（4）主计算机（管理计算机）。它大多由小型计算机或高性能的微机组成，具有复杂的运算能力和强的管理能力，如果不专设主计算机，即构成无主机系统，那么中央操作站应具有更强的功能，并进一步强化各结点工作站。

（5）局部网络（局域网络）。它构成了第二代通信系统，决定着系统的基本特性。它由通信电缆和通信软件等组成，多采用生产厂家自己的通信协议。

（6）网间连接器（挂接桥 BRIDGE、网间接口 GATEWAY）。它是局部网络与其子网络或其他工业网络的接口装置，起着通信系统的转换器、协议翻译器和系统扩展器的作用。

第二代分散控制系统的特点是：产品设计走向标准化、模块化、工作单元结构化；控制功能更加完善，用户界面更加友好；数据通信的能力大大加强并向着标准化的方向发展；管理功能得到分散；可靠性进一步提高；系统的适应性及其扩充的灵活性增强。这一代 DCS 系统以局部网络来统领整个分散控制系统，系统中各单元都被看作是网络的结点或工作站。该局部网络通过挂接桥可与同类型的网络相连接，通过网间接口可与不同类型的网络相连接，亦可接入由 PLC（可编程序控制器）组成的子系统。网络协议逐渐统一于 MAP（Manufacture Automation Protocol）标准协议或与 MAP 兼容。

3. 第三代分散控制系统

20 世纪 80 年代末，为了克服第二代分散控制系统的主要缺点，即专利性局部网络给各大企业多种 DCS 互联带来的不便，开发和推出了具有开放性局部网络的 DCS 产品。由于生产过程自动化的迅猛发展对 DCS 提出了越来越多、越来越高的要求，DCS 制造厂商为了满足这一要求，必须不断地扩展自己 DCS 产品的功能、提高性能和进行升级。随着更新周期的日益缩短，各个 DCS 制造厂商不得不为此付出巨大的开发投资。与此同时，计算机公司为了扩展自己的市场，研制和开发了各式各样的适应生产过程自动化要求的通用工作站、过程站、I/O 站以及通信网络，不断推出强有力的系统软件和支持软件。由于是通用性产品市场大、开发投入效益率好，因此产品更新和升级异常迅速。正是在上述背景下，DCS 公司和计算机公司的产业分工开始发生变化。DCS 公司开始尽量应用计算机公司提供的硬件和软件的平台，形成自己的 DCS。这种动向首先表现在几乎大部分 DCS 公司的产品均改用通用工作站，在高性能的硬件和丰富的软件平台基础上构成 DCS 中的人机接口系统，如操作员站、工程师站等，相应的通信网络大都采用通用的以太网，甚至 DCS 的局域网也采用以太网。另外，为了适应信息社会的需要，加强信息管理、开发更深层次的管理信息系统，第三代分散控制系统就应运而生。代表产品有 Foxboro 公司的 I/A Series、美国利诺公司的 MAX—1000 PLUS 和 MaxDNA、西门子公司的 Teleperm—XP、贝利公司的 INFI—90 Open 和 Symphony、西屋公司的 WDPF—Ⅲ和 Ovation、ABB 公司的 Procontrol—P、Honeywell 公司的 TDC—3000/PM 等。

第三代分散控制系统的基本结构如图 6-3 所示，其基本特点如下：

（1）采用开放性的系统，产品标准化，应用符合国际有关标准的通信协议，如 MAP、Ethernet，系统具有向前发展的兼容性。

（2）通过现场总线（Field Bus）使结点工作站的系统智能进一步延伸到现场，使过程控制的智能变送器、执行器和本地控制器之间实现可靠的实时数据通信。

（3）结点工作站使用 32 位及以上的微处理器，使控制功能更强，能更方便灵活地运用先进控制算法。此外，采用专用集成电路，使其体积更小，可靠性更高。

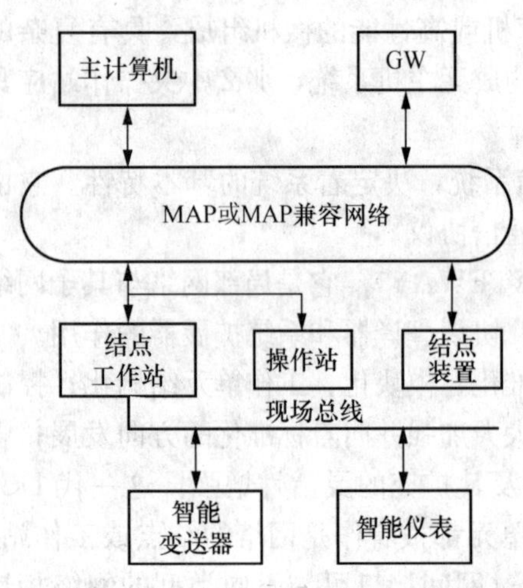

图 6-3　第三代分散控制系统的基本结构

(4) 操作站采用32位及以上高档微计算机，增强了图形显示功能，采用了多窗口技术和光笔、球标等调出画面，使其操作简单且响应速度加快；大屏幕显示技术的应用进一步改善了人机界面。

(5) 过程控制组态采用CAD方法，使操作更直观方便，而且引入专家系统的方法，使控制系统可实现自整定功能等。

(6) 与主计算机相连，可构成管理信息系统。

从第三代分散控制系统的结构来看，由于系统网络通信功能的增强，各不同制造厂的产品能进行数据通信，因此，克服了第二代分散控制系统在应用过程中出现的自动化孤岛等困难。此外，从系统的软件和控制功能来看，系统所提供的控制功能也有了增强，通常，系统已不再是常规控制、逻辑控制与批量控制的综合，而增加了各种自适应或自整定的控制算法，用户可在对被控对象的特性了解较少的情况下应用所提供的控制算法，由系统自动搜索或通过一定的运算获得较好的控制器参数。同时，由于第三方应用软件可方便地应用，也为用户提供了更广阔的应用场所。

至此，DCS全面取代常规仪表控制和计算机监控，完成了一次自动控制技术革命。DCS从幼稚走向成熟，确立自己技术主导和实用的地位，历经有20余年。多年来，DCS广泛应用于石化、电力、冶金、建材等重工业领域，是这些工业领域新建和改建生产过程自动控制系统的当然选择，其工程技术的地位不可动摇。

4. 新一代分散控制系统

由于DCS技术的成熟，制造、调试和服务的能力门槛降低，进入DCS制造业的公司林立导致生产能力的过剩，同时由于世界经济的不景气使得DCS需求放缓、价格持续走低。在严酷的市场竞争环境中，一些有集团公司背景的DCS厂商依托集团各行业背景进行市场细分以期赢得市场优势，ABB、西屋、西门子等公司的DCS系统在各自旗下的电力设备制造公司的支持下在电力行业逐步胜出；而一些独立的DCS厂商则选择了放弃，原来独立活跃于分散控制系统国际技术舞台的著名公司如Bailey公司被ABB并购。进入21世纪，DCS并购和技术重组浪潮更是一浪高过一浪，继Bailey被ABB并购之后，西屋过程控制公司和Foxboro等，分别重组到Emerson和Invensys等集团。这些集团的很大业务是传统的自动控制部件的生产制造，如传感器、执行机构和阀门。可以说，虽然Bailey、西屋和Foxboro的技术实体还存在，其独立的品牌已经消亡了，这些往日的竞争对手，如今却成了一家。

受信息技术（网络通信技术、计算机硬件技术、嵌入式系统技术、现场总线技术、各种组态软件技术、数据库技术等）发展的影响，以及用户对先进的控制功能与管理功能需求的增加，各DCS厂商（以Honeywell、Emerson、Foxboro、横河、ABB为代表）纷纷提升DCS系统的技术水平，并不断丰富其内容。可以说，以Honeywell公司最新推出的Experion PKS（过程知识系统）、Emerson公司的PlantWeb（Emerson Process Management）、Foxboro公司的A2、横河公司的R3（PRM工厂资源管理系统）和ABB公司的Industrial IT系统为标志的新一代DCS（即第四代）已经形成。

第四代DCS的最主要标志是两个“I”开头的单词：Information（信息）和Integration（集成）。信息化体现在各DCS系统已经不是一个以控制功能为主的控制系统，而是一个充分发挥信息管理功能的综合平台系统。DCS提供了从现场到设备、从设备到车间、从车间到工厂、从工厂到企业集团的整个信息通道。这些信息充分体现了全面性、准确性、实时性和系统性。

DCS集成性则体现在两个方面：功能的集成和产品的集成。过去的DCS厂商基本上是以自主开发为主，提供的系统也是自己的系统。当今的DCS厂商更强调的是系统集成性和方案能力，DCS中除保留传统DCS所实现的过程控制功能之外，还集成了PLC（可编程逻辑控制器）、RTU（采集发送器）、FCS、各种多回路调节器、各种智能采集或控制单元等。此外，各DCS厂商不再把开发组态软件或制造各种硬件单元视为核心技术，而是纷纷把DCS的各个组成部分采用第三方集成方式或OEM方式。例如，多数DCS厂商自己不再开发组态软件平台，而是采用兄弟公司（如Foxboro采用Wonderware软件为基础）的通用组态软件平台，或其他公司提供的平台（如Emerson用Intellution的软件平台做基础）。此外，许多DCS厂家甚至I/O组件也采用OEM方式，如Foxboro采用Eurothem的I/O模块、横河的R3采用富士电机的Processio作为I/O单元基础、Honeywell公司的PKS系统则采用罗克韦尔公司的PLC单元作为过程控制站。

5. 分散控制系统在我国的发展和应用

我国从20世纪70年代中后期起，首先由大型进口设备成套中引入国外的DCS，首批有化纤、乙烯、化肥等进口项目。同时国内开始自己研制和设计选用国外的DCS，经过20多年的努力，国内已有多家生产DCS的厂家，其产品应用于大、中、小各类过程工业企业，如重庆自动化仪表所和上海自动化仪表所开发的DJK—7500，北京航天测控公司的友力—2000、北京和利时系统工程股份有限公司的HS1000和HS2000、北京康拓公司的KT6000、天津中环DCS—2001、上海新华控制工程有限公司的XDPS、浙大中控的Supercon JX、杭州威盛公司的FB—2000等系列分散型控制系统。新华控制工程有限公司和北京和利时公司的产品在大型火电机组控制系统方面基本取代了进口系统。和利时公司推出的大型核电站控制系统已成功地应用到了巴基斯坦300MW核电站和秦山600MW核电站的控制系统。新华控制工程有限公司的火力发电厂DCS系统已经成功应用于多台300MW级别的机组。浙大中控公司在石油化工、建材和制药等行业及中、小型火力发电厂推广了很多系统，正在努力挺进300MW及以上级别的火力发电机组控制系统。

1986年以来，我国一批大型火力发电机组陆续采用了分散控制系统，这些系统的应用，在不同程度上提高了单元火力发电机组的数据采集与处理、生产过程控制、逻辑控制、监视报警、联锁保护、操作、管理的能力和水平，加速了我国火力发电生产自动化的发展。从20世纪90年代中期开始，在全国已运行火电机组中展开了大规模的控制系统技术改造，使得火电厂自动化水平获得迅速提高，125MW及以上机组都基本实现了DCS控制。目前，DCS已应用到各种容量的火电机组中，新建机组则几乎无一例外地采用了DCS系统。同时，分散控制系统在火力发电机组上的应用范围不断扩大，其功能已逐步扩展到机、炉、电全厂控制以及外围辅助系统。此外，在对可靠性要求很高的核电站中也采用了DCS控制系统。DCS的广泛应用反过来也促进了电厂信息化的进程，为进一步提高火电厂现代化管理水平奠定了基础。目前在国内火电机组中应用较多的DCS产品主要有西门子Teleperm XP、

ABB Bailey Symphony、Ovation、Foxboro I/A Series、日立 HIACS—5000M、上海新华 XDPS—400、北京和利时 MACS、欧陆 Network—6000 等，这些系统都各有特点。

二、分散控制系统的基本构成

分散控制系统虽然种类繁多，但最基本的分散控制系统一般具有如图 6-4 所示的结构。

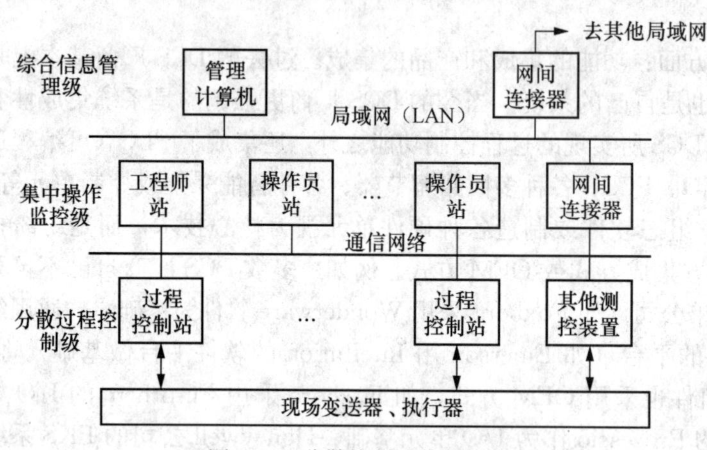

图 6-4　分散控制系统的组成

其中过程控制站和其他测控装置属于分散过程控制级，工程师站、操作员站属于集中操作监控级。分散过程控制级和集中操作监控级通过通信网络连接成一个整体。分散控制系统通过开放的网络接口与其他系统相连。

1. 分散过程控制级

分散过程控制级是 DCS 中负责生产过程数据采集和实现过程控制的系统，由现场设备与过程控制站组成。

(1) 现场设备。现场设备一般位于被控生产过程的附近。典型的现场设备是各类传感器、变送器和执行器，它们将生产过程中的各种物理量转换为电信号，送往过程控制站，或者将过程控制站输出的控制量转换成机械位移，带动调节机构，实现对生产过程的控制。

目前现场设备的信息传递有三种方式：一种是传统的 4～20mA（或者其他类型的模拟量信号）模拟量传输方式；另一种是现场总线的全数字量传输方式；还有一种是在 4～20mA 模拟量信号上，叠加上调制后的数字量信号的混合传输方式。现场信息以现场总线为基础的全数字传输是今后的发展方向。

按照传统观点，现场设备不属于分散控制系统的范畴，但随着现场总线技术的飞速发展，网络技术已经延伸到现场，微处理机已经进入变送器和执行器，现场信息已经成为整个系统信息中不可缺少的一部分。因此，人们将其并入分散控制系统体系结构中。

(2) 过程控制站。过程控制站接收由现场设备如传感器、变送器来的信号，按照一定的控制策略计算出所需的控制量，并送回到现场的执行器中去。过程控制站可以同时完成模拟量连续控制、开关量顺序控制功能，也可能仅完成其中的一种控制功能。

如果过程控制站仅接收由现场设备送来的信号，而不直接完成控制功能，则称其为数据采集站。数据采集站接收由现场设备送来的信号，对其进行一些必要的转换和处理之后送到分散控制系统中的其他部分，主要是监控级设备中去，通过监控级设备传递给运行人员。

一般电厂中，把过程控制站集中安装在位于主控室后电子设备间中。许多新建电厂为降低工程造价，在将过程控制站有限分散布置的同时（即将过程控制站分别布置在靠近锅炉和汽机的电子设备间中），大量采用远程 I/O 并逐步采用现场总线仪表。

2. 集中操作监控级

集中操作监控级的主要设备有操作员站、工程师站和其他功能站。其中操作员站安装在中央控制室，工程师站和其他功能站一般安装在电子设备间。

操作员站是运行人员与分散控制系统相互交换信息的人机接口设备。运行人员通过操作员站来监视和控制整个生产过程。运行人员可以在操作员站上观察生产过程的运行情况，读出每一个过程变量的数值和状态，判断每个控制回路是否正常工作，并且可以随时进行手动/自动方式的切换、修改设定值、调整控制量、操作现场设备，以实现对生产过程的控制。另外还可以打印各种报表，拷贝（copy）屏幕上的画面和曲线等。为了实现以上功能，操作员站通常由一台具有较强图形处理功能的微型机以及相应的外部设备组成，一般配有CRT显示器、大屏幕显示装置、打印机、彩色打印机、键盘、鼠标或球标。

工程师站是为了便于控制工程师对分散控制系统进行配置、组态、调试、维护等工作所设置的工作站。工程师站的另一个作用是对各种设计文件进行归类和管理，形成各种设计文件，如各种图纸和表格等。工程师站一般由高性能工作站配置一定数量的外部设备所组成，如打印机、绘图仪等。

在现代DCS结构中，除了操作员站和工程师站外，还可以有其他执行特定功能的站，如历史记录站、计算站等，它们的主要任务是实现对生产过程的重要参数进行连续记录、监督和控制，例如机组运行优化和性能计算、先进控制策略的实现等。由于计算站的主要功能是完成复杂的数据处理和运算功能，因此，对它的要求主要是运算能力和运算速度。机组运行优化也可以由一套独立的控制计算机和优化软件构成，只是在机组控制网络上设置一个接口，利用优化软件的计算结果去改变控制系统的给定值或偏置。

目前，集中操作监控级有两种典型结构，分布式数据库结构和客户机/服务器结构C/S（Client/Server）。前者是集中操作监控级的所有站点都与控制网络冗余连接，各自根据自己所显示的画面内容收集控制网络中传递的实时数据并进行显示；操作员的操作指令由操作员站通过控制网络直接以指令报文的形式发往相应的过程控制站；系统所有的实时数据被分散到操作监控级的各个站中，实时数据的冗余度较大，操作员站实时数据显示和刷新速度快。在C/S结构中，操作员站、历史记录站不与控制网络直接连接，DCS系统实时数据由冗余的过程服务器通过控制网络进行收集然后向系统操作员站、历史记录站（客户机）发布；操作员的操作指令需经过服务器通过DCS的控制网络发往相应的过程控制站，系统所有的实时数据被集中在冗余服务器内，实时数据冗余度小，系统配置和管理简便。

3. 综合信息管理级

管理级包含的内容比较广泛，一般来说，它可能是一个发电厂的厂级管理计算机，可能是若干台机组的管理计算机。它所面向的使用者是厂长、经理、总工程师、值长等行政管理人员或运行管理人员。厂级管理系统的主要任务是监测企业各部分的运行情况，利用历史数据和实时数据预测可能发生的各种情况，从企业的全局利益出发辅助企业管理人员进行决策，帮助企业实现其规划目标。

管理级属于厂级的，也可分为实时监控系统（SIS）和管理信息系统（MIS）两部分。实时监控是全厂各机组和公用辅助工艺系统的运行管理层，承担全厂性能监视、运行优化、全厂负荷分配和日常运行管理任务，主要为值长服务。日常管理承担全厂的管理决策、计划管理、行政管理等任务，主要为厂长和各管理部门服务。

4. 通信网络

分散控制系统的一个重要组成部分就是通信网络，它是连接系统各部分的桥梁。由于分散控制系统是由各种不同功能的站组成的，这些站之间必须实现有效的数据传输，以实现系统总体的功能，因此通信网络的实时性、可靠性和数据通信能力关系到整个系统的性能，特别是网络的通信协议，关系到网络通信的效率和系统功能的实现。在早期的分散控制系统中，其通信网络的硬件和软件通常都是各个厂家专门设计的专有产品，随着网络技术的发展，很多标准的网络产品陆续推出，特别是以太网逐步成为事实上的工业标准，越来越多的DCS厂家直接采用以太网作为系统的通信网络。

三、分散控制系统的特点

分散控制系统能被广泛应用的原因是因为它具有很多优良的特性。与常规仪表相比，它具有连接方便、更改容易、显示方式灵活、显示内容多样、控制功能强、数据存储量大等优点，同时兼有常规仪表控制系统安全可靠、维护方便的优点；与计算机集中控制系统相比，它具有操作监督方便、功能分散、危险分散等优点，同时又具备了计算机控制系统的控制算法先进、精度高、响应速度快的优点。

1. 分级性、自治性与协调性

分散控制系统是分级递阶控制系统，它在垂直方向和水平方向都是分级的。最简单的分散控制系统至少在垂直方向分为两级，即操作管理级和过程控制级。在水平方向上各个过程控制级之间是相互协调的分级，它们把数据向上送达操作管理级，同时接收操作管理级的指令，各个水平分级间相互也进行数据的交换。分散控制系统的规模越大，系统的垂直和水平分级的范围也越广。

在分散控制系统中，各个分级有各自的功能，完成各自的操作，它们之间既有分工又有联系，即相互协调，又相互制约，使整个系统在优化的操作条件下运行。分散控制系统中的各组成部分是各自独立的自治系统，它们各自完成各自的功能，同时它们又在系统的协调下工作，数据信息相互交换，各种条件相互制约。

2. 分散性

分散性是针对集中而言的。在计算机控制系统应用的初期，控制系统是集中式的，即由一台计算机完成全部的操作监督和过程控制，但是，一旦计算机发生故障，将造成整个控制系统的瘫痪。因此，提出了分散控制系统的概念。

分散的含义包括控制分散、功能分散、地理位置分散，分散的目的是为了使危险分散，提高设备的可用率。

3. 灵活性

分散控制系统的硬件采用积木式结构，软件采用模块化设计，配置灵活，可满足不同的用户需要。在进行系统修改时，只需增加或拆除相关单元，并利用组态软件重新进行配置即可。

4. 友好性

借助于现代图形技术和信息输入与处理技术，分散控制系统可以设计画面清晰、操作简便的人机界面，有利于操作人员对生产过程的全面了解与控制；故障诊断和操作指导为操作人员正确处理故障提供了必要的帮助；图形化的组态功能使控制工程师可以方便地生成和修改控制策略，减少设计错误。

5. 可靠性

分散控制系统的可靠性体现在系统结构、冗余技术、自诊断功能和高性能的元器件。

系统结构采用容错设计和积木化组装结构，使得在任一单元失效的情况下仍然保持系统的完整性。即使全局性通信或管理站失效，局部站仍能维持工作。在通信网络、过程控制站、操作员站、电源等方面都采用了冗余技术，具有双重或三重化结构。系统的各单元具有自诊断、自检查、故障报警和隔离等功能。

第二节 典型分散控制系统简介

一、Ovation 系统

Ovation 系统是西屋过程控制公司（现为 Emerson 过程控制有限公司公用事业部）于 1997 年推出的面向 21 世纪的新一代分散控制系统，该系统集过程控制及企业管理信息技术为一体，融合了当今世界先进的计算机与通信技术，它采用了高速度、高可靠性、高度开放的通信网络；控制器使用灵活方便，功能强大，易于升级；用户接口可靠先进，灵活多样；并配有强大的相关数据库管理系统和高性能的工具库。Ovation 系统结构图如图 6-5 所示，它兼容西屋公司的 WDPF 系统，其新一代产品为 Ovation XP 系统。

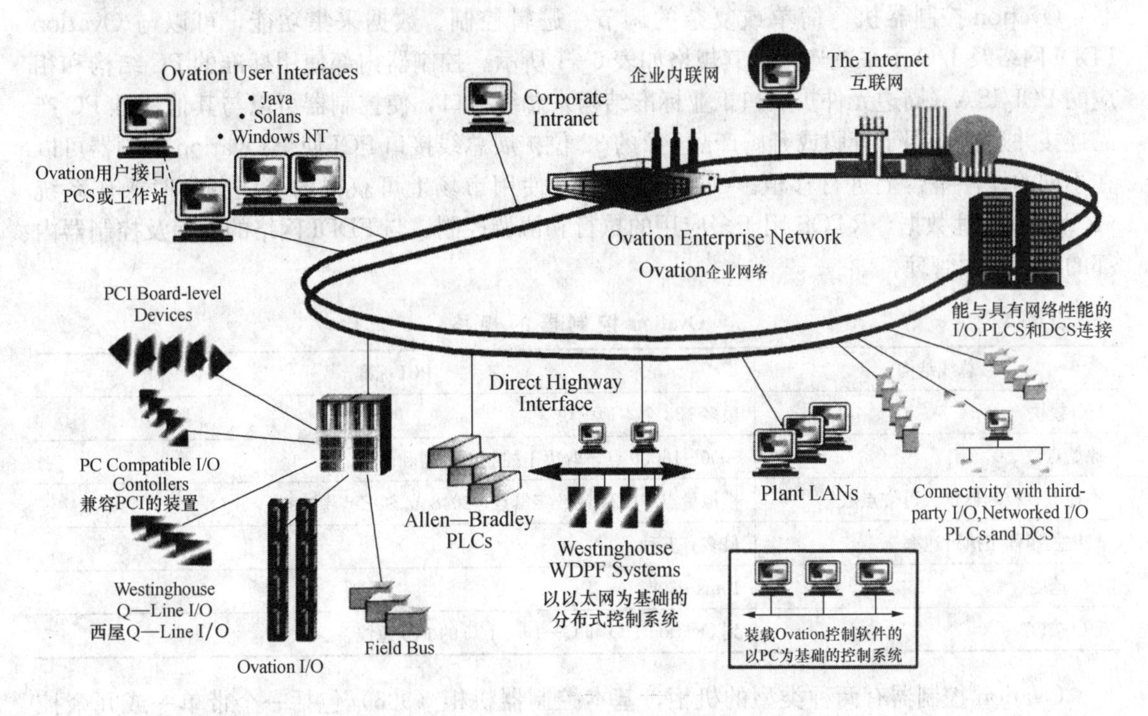

图 6-5 Ovation 系统结构图

1. 通信网络

Ovation 标准通信网络以 FDDI（光纤分布式数据接口）为基础，严格遵循 ANSI（美国国家标准化组织）的标准，是一种适用于实时过程控制的通信网络。Ovation 的 FDDI 网络废弃了常见的过程控制系统中连接工厂 LAN 数据高速公路所需的复杂的网桥结构，用户可用 Ovation 的统一网络，在确保过程控制完全安全的前提下，使过程控制功能和企业的信息系统完美地结合起来，并提供与企业内部 LANs、WANs 和 Intranets 的完全联通。Ovation 的高速 FDDI 网络是一个完全确定性的实时数据传输网络，即使在工况扰动的情况下也不会丢失、衰减或延迟信号。此外，按照 ANSI 标准，FDDI 提供全冗余的反转双环，并且在双环电缆中断时，使用自动重新组态功能以屏蔽发生错误的部分。Ovation允许最终用户来组织他们的信息集合，而不用考虑协议、网络管理和操作系统等。基于开放式的通信协议，Ovation系统已经成功地将全厂区域自动控制和信息组成了一个整体，并且在Ovation系统中能方便地集成其他厂商的产品。

Ovation系统通信网络特性如下：

（1）通信速率为100Mb/s。

（2）通信介质可采用光纤和铜质电缆组成形式，有UTP型、多线光纤和单线光纤型。

（3）站点容错组合能力，检测和诊断出错信息。

（4）压缩式中枢，串级，多层拓扑。

（5）支持500个双附加结点。

（6）每秒200000个实时信息。

（7）两种光缆，总长200km。

2. Ovation控制器

Ovation控制器执行简单或复杂的调节、逻辑控制、数据采集功能，可以与Ovation FDDI网络及I/O子系统连接，其规格如表6-1所示。控制器内部使用标准的PC结构和相应的PCI/ISA（周边元件扩展口工业标准结构）总线接口，使控制器可以与其他标准PC产品连接并运行，用于奔腾或奔腾产品PC的32位扩展总线接口PCI使得Ovation控制器可以在不同的硬件平台上进行移植。Ovation控制器使用市场上可获得的多任务实时操作系统（RTOS）处理数据，RTOS用于多应用的执行和协调控制、与FDDI网络的通信及控制器内部的全面资源管理。

表6-1　Ovation控制器的规格

总线结构	PCI标准
I/O模块	最多128个本地模块
原始点数	6000～16000点，取决于控制处理器和内存
本地I/O控制器最大可带点数	模拟量点=1024或数字量点=2048或SOE点=1024
过程控制程序执行速率	最多有五种
I/O速度	10ms～30s
I/O接口	到Ovation I/O和Q—Line I/O的PCI总线

Ovation控制器有两种类型的机柜，基本控制器机柜（903）包括一个带单一或冗余控制器的机架、四个I/O机架（每个I/O机架最多可安装8个I/O模块，共可安装32个I/O模块）、冗余电源供应及电源分配模块；另一种为I/O扩展机柜（904），它可以为基本控制器机柜提供32个扩展I/O模块。

为了满足工程应用的各种要求，Ovation控制器提供了如下功能：

（1）连续（PID）控制功能。

（2）布尔逻辑运算。

（3）先进控制功能（动态前馈、Smith预估、模糊逻辑控制、神经网络和多变量控制等）。

（4）特殊逻辑和定时功能。

（5）数据采集功能。

（6）SOE（顺序事件处理）功能。

（7）冷端输入补偿功能。

（8）过程点扫描和限位检查功能。

（9）过程点报警处理功能。

（10）过程点数据工程单位转换功能。

（11）过程点数据存储功能。

（12）本地和远程I/O接口功能。

（13）过程点标签去除功能。

Ovation控制器对控制器网络接口、处理器、内存、网络控制器、处理器电源、I/O接口、输入电源、I/O电源、辅助电源、远程I/O通信介质等关键部件设计了相应的多级别冗余，一个完全冗余的控制器具有以下几项：

（1）双奔腾处理器。

（2）双网络接口。

（3）双处理器电源。

（4）双I/O电源。

（5）双辅助电源。

（6）双输入电源。

（7）双I/O接口。

互为冗余的处理器执行相同的应用程序，其中主处理器运行在控制状态，它直接处理I/O读写、进行数据采集和控制功能，并监视备用处理器及网络的运行状况；备用处理器运行在后备、组态或离线模式，它实现诊断和监视主处理器的状态的功能，并通过实时检测主处理器的数据内存和接收主处理器发往Ovation网络的所有信息来保持数据的最新状态，包括过程点值、算法、调节参数、变量点属性。

Ovation I/O模块设计为标准组件，安装在有多路DIN标准导轨的基架内，每个基架内能容纳两个Ovation I/O模块、一个全范围的电子模块和可编程信号调理模块，并有现场连接端子、I/O通信、I/O模块电源和为两个独立的Ovation I/O模块提供的附加电源总线。电子模块可以是数字量输入/输出、模拟量输入/输出、脉冲累加器和计数器、单回路接口以及数据连接控制器等，并支持本地和远程I/O。每个远程I/O接口能与8个远程结点相连，而每个远程结点最多可以带64个I/O模块。

3. 操作管理装置

Ovation工作站以Windows NT或Solaris为系统平台，可作为操作员站或工程师站使用。

Ovation操作员站采用高分辨率的显示器，实现控制画面、诊断、趋势、报警和系统状态的显示。通过工作站，用户可以获取动态点和历史点、通用信息、标准功能显示、事件记录及报警管理程序。Ovation工程师站在操作员站基础上增加了创建、下装和编辑过程图像，控制逻辑和过程点数据库等的工具。

Ovation历史站对整个Ovation过程控制系统的过程数据、报警、SOE、记录和操作员的操作提供大容量的存储和检索，历史数据库的快速存取、高性能和灵活性使得其能组织大量（20000）实时过程数据和信息并将之提供给操作站、工程师站和系统维护人员。

所有的过程数据可以以0.1s或1s的时间间隔扫描和存储数据以备今后检索和分析。收集的数据可在工程师/操作员站上显示、打印或归档。

Ovation工具库是一组高级软件的集成，主要用于建立和维护Ovation控制策略、过程画面、测点记录、报表生成以及全系统组态。工具库主要包括下列软件：

（1）组态生成器。主要用于定义和保存所有Ovation系统的设备组态数据，包括控制器参数。

（2）I/O生成器。I/O生成器以友好、分层格式建立Ovation I/O通道，显示可用系统网络、单元和站点。用户可选择合适的站点，定义相应的I/O通道类型、I/O卡插槽和要求的I/O卡类型。

（3）控制生成器。一个友好、直观的AutoCAD型用户软件，能快速建立Ovation控制策略，并自动生成控制器直接接收的执行码。控制生成器还具有生成包括控制符号、信号名和信号连接线等自由格式画面的能力。

（4）画面生成器。用于快速生成和编辑高分辨率的过程画面。可选择色彩、线宽、填充、文体格式等图形属性，并可建立用户图形工具和自定义图素。

（5）点生成器。增加、删除或修改系统点，可对每个I/O点参数进行定义，并实现复杂的点数据库查询。

（6）点组生成器。建立过程图组、趋势组和历史数据组。

（7）报表生成器。设计和修改各种格式的报表。

（8）高性能工具数据库。可以插入数据、合理组织数据、给数据加密和检索数据。

二、Symphony系统

20世纪80年代初期，ABB贝利控制公司推出了其第一代DCS Network—90，并为分散控制系统建立了一个基于不断采用新技术、保持先进控制与管理功能、系统向上兼容和技术透明及发展无断层的准则。1988年推出的INFI—90和1994年推出的INFI—90 Open，以良好的性价比，与以前的分散控制系统一起，成功地在各类工业领域应用上万套，已成为过程控制工业中人人皆知的分散控制系统。1998年，ABB进一步完善了系统结构，强化了系统中各设备的功能，使INFI—90 Open的优势进一步发挥，形成了Symphony系统。为了适应信息化技术的不断发展，ABB适时提出了Industrial IT的概念，并于2004年推出了Industrial IT Symphony系统作为Symphony系统的更新换代产品，它充分体现了现代企业对过程自动化的需求，它既是控制系统，更是企业进行过程优化管理的延伸。

（一）Symphony系统

Symphony系统的组成如图6-6所示。

1. Symphony系统的主要结构和名称

（1）系统硬件。

1）结点。在Symphony系统中，按照通信系统对通信设备的定义，通信网络中的硬件设备称为结点（Nodes）。一般分布式系统中的结点类型有：现场过程控制设备、人系统接口设备、计算机设备及工程工具接口、网络结构等方面的结点。

2）现场控制单元。用于过程控制，实现物理位置相对分散、控制功能相对分散的主要硬件设备，称为现场控制单元（Harmony Control Unit，HCU）。

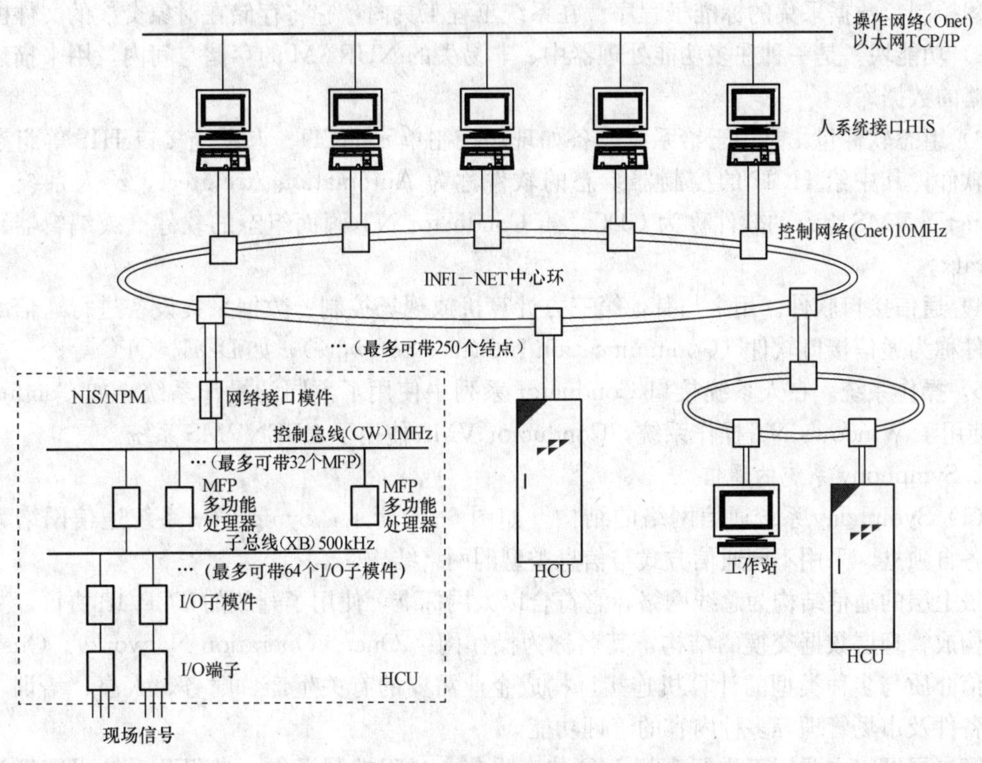

图 6-6 Symphony 分散控制系统的结构图

3）多功能处理器。在一个 HCU 中，配置数个以高性能处理器为核心，能进行多种过程控制运算，并通过子总线和相关 I/O 模件连接的智能模件型控制器称为多功能处理器（Multi-Function Processor，MFP）。

4）人系统接口。用于过程监视、操作、记录等功能，以及报警、数据处理、数据归档、数据交换和通信等管理功能，并以通用计算机为基础的硬、软件有机结合的设备，称为人系统接口（Human System Interface，HSI）。它的型号为 Conductor，故在 Symphony 系统中，HSI 设备也被称为 Conductor 系列人系统接口产品（或设备），其中包括操作员站 Conductor NT。

5）网络到计算机接口。Symphony 系统与其他包括系统工程工具在内的其他第三方计算机以及有关控制设备接口，称为网络到计算机接口（Network to Computer Interface，NCI）。

6）系统工具。采用通用计算机和操作系统以及完整的专用组态软件系统，为过程控制应用完成软件组态、系统监视、系统维护等任务，并能够在线或离线工作的设备，称为系统工具 Composer。

7）通信系统。用于系统通信，把现场控制单元 HCU、人系统接口 HSI 等硬件设备构成一个完整的分布式控制系统，并使分散的过程数据和管理数据成为整个系统的共同财富的硬、软件结构称为通信系统（Communication Network），它是包括控制网络（Control Network）在内的多层网络结构。

（2）系统软件。Symphony 系统有以下几种系统软件。

1）功能码。是已固化在多功能处理器 MFP 中的 ROM 内，可供系统设计、组态时，完成过程控制、数据采集的标准子程序。在系统工程工具内，它将存储在对象交换的文件内。

2）功能块。是一种在多功能处理器中、非易失的NURAM的存储空间内，用来描述控制策略的数据库。

3）组态软件包。是用于给系统设备如现场控制单元HCU、人系统接口HIS等组态的专用软件；其中给HCU的控制器组态的软件称为Automation Architect，给人系统接口Conductor VMS组态的软件称为GDC，给Conductor NT画面组态的软件（或编辑器）称为Grafx。

4）通信接口软件。用来与其他第三方计算机或现场控制、数据采集设备进行通信的专用软件称为通信接口软件（Communication Interface Software），如DDE、OPC等。

5）操作系统。在人系统接口Conductor系列中使用了不同的操作系统，如Conductor NT使用了Windows NT操作系统，Conductor VMS使用了OPENVMS系统。

2. Symphony系统的通信

（1）Symphony系统通信网络的结构。如图6-6所示，Symphony系统通信网络为多层、各自独立、采用不同通信方式与信息类型的网络结构。

最上层的通信结构为总线网络，它符合以太网标准，使用了开放的TCP/IP协议，主要用来构成管理层数据交换的结构，其名称为操作网络Onet（Operation Network）。Onet通过通信介质与多种类型的计算机连接，构成企业需要的有关生产、财务、人事、培训、维护、备件及市场管理等多种内容的管理功能。

第二层网络主要用于进行现场I/O状态采集、过程控制操作、过程及系统报警等管理数据交换的工作，其名称为控制网络Cnet（Control Network）。Cnet为环型结构，使用了高效、安全的存储转发协议，主要用来连接现场控制单元HCU、人系统接口Conductor NT、系统工程设计工具Composer等类型的结点，它主要承担过程管理等信息传播功能。

在HCU内部的第一层网络结构为控制总线CW（Control Way），总线结构，使用简捷、快速的自由竞争协议。它主要承担本结点内智能多功能处理器模件间的通信，它也是冗余布置的。每个HCU内可以安装多对冗余配置的多功能处理器MFP，控制总线CW负责同一个HCU内的MFP之间的通信，每对MFP可以组态不同的控制策略，实现不同的控制功能。Control Way通过NPM和NIS两种网络接口模件与Cnet联接实现与其他结点通信的功能。

在HCU结构内的第二层网络结构为扩展总线Expander Bus（XB），并行结构，受智能模件控制（没有标称协议），它主要承担智能多功能处理器模件与它所配置的I/O子模件间的通信，完成相应的数据采集和执行相应的控制动作。

（2）Symphony系统通信使用的技术。为了防止通信信道的堵塞，保证通信传输的畅通和提高网络的通信效率，以及最有效地利用信息传输中的每一信息字节，在整个通信系统组合中，均使用了三种有效的通信技术，即例外报告技术、信息压缩技术及确认重发技术。

1）例外报告技术。为了进一步提高网络通信的有效性，控制网络Cnet中采用了例外报告技术。所谓例外报告，是指在过程控制中所产生的一些涉及测量、状态、操作、报警及管理等方面信息，经过一定的技术处理后而形成的一种反映信息值或状态的专门报告，即当过程变量的变化率（幅值、时间）超过了预先规定的范围时，该变量的信息才通过网络通信到有关的结点，否则有关的结点认为该信息没有变化，仍使用前一次的值。例外报告有下列三个要素。

①例外报告死区 DB。用它来判定信息是否发生了显著变化，只有当信息发生了显著变化时，才产生例外报告，例外报告死区 DB 由用户设置。

②最小例外报告时间 t_{min}。在此时间间隔内，即使信号发生变化，也不发出例外报告，这不仅有利于抑制干扰，而且对现场发生故障时出现的反复报警或多点连续报警，都有较好的限制作用，可减少重复传递已明确的信息，防止通信系统的堵塞。

③最大例外报告时间 t_{max}。如果信息长时间在例外报告死区内变化，甚至不变化，为了保证信息的可靠性，同时使人机界面知道这个变量没有故障，在达到最大例外报告时间 t_{max} 后，也要产生一个例外报告。

产生例外报告的必要条件是：当信息距上一次产生例外报告的时间已超过 t_{min}，且变化量超过例外报告死区 DB 时；当信息距上一次产生例外报告的时间已达到 t_{max}，即使变化量没有超过例外报告死区 DB 时；当信息到达报警限或从报警限返回正常值时。

2）信息压缩技术。信息压缩又可理解为信息打包，在环状网络中，传输的信息格式规定为两帧式。其中第一帧为标题帧，第二帧为信息帧，并且两帧之间有一定的间隙。

所谓信息包就是以上所讲的两帧格式所含的内容。所谓打包技术就是把去同一地址的所有信息压缩在一起，使用一个标题帧把信息发送出去的专有技术。

3）确认重发技术。在环型网络中，所有传输的信息包均应得到目的结点的确认。即在信息包有一特定的确认字节，目的结点在接到信息包，并经校验没有发现问题后，它应在相应的字节上标识确认 ACK。同时，信息包在返回到源结点后，就可对其校验，应在正常时完成撤销信息的工作。如果在源结点得到的标识是 NAK，就说明目的结点没有接收到或结点忙，处理不了这一信息包所携带的数据，这时就会启动重发逻辑，进行该信息的重发，确保数据的完整性。

3. 现场控制单元 HCU

现场控制单元 HCU 是控制网络环路上的结点，它主要由多功能处理器 MFP、通信模件对、I/O 子模件、电源模件、端子等组成，所有部件都安装在装有标准 19 英寸机架的机柜中，通过上述各种模件的合理选配，就能组成满足多种控制要求的现场控制单元 HCU。

现场控制单元是用来监视和控制过程设备的计算机系统。若干个 HCU 控制不同区域的生产过程，它们位于电子间内。在一个 HCU 机柜中，通过柜内的控制总线 CW 可以挂接最多 30 个 MFP，一个 MFP 又可以带最多 64 个 I/O 子模件。

作为现场控制单元核心部件的 MFP 是以微处理器为基础的控制器模件，它主要完成过程控制、运算、I/O 管理、过程接口和组态调整等任务。MFP 中的 CUP 为 32 位高速微处理器芯片，存储器容量为 ROM：1Mb/s，RAM：2Mb/s，NVRAM：512Kb/s。组态编程可以采用功能码（FC）、C、Basic、Batch、Ladder、用户自定义等方式，控制器具有在线组态功能，用于进行各种逻辑处理和控制计算。系统提供了丰富的软件模块，可以实现调节控制、二进制控制、保护控制等功能。

每个现场控制单元根据控制任务的不同可以配置如下模件：

（1）模拟量输入模件（IMASI、IMFEC）。

（2）模拟量输出模件（IMASO）。

（3）数字量输入模件（IMDSI）。

（4）数字量输出模件（IMDSO）。

（5）脉冲输入模件（IMDSM）。

（6）模拟量输入/输出、数字量输入/输出混合控制模件（IMCIS）。

（7）远程 I/O 模件（IMRIO）。

（8）汽轮机准同期模件（IMTAS）。

（9）SOE 模件（IMSOE、IMSED、IMSET）。

（10）DEH 专用模件（频率计数器 IMFCS、液压伺服模件 IMHSS、状态监视模件 CMM11 等）。

输入/输出（I/O）模件通过扩展总线 XB 与多功能控制器相连，通过电缆与现场设备相连，用来实现对现场过程参数的检测和发出控制指令驱动现场设备等功能。

4. 人系统接口

Symphony 主要的人系统接口设备称为 Conductor，通常简称为操作员站。操作员站是以 Windows NT 为运行平台的全功能的人系统接口，为过程监视、控制、诊断、维护、优化管理等各个方面的要求提供强有力的支持和实际的运行界面，成为过程管理的核心。操作员站的硬件平台为 32 位的 Pentium 工作站，Conductor NT 是运行在 Windows NT 环境下专用的人机接口软件，它通过交互式的运行方式使操作员可以监视和控制所有来自过程控制单元的模拟控制回路及开关量控制设备，多种过程显示画面、报警一览、历史和实时趋势显示可以使操作人员随时获取过程状态和运行信息，在线状态和故障显示功能可以提供监视网络上任意系统设备运行状态的能力，可以从网络中任何一个操作员站诊断系统中设备的运行及故障情况。操作员站还为工程师提供了组态接口，通过它来组态和修改图形画面、标签数据库和过程控制方案。操作员站配置有多台打印机，可进行报表打印。

5. 工程师站

工程师站是以个人计算机为基础的管理及工具性设备，是 Symphony 系统环路上的重要结点之一，能够直接或远距离访问 Symphony 控制系统，是进行系统设计、组态、调试、监视和维护的管理系统，它的主要功能包括如下几点。

（1）控制系统组态管理。对现场控制单元进行控制逻辑的在线和离线的组态。

（2）人机接口组态管理。对操作员接口站进行数据库和显示图形及打印报表的设计组态。

（3）系统诊断。将工程师站与所需要的通信接口连接，如，控制网络的计算机接口、现场控制单元内的控制总线等，使工程师站与现场的分散控制系统进行通信，将组态下装至现场控制单元内，使工程师站具有系统诊断的能力。

（4）系统调试管理。工程师站在线操作时，是通信网络上一个独立的计算机结点，它能够从网络中获取信息，同时也能够为系统提供调整功能，使工程师站具有监视调整生产过程的能力。

工程师站上运行的系统组态设计软件 Composer 是控制系统的组态和维护工具，它在 Windows NT 环境下，可以通过图形方式开发控制系统方案，建立并维护整个系统的数据库，管理软件中可重复使用的用户图形库。

（二）Industrial IT Symphony 系统

为了给用户提供一个更好的途径来显著改进企业的生产力和效益，ABB在2000年发布了Industrial IT系统。Industrial IT系统的核心设计理念是高度集成化的工厂信息，系统以控制网络为核心，向下连接现场总线型网络，向上连接工厂管理网络，通过对一体化数据库的管理，实现全厂数据的单点输入、单点修改及数据的重复利用。系统集成了ABB公司的800xA控制系统，除具有过程控制、逻辑控制、操作监视、历史趋势及报警处理等综合性的系统控制能力外，还包括生产管理、安全系统、智能仪表、智能传动和电动机控制、机器人、信息管理、资源优化和文档管理等，同时支持多种现场总线、OPC等开放系统标准，形成了从现场控制到高层经营管理的一体化信息平台。

Industrial IT Symphony系统是ABB公司2004年推出的，它是在Industrial IT体系中专门针对发电厂的DCS解决方案。Industrial IT Symphony在许多方面都给用户带来了新的理念。

与Symphony系统相似，Industrial IT Symphony系统的通信网络为多层各自独立的标准总线型和环型网络结构，根据应用功能的不同，分为操作网络（Onet）、控制网络（Cnet）、控制总线（CW）和I/O扩展总线（XB）四个层次，如图6-7所示。

为Industrial IT Symphony系统配备的人系统接口为Power Generation Portal（PGP），它以Windows 2000/NT为运行平台，采用服务器/客户机和开放的通信网络结构，支持多种标准协议：DDE、OLE2/COMTM、TCP/IP、ORACEL/ODBC SQLTM、OPC Server和OPC Client，使其不限于Industrial IT Symphony DCS的通信，可以成为多系统的公用平台。作为系统过程管理的核心，PGP为操作员提供监视、控制、诊断、维护、优化管理等各个方面强有力的支持和实际运行的界面。在信息管理层，PGP强大的信息管理能力可以收集、存储、查询和显示过程、历史和商业数据，以提高数据的利用率。PGP支持资源优化，并通过分析工厂内的数据来获得设备的实时状况，减少了校正、预维护和优化维护的费用。PGP全面的工作流程包括从现场设备的状态监测到企业资源管理程序，如计算机维护管理系统（CMMS）。

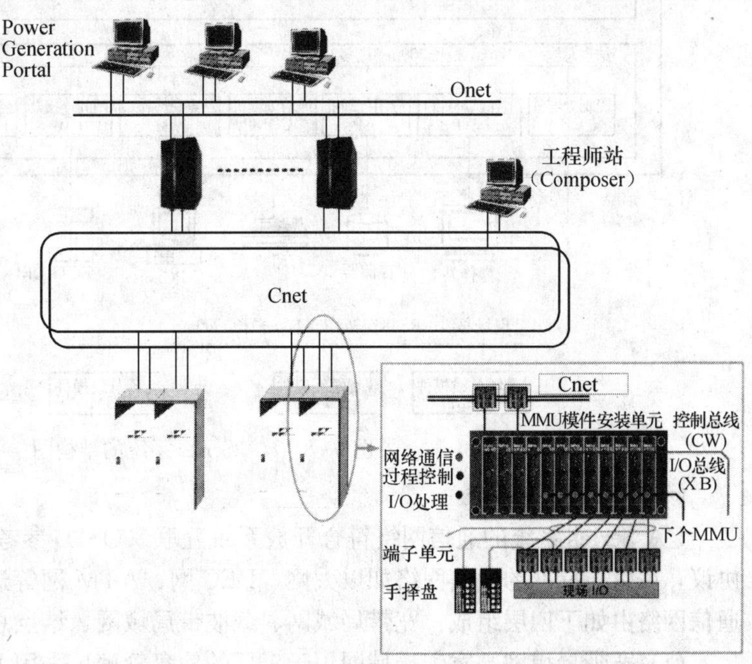

图6-7 Industrial IT Symphony系统的结构图

Industrial IT Symphony系统的工程师工具Composer运行在以PC为基础的Windows NT环境下，为系统提供了一整套完成工程设计和组态的工具软件，支持网络环境下运行的多用户客户机/服务器结构，可以为工程师提供一个分散的多用户工程设计环境。

在控制级 HCU 中，在满足 Industrial IT 全面的硬件和软件标准，符合整个工厂控制需求的前提下，新推出的桥 BRC300 控制器是一个高性能、大容量的过程数据处理控制器，它不仅采用了基于 RISC 架构的 32 位高效 CPU、高效通信通道等结构，而且还采用了多任务并行操作的运行模式，使它能很好地执行复杂的过程控制任务，其运算速度比上一代控制器提高了 2 倍，控制速度更快，能力更强。

三、I/A Series 系统

I/A Series（Intelligent Automation Series）系统是美国 Foxboro 公司于 1987 年在世界上第一个推出的开放型分散控制系统，经过多年的实践检验及改进，功能已日臻完善。I/A Series 系统是 Foxboro 公司 Spectrum 系统的换代产品，其系统结构如图 6-8 所示。

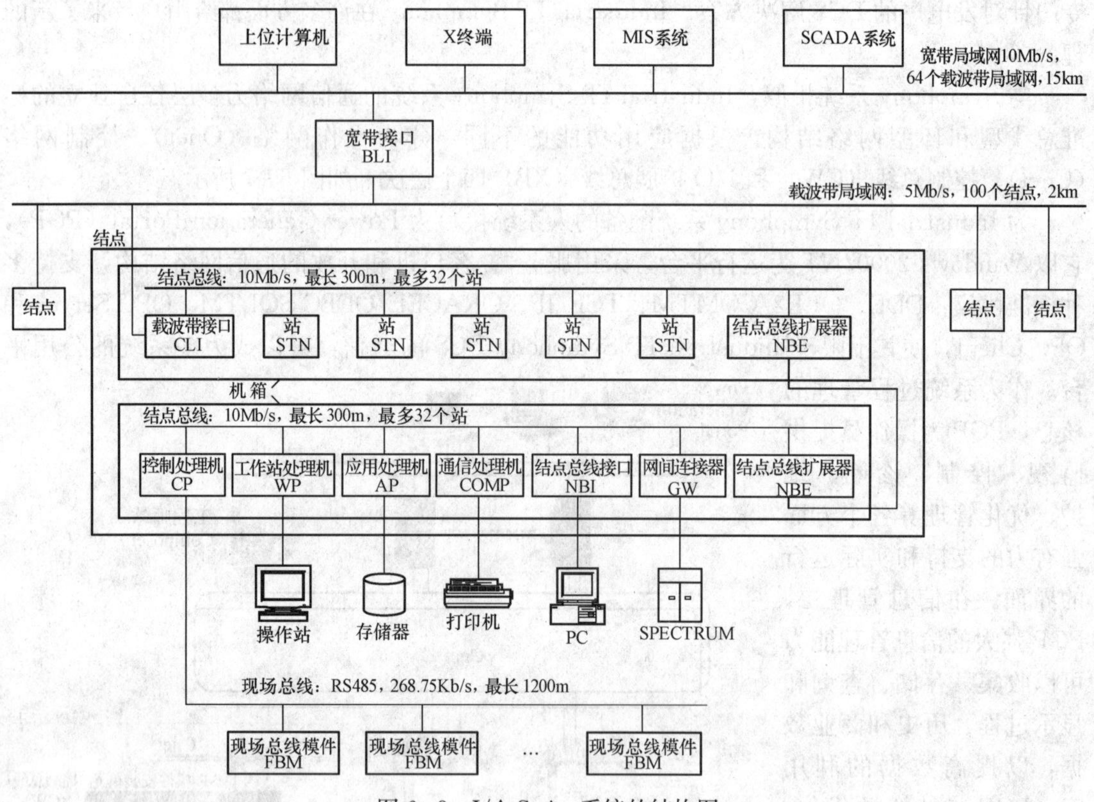

图 6-8　I/A Series 系统的结构图

（一）网络通信系统

I/A Series 系统的通信网络符合开放系统互联（OSI）参考模型所规定的开放系统通信协议，可以与标准的通信网络如以太网、DEC 网、ATM 网等进行通信。I/A Series 系统的通信网络由如下四层组成：宽带局域网、载波带局域网、结点总线和现场总线。

（1）宽带局域网。宽带局域网用于工厂的信息管理。采用 ISO 规程，与 MAP 兼容，数据传输速率 10Mb/s，最长 15km，可与 64 个载波带局域网或其他设备及网络互联。

（2）载波带局域网。载波带局域网是 I/A Series 系统的主干信息网，符合 IEEE 802.4 通信协议，采用令牌总线存取方式，传输速率 5Mb/s，传输介质为同轴电缆或光纤，最长 2km，最多可下挂 100 个结点。

（3）结点总线。结点总线是I/A Series系统的控制网，通过载波带接口（CLI）与载波带局域网相连。结点总线符合IEEE 802.3通信协议，采用带冲突检测的载体监听多路访问（CSMA/CD）方式，传输速率10Mb/s。结点总线的传输介质为软性同轴电缆，总线长度为10m，使用结点总线扩展器可以延长结点总线的跨距，使其达到300m。结点总线可下挂32个工作站，包括控制处理机、应用处理机、操作站处理机、通信处理机、网间连接器、结点总线扩展器、结点总线接口等。

（4）现场总线。现场总线连接控制处理机（CP）与现场总线模件（FBM），用于传输过程信息。现场总线符合EIA RS—485通信标准，传输介质为双绞线，传输速率268.75b/s，最大传输距离为1200m。

（二）分散过程控制装置

I/A Series系统的分散过程控制装置有两类：一类是采用控制处理机（CP）和现场总线模件（FBM）相结合的方式；另一类是直接采用现场总线模件，用PC和集成控制软件包完成控制功能。

1. 现场总线模件（FBM）

现场总线模件（FBM）直接与现场传感器和执行器相连，用于采集和处理现场来的各种模拟量和数字量信号（包括智能变送器来的信号）、转换和输出控制信号、对现场来的脉冲进行计数、对事故序列进行监视、实现梯形逻辑控制等。现场总线模件有多种类型供用户选择，包括模拟量I/O、数字量I/O、触点I/O及智能变送器等。如FBM01为8路0～20mA信号输入模件，FBM04为4路0～20mA输入、4路0～20mA输出模件等。

模拟量FBM中主要进行输入、输出信号的处理；对于数字量FBM，除了完成有关信号的处理外，还完成顺序逻辑程序的执行、事故顺序、监视程序的执行等工作。此外，电源或其他输入/输出通道的故障也在FBM中被诊断并显示在相应的模件面板上。

2. 控制处理机（CP）

控制处理机（CP）是I/A Series结点中的控制模件，具有多种功能模块，通过组态能够实现连续控制、顺序逻辑控制和梯形逻辑控制等功能。其中连续控制和顺序控制在CP中执行，梯形逻辑控制在数字FBM中执行。CP可以构成单一的控制系统，也可以构成几种功能组合的多功能控制系统，例如，可以构成连续量、顺序量和梯形逻辑的组合系统。

控制系统的组态采用集成控制组态软件（Integrated Control Configurator）来完成。控制参数可以通过操作站接口设备进行调整。

（三）集中操作和管理装置

I/A Series系统中的操作和管理装置有工作站处理机（WP）、应用处理机（AP）、应用工作站（AW）和通信处理机（COMP）等。

1. 工作站处理机（WP）

工作站处理机（WP）可与CRT、键盘、球标或鼠标等输入/输出设备相连构成操作站，配上组合式工业操作台，可构成操作控制中心，实现对生产过程的监视、操作与控制。它接收应用处理机和其他系统站的图文信息，将其在CRT显示器上显示出来。显示格式和数据文件由应用处理机中的大容量存储器提供，活动的显示信息由控制器或系统全局数据提供。所显示的信息包括：文本、图形说明、表格和控制画面。

控制工程师可以在WP上完成对系统的组态（包括画面、控制、趋势、系统等组态），控制参数的修改或控制方案的更新。维修工程师可调用维修画面了解系统的状态、故障等信息及有关提示。

2. 应用处理机（AP）

应用处理机是以微处理器为基础的计算机站和文件服务站，是具有系统管理和信息综合功能的工作站。其主要功能如下。

（1）系统和网络管理。收集系统性能统计、实现站的重装、提供广播报文、处理系统内各站的报警和报文，维持各站的同步时间，进行网络的系统管理等功能。

（2）数据库管理。采用工业标准关系数据库 INFORMIX—SQL 管理系统，对系统接收和产生的数据文件进行存储、操作和检索。

（3）文件请求。AP 中的文件管理器用于管理与 AP 相连的大容量存储器有关的所有文件请求，也支持从一个站存取另一个站的文件。

（4）历史数据管理。历史数据的收集、计算、存储功能。可保存出错、报警状态及操作员动作的历史，还可以存储其他站发生的错误、报警等历史数据。

（5）图形显示支持。对显示格式进行存储、检索和重新定义，可通过对图形数据的存取来支持图像显示，可为显示画面进行文件管理，也可执行显示画面和趋势的服务程序。

（6）应用程序的开发和执行。应用处理机存储了与系统操作有关的所有软件包，并能对生产操作数据不断更新并进行归档处理。应用处理机对系统内的其他站进行装载，并执行应用功能的任务。对于小型系统，可用 PC 完成。

3. 应用工作站（AW）

应用工作站 AW 是应用处理机 AP 和操作站处理机 WP 的结合，它既能作为应用处理机，承担网络服务器功能，又能作为人机界面，为操作员提供图形和文件，完成对生产过程操作和管理的功能，它也可以作为 I/A Series 结点总线上其他站的上位机。AW 的应用范围可从最小的功能，例如内存映像的存储、报警和事件及历史数据的存储等，到大范围的应用，例如先进控制、第三方软件的使用、数据库管理和程序开发等。

4. 通信处理机（COMP）

通信处理机 COMP 作为 I/A Series 系统的一个结点，提供与外部设备的互连，配有四个 RS232—C 兼容的串行接口，用来把从网络各站收集来的标准报文翻译成特定报文。其主要功能如下。

（1）出错和标准报文打印。通信处理机按各站请求输出报文的优先级进行报文打印，保证了最高优先级报警信息的及时传递。

（2）报文和大批量打印处理。

（3）报文后备功能。为防止设备故障或锁定时能及时处理报文，通信处理机通过组态可对每一个连接设备规定第一和第二后备设备，以便未打印的报文送入后备设备进行处理。

（4）终端用户接口功能。提供给用户的软件编程接口，默认终端为 DEC 的 VT—100。

5. 软件系统

I/A Series 系统的软件是基于 SUN 公司的 Solaries 操作系统，与 UNIX 系统的 V 兼容。由于系统的开放性，第三方软件可方便地被移植到系统中。在 I/A Series 系统中，主要的应用软件包括如下。

（1）综合控制软件包。把连续、梯形逻辑和顺序控制功能综合为一体，可实现各种先进控制方案，并提供 EXACT 自整定功能，将人工智能应用于过程控制。

（2）组态软件包。提供多种组态程序，如系统组态程序、控制组态程序、画面组态程序、报警组态程序和历史数据组态程序等。组态软件可在 PC 上运行，使系统在未安装前即可组态，从而缩短工期。

（3）人机接口软件。I/A Series 系统中所有操作站都运行一个人机接口软件包，确保系统中所有操作站的一致性。

（4）高级应用软件包。I/A Series 系统配有多种高级应用软件包，包括生产模型软件、过程优化软件、数据验证软件、电子表格、物理性能库、性能计算库和数学库等。这些应用软件为用户更好地应用分散控制系统优化生产和优化管理提供了技术保障。

四、Teleperm—XP 系统

Teleperm—XP 分散控制系统是德国西门子（SIEMENS）公司于 20 世纪 90 年代在其早期产品 Teleperm—ME 分散控制系统的基础上推出的新一代分散控制系统。Teleperm—XP 系统主要由 AS620 自动控制系统、OM650 操作监视系统、ES680 工程管理系统、DS670 诊断系统以及将它们连接在一起的 SINEC 总线系统所组成。Teleperm—XP 系统的结构如图 6-9 所示。

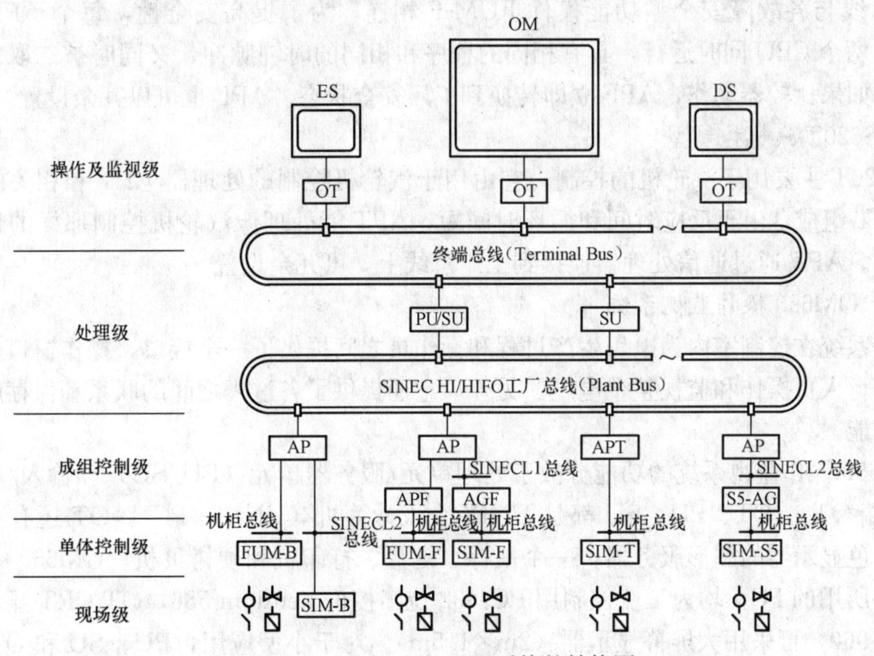

图 6-9　Teleperm—XP 系统的结构图

（一）AS620 自动控制系统

AS620 自动控制系统不仅具有模拟量和数字量的数据采集、开环和闭环控制功能，还具有与开环和闭环控制相关的保护功能。AS620 是模块化的自动控制系统，用户可以根据实际情况灵活配置及扩展，能实现不同层次的控制，从简单的单项控制到整个电厂的协调控制。根据不同的要求（如测量的重要程度、与安全有关的任务、快速控制任务等），主要有三种不同类型的 AS620。

1. AS620B 基本型

这是一种基本系统，主要用于对安全性能无特殊要求的自动控制任务，如汽水循环、烟风控制等。既可集中布置在电子设备间，也可分散布置在厂区内的使用现场。

AS620B 由两部分组成：自动处理器 AP、功能模件 FUM-B 或信号模件 SIM-B。自动处理器 AP 是 AS620B 自动控制系统的核心。AP 的硬件是 SIMATIC 中央处理单元，它用以完成开环控制、闭环控制和保护等自动化功能。它有一个内容丰富的电厂专用功能块库，通过 ES620 工程系统以图形方式进行功能块的连接，然后自动生成 AS620 程序代码，完成对 AS620B 自动控制系统的组态。AS620B 通过通信处理器将自动处理器连接到 SINEC 工厂总线上，各自动处理器通过 SINEC 工厂总线进行相互通信，也能同普通的过程控制装置进行通信。功能模件 FUM-B 或信号模件 SIM-B 是用于连接过程设备如传感器、执行器的模件，其中 FUM-B 是用于集中布置的功能模件，它安装在电子设备间的机柜内，通过机柜总线（Cabinet Bus）与自动处理器 AP 相连；SIM-B 模件直接安装在现场设备附近的就地站中，通过 SINECL2 DP 总线系统与自动处理器 AP 相连。

2. AS620F 故障安全型

AS620F 型主要用于故障安全型的保护和控制任务，它由故障安全的自动处理器 APF 和故障安全的功能模件 FUM-F 组成。APF 通过电缆或光纤电缆连接到自动处理器 AP 上，经机柜总线与各故障安全型功能模件 FUM-F 相连。为了提高安全性，每个 APF 有两个 CPU，这两个 CPU 同时运行，具有相同的程序和相同的时钟脉冲，又同时被二取二比较器所监控。如果比较器动作，APF 立即转换到工厂安全状态。APF 也可以冗余设置。

3. AS620T 汽机控制型

AS620T 主要用于汽轮机的控制，它由用于汽轮机控制的处理器 APT 和相关的外围模件 SIM－T 组成，由于反应时间和循环时间短，APT 能处理像汽轮机控制那样的快速闭环控制任务。APT 通过通信处理器连接到工厂总线上，可冗余设置。

（二）OM650 操作监视系统

该子系统在控制室内为电厂生产过程和操作员之间提供了一个接口，操作窗口的设计可以允许运行人员操作和监视整个电厂。另外，它还提供了各过程之间的联系和保存所有详细数据的功能。

OM650 操作监视系统的功能分散于处理单元/服务器单元（PU/SU）和输入/输出终端（操作终端 OT）。OT、PU、SU 都是 UNIX 个人计算机（UNIX—PC），OT 还有一个可连接四个彩色显示器的图形服务器，一个鼠标、键盘、打印机和硬拷贝机。OM650 中的 OT、PU、SU 所用的 PC，均为工业控制用 PC：32 位工控机 Pentium 586，OT CRT 显示器分辨率 1280×960，可采用大屏幕显示器（2m×1.5m）。对于小型应用，PU、SU 和 OT 的功能可以综合在一个压缩单元（Compact Unit，CU）内。

（三）ES680 工程管理系统

工程管理系统 ES680 是 Teleperm—XP 的组态中心，可对过程自动控制系统 AS、操作监视系统 OM、总线系统及所需的硬件进行组态。ES680 的软件系统是由全图形支持的数据库系统，是基于国际认证的标准化的软件，如 UNIX 操作系统和相关数据库，X/Windows 和 OSF－Motif。工程设计是面向过程工程任务定义的，因此，对工程设计人员来说并不需要有仪表和控制系统软件方面的专门知识。

（四）SINEC 总线系统

SINEC 总线系统用于实现仪表和控制部件之间的内部通信，以及和其他产品外部系统的通信，满足ISO/OSI模型七个功能层通信协议的体系结构。SINEC总线系统由工厂总线和终端总线两部分组成。工厂总线是用于自动控制系统（AS620B，F，T）和OM650操作监视系统以及ES680工程管理系统的处理单元/服务器单元（PU/SU）之间的通信，终端总线用于OM650操作监视系统、ES680工程管理系统的处理单元/服务器单元（PU/SU）与操作终端OT之间的通信。

局域网（LAN）的SINECHI或SINECHIFO满足IEEEE 802.3协议标准（CSMA/CD），以太网可以用不同的传输介质，SINECHI为同轴电缆，SINECHIFO为光纤电缆，传输速率为10Mb/s。

（五）DS670诊断系统

DS670诊断系统的功能主要包括如下几点：

（1）自动地识别和采集仪表控制系统的故障。

（2）处理被识别的故障，在仪表控制布局图上以图形方式压缩（报警压缩）显示。

（3）以交互方式指导操作员进行故障定位。

（4）以图形或文本形式进行故障显示。

（5）记录、统计和评估功能。

另外，Teleperm—XP分散控制系统还具有一些新的信息功能和自动控制功能，如负荷裕度预测计算机、PI状态反馈控制器和模糊逻辑控制器等。

五、XDPS—400系统

XDPS是上海新华控制工程公司新华分散处理系统（XinHua Distributed Processing System）的缩写，代表了新华的产品系列。1994年，该公司将系统升级为XDPS—400分散控制系统。这套系统在50、125、200MW以及300MW机组上已有上百套投入运行，与八种进口的的DCS系统相比，功能相当并在控制组态界面上超过了进口的DCS，硬件可靠、全汉化显示及适合国情的应用软件运行稳定。从XDPS—400的总体结构及应用业绩上看，XDPS已开始在300、600MW等级大型机组上推广应用，替代进口的DCS系统。上海新华控制公司在XDPS—400系统的基础上，经过两年倾注研发，2004年成功推出新一代XDPS—600开放性DCS系统，已在两个电厂试运行。新系统采用了系统非崩溃/自愈性设计等新技术，有效提高了系统可靠性，具有规模可缩放效应的实时数据库系统，不仅为DCS系统规划拓展提供平台支持，而且为电厂厂级监控信息系统（SIS）提供了与DCS无缝集成的一体化平台保证。

（一）XDPS—400系统结构

XDPS—400系统采用总线型网络结构，主要由高速数据网和连接在网上的MMI（人机接口站）与DPU（分布式处理单元）等三大部分组成，其系统结构如图6-10所示。通过起隔离作用的路由器，XDPS—400系统的高速数据网很容易连入厂级MIS网。

（二）XDPS—400系统的主要组成部分

1. 高速数据网

高速数据网可以分为实时数据网和信息数据网两个部分。实时数据网通常为冗余的总线式网络，用于完成实时信息的传递；信息数据网一般由操作系统直接支持文件与打印共享的通用网络。由于DPU没有打印和文件共享功能，因此信息数据网只连接MMI。

在小系统或低速SCADA的应用中，实时性要求低，这时可采用一条网络实时信息的传

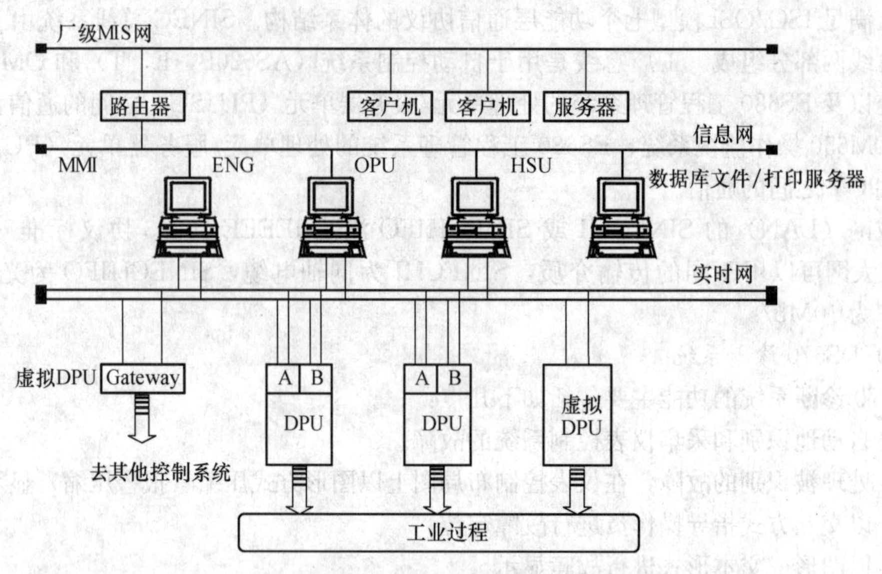

图 6-10　XDPS—400 系统的结构图

送及文件与打印共享。

2. DPU 分布式处理单元

DPU 分布式处理单元是 XDPS—400 的过程控制站，也是 DCS 的核心。DPU 存储系统信息和过程控制策略与数据，通过冗余的实时数据网络与 MMI 结点及其他 DPU 连接，通过 I/O 网络与 I/O 站结点连接，以提供双向的信息交换，实现各种控制策略，完成数据采集、模拟调节、顺序控制、高级控制以及专家系统等功能。

3. I/O 站

I/O 站由机箱、总线板、通信卡及 I/O 卡组成。

每个 I/O 站可安装 14 块卡件。其中，通信卡 2 块，I/O 卡 12 块。通信卡与冗余 DPU 通信，I/O 卡分别与相应端子板连接，I/O 站根据现场应用场合的不同可以灵活配置。I/O 站与 DPU 安装在 DPU 机柜内，DPU 柜与 I/O 端子柜配合使用。

I/O 卡件主要用于输入/输出信号的转换与处理。卡件的类型主要有：模拟量输入卡（AI）、模拟量输出卡（AO）、数字量输入卡（DI）、开关量输出卡（DO）、脉冲量输入卡（PI）、回路控制卡（LC）、伺服控制卡（LCS）、转速测量卡（MCP）、伺服阀控制卡（VCC）、I/O 通信卡（BC）。

4. MMI 人机接口站

MMI 可被用作工程师站（ENG）、操作站（OPU）、历史记录站（HSU）。所有功能又可在一个 MMI 上实现。MMI 面向操作者，以流程图、棒状图、曲线、表格、按钮、对话框等方式提供数据，“解释”操作指令并送到 DPU。通过 MMI，操作人员和工程师可对监控过程进行干预和修改，还可在网上任一台打印机上打印任何所需的资料。XDPS 的数据记录统计功能也在 MMI 上完成。

（三）XDPS—400 系统的功能和特点

XDPS—400 系统的硬件为标准的工业 PC。

软件基于 Windows 95/Windows NT，采用多用户汉化图形显示，分辨率可达 1280×

1024真彩色。具有方便直观的符合IEC—1131—3的DPU图形组态、图形显示、生成报表和统计记录及在线控制的工具软件，全汉化显示、支持中英文显示界面。

使用分布式实时数据库，对网上各结点透明。全局数据库容量达16000点模拟量、48000开关量。

采用成熟的计算机网络通信技术，构成高速的冗余实时数据网，符合IEEE 802.3标准，通信速率10Mb/s/100Mb/s。网络上结点数1～250个任意配置。采用无主无源同轴电缆或光缆连接，单个结点故障不影响系统。

第三节 分散控制系统的过程控制站

过程控制站是分散控制系统中实现过程控制的重要设备，它是一个可独立运行的计算机监测与控制系统，同时它又作为分散控制系统控制网络上的一个结点。目前大多数分散控制系统中的过程控制站均能同时实现连续控制、顺序控制和逻辑控制功能。其中，直接数字控制主要用于生产过程中连续量（模拟量）的控制；顺序控制主要指生产过程中离散量（开关量）的控制；而批量控制既可以实现连续量的控制，又可以实现离散量的控制。

一、过程控制站的硬件

不同厂家的分散控制系统，其过程控制站的名称不尽相同，如TDC—3000中称作基本控制器BC（Basic Controller）和多功能控制器MC（Multi-function Controller）；在WDPF中称为分散处理单元DPU（Distributed Process Unit），在Ovation中称为控制器（Controller）；在INFI－90系统中称为过程控制单元PCU（Processes Control Unit），在Symphony系统中称为现场控制单元HCU（Harmony Control Unit）；在Teleperm—ME和Teleperm—XP中称为自动控制系统AS（Automation System）等。尽管不同分散控制系统中过程控制站的名称各异，但其结构形式大致相同，一般都是由安装在机柜内的一些标准化模件组装而成的。由于过程控制站采用高度模块化的结构，系统可以根据过程监视和控制的需要进行灵活的配置，形成不同的系统规模。构成过程控制站的通用型设备主要包括机柜、电源、控制模件、输入/输出模件、通信接口等。

（一）机柜

过程控制站的机柜一般是用金属材料制成的立式柜。柜内装有多层机架，供安装电源和各种模件之用。为保证柜内电子设备良好的电磁屏蔽，柜与柜门之间保证有良好的电气连接，且要求机柜可靠接地，接地电阻不大于4Ω，以保证设备的正常工作和人身安全。

为保证柜内电子设备有效地散热降温，机柜中一般装有风扇，以提供强制通风冷却。为防止灰尘侵入，在与柜外进行空气交换时，宜采用正压送风，将柜外低温空气经过过滤网过滤后压入机柜。大多数机柜内还设有温度自动检测装置，当柜内温度超过正常工作范围时，会产生报警信号。过程控制站工作的环境温度允许范围一般为0～55℃。

过程控制站内还设有各种总线系统，例如电源总线、I/O总线、控制总线、接地总线等，有些总线是由安装在机架背后的印刷电路板构成的，有些总线是由机架之间的扁平电缆或其他专用电缆构成的，有些总线是由装设在机柜侧面的汇流条构成的，有些则是由DIN导轨构成的。

（二）电源

过程控制站的供电来自220V或110V交流电源，这个交流电源一般是由分散控制系统的总电源装置分配提供的。交流电源经过程控制站内的配电盘、断路器给直流稳压电源及系统供电。

每一个过程控制站均采用两路单相交流电源供电，两路互为冗余，机柜内配置的冗余电源切换装置负责自动切换。此外，采用交流电子调压器，防止网上电压波动，保证提供的交流电源有稳定的电压。在控制过程连续性要求较高的应用场合，应装设不间断电源UPS。

过程控制站内各功能模件所需电源通常为直流电源，一般有+5V、±12V、±15V、+24V等。因此，过程控制站内必须具备直流稳压电源，将交流电源转换为适应内部各种模件需要的直流电源。通常情况下，+5V、±12V供给控制计算机和各种功能模件使用，+24V供给端子板、测量仪表电源和手操器使用。直流电源采用冗余配置，互为备用，以提高可靠性。

（三）控制模件

控制模件是过程控制站实现数据采集与控制的核心，它通过过程控制站内部总线与各种I/O模件进行信息交换，实现现场的数据采集、存储、运算和控制等功能。控制模件一般由CPU、存储器、总线等组成。

1. CPU

目前各厂家生产的DCS过程控制站已普遍采用了高性能的32位CPU。如摩托罗拉公司生产的68030、68040和英特尔公司生产的Pentium系列产品，时钟频率已达到133～800MHz。配有浮点运算协处理器，数据处理能力大大提高，工作周期大大缩短（0.2～0.1s），并可执行更为复杂、先进的控制算法，如自整定、自适应控制、预测控制和模糊控制等。随着CPU的迅速发展，在DCS中使用新型芯片、扩展其功能是必然的趋势。

2. 存储器

存储器一般分为只读存储器（ROM）和随机存储器（RAM）两部分。

只读存储器（ROM）为功能模件的程序存储器，用来存放系统启动程序、基本I/O驱动程序、数据采集程序、控制算法程序、系统组态程序、时钟控制程序、模件测试和自诊断程序、系统通信、管理模块等支持系统运行的固定程序。一旦通电，固化在ROM中的程序便可保证系统正常工作。

系统程序均由DCS制造厂固化在系统ROM中，用户无法更改。ROM的容量一般在数百KB以上。

随机存储器（RAM）是功能模件的工作存储器，它为程序运行提供了存储实时数据和中间计算结果的必要空间。用户在线操作时需要更改的参数，如采集的数据、设定值、中间运算结果、最后运算结果、报警限值、手动操作值、PID整定参数、控制指令等都存放在RAM中。为了防止断电时RAM中的数据丢失，一般都设有备用电池，保证10天以上不丢失数据。RAM的容量一般为数百KB至数MB。

3. 总线

控制模件上的总线是该模件所有数据、地址、控制等信息的传输通道。它将模件上的各个部分以及模件外的相关部件连接在一起，在CPU的控制和协调下使模件构成一个具有设定功能的有机整体。

4. 控制模件的特点

控制模件不仅采用了高效CPU、高效通信信道等结构，而且它还采用了实时多任务并行操作的运行模式，使它能够很好地执行复杂的过程控制任务。另外，它的结构完全按照工业过程控制要求的特性而设计，有很多适用于过程控制的特点。

（1）汇集多种类型的控制方案。控制模件可以同时完成模拟调节、顺序控制、数据采集等控制任务。它具有先进过程控制算法，使模件的任务分配不受其功能的限制，完全可以遵照工程师对被控过程的了解，灵活地分配系统中的控制处理器。

（2）内置实时多任务的操作系统。控制模件内的控制策略可分成多个不同的部分，并且每部分都具有不同的执行周期。这样可以使同一控制器同时控制具有不同要求的过程对象，并对过程实现相应的分级管理。

（3）具有在线组态的能力。控制模件具有在线修改组态相关参数的特性，允许模件不必退至组态方式就可修改相应的参数。这一特性将大大方便用户对组态的维护，同时也有助于系统在现场的调试与改进。

（4）采用冗余化的结构。冗余的控制模件在主、从之间可自动完成切换，无需人工干预。由于在控制模件间随时交换着运算结果、中间变量等数据，所以在完成切换的过程中，不会丢失任何数据。

（5）固化多种类型的算法功能模块。在控制模件内，固化着多种能够满足用户各种控制策略设计需要的算法功能模块。

（6）强调相互独立的运行模式。控制模件间的通信将自动建立而不需要人工干预，也互不影响。如果一个控制模件故障，或者拔出及投运都不影响其他控制器的工作。如果与控制器通信的设备故障，也同样不影响控制器其他功能的执行。

（7）实现上电自动工作。控制模件在上电过程中无需人工干预，它将自动进入正常工作状态。

（8）满足带电插拔的条件。控制模件可以在线带电插拔，使维护过程和更换变得非常方便。

（四）I/O模件

在过程控制站中，种类最多、数量最大的就是各种I/O模件，它们是为分散控制系统的各种输入/输出信号提供信息通道的专用模件。根据实际生产过程中需要监视和控制的信号种类，一般DCS中的I/O模件包括模拟量I/O模件、开关量（数字量）I/O模件和脉冲量输入模件以及一些特殊过程变量的输入输出模件等。

由于信号的类型、幅值大小等不同，生产厂家通常提供不同型号的模件，例如模拟量输入信号有0～10mA（DC）、4～20mA（DC）或1～5V（DC）；热电阻信号；热电偶信号和滑线电阻信号等。多数DCS产品可以找到配接信号类型的模件，有的DCS系统针对模拟量输入信号类型、幅值大小的不同，增设了信号调理器（或信号调整卡），把它们处理成统一的模拟量信号［如1～5V（DC）］，再输入到相应的模拟量输入模件中，除了模拟量输入的信号调理卡外，还有模拟量输出、开关量输入、开关量输出、脉冲量输入和输出的信号调理卡等。

为了保证现场I/O通道不受外界的干扰和偶然出现的高电压、大电流干扰信号的破坏，I/O模件必须配备各种隔离和保护电路，如开关量信号输入、输出的光电隔离，模拟量信号输入采用隔离放大器隔离等。

各种I/O模件在设计时为保证其通用性和系统的可组态性，在板上常设有一些用于改变信号量程与种类的跳线或开关，并有一组地址设置开关，用于本模件地址的确定，在系统安装时必须按组态数据仔细设定。

当前I/O模件的发展趋势是进一步智能化，通过在I/O模件上应用微处理器，使其成为一个可独立运行的智能化的数据采集与处理单元，可自动地对各路输入信号巡回检测、非线性校正及补偿运算等，将数据采集、运算处理和控制输出等集于一体，使原来控制模件承担的工作进一步分散，提高了控制模件的工作效率，也使整个系统的可靠性进一步提高。

1. 模拟量输入（AI）模件

（1）基本功能。AI模件的基本功能是对多路输入的各种模拟电信号进行采样、滤波、放大、隔离、输入开路检测、误差补偿及必要的修正（如热电偶冷端补偿、电路性能漂移校正等）、工程单位转换、A/D转换等，以提供准确可靠的数字量。

（2）输入信号类型。根据生产厂家及用途不同，每个AI模件可接收4～64路模拟信号。这些模拟信号一般是传感器检测到的现场物理量或化学量，并经变送器转换而得到的相应电信号。常用的输入模拟量电信号有以下几种。

1）电流信号。来自于各种温度、压力、位移等变送器。一般采用4～20mA的标准电流，也有采用0～10mA或0～20mA等电流范围的。

2）毫伏级电压信号。来自于热电偶、热电阻或应变式传感器。

3）常规直流电压信号。来自于一切可输出直流电压的各种过程设备，AI模件可接收的电压范围一般为0～5V（DC）或0～10V（DC）或－10～＋10V（DC）。

（3）结构和组成。AI通道的硬件一般由信号端子板、信号调理器、A/D转换器等部件组成。在结构设计上，有的是将这些组成部分统一在一块模件上，有的则分为2～3块模件加以实现，但其基本组成部分和基本功能大同小异。AI通道各组成部分及其作用如下。

1）信号端子板。其主要作用是用来连接输送现场模拟信号的电缆。对于每一路模拟信号，端子板提供正、负两极和屏蔽层接地共三个接线端子。在端子板上一般还设有用于热电阻输入的冷端补偿热敏电阻和系统电源的短路电流保护电路，有的厂家的端子板上还设有电流/电压转换电路，把输入的毫安电流信号转换成统一的标准电压信号。

2）信号调理器。是对每路模拟输入信号进行滤波、放大、隔离、开路检测等综合处理，为A/D转换提供可靠的、统一的与模拟量输入相对应的电压信号。为使AI模件具有良好的抗干扰能力，适应较强的环境噪声，每个信号通道上都串接了多级有源和（或）无源滤波电路，且采用差动、隔离放大器，使现场信号源与分散控制系统内的各路信号有良好的绝缘（一般而言在500V以上）。信号调理器中的开路检测电路，可用来识别信号是否接入以及检查热电偶等传感器是否故障。目前，各厂家的信号调理器具有较高的共模抑制比，一般为90～130dB，而50Hz工频信号的串模抑制比一般为40～80dB。

3）A/D转换器。用来接收信号调理器送来的各路模拟量信号和某些参考输入（如冷端参考输入等）。它由多路切换开关按照CPU的指令选择某一路信号输入，并将该路模拟量输入信号转换成数字量信号送给CPU。A/D转换器的分辨率不断提高，有18、20、22、24位的A/D转换器，在已经投入使用的600MW机组分散控制系统中，多数采用的是24位分辨率的A/D转换器，其精度约为0.02%，转换时间一般在100μs左右。目前，有些厂家的A/

D转换器分辨率已提高到32位。为进一步提高系统的抗干扰能力，A/D转换器与输入信号之间通常采用隔离放大器或光电耦合器进行电气上的隔离；有的产品将A/D转换电路放置在一个金属罩中，以加强屏蔽效果。

目前，新型的AI模件采用了微处理器，其功能得到了扩展，灵活性和广泛性也得以提高。

通用AI模件的组成如图6-11所示。

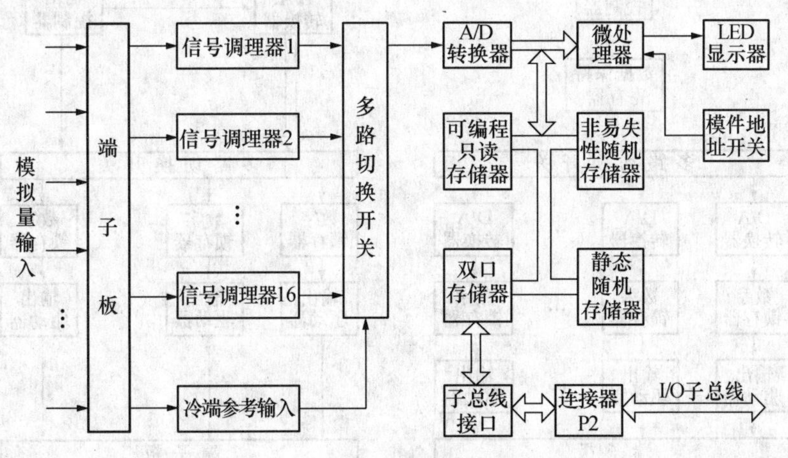

图6-11　通用AI模件的组成框图

2. 模拟量输出（AO）模件

（1）主要功能。将计算机输出的数字量信号转换成外部过程控制仪表或装置可接受的模拟量信号，用来驱动各种执行机构控制生产过程，或为模拟式控制器提供给定值，或为记录仪表和显示仪表提供模拟信号。

（2）输出信号的类型。AO模件输出的模拟量信号有电压和电流两种形式。电压输出的特点是速度快、精度高。通常输出的电压有：0/1/2～+5V（DC）、0/2V～+10V（DC）、−5～+5V（DC）、−10～+10V（DC）等。电流信号适宜远距离传输，目前采用最多的输出电流标准为4～20mA（DC）或0～20mA（DC），也有采用0～10mA（DC）、1～5mA（DC）电流标准的。针对有不同输出要求的应用，有的系统提供了各种不同输出信号的AO模件供选用，有的系统则提供了通用型的AO模件，以适应各种应用的需要。

（3）结构和组成。AO模件一般由输出端子板、输出驱动器、D/A转换器、多路切换开关、数据保持寄存器、输出控制器等硬件组成，图6-12给出了两种典型的AO模件的组成框图。

AO模件组成一般有两种形式：一种是每路信号都设置独立的D/A转换器；另一种是各路信号采用一个共用的D/A转换器，前者较为普遍，后者在分散控制系统中也有应用。

一个AO模件一般可提供4～8路模拟量输出。D/A转换的分辨率通常有8、10、12位几种。需要指出的是，各厂家AO模件的输出带负荷能力是有区别的，选用时要特别注意。AO模件一般具有输出短路保护功能，而且，模件与I/O总线（现场总线）之间以及电源之间通常采用了电气隔离措施，以提高系统的抗干扰能力。

3. 开关量输入（DI）模件

（1）基本功能。DI模件的基本功能是：根据监测和控制的需要，把生产过程中的开关量信号（如各种限位开关、电磁阀门联动触点、继电器、电动机等的开/关状态）转换成计

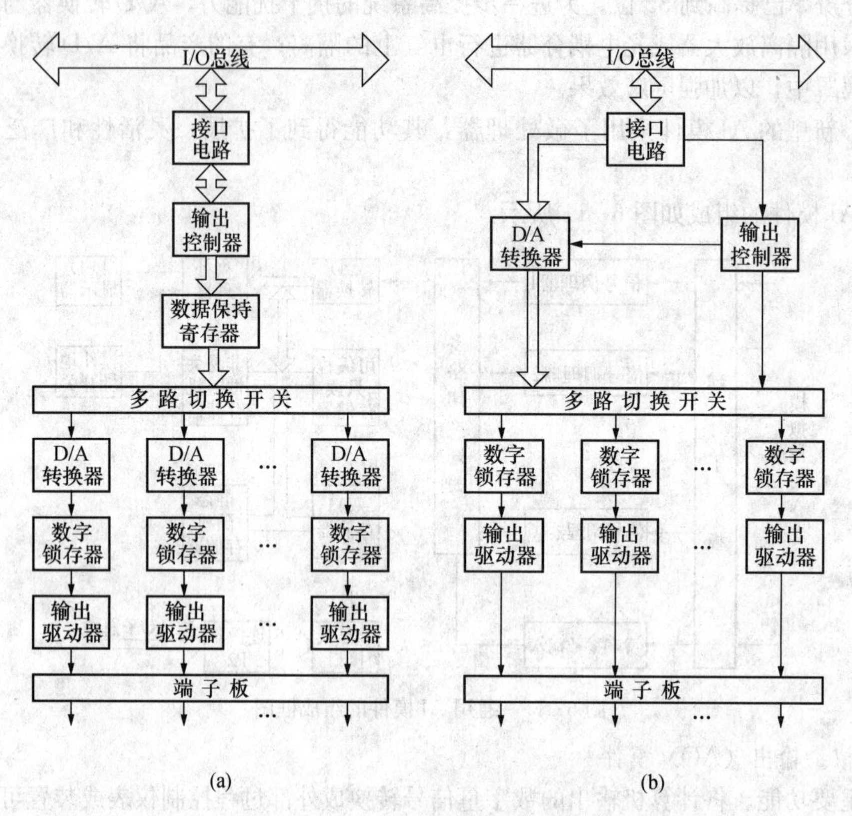

图 6-12 典型 AO 模件的组成框图

(a) 每路信号都设置独立的 D/A 转换器；(b) 各路信号采用一个共用的 D/A 转换器

算机可识别的信号形式。

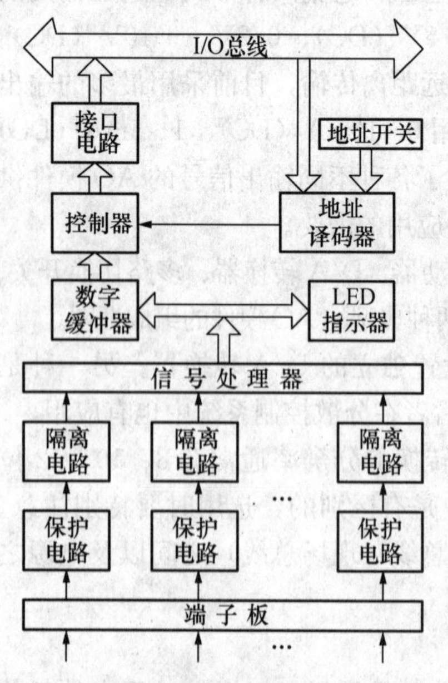

图 6-13 典型 DI 模件的组成框图

(2) 输入信号的类型。DI 模件所接受的开关量输入信号，一般为电压信号，它可以是交流电压，也可以是直流电压。最常见的有：5V、12V、24V、48V、125V (DC) 和 120V (AC) 等几种规格的输入，允许输入误差在±10%左右。

为适应不同电压的开关量输入，有的分散控制系统提供了各种不同规格的 DI 模件，由用户根据需要选配；有的系统则采用具有一定通用性的 DI 模件，通过模件上的路线器设置，来适应不同电压等级的开关量输入。

(3) 结构和组成。分散控制系统所应用的 DI 模件一般由端子板、保护电路、隔离电路、信号处理器、数字缓冲器、控制器、地址开关和地址译码器、LED 指示器等组成，其基本结构如图 6-13 所示。

1) 端子板用来连接传送现场开关量信号的电缆，接收各路开关量的输入。

2) 保护电路对各路输入信号进行限制，实现过流、过压的保护，以避免输入信号过大而烧坏模件。

3）隔离电路将模件与现场信号进行电气隔离，这种隔离通常采用光电隔离方式，且存在于每个输入通道和各通道之间，从而提高了信号的可靠性。

4）信号处理器承担各路输入信号的抖动噪声、检测输入电压是否超过规定的阀值、判断现场设备的开/关状态等任务。

5）数字缓冲器用来存放信号处理器送来的状态判断结果，每一路开/关的状态，相应地由二进制缓冲器内的一位数字的 0 或 1 来表示。

6）地址开关是用来设置 DI 模件地址编码的装置，总线上的板选信号通过地址开关和地址译码器传到控制器。

7）控制器则根据模件选通信号的控制信号，读取数字缓冲器中各输入通道的状态值，并通过接口送至总线，供有关微处理器使用。

8）LED 指示器由每路一个 LED 指示灯组成，用来反映各路现场设备的当前状态（闭合时 LED 点亮，断开时 LED 熄灭）或反映数字缓冲器的开关量输入状态。

除上述基本组成和功能外，有的 DI 模件还设有中断申请电路，当某些输入通道的开/关状态发生变化时，DI 模件可向计算机发出中断申请，以便计算机及时做出处理。

4. 开关量输出（DO）模件

（1）基本功能。将计算机输出的二进制代码所表示的开关量信息，转换成能对生产过程进行控制或状态显示的开关量信号。以控制现场有关电动机的启/停、继电器的闭/断、电磁阀门的开/关、指示灯的亮/灭以及报警系统等的开/关状态，可用来实现局部功能组甚至整个机组自动启停的控制。

（2）信号类型和量程范围。DO 模件输出的开关量信号，随模件的生产厂家和型号不同而异，通常有 20V（DC）（10、16mA），24V（DC）（300mA），60V（DC）（300mA）等电压等级的输出。当然，也存在其他电压（电流）等级的 DO 模件，它们决定了输出通道的带负载能力。

（3）结构和组成。DO 模件一般由端子板、输出电路、输出寄存器、控制器、地址开关与地址译码器、LED 指示器等基本部分组成，如图 6－14 所示。有的 DO 模件还设有故障检测和处理功能，用来检测和处理与 DO 模件相连的计算机的故障，如图 6－14 所示的虚线部分。

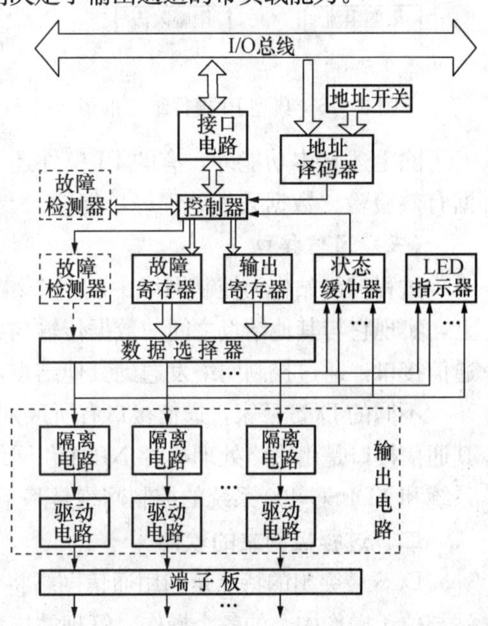

图 6－14　典型 DO 模件的组成框图

1）端子板用来连接现场电缆，向现场有关设备输出开关量信号，端子板一般设有过压、过流保护电路，以保证输出信号的可靠性。

2）输出电路由隔离电路和驱动电路组成，主要作用是使 DO 模件与生产过程控制设备之间实现电气隔离，并为输出开关量信号提供合适的驱动功率，使之具有一定的带负载能力。

3）数据选择器用来选择模件的输出，当与 DO 模件相连的计算机系统正常工作时，数据选择器从输出寄存器中读取数据；当计算机系统故障时，数据选择器则从故障寄存器中读取数据。数据选择器的工作状态由故障控制器决定。

4）故障控制器通常是一个1位锁存器，用来存放当前计算机系统正常/故障的状态信息，并控制数据选择器；而故障的判断与识别则由故障检测器来完成。

5）控制器根据地址译码器输出的模件选通信号和总线上的读/写控制信号，可将总线上的数据信息写入故障检测器、故障寄存器或输出寄存器，并根据故障检测结果设置故障控制器的状态，也可以将状态缓冲器中的DO模件的输出状态和模件状态信息传送到总线上，供相关微处理器系统读取和检测DO模件的状态。

6）LED指示器由每路输出的一个LED指示灯组成，用来反映各输出通道的当前状态。

5. 脉冲量输入（PI）模件

（1）基本功能。PI模件的基本功能是将输入的脉冲量转换成与之对应的且计算机可识别的数字量。

（2）信号类型和量程范围。在生产过程中，有许多测量信号为脉冲信号。例如，转速计、罗茨式流量计、涡流流量计、涡轮流量计、计数装置等的输出。量程范围一般为−55～+55V。

（3）结构和组成。尽管各种PI模件结构各异，但模件的基本组成框图如图6-15所示。

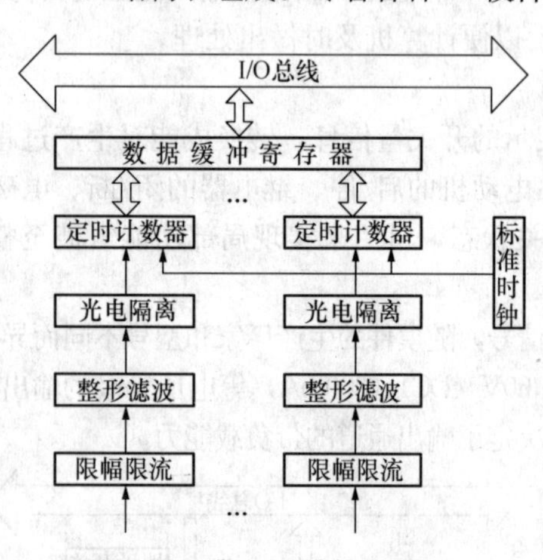

图6-15 典型PI模件组成框图

一块PI模件可以接收1路、4路或8路脉冲信号的输入，每路输入信号经限幅限流、整形滤波、光电隔离后送入各自的可编程定时计数器。定时计数器根据编程的要求，周期性地测量某一定时间间隔内信号的脉冲数量，并及时将脉冲的计数值和相关的时间信息送至数据缓冲寄存器。模件中的定时计数器和数据缓冲寄存器所需的时间信息由标准时钟电路提供。与PI模件联系的计算机通过总线可读取数据缓冲寄存器中各输入通道的数字信息，根据这些信息和用户定义，可计算出每个输入通道对应某一工程量的数字值，如转速、流量累积、速率、脉冲间隔时间、频率等。

除上述基本功能外，有的PI模件还具有更多的功能，如模件状态自检、超时复位、数据有效检验、数据丢失处理等功能。

（五）通信接口

过程控制站作为控制网络中的一个结点，其通信接口就是把过程控制站挂接在控制网络上，实现它与其他结点之间的数据传输与共享。过程控制站采集的信息和输出的控制信息经其通信接口，通过控制网络发送到其他结点，也可通过其通信接口接收其他结点发送的信息。

不同的DCS厂家，通信接口有所区别。如Symphony系统的控制网络采用存储转发环路，其通信接口是由网络处理模件NPM和网络接口模件NIS组成的通信模件对组成；而Ovation系统和XDPS—400系统的控制网络是基于IEEE 802.3的以太网，其通信接口则是以太网卡。

二、过程控制站的软件

DCS最突出的特点是利用通信网络将分散在现场的执行数据采集和控制功能的各过程控制站与位于操作中心的各个操作、管理站连接起来，共同实现分散控制、集中管理的功能。不同DCS的过程控制站在组成和功能上有着较大的差异，有些DCS采用以32位微处理器为基础的功能强大的过程控制站，可以完成对几百（甚至上千）个现场测点（模拟量、开关量和脉冲量）的数据采集和处理，实现几十到上百个控制回路（连续控制回路和顺序控制回路）的运算和控制输出，甚至可以实现如自适应控制、专家系统、预测控制、模糊控制等先进控制功能。所有这些功能的实现必须依靠一套完整的、与之相适应的软件系统来支持。

（一）过程控制站的软件结构

多数过程控制站的软件采用模块化结构设计，如图6-16所示。

过程控制站的软件一般不采用磁盘操作系统，其软件系统一般由执行代码部分和数据部分组成。

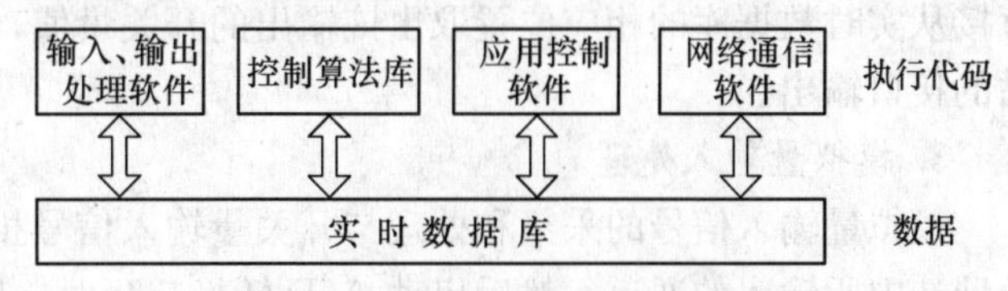

图6-16 过程控制站的软件结构

1. 执行代码部分

执行代码部分包括输入/输出处理软件、控制算法库、应用控制软件和网络通信软件等模块，它们一般固化在EPROM中，执行代码又可分为周期执行代码和随机执行代码。

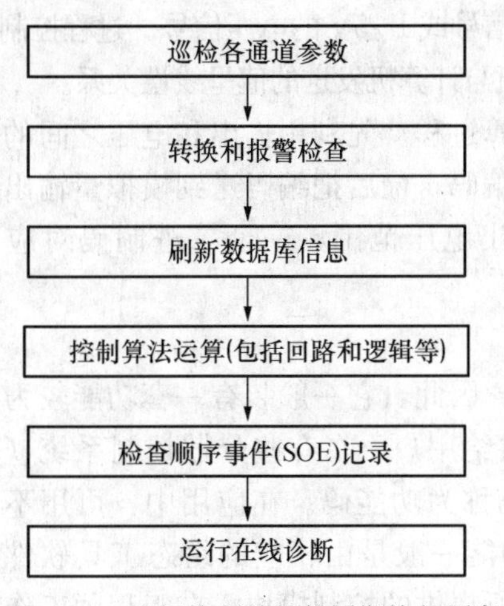

图6-17 现场控制站软件周期执行顺序

（1）周期执行代码完成的是周期性的功能，例如，周期性的数据采集、转换处理、越限检查；周期性的控制运算；周期性的网络数据通信；周期性的系统状态检测等。周期性执行过程一般由硬件时钟定时激活。执行过程如图6-17所示。

（2）随机执行代码完成的是实时处理功能，例如，文件顺序信号处理；实时网络数据的接收；系统故障信号处理（如电源断电等）。这类信号发生的时间不定，若一旦发生，就应及时处理。随机执行过程一般由硬件中断激活。

2. 数据部分

现场控制单元软件系统的数据部分是指实时数据库，它通常保留在RAM中。系统复位或开机时，这些数据的初始值从网络上装入；运行时，由实时数据刷新。实时数据库是整个过程控制站软件系统的中心环节。

过程控制站软件一般采用通用形式，即它的软件可以应用于不同的控制对象，对于不同的对象只需生成不同的数据库和应用图形及控制回路即可，因此要求软件代码与对象无关，不同应用对象只影响数据而不需要修改程序代码。

（二）输入/输出处理软件

通用的过程控制站中，一般固化有开关量输入（DIN）、开关量输出（DOUT）、模拟量输入处理（AIN）、模拟量输出处理（AOUT）、脉冲量输入处理（PIN）、脉宽调制输出处理（PWM）和中断处理（IIN）等数据处理模块。

1. 开关量的输入

开关量只有两种状态，即“开”和“关”。因此，一个开关量可以用数据（机器码）的某一位予以描述，该位为“0”表示“关”，为“1”表示“开”，按数据结构所设定的周期，由硬件时钟定时激活。过程控制站开关量的输入一般是分组进行的，即一次输入操作可以获得 8 个或 16 个开关量的状态，然后将各开关量的状态分别写入到实时数据库所对应的数据位上。大多数的开关量输入需进行报警检测，即只要判别当前值与系统所设的报警值是否一致，若一致，则置报警位。

2. 开关量的输出

开关量输出比较简单，经运算、处理所得的输出开关量存放在实时数据库内，输出软件直接从实时数据库的相应位置取出该输出的开关量值，并与其他各输出位一道通过过程控制站的接口输出。

3. 模拟量输入处理

模拟量输入信号的采集和处理与开关量输入信号相比要复杂得多。其过程为：送出通道地址选中所输入的通道，然后启动 A/D 转换，延时，转换结束读入 A/D 转换的结果，最后进行一系列的数据处理（如尖峰信号的抑制、数字滤波、工程单位的转换、报警检查、仪表测量报警检测、写回数据库等）。

4. 模拟量输出处理

目前，工业控制输出信号等级一般为 4～20mA 的电流信号或 1～5V 的电压信号。过程控制站采用的模拟量输出处理模块多为线性模块，即输出信号的值与计算机发送的值呈线性关系。

模拟量输出处理过程实际上是输入线性转换的逆运算过程。先利用输出和电压之间的转换系数求出输出电压值，然后利用电压值求出二进制的编码，最后把编码送到模拟量输出通道即可。对于一个 12 位的 D/A 转换器和 1～5V 的输出电压范围，一个二进制码对应于（5－1）/4096＝0.000 977（V）的电压值。

（三）过程控制软件

过程控制站是对生产过程实现直接数字控制的设备。因此，它一般装有一套功能较为完善的控制算法库，其中的各种控制算法以模块形式提供给用户。在有些分散控制系统（如 Symphony）中，将控制模块按某一顺序编码，这种编码称为功能码。在应用中，可用不同的功能码代表不同的控制模块。分散控制系统的控制功能一般是由相应的组态工具软件生成，即用户根据生产过程控制的要求，利用控制算法库所提供的控制模块，在工程师工作站上用组态软件生成所需的控制规律（对若干控制模块进行有机结合），然后将所生成的控制规律下装到过程控制站作为过程控制的应用软件，从而实现某一特定的控制功能。对于不同的分散控制系统，其控制算法模块除在模块数目、算法表达式等方面有所差异外，加、减、乘、除、开方、PID 等模块都大致相同。

（四）过程控制站实时数据库的数据类型和结构

各 DCS 产品的过程控制站的实时数据库结构各不相同，但一般通用系统中的实时数据库应该包括系统中的采集点、控制算法结构、计算中间变量点、输出控制点等各种处理点的有关信息，即点索引号、点字符名称（又称仪表号）、说明信息、报警管理信息、显示信息、转换信息、计算信息等，每一点的信息构成一条“记录”，又称“点记录”。

系统中不同的点所对应的信息是不同的，相应地其数据类型和结构也不相同，主要有以下以下几种。

1. 模拟量点的数据结构

模拟量点（包括输入模拟量和输出模拟量）信号数据结构是过程控制站必须支持的一种

结构，它是连接过程控制站的数据采集算法模块、输出模块与应用对象的枢纽。在一个模拟量点数据记录中，应该包括该点的通道信息（信号类型、通道地址等）、转换信息、采样周期控制信息以及极限检测信息，此外还应包括一些方便检索的索引信息，一些供显示和参考用的说明信息。一个模拟量信号的典型数据结构如表 6 - 2 所示。该记录的信息比较全面，整个记录可以分成点索引信息、点当前信息值和状态、采样或输出控制、显示信息、初始信息、报警管理、通道关联数据、转换计算用信息等几个组成部分。

表 6 - 2　模拟量信号数据结构

记录项	字节数	偏移量	说明	数据性质
ID	2	0	点号索引	点索引信息
AS	2	2	点状态字	点当前信息值和状态
AV	4	4	模拟量点值	
RT	1	8	记录类型	采样或输出控制
CM	1	9	命令字	
SC	2	10	采样周期	
SN	1		站号	点索引信息
PN	8	12	点名	
CN	20	20	说明项	显示信息
EU	6	40	工程单位	
IV	4	46	初始值	初始信息
PV	4	50	前周期的值	
AP	1	54	报警等级	报警管理
AMM	1	55	报警时间（月）	
AD	1	56	报警时间（日）	
AH	1	57	报警时间（时）	
AM	1	58	报警时间（分）	
TS	1	59	报警时间（秒）	
HL	4	60	报警上限	
LL	4	64	报警下限	
IL	4	68	报警增量	
DB	4	72	报警死区	
HS	4	76	传感器上限	通道关联数据
LS	4	80	传感器下限	
IP	2	84	输入二进制码	
HA	2	86	通道地址	
SG	1	88	信号转换等级	转换计算用信息
ST	1	89	信号转换类型	
VC	4	90	转换电压	
TC	4	94	转换系数 1	
BS	4	98	转换系数 2	
BS2	4	102	转换偏移量	
CJ	1	106	冷端索引号	

2. 计算量点和设定值点数据结构

在分散控制系统中，有相当多的数据是由采集得到的物理量进行计算得出的，但也有一些数据是操作员从键盘输入的参与一些计算的计算量和设定值，对于这类数据也可定义某种数据结构，表 6-3 给出了一种计算量和设定值的数据结构。

表 6-3　计算量点和设定值点数据结构

记录项	字节数	偏移量	说明	数据性质
ID	2	0	点索引号	点索引信息
AS	2	2	点状态字	点当前信息值和状态
AV	4	4	模拟量值	
RT	1	8	记录类型	采样或输出控制
PN	8	9	点名	显示信息
CN	20	17	说明项	
EU	6	37	工程单位	
IV	4	43	初始值	初始信息
HL	4	47	报警上限	报警管理信息
LL	4	51	报警下限	

在计算量和设定值的数据结构中，一般没有硬件和信号转换信息，且报警也很简单。

3. 开关量（输入、输出）的数据结构

分散控制系统中，开关量信号很多，对这类信息也应定义其数据结构。表 6-4 给出了一种开关量的数据结构定义。

表 6-4　开关量的数据结构

记录项	字节数	偏移量	说明	数据性质
ID	2	0	点索引号	点索引信息
DS	2	2	点状态字	点当前信息值和状态
RT	1	4	记录类型	采样或输出控制
CM	1	5	命令字	
SC	2	6	采样周期	
PN	8	8	点名	显示信息
CN	20	16	说明项	
SD	6	36	置 1 说明	
RD	6	42	置 0 说明	
AP	1	48	报警等级	报警管理信息
AMM	1	49	报警时间（月）	
AD	1	50	报警时间（日）	
AH	1	51	报警时间（时）	
AM	1	52	报警时间（分）	
TS	1	53	报警时间（秒）	
MS	2	54	SOE 时间（毫秒）	事件顺序记录信息
HA	2	56	通道地址	通道关联数据
BP	1	57	位号	
ST	1	58	信号类型	

第四节 分散控制系统的操作员站

分散控制系统的操作员站是运行人员进行过程监视、控制操作和管理的主要设备，它提供了运行人员和系统之间的完整接口，常被称为人机接口（Man Machine Interface，MMI）。操作员站的任务是在标准画面和用户组态画面上汇集和显示生产过程的有关信息，供运行人员对机组的运行工况进行监视，并通过触摸屏或专用键盘进行相应的操作控制。

一、操作员站的硬件组成和基本功能

操作员站的硬件主要由主机、CRT 显示器、键盘、鼠标或球标、打印机等组成。

操作员站的主机通常采用 32 位或 64 位微型机或工作站，随着微处理器及超大规模集成电路（VLSI）技术的发展，分散控制系统操作员的主机正向多处理器的方向发展。

CRT 显示器常采用 21 英寸、分辨率 1280×1024 或更高的触屏或非触屏显示器，目前，随着科技的发展，CRT 显示器正逐步被液晶显示器（Liquid Crystal Display，LCD）所取代。一台主机可配一台或两台 CRT 显示器。

键盘分为通用键盘和专用键盘两种。其中专用键盘采用触摸式平面薄膜键盘，键盘上的按键根据系统操作的实际需要设立，不同系统、不同型号的键盘在按键多少、按键功能和按键排列的设计上各有不同，但通常具有数字和字母输入键、光标控制键、画面显示操作键、报警确认和消音键、运行控制键、专用或自定义功能键，而且这些按键在键盘上一般是按功能相似的方法分组排列的。

打印机是操作员站不可缺少的输出设备，每个操作员站至少配有两台甚至多台打印机，用于输出生产记录和报表以及输出报警和突发事件的记录，同时，多数 DCS 操作员站还配有一台彩色打印机，用来打印屏幕上的图形信息。

传统 DCS 的操作员站通常有操作台，在操作台上有硬报警盘和冷却风扇。操作员站的主机、电源、硬盘和与 DCS 的接口都装在操作台内，CRT 装在操作台上。新型的 DCS 基本不采用专用操作台，因为现在操作员站主机是普通 PC，采用 Windows 2000/NT 操作系统，以太网卡插在 PC 内，控制器也有以太网卡，不需要传统 DCS 那样的网络专用接口，操作员站的 CRT 直接放在桌面上，主机安装在桌子下面，报警采用软报警，时钟由全球定位卫星系统（GPS）的时钟校正，键盘是 PC 的通用键盘。

操作员站的基本功能主要包括如下几项。

（1）收集各过程控制站的过程信息，建立数据库。

（2）自动检测和控制整个系统的工作状态。

（3）在 CRT 上进行各种画面（总貌、区域、分组、回路、趋势、报警、系统状态、流程图等）的显示。

（4）打印报表、状态和报警信息。

（5）选择自动/手动控制方式，调整过程设定值或直接手操输出。

（6）进行在线变量计算和性能计算。

（7）具有磁盘操作、数据库组织、显示格式编辑、程序诊断处理等功能。

二、操作员站的软件

操作员站的软件主要包括操作系统和用于监控的应用软件。

操作系统通常是一个驻留内存的实时多任务操作系统。目前，常采用的有 Windows 2000/NT、UNIX 操作系统，有的也采用其他类型的多任务操作系统，如 Symphony 系统的操作员站 Conductor 采用的是 DEC 的 OPEN VMS。

实时高效的操作员站监控软件有画面及流程显示、控制调节、趋势显示、报警管理及显示、报表管理及打印、操作记录、运行状态显示等。

三、操作员站的操作显示画面

操作员站是 DCS 的人机界面，它主要是通过各种形象直观的动态显示画面，供运行人员对系统进行监视和操作。操作员站的画面显示通常采用窗口（Window）技术，并在 CRT 画面上设计虚拟按键、虚拟键盘和虚拟面板，使用鼠标或球标单击窗口即可调出相应画面、菜单或实现预定功能。

操作显示画面分两类，一类是具有固定格式的标准画面，其画面格式、动态数据、操作方式、静态图形和动态图形已由系统软件规定了，用户可以直接使用或通过简单的组态定义即可使用。操作员站常用的标准显示画面有总貌（Overview）显示、分组显示、回路显示、细目（点）显示、趋势显示和报警显示等，这些显示画面反映了被控对象的实际运行状态，并可以实时调整参数、启停设备、操作阀门等。另一类是具有自由格式的用户显示画面，它是指与具体应用对象有关的显示画面。DCS 生产厂家不可能满足不同用户所需求的所有显示要求，因此，一般的 DCS 都提供相应的软件，供用户设计和生成特定的与应用对象相关的显示画面，即用户显示画面。

1. 总貌显示画面

这是系统中最高一层的显示，它用来显示系统的主要结构和整个被控对象的最主要信息。同时，总貌显示又提供操作指导作用，即操作员可以在总貌显示下切换到任一组画面。目前常用的显示方式有两种即模拟图方式和菜单方式，如图 6-18 所示为模拟图方式的总貌显示画面，如图 6-19 所示为菜单方式的总貌显示画面。

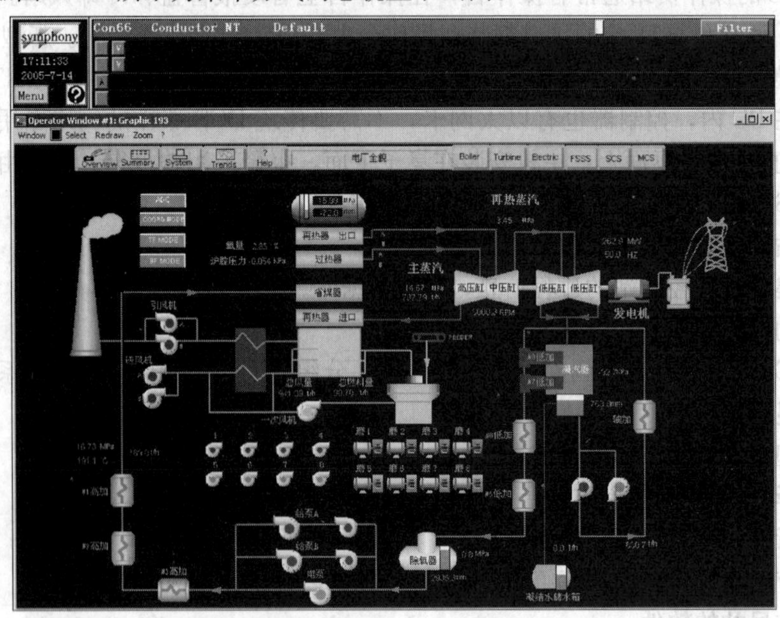

图 6-18 总貌显示画面（模拟图方式）

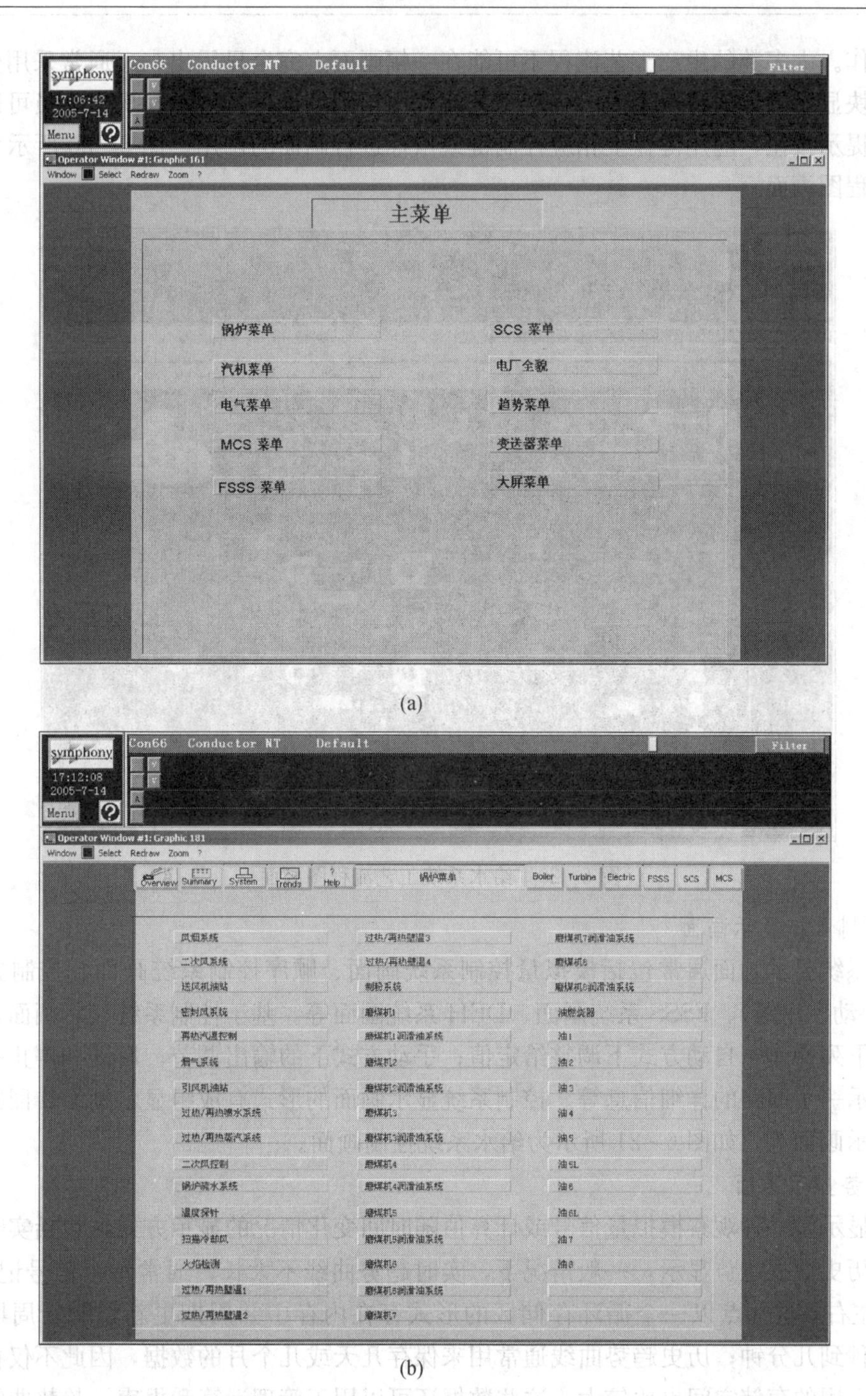

图 6-19 总貌显示画面（菜单方式）

(a) 主菜单；(b) 锅炉菜单

2. 流程图显示画面

流程图显示画面是DCS操作员站的主要显示功能，画面由各种设备、管线、阀门和仪表等图素组合而成，模拟生产工艺流程和运行状态，并附有图形和文字的颜色变化或使其闪烁和改变亮度，采用动态画面可使操作员有身临其境之感，同时在流程图画面上可以直接进行各种操作。大多数的生产工艺流程不可能在一幅画面上完全显示出来，通常采用分层分级显示或分块显示的方式将一个大的生产工艺流程由粗到细地进行展示。操作人员可以通过菜单或画面提示按钮，应用键盘上相应控制键或鼠标进行画面的调用。图 6-20 所示为给水系统工艺流程图画面。

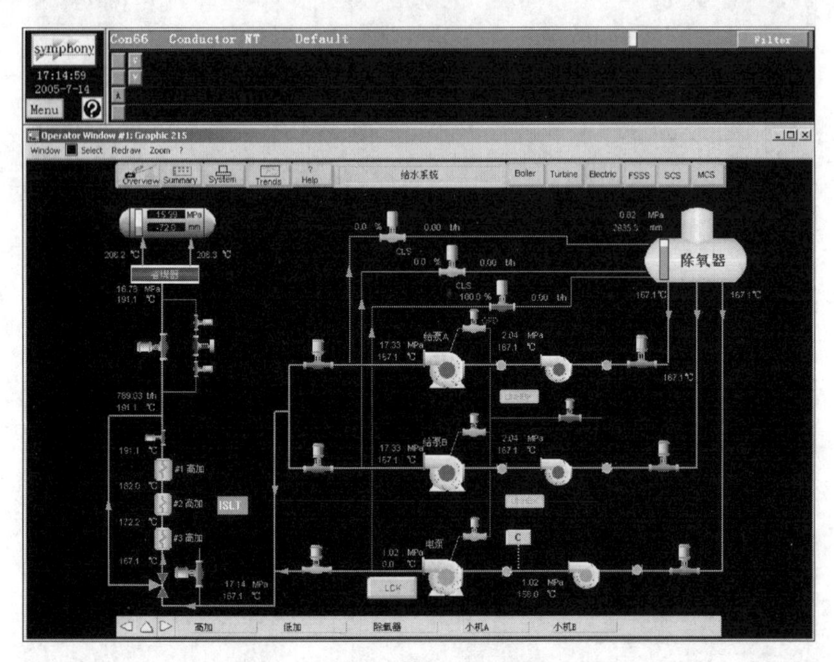

图 6-20 给水系统工艺流程图画面

3. 控制系统显示画面

控制系统显示画面通常包括模拟量控制系统画面、顺序控制系统画面、控制方式切换（自动、手动和串级）、FSSS 系统画面、DEH 系统画面等。基于控制系统显示画面，操作员可以进行下列操作：自动方式下调整给定值；手动方式下的输出调节；启动和停止一个控制开关；显示一个回路的详细信息等。控制系统显示画面的形式有成组显示画面、回路显示画面、点显示画面等，如图 6-21 所示为给水系统控制画面。

4. 趋势显示画面

趋势显示是一种观察模拟量信号或计算值随时间变化情况的显示方式，包括实时数据趋势显示和历史数据趋势显示，一般情况下，实时趋势曲线不太长，通常每个信号记录 100～300 个点左右，这些点以一个循环存储区的形式存在内存中并周期更新，刷新周期也比较短，从几秒到几分钟；历史趋势曲线通常用来保存几天或几个月的数据，因此不仅存储间隔比较长，占用的存储空间也比较大，这些数据还可以用于管理运算和报表。趋势曲线可以用来评价控制参数变更对控制响应的影响，也可以作为目标值改变和加大干扰时对控制量变化的监视，以便决定下一步应该采取的操作。如图 6-22 所示为实时趋势显示画面。

5. 报警显示画面

报警显示画面是对系统中报警信息进行显示、记录和确认的画面。一般 DCS 系统具有以下几种报警显示功能。

（1）强制报警显示：不论屏幕上正在显示何种画面，只要此类报警（通常是重要参数的

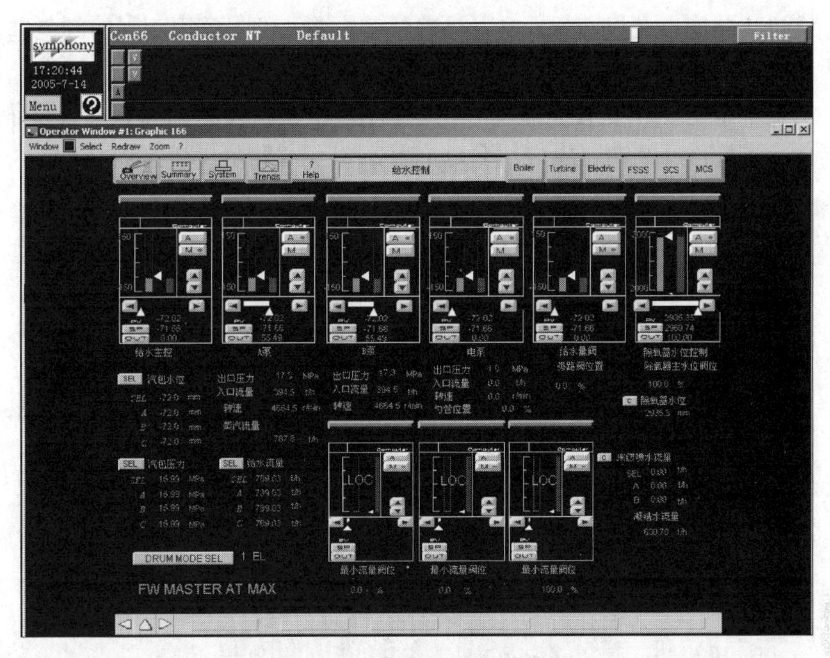

图 6-21 给水系统控制画面

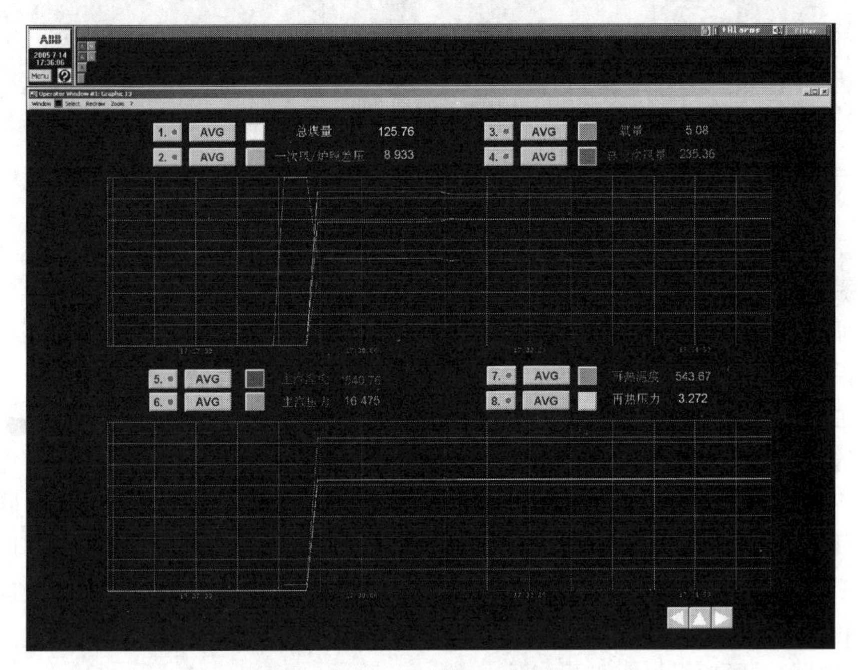

图 6-22 实时趋势显示画面

报警）发生，则在屏幕的上端强制显示出红色的报警信息，闪烁并启动响铃。

(2) 报警列表显示功能：报警画面按时间顺序记录过程数据发生上、下限报警和设备异常等事件，并用颜色变化、文字闪烁和声响来区分报警级别，以引起操作员的注意，立即采取相应的措施。通常每项报警记录中包括报警时间、点名称、报警性质、报警值、报警极限、单位和报警确认信息。

(3) 报警确认功能：在报警列表时，已确认和未确认的报警用不同的颜色进行显示，操作员可以在此画面上确认某一报警。

除了上述显示画面以外，有些DCS系统还有系统状态显示画面、系统性能计算画面、特性监视画面、系统诊断画面、事件记录画面等。图6-23所示为系统状态显示画面。

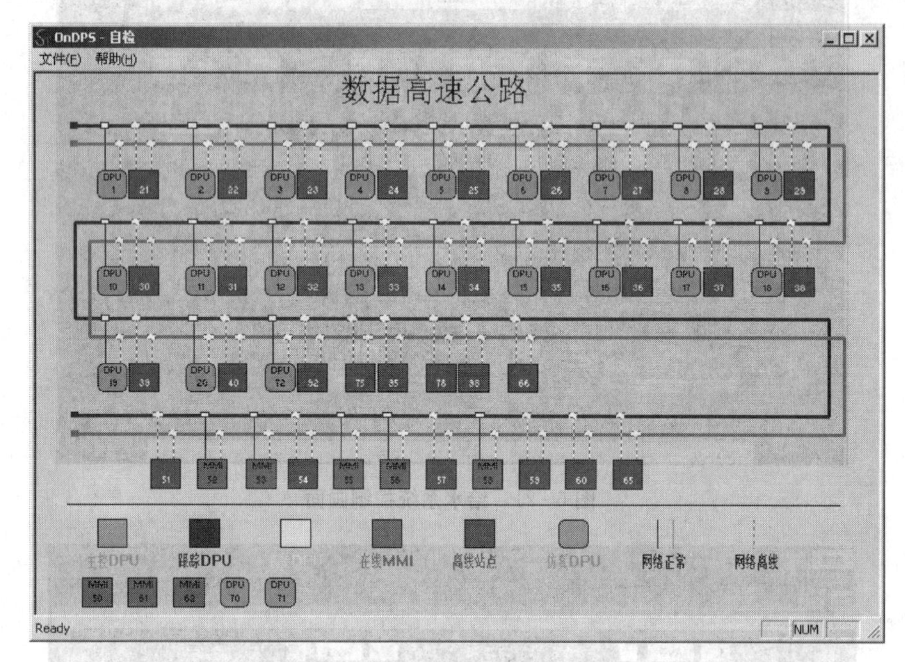

图6-23 系统状态显示画面

第五节 分散控制系统的工程师站

工程师站是一个硬件和软件一体化的设备，是分散控制系统中的一个重要人机接口，是专门用于系统设计、开发组态、调试、维护和监视的工具，是系统工程师的中心工作站。

一、工程师站的组成和基本功能

不同的分散控制系统中的工程师站的配置各具特点，所包含的功能范围也有差别，结构上也有所不同。一般说来，工程师站有两种基本形式：一种是工程师站与操作员站合二为一；另一种是采用独立的工程师站，这种工程师站一般是在PC基础上形成的专用工具性设备。随着PC的发展，其配置已完全能满足系统的要求，可以装载为某一系统设计所需的全部软件包和应用软件，并能良好运行。

工程师站的主要功能包括如下方面。

1. 系统组态功能

该功能用来确定硬件组态和连接关系，以及控制逻辑和控制算法等。其基本组态任务如下。

(1) 确定系统中每一个输入、输出点的地址。例如，确定它们在通信系统的机柜号、模件号、点号，以便系统准确识别每一个输入、输出点。

(2) 建立（或修改）测点的编号及说明字，确定编号及说明字与硬件地址之间的一一对应关系，即标明每一个测点在系统中的唯一身份，以便通过编号及说明字（而不必通过硬件地址）来识别每个测点，从而避免出现数据传输上的混乱。

（3）确定系统中每一个输入测点和某些输出的信号处理方式。例如，输入信号的零点迁移、量程范围、线性化、标度变换、函数转换；对调节机构进行非线性校正输出。

（4）通过组态软件进行系统控制逻辑的在线或离线组态，或利用面向问题的语言和标准软件开发、管理、修改系统其他工作站的应用软件。

（5）选择控制算法，调整控制参数，设置报警限值，定义某些测点的辅助功能（如打印记录、趋势记录、历史数据存储与检索等）。

（6）建立系统中各个设备之间的通信联系，实现控制方案中的数据传输、网络通信、系统调试以及将组态或应用软件下载到各个目标站点上去等。

上述组态信息输入系统且进行正确性检查后，以数据库的形式全部存储到系统设置的大容量存储器中。工程师站的系统组态功能在无需增设其他系统硬件的情况下，工程师可方便地进行分散控制系统的组态，而当系统投运后，还可支持系统的维护。

2. 操作员站组态功能

除对分散控制系统的控制功能进行组态外，工程师还要对操作员站进行组态，其功能包括如下几点。

（1）选择确定系统运行时操作员站所使用的设备和装置，例如操作、显示、报警、记录、存储等设备。

（2）建立操作员站与其他相关设备（包括现场控制设备）之间的对应关系。如用编号及说明字指明设备和画面、为测点选择合适的工程单位等。

（3）利用工程师站提供的标准软件，对监视、记录等所需要的数据库与CRT监控图形和显示画面进行设计与组态。组织与形成操作员站的CRT显示画面是工程师站中的一个重要内容。

3. 在线监控功能

工程师站一般具有操作员站的全部功能。它在线工作时，作为一个独立的网络结点，能够与网络互换信息。因此，它在相关软件的支持下，具有以下功能。

（1）像操作员站一样，在线监视和了解机组当前的运行情况（量值和状态）。

（2）利用存储设备内的数据，在CRT上进行趋势在线显示。

（3）按环路、页在线显示应用程序及其当前的参数和状态。

（4）提供在线调整功能，使工程师站具有及时调整生产过程的能力。

4. 文件编制功能

工程师站的文件编制功能包括如下几方面。

（1）具有支持表格数据和图形数据两种格式的文件系统（数据格式是可变的，以满足各种用户的不同要求）。

（2）具有支持工程设计文件建立和修改的文件处理功能。

（3）具有CRT拷贝和支持文件编制的硬件设备（如打印机、彩色打印机），可以输出所感兴趣的文档资料。

工程师通过利用工程师站的文件处理系统、输入和存储的大量组态信息以及硬拷贝设备，可方便地实现系统众多文件的自动编制和必要的修改功能。

5. 故障诊断功能

在分散控制系统中，工程师站是系统调试、查错和故障诊断的重要设备之一。分散控制系统中的大多数装置都是以微处理器为基础的，利用这些装置的“智能化”特点，可以实现如下功能：

(1) 自动识别系统中包括电源、模件、传感器、通信设备在内的任何一个设备的故障。

(2) 确定某设备的局部故障以及故障的类型和故障的严重性。

(3) 在系统处理启动前检查或在线运行时，能快速处理查错信息。

分散控制系统的故障诊断功能为及时发现系统故障、准确确定故障位置和类型，以便用最好的解决方法迅速排除系统故障，提供了有力的工具。应该指出，此处所指的故障诊断是指控制系统的故障诊断，并非是过程设备的故障诊断。过程设备的故障诊断现已成为一项相对独立的重要工作，它在很大程度上取决于对过程设备的构造、特性和运动规律等的了解，而不取决于分散控制系统本身。

二、系统组态的一般概念

DCS的组态（Configuration）功能已成为工业界很熟悉的内容。DCS组态功能包括很广泛的范畴，从大的方面来讲，可以分为硬件组态和软件组态。为实现一定功能所进行的系统硬件配置称为“硬件组态”，而为硬件系统配置有关信息和形成所需功能的应用软件被称为“软件组态”。实现软件组态的软件工具称为“组态软件”或“组态工具”。

DCS的硬件组态又称为配置，它通常采用模块化的结构。因为硬件的选择与系统的价格关系较为密切，加上硬件的配置与现场的要求联系较紧，因此硬件的基本配置在合同谈判阶段就已确定。一般硬件配置包含下列几方面的内容：工程师站、操作员站的选择；过程控制站的配置（数量、地域分配、每站中各种模件的种类和数量）；电源的选择等。

DCS的软件组态包括系统组态、显示画面组态和控制组态。系统组态完成组成系统的各设备的连接；显示画面组态完成操作员站的各种显示画面间的连接；控制组态完成各控制器、过程控制装置的控制结构连接、参数设置等。趋势显示、历史数据压缩、数据报表打印及画面拷贝等组态常作为画面组态或控制组态的一部分来完成，也可以分开进行，单独组态。

三、控制系统组态

1. 功能模块或算法的种类

功能模块或算法是控制系统结构中的基本单元，其在不同的分散控制系统中有着不同的名称。

功能模块实际上是由分散控制系统厂家提供的系统应用程序。它由不同功能的子程序组成。功能模块通常包括功能名称、序号以及一系列的参数，这些参数定义了该功能模块所实现的功能以及与其他功能模块的连接关系。

功能模块按功能分类，可分为输入与输出类、控制算法类、运算类、信号发生类、转换类、信号选择及状态类等。具体介绍如下：

(1) 输入、输出类功能模块。根据现场信号的类型，输入、输出类功能模块可分为模拟量（包括标准电流或电压信号、热电偶、热电阻信号）、数字量（包括交、直流电压信号，电压等级有不同类型）、脉冲量（通常为高频开关信号）等三大类。输入功能模块完成对输入信号的预处理，包括信号的数字滤波、线性化、开方处理、标度变换、报警限值比较、超限报警、事故报警及信号故障报警等。输出功能模块用来输出模拟量、数字量或脉冲量信号，它包括手动/自动切换、手动信号输出控制方式选择（包括故障时输出值的确定）、超限报警及手动/自动切换时的跟踪处理等。

（2）控制算法类功能模块。控制算法类功能模拟包括常用的控制算法和高级控制算法。常用的控制算法有比例（P）、积分（I）、微分（D）和它们的组合，包括一些改进的PID算法；用于前馈控制的超前滞后控制算法；用于时间比例的控制算法；用于两位或三位式的开关控制算法等。高级控制算法包括自整定PID控制算法；用于纯滞后的Smith预估补偿控制算法；基于过程模型的预测控制算法；模糊控制器算法；神经网络算法等。

（3）运算类功能模块。运算类功能模块包括数学运算和逻辑运算功能模块，它的作用是进行数学或逻辑的运算。顺序功能模块也属于运算类模块，它根据条件的满足与否决定下一步的作用。比较功能模块对数据进行比较运算，因此，也属于运算类。为了提高控制质量和安全性，而提出了一些质量控制和安全控制系统中要用到的数学运算模块。一些控制系统中流量的温度与压力补偿系统、流量累积等系统中也要用到运算模块。

在顺序控制系统中，经常含有大量的逻辑运算模块。为了提高逻辑运算的速度，一些分散控制系统采用了由可编程序控制器来完成顺序控制功能，而信息则在操作员站中显示。对于以连续控制为主的生产过程，则可采用逻辑运算模块，完成顺序控制和逻辑运算的操作。

（4）信号发生器类功能模块。用于产生阶跃、斜波、正弦、方波、非线性信号的功能模块属于信号发生器功能模块。折线近似曲线的方法可以获得非线性，因此属于信号发生器功能模块。有些系统还有时钟数据输出，如用于报表打印、计时和计数等。

（5）转换类功能模块。这类功能模块对信号整形、延时，输出另一相应的信号。例如，根据信号的上升沿或下降沿输出尖脉冲用于计数等；输出一定宽度的方波信号用于信号翻转；在数据通信中，数据集（Data Set）的传送也需要送入相应的转换模块，根据在该模块内的先后顺序依次从接收站的转换模块读出发送站送来的数据。

（6）信号选择和状态类功能模块。信号的多路切换，高、低限以及报警状态都属于该类功能模块。

除了上述各类功能模块外，还有一些模块，例如，系统同步用的时钟同步模块、用于数据报表用的打印模块和报表显示模块等。

附录一给出了几种典型分散控制系统的软件功能模块一览。

2. 组态信息的输入方法

组态信息的输入方法可分为以下两种。

（1）功能表格或功能图法。分散控制系统的控制方案需要通过编程器输入组态信息才能实施。组态信息可通过对不同模块内数据的填写来完成。功能表格是由制造厂商提供的用于组态的表格。功能图主要用于表示连接关系，模块内的各种参数则通过填表法或者建立数据库等方法输入。在顺序逻辑控制组态时，由于功能图可直观地反映逻辑元件之间的关系，因此，其应用较广泛。

（2）编程法。编程法采用厂商提供的编程语言或者允许采用的高级语言编制程序输入组态信息。在顺序逻辑控制的组态和厂商提供的计算模块（用于用户定义）以及优化控制计算编程时，常采用编程法。由于供用户使用的程序容量有限，因此，编制程序的步数有一定限制，为扩大程序容量，例如进行优化计算，必须建立相应的软件接口。

3. 组态软件

组态软件是一种面向过程的编程语言，它提供了友好的用户界面，使用户在不需要编写任何代码程序的情况下，简单方便地生成自己所需的应用软件。现代分散控制系统配套的组态软件功能十分齐全，应用也很广泛，能适应一大类应用对象。它对于不同的应用对象，其系统的执行程序代码部分一般是固定不变的，只需改变数据实体（包括控制回路文件、图形文件、报表文件等）即可，从而大大提高了系统的成套速度，也保证了系统软件的成熟性和可靠性。

4. 组态实例

下面以 Symphony 系统为例，简要说明功能码的组态。

Symphony 系统提供了一系列完成不同基本功能的软件模块，并给每个模块编排了一个唯一的代码，称为功能码（Function Code）。如功能码 19 表示对过程变量和设定值的偏差进行 PID 运算，功能码 80 表示操作站 MFC 的功能，它实现与数字控制站（DCS）及 OIS 等设备之间的接口。Symphony 系统总共规划了 11 大类 255 种功能码（FC1～FC255），见附录一。在 Symphony 系统现场控制单元 HCU 中控制模件的 ROM 中存放有功能码库，它是该控制模件在组态时所能使用的各种功能码的集合。

一个控制方案是由若干个功能块（Function Block）组合而成的。当选用一个功能码添加到控制方案中时，必须为该功能码指定一个块号（即块地址），确定了块地址的功能码称为功能块。为控制方案中的功能码指定块地址，实质上是为功能码在控制方案运行中产生的输出在控制模件的内存中分配一个存储区域。在控制方案中，一种功能码根据需要可以使用多次，但每次使用必须指定不同的块地址，以分别存放功能码在不同使用条件下产生的输出。这样，同一种功能码在控制方案中可以形成多个不同的功能块。这是功能码与功能块的根本区别。

有些功能码只有一个输出 N，有些功能码有多个输出 N，N+1，N+2，…。功能码的第一个输出存放在内存中的地址序号 N（即功能码所有输出顺序存放的首地址序号）就是功能块的块号，通常称为基本块号，其他输出以该基本块号为基础，依次连续地编写块号，功能块实际占用的块地址数等于该功能块输出的个数。一旦功能块的基本块号被选定，则该功能块的其他输出块号亦随之确定。这些被用过的块号不能再安排给其他的功能块（码）。

在 Symphony 的控制方案中，功能块的连接是通过功能码的规格参数和块号来实现的。规格参数（Specifications）用 S 来表示，用下标代表规格参数序号，如 S_1、S_2、S_3、…。规格参数有两种类型：一是从上游功能块的块地址输入的规格参数，称为地址类规格参数；二是影响功能块内部运算的规格参数，称为内部规格参数，一般为可调整的参数。在 Symphony 的功能码手册中，每个功能码都有一个规格参数表，其中列出了功能码的规格参数号（Spec）、可调性（Tune）、默认值（Default）、数据类型（Type）、数据范围（Range）和说明（Description）等信息。

每个功能码都有一个图形符号，在 Symphony 的组态工具 Composer/SCAD 软件中，用功能码的图形符号代表功能码软件模块参加作图，构成控制方案。功能码的图形符号由工具软件提供。

所谓功能码的组态，就是根据控制方案选择相应的功能码，为它们分配块地址，将其互相连接，对每个功能块指定具体的功能，并将产生的有关数据（组态数据库）存放到控制模件存储器中的过程。

控制模件执行控制方案时，是根据控制系统组态中功能块的块号大小按从低到高的顺序进行运算处理的。因此，功能块块号的编排与功能块的执行流程有关。一般，较低块号安排给靠近硬件输入的功能块，下游功能块号高于上游功能块号，这样可以避免信号流的再循环。所谓信号流的再循环，是指当一个低块号功能块的输入来自高块号功能块时，由低至高一次执行完所有功能块后，低块号功能块所使用的输入并不是本次运算中高块号功能的实时输出。只有再计算一遍全部功能块时（再循环），低块号功能块才使用到高块号功能块提供的输入。如果高块号功能块的输入来自低块号功能块时，则在一个执行周期内所有功能块的输出都是实时的，这样可以提高控制方案的实时性。

图6-24给出了Symphony系统中一个控制系统组态的实例——具有手动/自动功能的PID调节回路组态示意图。

该PID调节回路中共用到三个功能码（功能码的具体功能见附录二）：①PID功能码（19）；②M/A操作站功能码（80）；③取反功能码（33）。

该回路可以实现对过程变量与给定值之间偏差的PID运算，并输出控制信号，另外，通过M/A操作站，实现了手动向自动的无扰切换。

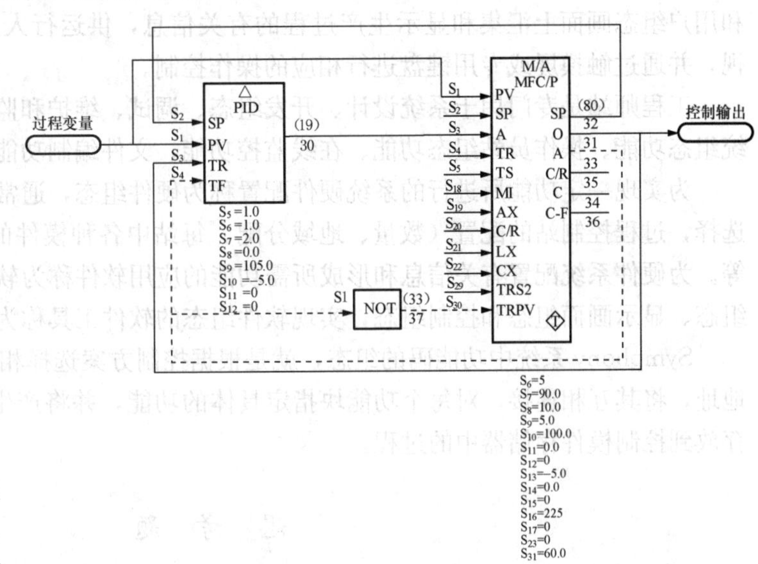

图6-24　具有M/A手/自动站的PID调节回路组态示意图

Symphony系统为用户提供了对功能码进行组态的多种工具，其中包括组态调整模件CTM、操作员站OIS和工程师站EWS。

本章小结

本章的主要内容包括：分散控制系统的发展历程、基本结构和特点；典型DCS产品介绍；现场控制站的硬件、软件及实现的功能；操作员站的组成、功能及显示画面；工程师站的组成及基本功能；组态的基本概念及控制系统组态。

分散控制系统DCS是以微处理器为基础，全面融合4C技术而形成的现代控制系统。其主要特征在于分散控制和集中管理，即对生产过程进行集中监视、操作和管理，而控制任务则由不同的计算机控制装置来完成。

经过30多年的发展，目前DCS已进入了新的发展阶段，其显著特点即“信息”和“集成”。信息化体现在各DCS系统已经不是一个以控制功能为主的控制系统，而是一个充分发挥信息管理功能的综合平台系统；集成性则体现在两个方面，即功能的集成和产品的集成。

DCS的结构分为分散过程控制级、集中操作监控级和综合信息管理级。分散过程控制级包括过程控制站和其他测控装置；集中操作监控级包括工程师站、操作员站；综合信息管理级通常包括实时监控系统（SIS）和管理信息系统（MIS）两部分。分散过程控制级和集中操作监控级通过通信网络连接成一个整体，分散控制系统通过开放的网络接口与其他系统相连。

过程控制站是一个可独立运行的计算机监测与控制系统，同时它又作为分散控制系统控制网络上的一个结点。过程控制站可同时实现连续控制、顺序控制和逻辑控制功能。构成过程控制站的通用型设备主要包括机柜、电源、控制模件、输入/输出模件、通信接口等。

操作员站是运行人员进行过程监视、控制操作和管理的主要设备，其任务是在标准画面和用户组态画面上汇集和显示生产过程的有关信息，供运行人员对机组的运行工况进行监视，并通过触摸屏或专用键盘进行相应的操作控制。

工程师站是专门用于系统设计、开发组态、调试、维护和监视的工具，其功能包括：系统组态功能、操作员站组态功能、在线监控功能、文件编制功能、故障诊断功能等。

为实现一定功能所进行的系统硬件配置称为硬件组态，通常包括工程师站、操作员站的选择，过程控制站的配置（数量、地域分配、每站中各种模件的种类和数量），电源的选择等。为硬件系统配置有关信息和形成所需功能的应用软件称为软件组态，软件组态包括系统组态、显示画面组态和控制组态，实现软件组态的软件工具称为组态软件。

Symphony系统中功能码的组态，就是根据控制方案选择相应的功能码，为它们分配块地址，将其互相连接，对每个功能块指定具体的功能，并将产生的有关数据（组态数据库）存放到控制模件存储器中的过程。

思　考　题

1. 什么是分散控制系统？第四代分散控制系统的特点是什么？
2. 分散控制系统的过程控制站主要包括哪些硬件？其控制模件具有哪些特点？
3. 简述过程控制站中各种I/O模件的功能。
4. 分散控制系统操作员站的基本功能是什么？
5. 操作员站的显示画面主要有哪几种？各有什么功能？
6. 分散控制系统工程师站的主要功能是什么？
7. 什么是组态？软件组态包括哪些内容？

第七章　分散控制系统在火电厂的应用

第一节　分散控制系统的工程应用步骤和方法

虽然目前DCS的功能已非常强大，可以实现从过程控制到生产管理直至经营管理的所有功能，但是在火电厂中，其最普遍的应用形式还是过程控制。

近年来，DCS在火电厂过程控制领域的应用水平得到了迅速的提高，DCS正从单一功能向多功能、一体化的方向发展，已经实现了包括数据采集（DAS)、模拟量控制（MCS)、开关量控制（SCS)、汽轮机控制（DEH)、旁路控制（BPS)、电气控制（ECS）等多项功能，为减轻运行维护人员的劳动强度、提高火电厂的综合自动化水平、改善机组的运行安全经济性打下了基础。

本节介绍DCS在工程中应用的步骤和方法。

DCS的工程应用过程包括选型、设计、组态、调试和维护等多个阶段。下面就这几个阶段中的主要工作及应该注意的问题进行简要介绍。

一、DCS选型

DCS是一个集综合计算机、自动控制和网络通信于一体的系统，系统涉及面广且发展迅速。国内外DCS厂家众多，针对同一工程项目往往有多家DCS参加竞标，竞争激烈。因此，如何从多个各具特色的DCS中挑选出最适合本项目要求的系统，是DCS应用过程中最关键、也是最棘手的问题之一。

DCS的选型应该考虑到以下几个方面。

1. 项目规模和投资预算

这部分工作应在项目的准备阶段完成。根据初步设计确定DCS所要实现的功能、系统输入/输出点数，初步给出系统配置，并进行工程概算，编制《功能规范书》和《询价（规范）书》。这部分工作是DCS选型的基础，要由工程管理部门、设计部门、安装调试部门和使用维护部门的有关人员共同参与制定。

2. DCS的性能评价

对DCS只用简单的优劣加以区分是不科学的，特别是由于不同的系统各有所长，很难直接进行评价。从DCS使用功能的角度，要分别对过程控制站、操作员站、工程师站、通信网络等各个方面进行比较分析，从而选择出对于本工程项目性能价格比最优的DCS。

在DCS性能评价和选型时，可以参考以下几条原则。

（1）可靠性原则。由于电力生产过程为连续过程，DCS的任何故障都会造成重大的经济损失。因此，在DCS选型时，可靠性必须是首先考虑的一个重要因素。

（2）实用性原则。主要是DCS应能够实现项目要求的各项功能，并具有使用方便、维护简单的特点。

（3）先进性原则。DCS应该在满足实用性要求的前提下尽可能提高其先进性，以避免过早地遭到淘汰。另外，还要考虑使用的是否是主流系统以及备品备件的可靠供应。从发展的角度来看，所选的DCS应具有一定的开放性，以方便过程数据的获取，为数据的进一步开发应用提供条件。

（4）经济性原则。在选择DCS时，应根据投资概算，留有一定余地，以防止项目实施过程中不可预见的开销。

3. DCS厂家及承包方的技术力量

主要考查DCS生产厂家及承包方的技术实力、产品在本行业的应用业绩、近年来公司的发展状况等。

4. 售后服务

售后服务也是影响DCS能否保持长期、稳定运行的一个重要因素，用户应对厂家或承包方的技术服务能力、质量信誉、维修的方便性与经济性等方面进行考查。

以上给出了DCS评估和选型中应考虑的几个主要因素如可靠性、维修性、实用性、先进性、经济性、开放性、成熟性、服务水平、厂家实力等。对一个具体项目来说，由于项目环境的差别，上述各因素的重要程度是不相同的。为了使DCS的评价和选型更加科学，可以采用评估矩阵法。首先确定该项目中各因素的重要性系数（加权系数），然后对参加竞标的各个DCS进行分项打分，最后求出每一个DCS各因素得分的加权和。在得分较高的几个DCS中，综合考虑供货周期、价格等因素后，从中选择一个优胜者作为本项目使用的DCS。

二、系统设计

系统设计可以分为方案设计与工程设计两个阶段。

1. 方案设计

针对选定的DCS，结合生产工艺流程，最后确定系统的软、硬件配置。硬件配置主要包括操作员站、工程师站、监控站、过程控制站、通信系统、端子柜、UPS电源等内容；软件配置主要包括保证系统运行的基本软件以及用于提供外部数据接口、优化控制、机组性能分析、故障诊断等功能的高级软件。值得注意的是，方案设计时一定要使DCS各部分都留有余量，以减轻网络负担，并为今后修改、扩充提供方便。另外，要有足够的备品备件，这样可以减少运行后的维护费用。

DCS各部分裕量宜根据下列规定考虑：

（1）最忙时，控制器CPU负荷率不大于60%，操作员站CPU负荷率不大于40%。

（2）内部存储器占用容量不大于50%，外部存储器占用容量不大于40%。

（3）I/O点裕量10%～15%。

（4）I/O插件槽裕量10%～15%。

（5）电源负荷裕量30%～40%。

（6）通信总线的负荷率不大于30%～40%。

根据方案设计，可以最终确定DCS软硬件配置及价格。

2. 工程设计

工程设计阶段主要完成各类工程图纸设计以及DCS应用软件设计，具体包括以下几项：

（1）系统I/O清单。

（2）系统硬件布置图。

（3）模拟量控制系统框图。

（4）开关量控制系统框图。

（5）显示画面类型及结构。

（6）操作员站操作画面及操作方式设计。

（7）报警、报表、归档功能。

（8）与其他系统的数据交换。

工程设计阶段生成各种图纸与说明文件，供DCS组态、调试时使用。

三、DCS组态

组态实际上就是将系统设计内容用DCS软硬件予以实现。DCS组态主要包括以下内容。

1. 系统配置组态

主要是指DCS中工程师站、操作员站、控制站的主机系统配置信息及外设类型，I/O卡件信息，电源布置，控制柜内安装接线等。

2. 实时数据库组态

实时数据库中一般包括两部分数据点的信息：一类为控制采集点，一类为中间计算点。前者为I/O清单内容，后者往往是在进行控制运算、操作及报表组态时产生的中间点。无论是哪类数据点，都要在数据库中占据一个记录的位置，其中包括该点的点号、点名、描述等相关信息。数据库组态是系统组态中应尽早完成的工作，因为只有有了数据库，其他的组态工作（控制回路组态、画面组态等）才可以调试。数据库组态一般通过专用软件进行，数据录入时一定要认真仔细，数据库中一个小的错误就会给运行带来极大的麻烦，如造成显示错误、操作不当甚至死机故障。

3. 控制算法组态

控制算法组态指的是将系统设计时规定的模拟量控制、开关量控制等功能用DCS算法予以实现。虽然对不同的项目，控制算法组态的内容差别很大，但一般来说，它是DCS组态中最为复杂、难度最大的部分。

控制算法组态时，应注意以下几个方面：

（1）熟练掌握DCS中用到的算法功能块，特别要弄清各功能块的输入输出信号类型、含义及参数。

（2）熟练使用DCS的控制算法组态工具。

（3）熟练使用DCS典型设计，如操作回路、跟踪回路、驱动回路、报警回路等，以提高组态效率，减少组态故障。

（4）组态时要树立安全第一的思想，充分考虑出现故障时的控制方式、输出限位与故障报警。

（5）组态时还要考虑到系统调试和参数整定的方便性。

4. 历史数据库组态

DCS的历史数据库一般用于趋势显示、事故分析和报表运算等。历史数据通常占用很大的系统资源，特别是存储频率较快（如1s）的点多时，会给系统增加较大的负担。每套DCS都给出了系统支持的各种历史点的数量，使用时应该做到心中有数。在保证重要数据按指定周期进入历史数据库的前提下，大量的一般数据应尽量延长其在历史数据库中的存储周期。

5. 操作员站显示画面组态

在DCS中，运行人员主要通过操作员站画面来观察生产过程的运行情况，并通过画面提供的软操作器来干预生产过程，因此画面设计是否合理、操作是否方便都会对运行产生重要的影响。一项工程往往具有上百幅显示操作画面，有流程图画面、趋势画面、参数显示画面、操作画面等。画面的多少、画面调出方式、画面风格等都需要认真设计。画面生成一般用DCS提供的商业组态软件实现，这一部分工作也会占据相当大的组态时间。

四、DCS调试

DCS调试包括静态调试与动态调试两个阶段。

1. 静态调试

静态调试是指系统还没有与生产现场相连时的调试，主要包括如下内容：

（1）通电试验。

（2）I/O卡件性能测试。

（3）组态软件编译下装。

（4）外加仿真信号对系统进行测试。

2. 动态测试

动态测试是指系统与生产现场相连时的调试。由于生产过程已经处于运行或试运行阶段，此时应以观察为主，当涉及到必需的系统修改时，应做好充分的准备及安全措施，以免影响正常生产，更不允许造成系统或设备故障。动态调试一般包括以下内容：

（1）观察过程参数显示是否正常、执行机构操作是否正常。

（2）检查控制系统逻辑是否正确，并在适当时候投入自动运行。

（3）对控制回路进行在线整定。

（4）当系统存在较大问题时，如需进行控制结构修改、增加测点等，应尽量在停机状态下重新组态下装。若条件不允许，也可进行在线组态，但要熟悉在线组态的各个环节并做好应急措施。

第二节　分散控制系统在火电厂的应用实例

本节以Ovation系统、Symphony系统、XDPS—400系统为例，介绍它们在火电厂计算机控制应用的硬件基本配置和实现的功能。

一、Ovation系统的应用

（一）概况

某电厂一期工程为2×600MW燃煤机组，锅炉采用哈尔滨锅炉厂生产的HG—2008/17.5—YM5型锅炉，亚临界参数、一次中间再热、控制循环、单炉膛、四角喷燃和平衡通风的燃煤锅炉，直流式燃烧器四角切圆燃烧方式。

汽机为日本株氏会社日立制作所生产的TC4F—40.0型亚临界、一次中间再热、三缸四排汽、单轴冲动式和双背压冷凝式汽轮机。发电机为三相交流两极同步发电机。

每台锅炉配六台MBF24型磨煤机，五运一备，同时配备六台耐压电子称重式给煤机。两台100％容量的密封风机供磨煤机制粉系统使用，一运一备。另外，每台炉配两台双吸单速离心式一次风机、两台动叶可调轴流式送风机和两台静叶可调轴流式吸风机。空气预热器为三分仓回转双密封再生式空气预热器。

每台汽机安装一套高压和低压两级串联汽轮机旁路系统，其容量为锅炉最大连续蒸发量（BMCR）的40％。设置两台50％容量的汽动给水泵和一台30％容量的电动启动/备用给水泵，三台高压加热器采用电动关断公用旁路系统。每台机组安装两台100%容量的电动凝结水泵。中压凝结水精处理装置（每机一套）包括两台50%容量的前置过滤器和两台高速混床，两台机组合用一套再生装置。

分散控制系统（DCS）采用美国西屋公司的Ovation系统。

（二）系统配置

各单元机组采用分散控制系统，辅助生产车间采用可编程控制器及屏幕显示技术，在此基础上设置厂级监控信息系统（SIS），SIS是全厂生产运行实时的统一指挥调度中心，实时协调各机组、车间的运行和生产管理。分散控制系统包括单元机组的DCS及SIS，同时，SIS与各单元机组的DCS、各辅助生产车间及公用系统的自动化控制系统有机地联系在一起，并与电厂管理信息系统（MIS）、网络监控系统（NCS）等有通信接口。

DCS的监控范围包括锅炉及其辅助系统、汽轮发电机及其辅助系统、除氧给水系统、高低压厂用电系统、发电机变压器组等。同时，DCS还与汽轮机数字电液调节系统（DEH）、汽机瞬态数据管理系统（TDM）、凝结水精处理系统、仪用空压机系统、发变组保护系统、电除尘程控系统、全厂BOP系统（水、煤、灰控制点）等进行通信，从而实现全厂统一的监控管理。

DCS主要功能包括：厂级监控信息系统（SIS）、值长站、数据采集系统（DAS）、模拟量控制系统（MCS）、顺序控制系统（SCS）、锅炉炉膛安全监控系统（FSSS）、人机接口（MMI）、工程师工作站及历史数据站等。

分散控制系统硬件配置如图7-1所示。

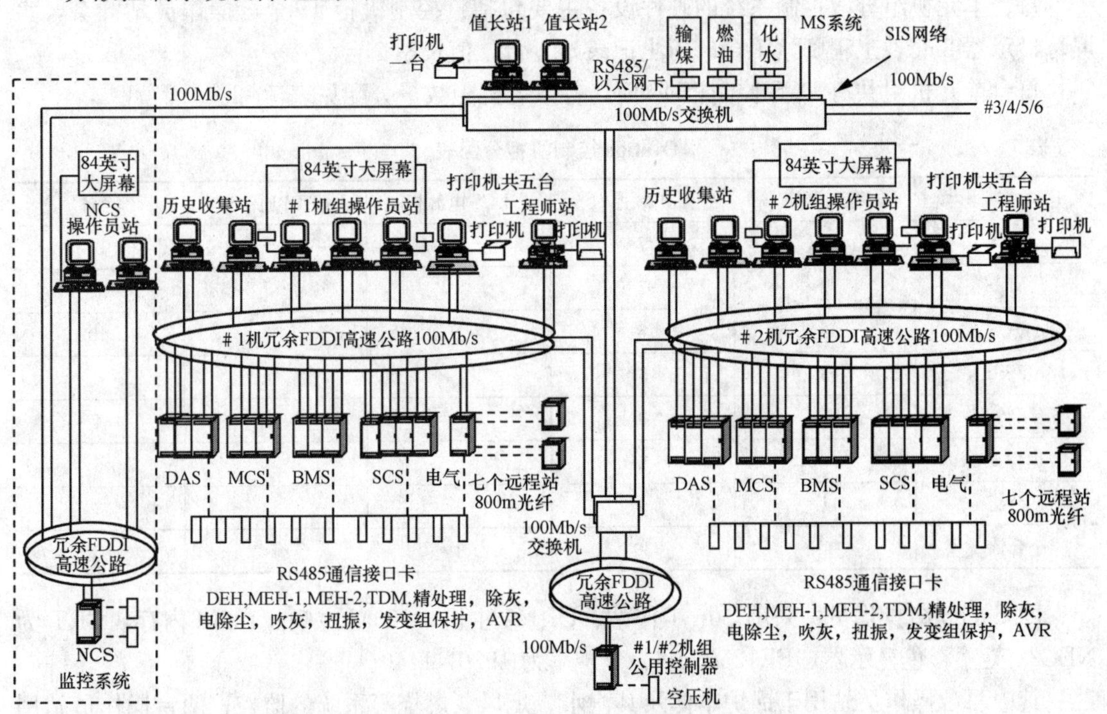

图7-1　600MW机组Ovation分散控制系统硬件配置图

1. DCS网络结构

DCS的通信网络分为三层：厂级监视信息系统网（SIS）、机组过程监控级及I/O级。

(1) 厂级监视信息系统网（SIS）为冗余的符合国际标准的以太网，通信速率为100Mb/s。全厂SIS网配置两台值长站，将与各单元机组DCS的过程监控级网络、电气网络监控系统（NCS）及全厂信息管理系统（MIS）通信。同时，全厂公用的辅助车间系统（化学水处理系统、燃油系统、输煤系统）的信息也将通信至SIS网络上。

(2) 机组过程监控级为FDDI（光纤分布式数据接口）通信网络，通信速率为100Mb/s。此网络完成DCS各控制站、操作员站、打印机等设备间的通信，并与全厂SIS网连接。

(3) I/O级网络为PCI总线，分布在各个过程控制站内，通信速率为10Mb/s。此级网络承担同一站内所有I/O模件和控制处理模件之间的通信。

各层网络的主要技术数据见表7-1。

表7-1 Ovation系统通信网络技术数据

网络名称	SIS	机组过程监控级	I/O级
网络结构	Ethenet（以太网）	FDDI/CDDI	PCI总线
通信标准	IEEE 802.3	ANSIX3T12	ANSIX3T12
通信方式	CSMA/CD	令牌环	PCI
传输速率	100Mb/s	100Mb/s	10Mb/s
通信介质	光纤/同轴电缆	光纤/同轴电缆	光纤/印刷电路板

2. DCS硬件配置

每台单元机组分散控制系统的硬件设备主要包括：控制机柜47个，操作员站5套，大屏幕显示器2套，工程师站1台，历史记录站1台，值长站2台。

每台单元机组共有DCS控制柜47面，各系统机柜数量分配见表7-2。

表7-2 Ovation控制机柜分配表

	控制器柜	扩展柜	DCS电源柜	FDDI通信柜	合计
DAS	3	7			10
MCS	3	3			6
SCS	4	6			10
FSSS	3	5			8
电气	1	3			4
远程I/O		6			6
公用	1		1	1	3
合计	15	30	1	1	47

DCS的5台操作员站采用Sun工作站、Ultra5主机、360M主频、128M内存，CRT为NEC22英寸彩色显示器、FE1250+型、分辨率为1920×1440。

其中两台操作员站用于锅炉本体及其汽水、烟风、燃烧等系统的监控；两台操作员站用于汽机、发电机及其热力系统的监控；一台操作员站用于常规报警一览。每台操作员站均配有鼠标、专用键盘和标准键盘。鼠标和专用键盘用于机组运行的正常监视和操作，标准键盘用于组态和调试。

每台机组设置两台大屏幕显示器，选用BARCO公司ATALAS多晶硅系列大屏幕显示器，型号为CS—TSI—84，对角线距离为84英寸，亮度为600ansi流明，分辨率为1280×1024，光源寿命为8000h。两台大屏幕显示器主要用于各系统的模拟图显示以及重要参数的实时数据和趋势曲线的显示，同时，通过鼠标在大屏幕显示器上同样能够完成对被控对象的控制和操作。大屏幕显示器还配有标准键盘用于组态和调试。

两台激光打印机用于日常报表打印及设备状态记录，一台针打用于报警打印；两台彩色硬拷贝机（工程师站及操作员站各一台）用于CRT画面的图形拷贝。

另外，根据DCS的合同要求，除DCS硬件设备外，单元机组BTG盘、控制操作台、UPS电源分配柜等设备也由西屋公司供货。

BTG盘共两块，盘上安装热工信号报警装置、重要参数指示表、旁路控制面板、汽包水位电视、炉膛火焰电视、全厂工业电视、同期装置、启备变有载调压装置等仪表设备。控制台包括运行人员控制操作台及按钮操作台。运行人员控制操作台呈折线形布置于BTG盘的前方，主要放置操作员站（包括主机、CRT、专用键盘、标准键盘、鼠标等）及DEH面板，按钮操作台上安装了主燃料跳闸按钮（MFT、OFT）、汽机跳闸按钮、发电机—变压器组跳闸按钮、PCV阀操作面板、凝汽器真空破坏门开按钮、直流润滑油泵启动按钮、交流润滑油泵启动按钮、柴油发电机启动按钮、励磁开关紧急跳闸按钮等，这些设备是当分散控制系统发生全局性或重大故障时，为确保机组紧急安全停机，设置的独立于DCS的操作手段。

3. I/O分配

单元机组实际I/O总点数为7160，包括模拟量输入（K型热电偶、Pt100热电阻、标准4～20mA信号）、开关量输入[48V（DC）]、模拟量输出（4～20mA）、开关量输出[220V（AC）、220V（DC）]及脉冲量输入信号。另外各子系统均留有15%的备用通道。

（三）分散控制系统功能

分散控制系统主要按以下子系统进行功能设计。

1. 厂级监控信息系统（SIS）

西屋公司提供了一套冗余的，能综合机组、辅助车间有关的实时信息，并对各机组、辅助系统的运行提供优化分析、在线运行指导的厂级监控信息系统（SIS）。SIS是DCS的一个组成部分，同时，它与各单元机组的DCS、各辅助生产车间以及公用系统的自动化控制系统有机地联系在一起，并与电厂管理信息系统（MIS）及电气网络监控系统（NCS）留有通信接口。本期工程SIS系统的硬件设备包括两台值长监视站、两台冗余的以太网交换机、打印机等设备，基本建立了全厂SIS网络的硬件平台。

（1）厂级监控信息系统（SIS）与全厂各系统的关系。厂级监控信息系统（SIS）对全厂进行最高级别的监控，与其他系统的关系如下：

1）单元机组DCS。各单元机组的DCS通过网桥与SIS相连，能集中单元机组的参数及设备状态信息，分析、判断机组运行工况，并将这些信息送到值长监视器，使值长对单元机组运行监控做出决策。SIS与DCS为双向通信方式，DCS将机组的信息送入SIS，SIS将基于这些信息的分析结果传给DCS，并能在DCS操作员站CRT上显示。

2）电网调度系统。电网负荷指令首先接入RTU，通过RTU将负荷指令用硬接线的方式直接下达各单元机组。

3）SIS还留有与电厂MIS通信接口，向MIS提供所需要的各单元机组以及各辅助车间的信息。

4）全厂公用的辅助车间控制系统（包括输煤控制系统、化学补给水处理控制系统、燃油泵房控制系统）。这些系统与SIS有通信接口，将主要参数及设备状态的信息送至SIS。

5）网络监控系统（NCS）的数据将送至SIS。

（2）厂级监控信息系统（SIS）的主要功能。

1）全厂各生产系统实时信息显示。以画面、曲线等形式为厂级生产管理人员提供实时信息，如显示汽机、锅炉、发电机及其辅助生产系统的设备运行状态、主要参数、各项性能指标、效率以及系统图等。

2）生产报表生成。记录生产过程的主要数据，生成各职能部门需要的全厂各类生产、经济指标统计报表。

3）生产设备故障诊断、预测和缺陷管理。通过对设备的监测，掌握设备运行状态的信息。根据监测的信息与实际正常运行值的偏差来判断可能发生的故障，预测哪种设备需要进行维护。

4）厂级性能优化计算、分析和操作指导。以获得最佳发电成本为目标，提供多种供生产管理人员分析、管理生产过程的决策，对机组及其主要辅机的当前效率与理想效率进行偏差分析，给出每项偏差造成的费用损失，并指导采取何种运行方式或维护措施。

5）厂级经济负荷调度。根据电网来的负荷指令，结合机组负荷响应性能，在热耗率及可控损耗最低的前提下，对各机组负荷进行最优分配，以获得全厂最大的经济效益。

2. 数据采集系统（DAS）

数据采集系统（DAS）主要包括：显示、记录报表、历史数据存储和检索以及性能计算等功能。

3. 模拟量控制系统（MCS）

模拟量控制系统主要包括：协调控制系统、汽机控制、锅炉控制、二次风量控制、风箱挡板控制、一次风压力控制、炉膛压力控制、主蒸汽温度控制、再热汽温控制、给水控制、燃油控制、除氧器水位和压力控制、凝汽器热井水位控制、凝结水最小流量控制、高低压加热器水位控制、发电机氢温控制。

4. 顺序控制系统（SCS）

顺序控制系统设计分为三级：功能组级、子功能组级及执行级控制，由运行人员操作各个功能组实现机组启/停控制。所设计的各子组项的启、停能够独立进行，还可对子组内各执行级进行单独控制。SCS还能够完成功能组、子功能组、执行级的连锁、保护、程序修改、运行状态监视等功能。SCS主要包括以下子功能组：

（1）锅炉子功能组控制。

1）空预器子组。包括空预器主、副电机、空预器油泵、烟气侧及空气侧的进出口挡板等。

2）送风机子组。包括送风机、送风机电机润滑油泵、入口和出口风门挡板、风机动叶等。

3）引风机子组。包括引风机、引风机电机润滑油泵、冷却风机、入口和出口风门挡板、除尘器挡板、风机动叶等。

4）一次风机子组。包括一次风机、一次风机润滑油泵、出口风门挡板等。

5）炉水循环泵子组。

6）锅炉排污、疏水、放气子组。

（2）汽机子功能组控制。

1）电动给水泵子组。包括电动给水泵、电动给水泵润滑油泵、出口阀门、前置泵入口阀门等。

2）汽动给水泵A子组。包括汽动给水泵油泵（盘车装置）、进汽阀门、进水阀门、出水隔绝阀、前置泵、再循环阀等。

3）汽动给水泵B子组。同汽动给水泵A子组。

4）汽机油系统子组。包括轴承油泵、事故油泵、顶轴油泵、排烟风机等。

5）凝结水子组。包括凝结水泵（凝升泵）、凝结水管路阀门等。

6）凝汽器子组。包括凝汽器循环水进、出口阀门及反冲洗阀门等。

7）凝汽器真空系统子组。包括射水泵、射水抽气器、管路有关阀门等。

8）汽机轴封系统子组。包括轴封供汽阀门、汽机本体疏水阀门等。

9）低压加热器子组。包括低加进、出水阀、旁路阀、低加疏水阀、抽气管道疏水阀门等。

10）高压加热器子组。包括高加进、出水阀、旁路阀、抽气隔离阀、抽气逆止阀、高加疏水阀、抽气管道疏水阀门等。

11）汽机蒸汽管道疏水阀子组。包括主蒸汽、再热蒸汽、排汽管道疏水阀门等。

5. 锅炉炉膛安全监控系统（FSSS）

FSSS包括燃烧器控制系统（BMS）和炉膛安全系统（FSS）。BMS包括锅炉点火准备、点火枪点火、油枪点火（包括油枪投入许可条件、点火枪自动投入程序、油枪吹扫控制逻辑及闭锁条件等）、煤燃烧（包括磨煤机启动程序、磨煤机停运、给煤机启动程序、给煤机停运等功能）四个功能；FSS的功能包括炉膛吹扫、油燃料系统泄漏试验、燃料跳闸（包括主燃料跳闸MFT、油燃料跳闸、磨煤机跳闸等）等功能。

6. 发变组及厂用电控制

发变组及厂用电控制是分散控制系统（DCS）的一部分，主要监控以下电气设备：发电机—变压器组（包括两个500kV断路器）、发电机磁场断路器、发电机励磁电压调节系统、机组同期及厂用电源切换系统、中压厂用电源（包括两台单元厂用变压器）、低压厂用电源和保安电源系统、启动/备用电源（包括两台启动/备用变压器）。此外，110V、220V直流系统、UPS系统和柴油发电机组也由DCS进行监测。

（四）分散控制系统接口

DCS系统与全厂的辅助车间及辅助系统的控制系统还留有通信接口。

除各台单元机组DCS外，以下系统与全厂SIS系统通过以太网交换机进行通信：输煤及燃油系统、化学水系统、电气网络监控系统（NCS）、全厂管理信息系统（MIS）。

以下独立控制系统采用RS485通信口，MODBUS协议与单元机组DCS进行通信：汽机控制系统（DEH）、汽机瞬态数据管理系统（TDM）、凝结水精处理系统、除灰渣系统、电除尘系统、锅炉吹灰系统、发变组保护系统、AVR、空压机系统。

二、Symphony系统的应用

1. 概况

某电厂二期扩建工程建设两台600MW燃煤火力发电空冷机组。锅炉采用东方锅炉厂

DG2060/17.6-Ⅱ1型亚临界参数、自然循环、前后墙对冲燃烧方式、一次中间再热、单炉膛平衡通风、固态排渣、紧身封闭、全钢结构的Ⅱ型汽包炉。汽轮机采用哈尔滨汽轮机厂NZK600-16.7/538/538型亚临界、中间再热、四缸四排汽、直接空冷凝汽式机组。发电机采用哈尔滨电机厂QFSN-600-2YHG型600MW水氢氢汽轮发电机和自并励静止励磁系统。

机组采用两机一控方式，两台机组设一个集中控制室，集中控制室位于两炉之间的集中控制楼13.7m层。集中控制室后面布置工程师室、电子设备间。

集中控制室内布置两台机组及辅助车间的控制盘台、全厂工业电视控制盘台、消防报警盘、值长操作台等，两台机组的控制盘、台布置为折线形式。辅助车间监控系统和全厂电视监视系统的控制盘台布置在两台单元机组控制盘台中间。

DCS系统采用ABB公司Symphony系统。单元机组的控制具有较高的热工自动化水平，要求如下：

(1) 设置厂级监控信息系统（SIS）。SIS将与全厂管理信息系统（MIS）、各单元机组DCS、全厂辅助车间监控网络等留有通信接口，以使全厂逐步实现统一管理。

(2) 单元机组炉、机、发—变组、厂用电以及电气公用系统，实现单元机组的统一监控与管理。在集中控制室内，单元机组以DCS的操作员站及大屏幕显示器为主要监视和控制手段，不设常规控制盘，实现全CRT监控。仅在DCS操作台上配置炉、机、发—变组的硬接线紧急停止按钮及少量设备的硬接线操作按钮，以保证机组在紧急情况下安全快速停机。单元机组将由一名值班员和两名辅助值班操作员完成对炉、机、电单元机组的运行管理。

(3) 采用技术先进且经济实用、符合国情的优化控制和分析软件，特别是机组性能分析、优化运行软件，以使机组始终处于最优运行状态。

(4) 单元机组应能接收来自电网调度系统的机组负荷指令，实现发电自动控制（AGC）功能。另外，电网调度系统也可将负荷指令送至SIS，经处理和优化后，分送各单元机组，完成发电自动控制（AGC）功能。

(5) 设置两台机组公用系统控制网，厂用电等公用系统的监控接入该网。ABB采用单独的公用环作为两台机组公用控制系统的环网，公用系统的HCU挂在该网上，两台单元机组的环网分别通过冗余的ILL—网桥与公用环网连接，并且在网桥内有隔离，使单元机组环与公用环无电耦合，在两台机组的操作员站上应可同时监视公用系统的运行，并且通过软件闭锁，保证只有一台机组能控制公用系统的运行。

(6) 空冷凝汽器系统的监视、控制采用物理分离方案，控制系统随空冷岛主设备成套供货，采用与单元机组DCS相同的硬件，控制机柜布置在空冷岛就地电子设备间，系统接入单元机组DCS，与单元机组DCS无缝连接，通过单元机组DCS的操作员站实现空冷系统的集中监控，由DCS操作员站完成对其工艺系统的程序启/停、中断控制及单个设备的操作。

(7) 汽轮机电液控制系统（DEH）随汽轮机成套供货，采用与单元机组DCS相同的硬件，控制机柜布置在集控室电子设备间，系统接入单元机组DCS，与单元机组DCS无缝连接，通过单元机组DCS的操作员站实现DEH系统的集中监控，由DCS操作员站完成对其工艺系统的程序启/停、中断控制及单个设备的操作。

(8) 锅炉的脱硫系统随脱硫岛成套供货，在脱硫电空楼设控制室（留有另一台机组脱硫控制设备的安装位置）。脱硫控制系统采用与单元机组 DCS 相同的硬件，全部 DCS 机柜及操作员站、工程师站等设备布置在脱硫控制室和电子设备间内。脱硫 DCS 系统通过通信接口与机组 DCS 系统相连接，在系统调试和运行初期，运行人员可在脱硫控制室内值班；当系统运行稳定后，可在机组集中控制室内由操作员站监控。

(9) 空调系统、锅炉吹灰系统、水汽取样及化学加药系统等主厂房内辅助系统在集中控制室控制，就地不设运行值班人员，控制机柜布置在主设备附近。控制系统均采用 PLC，通过通信接口与 DCS 相连，由 DCS 的操作员站完成对其工艺系统的程序启/停、中断控制及单个设备的操作。

(10) 锅炉炉管泄漏监测系统与机组 DCS 间设置通信接口，可在单元控制室内 DCS 操作员站上监视锅炉炉管的泄漏情况。

2. 控制范围

DCS 实现的主要功能有数据采集系统（DAS）、模拟量控制系统（MCS）、顺序控制系统（SCS）、电气控制系统（ECS）、锅炉炉膛安全监视系统（FSSS）、汽轮机危急遮断保护系统（ETS）、人—机接口（HMI）与其他控制系统接口。

DCS I/O 点的数量如表 7-3 所示，单元机组公用系统现场 I/O 信号数量见表 7-4。

表 7-3　单元机组现场 I/O 信号数量

	DAS	MCS	SCS	FSSS	ETS	ECS	合计
AI（4～20mA）	300	280	10	85	10	188	873
AI（RTD）	190	45	165	120	30		550
AI（TC）	114	56	10	18	20		218
DI	287	10	1430	1169	120	750	3766
PI	10				3	55	68
AO（4～20mA）	4	170					174
DO	40	24	790	551	60	230	1695
SOE	155		60			185	400
合计	1100	585	2465	1943	243	1408	7744

表 7-4　机组公用系统现场 I/O 信号数量

	AI（4～20mA）	DI	PI	DO	SOE	合计
公用系统	54	216	2	80	44	396

此外，DEH 系统、空冷控制系统和脱硫控制系统的 I/O 点数，DEH 系统（约 500 个 I/O点）、空冷控制系统（约 1700 个 I/O 点）和脱硫控制系统（约 1500 个 I/O 点）已由供货商提供，这些系统是 DCS 监控的组成部分，DCS 系统总点数包括这些 I/O 点。

3. 网络与系统配置

该厂 600MW 机组的 Symphony 系统网络结构如图 7-2 所示。

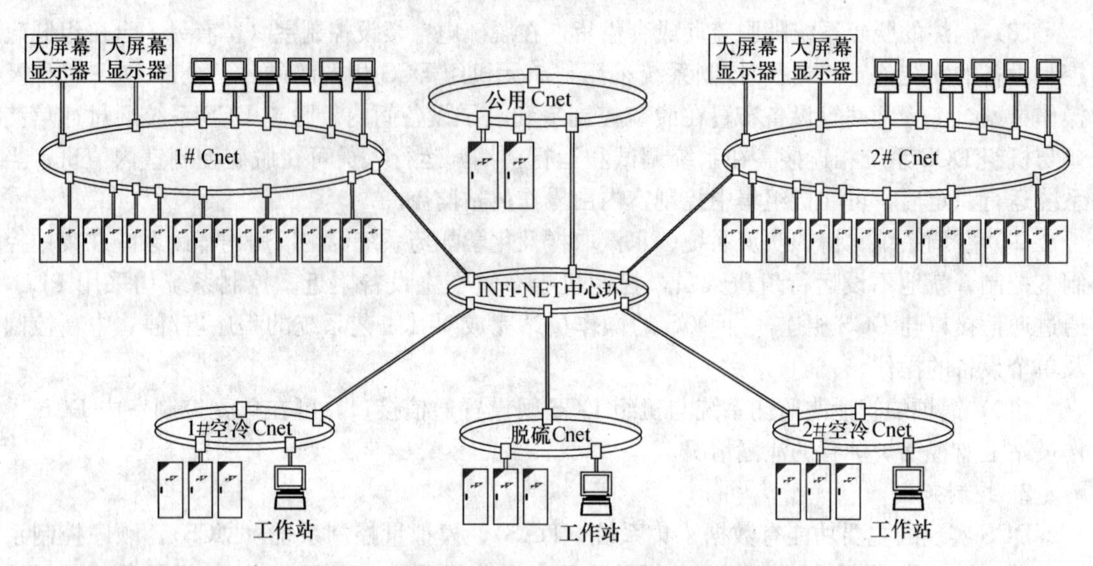

图 7-2 某电厂 Symphony 系统网络的结构图

两台机组的DCS系统网络采用超级环路的形式，每台机组分别采用两个环型控制网络，一个用于单元机组的控制，另一个是空冷控制系统。并设置单独的公用环作为两台机组公用控制系统的环网，公用系统的 HCU 挂在该网上，脱硫控制也采用单独的环路，合计六个环路分别通过冗余的 ILL—网桥与超级环路连接，并且在网桥内有隔离，使单元机组环之间无电耦合，在两台机组的操作员站上可同时监视公用系统的运行，并且通过软件闭锁，保证只有一台机组能控制公用系统的运行。

按照功能系统分配现场控制单元机柜，每台机组共有 16 个机柜，此外还有三个机柜用于空冷控制系统，两个机柜用于公用系统，具体分配见表 7-5。

表 7-5　　Symphony 系统机柜分配表

	DAS	MCS	ETS	DEH	FSSS	ECS	SCS	ACC	COMM	合计
控制器机柜	2	2	1	1	3	3	4	3	2	21

4. 现场控制单元 HCU

Symphony 系统的现场控制站 HCU 包括控制器模件和 I/O 接口模件。

其中控制器模件包括 BRC100 桥控制器和多功能处理器 MFP。Symphony 系统的现场控制单元使用 32 对 BRC100 桥控制器和 17 对多功能控制器模件，各功能系统模件数量见表 7-6。

表 7-6　　Symphony 系统模件分配表

	DAS	MCS	ETS	FSSS	ECS	SCS	ACC	COMM	合计
BR100/对	2	4	1	7	4	8	5	2	33
MFP12/个	5	1			8	1			15
MFP01/个	1								1

每个功能系统配备的外围I/O模件见表7-7。

表7-7　　Symphony系统I/O模件分配表

	DAS	MCS	ETS	FSSS	ECS	SCS	ACC	COMM	合计
FEC12	27	31	1	7	14	3	28	10	121
ASI23	12	8		14		22	14	2	72
ASI14						3			3
ASO11		21		1			8	2	32
DSI12/04								4	4
DSI14	16	2		91	56	93	48	26	332
DSO14	1	1	4	57	16	63	37	14	193
DSO11							3		3
DSM04	2				5			1	8
SED01			9	5	11			3	28
SET01			1	1	1			1	4
FCS01			3						3
合计	58	63	18	176	103	184	138	63	803

其中FCS为现场总线模件，用于与现场总线仪表的接口，SED为顺序事件数字输入模件，SET为顺序事件计时模件，SED和SET用于分布式顺序事件DSOE系统。

5. HMI人机接口站

Symphony系统的HMI接口站包括人系统接口Conductor和工程师站Composer。Conductor采用通用计算机和操作系统，用于过程监视、操作、记录等功能。Composer采用通用计算机和操作系统并配以完整的专用组态工具担负软件组态、系统监视、系统维护等任务。

该电厂两台单元机组分别配置四套操作员站、两套工程师站，其中一套用于空冷控制系统。

三、XDPS—400系统的应用

1. 概况

某电厂1号300 MW燃煤汽轮发电机组建于20世纪90年代初，三大主机由哈尔滨三大动力厂提供。锅炉为亚临界、中间再热、自然循环、直吹式汽包炉，四角喷燃切圆燃烧。汽轮机为单轴、亚临界、再热、凝汽式汽轮机，中速磨正压直吹制粉系统，送、引、一次风机为动叶可调轴流式风机。给水系统配用两台50%气动给水泵、一台50%电动调速给水泵和40%高低压二级旁路。过热汽温采用二级喷水减温，再热汽温采取摆动燃烧器为主，事故喷水为辅调节。原有机组的热工控制系统主要由美国西屋公司的WDPF—Ⅱ（用于CCS)、美国福尼公司的AFS—1000系统（用于BMS)、上海新华公司的DEH—Ⅲ型高压抗燃油数字式纯电液调节系统、给水泵汽轮机电液调节系统（MEH)、瑞士苏尔寿公司的AV6旁路控制系统、国产的ETS系统及由常规继电器构成的程控、顺控、连锁保护等系统组成。各控制系统之间相互独立，连接信号采用硬接线方式实现，系统接口复杂，AGC 功能难以投入。受控制系统限制，机组的自动化水平不高，不能满足电网对机组出力响应快的要求，设备的维护费用长年居高不下，设备技术状况不能适应大范围变负荷快速调峰时机组自动协调控制的要求。

2001 年对机组原各控制系统进行全面改造，主体设备采用新华控制工程有限公司的 XDPS—400 分散控制系统，系统功能覆盖 DAS、MCS、SCS、BMS、ECS、DEH、MEH、ETS、TSI 等系统。另对控制室和盘台进行了全面改造：取消了 BTG 盘和操作员站，设置大屏幕显示系统，汽包水位和炉膛火焰两台工业电视，除 9 个紧急后备按钮外，没有后备手操和常规仪表，全部采用计算机软手操。采用 CRT 软光字牌取代常规的报警光字牌。控制室共设四个操作员站和两个大屏幕。系统结构如图 7-3 所示。

2. DCS 网络体系构成

(1) DCS 主干通信网络结构。该电厂 DCS 采用新华控制公司的 XDPS—400 系统，网络类型为以太网，网络结构为总线型，传输速率为 10Mb/s，传输介质是 50Ω 无源同轴电缆，带站能力最大 254 个，通信约定协议为广播式，点与点结构。

XDPS—400 以一个高速的冗余实时数据网络（A 网、B 网）和一个信息网（C 网）为基础，由多个结点构成。挂网的处理结点由数据处理站（DPU）和 MMI 站（工程师站、操作员站，历史数据站、中间计算站、外部系统接口站）构成一个具有过程控制、顺序控制和数据监视功能的分布式控制系统。实时数据网络共分四段，每段间用同轴电缆集线器连接，并转换为双绞线连接到切换型集线器（Switch Hub）与总线连接。信息网用于连接 MMI 的各种站点，并用于操作系统支持的文件传送及打印共享。

(2) DPU 分散处理单元低层通信网络结构。DPU 低层通信采用高速串行总线的位总线连接 DPU 与 I/O 单元，通信协议符合 EIA RS485 规范，通信传输速率 375Kb/s，通信介质是屏蔽双绞线 STP，采用命令/响应通信方式主从式通信结构。

(3) XDPS—400 系统网络通信特点。高速数据通信网是整个系统的核心，结点间自由通信，结点可配置在系统中的任何位置，非常灵活。实时数据与实时状态对各结点是透明的，数据的传送采用周期传送和例外传送的数据交换形式，以降低网络的通信负荷，保证了可靠性。网上的各种结点由 Intel OEM 单板或用通用的工业 PC 构成，网卡也是通用的以太网卡，具有兼容的升级换代能力。由于信息高速公路采用标准的以太网和 TCP/IP 通信协议，因而系统也易于容纳其他产品。

XDPS—400 系统网络通信技术特点如下：

1) 提供广播所有网上设备的高速数据链路。所有结点共享整个 XDPS 分布式全局数据库，无通信瓶颈。

2) XDPS 实时数据高速公路信息的传播不需要中间站的存储或转发，使得通信网络的维护极为方便。

3) 所有 DPU 站和 MMI 站均挂接于实时数据高速公路实现数据通信，而所有 MMI 站又与信息以太网连接，使非实时管理信息与实时控制信息彼此分开，真正实现信息控制。

3. 系统硬件构成

系统硬件配置见表 7-8；I/O 卡件配置见表 7-9 ；I/O 点统计见表 7-10。

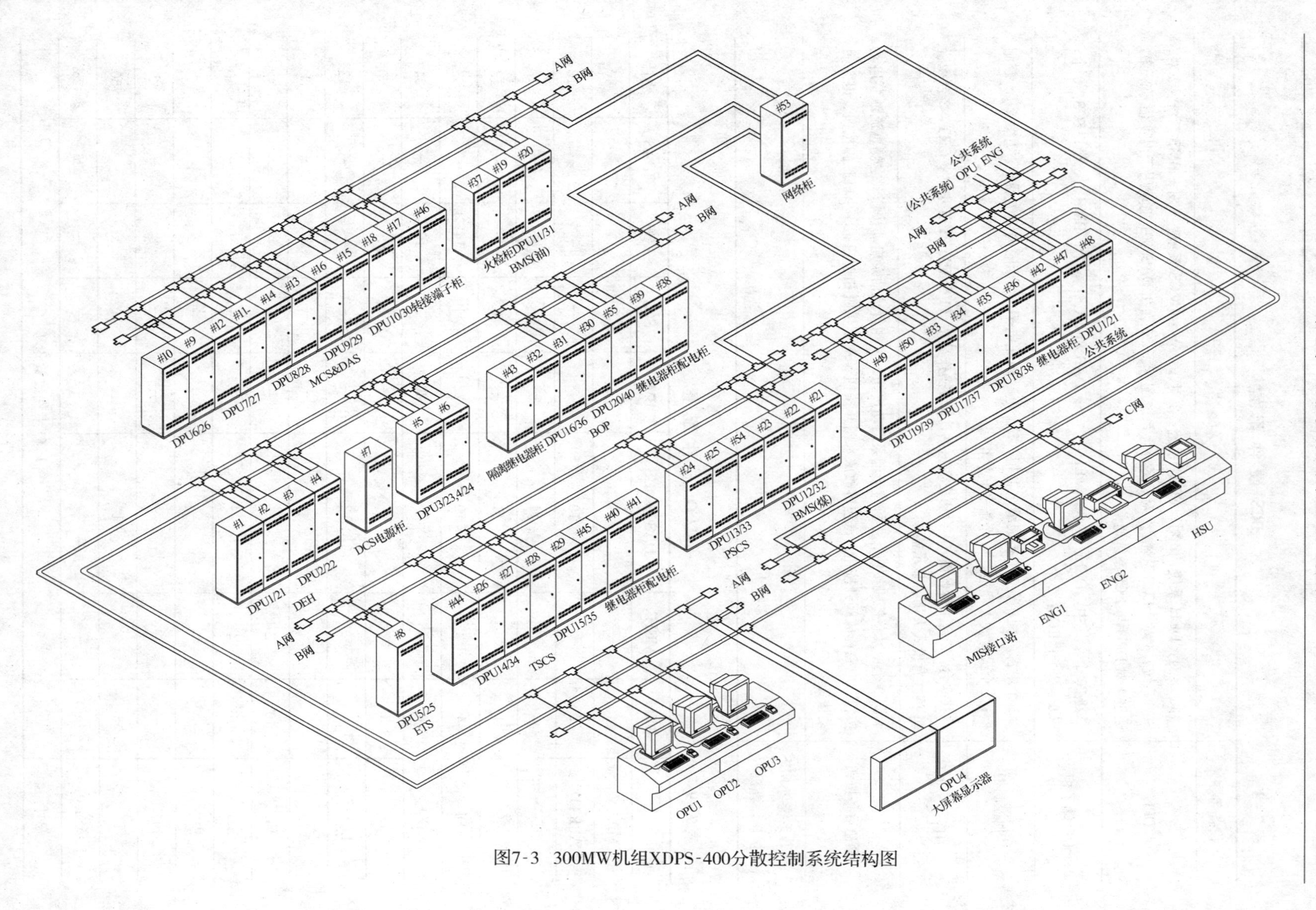

图7-3　300MW机组XDPS-400分散控制系统结构图

表 7-8 **DCS 硬件配置**

设备名称	配置
DPU	共18对，DEH系统：2对；MEH系统：2对；DAS和MCS系统：5对；BMS系统：2对；SCS系统：4对；ECS系统：2对；另外，系统配置了26台I2DAS9001前端用于温度信号采集，通过1对DPU与DCS系统通信
I/O端子柜	共20个，其中，DEH：2个；MEH：1个；DAS和MCS：5个；BMS：3个；SCS：5个；BOP：2个；ECS：2个
其他控制柜	1个电源分配柜；3个扩展继电器柜；2个电磁阀配电柜；1个隔离继电器柜；1个ETS控制柜；1个火检放大器柜；13个端子转接柜
人机接口站	共9台：2台工程师站，1台历史数据站，6台操作员站（4台配置21英寸纯平CRT，2台配置84英寸背投式大屏幕显示器）
紧急后备按钮	共9个：紧急停机按钮、主机直流油泵启动按钮、氢侧直流油泵启动按钮、空侧直流油泵启动按钮、电磁释放阀开按钮、汽包事故放水门开按钮、A小机脱扣按钮、B小机脱扣按钮、电泵启动按钮
DCS系统与MIS接口计算机	1台

表 7-9 **I/O 卡件配置**

	DEH	MEH	DAS&MCS	BMS	SCS	ECS	IDAS	小计
MA/ V	4	—	21	3	1	11	—	40
AI RTD	2	—	10	—	—	—	—	12
TC	3	—	14	—	—	—	—	17
AO	1	—	11	—	1	—	—	13
DI	4	2	10	22	41	14	—	93
DO	6	2	4	20	52	10	—	94
LC	3	2	—	—	—	—	—	5
LC—S	—	—	12	—	—	—	—	12
PI	—	—	—	—	—	1	—	1
VCC	10	2	—	—	—	—	—	12
SMC	6	4	—	—	—	—	—	10
SYN	—	—	—	—	—	2	—	2
BET	—	—	—	—	—	2	—	2
BC	8	4	10	10	10	8	—	50
IDAS9001	—	—	—	—	—	—	26	26
总计	I/O卡件数量389							

表 7-10　I/O 点 统 计

	AI			AO	DI	DO	PI
	4~20mA	TC	RTD				
DEH	158	48	32	24	220	108	15
MEH	30	0	0	6	88	40	16
DAS&MCS	408	224	160	88	320	112	0
BMS	48	0	0	0	704	320	0
SCS	16	0	0	8	1312	83	0
ECS	176	0	16	0	462	204	8
IDAS	0	227	293	0	0	0	0
小计	836	499	501	126	3106	1616	39

4. 系统软件构成

以基于 Windows NT 的实时多任务操作系统 RMX—X 和 Windows NT 4.0 中文平台为基础，加上新华控制工程有限公司开发的一系列面向用户开放的应用软件。

5. 系统功能

DCS 功能覆盖 DAS、MCS、SCS、BMS、ECS、DEH、MEH、ETS、TSI 等系统，并将发电机—变压器组及厂用电系统的操作及有关参数监视纳入 DCS 中，实现了集过程控制、顺序控制、数据采集和监视于一体，达到了机、炉、电一体化的目标。各子系统采用统一的软硬件，均具有数据采集、连续控制和逻辑控制功能，并通过数据高速公路实现数据共享，解决了改造前不同厂家设备之间接口的问题。DCS 系统达到机组级程控分阶段启停水平，通过 AUS（Auto Unit Sequence）顺控系统，根据机组的不同工况（冷态、热态、极热态）采用相应的顺序控制逻辑，实现从炉清洗、锅炉上水、建立风烟、锅炉点火、给水旁路和主路相互切换，单冲量和三冲量的相互切换，汽机自动冲转升速，阀切换自动并网带负荷，厂用电切换，小机自启停，高、低压加热器加自投入等的自动控制。

第三节　数 据 采 集 系 统

计算机在火电厂中最早、最普遍的应用是数据采集系统（DAS）。它通过实时采集发电机组在运行过程中的各种参数及状态（一般有数百点至数千点），经过计算机处理，转换成相应的工程量或状态量，通过 CRT 显示器、打印机或报警装置等提供给运行值班人员作为监视和操作的依据。

数据采集系统的主要功能包括数据采集与 CRT 显示、越限报警、制表打印、性能计算、操作指导等。

火电厂生产过程的输入信号有温度、压力、流量、液位、开关等，通常将这些信号分为模拟量和开关量两种。模拟量信号的输入通过周期性采样进行，开关量信号的输入可以通过定期扫描方式（对于一般的开关量）和中断输入方式（对于那些开关状态一有变化即需要计算机做出响应的开关量，如设备跳闸、热工连锁保护等）完成。数据采集系统不直接驱动现场执行器动作，即不直接控制生产过程，数据采集中涉及的模拟量输出信号通常只能作为二次参数记录用，涉及的开关量输出信号通常用来点亮某些专用指示灯。

数据采集系统的构成形式主要有集中式、分布式和DCS三种。集中式和分布式数据采集系统一般用于小机组或老机组改造；而对于大型机组来说，由于其本身已经配备了DCS，因此DAS功能通常由DCS实现。

一、模拟量信号的预处理

在计算机控制系统中，各种模拟量信号在进行A/D转换之前，首先要进行电平转换，将不同种类和不同电平的模拟量信号进行规格化，如统一转换成0～5V的电压信号。这些经电平转换后的模拟量信号经A/D转换器转换后变成数字量送入计算机，这些数字量在进行显示、报警及控制计算之前，还必须根据需要进行一些加工处理，如数字滤波、标度变换、数值计算、逻辑判断以及非线性补偿等，以满足各种系统的不同需要，这就是模拟量信号的预处理。

1. 标度变换

生产过程中的各个参数都有着不同的量纲和数值，如测温元件用热电偶或热电阻，温度单位为℃，而其输出的为电势信号（mV），又如测量压力用的弹性元件——膜片、膜盒以及弹簧管等，其压力范围从几个mm H_2O 到几十、几百 kgf/cm^2；测量流量用节流装置等，所有这些都经过电平转换，转换成0～5V的电压信号，又由A/D转换器转换成数字量，为了进行显示、记录、打印以及报警，必须将这些数字量转换成不同的单位，以便操作人员对生产过程进行监视和管理，这就是所谓的标度变换。

对于一般的线性仪表系统，其标度变换公式为

$$A_x = A_0 + (A_m - A_0)\frac{N_x - N_0}{N_m - N_0} \tag{7-1}$$

式中：A_0 为被测量量程的下限；A_m 为被测量量程的上限；A_x 为实际测量值（工程值）；N_0 为 A_0 对应的数字量；N_m 为 A_m 对应的数字量；N_x 为测量值 A_x 对应的数字量。

A_0、A_m、N_0、N_m 对于某一个固定的被测参数来说为常数，对不同的被测参数则有不同的值，为了使程序简单，一般把被测参数的起点 A_0（输入信号为0）所对应的A/D转换器值定为0，即 $N_0=0$，则上式变为

$$A_x = A_0 + (A_m - A_0)\frac{N_x}{N_m} \tag{7-2}$$

在计算机控制系统中，为了实现上述转换，可把它设计成专门的程序，把各个不同参数所对应的 A_0、A_m、N_0、N_m 存放在存储器中，然后当某一个参数需要进行标度变换时，只需调用该子程序即可。

2. 输入数据有效性检验

输入数据有效性检验的目的是判断采样进来的数据是否有效，或是否有明显的差错，主要有以下几种方法。

（1）有的参数变化缓慢，可用本次采样值与上次采样值比较，计算两者之差，若差值大于某一数值，则该数值不可信。

（2）当变送器采用Ⅲ型变送器时，电流有效输出范围为4～20mA，若用250Ω电阻进行电平转换，则对应电压为1～5V，当CPU接收到的数字量对应的电压值小于1V时，如0V，

则为无效数据，很可能变送器失电。

(3) 利用相关参数的变化率互相检验，例如，汽机排汽温度与真空之间有较强的相关性，当排汽温度上升时，真空必然按一定关系下降，若不符合这种规律则数据不可信。

(4) 对于一些重要参数，可在同一处安装两台同样的变送器，将数据送入计算机，计算两者的差值，当差值超过一定数值时，数据不可信。

(5) 限值判断，各种采样数据当超出最大可能的范围时，数据不可信。

根据参数类型和具体情况的不同，可分别采用不同的方法进行输入数据的有效性检验，舍弃不可信的数据或报告测点失效。

3. 数字滤波

来自传感器或变送器的有用信号中，往往混杂了各种频率的干扰信号，为了抑制这些干扰信号，通常在信号入口处用 RC 低通滤波器，RC 滤波器能抑制高频干扰信号，但对低频干扰信号的滤波效果较差。而数字滤波器可以对极低频干扰信号进行滤波，以弥补 RC 滤波器的不足。另外它还具有某些特殊的滤波功能。

所谓数字滤波，就是在计算机中用某种计算方法对输入的信号进行数学处理，以便减少干扰在有用信号中的比重，提高信号的真实性。这种滤波方法不需要增加硬件设备，只需要根据预定的滤波算法编制相应的程序即可达到信号滤波的目的，另外，由于其稳定性高，滤波参数修改方便，一种滤波子程序可以被各种控制回路调用，因此得到了广泛的应用。

常用的数字滤波方法有平均值滤波法、中位值滤波法、限幅滤波法和惯性滤波法四种。

4. 线性化处理

在实际生产过程中，有许多参数是非线性的，如热电阻及热电偶与温度的关系，节流孔板的差压信号与流量之间的关系等都是非线性的，可是在计算机内参与运算和控制的二进制数，希望同被测参数之间成线性关系，其目的是既便于运算，又便于参数显示（刻度均匀）。为此，必须对非线性参数进行线性化处理，下面举例说明。

(1) 孔板差压与流量。用孔板测量气体或液体的流量，差压变送器输出的孔板差压信号 Δp，同实际流量 G 之间成平方根的关系：

$$G = K\sqrt{\Delta p} \tag{7-3}$$

式中：K 为流量系数。

为了计算平方根，可采用牛顿迭代法（牛顿法是将非线性方程线性化的一种方法）。下面简单介绍用牛顿迭代法求 $f(x)$的根。

设 x_k 是 $f(x)=0$ 的一个近似根，把 $f(x)$在 x_k 处作一阶泰勒级数展开，则得

$$f(x) \approx f(x_k) + f'(x_k)(x - x_k) = 0 \tag{7-4}$$

设 $f'(x_k) \neq 0$，则

$$x = x_k - \frac{f(x_k)}{f'(x_k)} \tag{7-5}$$

取 x 作为原方程新的近似根 x_{k+1}，这种迭代方法称为牛顿迭代法，于是

$$x_{k+1} = x_k - \frac{f(x_k)}{f'(x_k)} \tag{7-6}$$

对于上述流量公式采用牛顿迭代法进行线性化。

求平方根 $\sqrt{\Delta p} = x$，则作函数 $f(x) = x^2 - \Delta p$，所以 $f(x)=0$ 的根就是 $\sqrt{\Delta p}$，根据上

述迭代公式可得

$$x_{k+1}=x_k-\frac{x_k^2-\Delta p}{2x_k}=\frac{1}{2}\left(x_k+\frac{\Delta p}{x_k}\right) \tag{7-7}$$

$$K\cdot x_{k+1}=\frac{1}{2}K\left(x_k+\frac{\Delta p}{x_k}\right) \tag{7-8}$$

则

$$G(k+1)=\frac{1}{2}K\left[\frac{G(k)}{K}+\frac{K\Delta p}{G(k)}\right] \tag{7-9}$$

只要选取初值$G(0)$,即可进行迭代计算。

(2) 热电偶的热电势与温度。热电偶的热电势同所测量的温度之间也是非线性关系，例如，铁—康铜热电偶，在0～400℃的范围内，当允许误差<±1℃，按下式计算温度

$$T=a_4E_4+a_3E_3+a_2E_2+a_1E_1$$

式中：E为热电势，mV；T为温度，℃；$a_1=1.9750953\times10$；$a_2=-1.8542600\times10^{-1}$；$a_3=8.3683958\times10^{-3}$；$a_4=-1.3280568\times10^{-4}$。

已知热电偶的热电势，即可按上述公式计算温度，为了简单起见，可分段进行线性化，即用多段折线代替曲线，需要计算时，首先判断测量数据处于哪一折线段内，然后按相应段的线性化公式计算出线性值，折线段数越多，线性化的精确度就越高，软件开销也相应增加。

5. 温度修正和中间计算

来自被控对象的某些检测信号与真实值有偏差。如，用孔板测量气体的体积流量，当被测气体的温度和压力与设计孔板的基准温度和基准压力不同时，必须对$G=K\sqrt{\Delta P}$用计算出来的流量G进行温度、压力补偿。一种简单的补偿公式为

$$G_0=G\sqrt{\frac{T_0p_1}{T_1p_0}}$$

式中：T_0、p_0为基准温度和压力；T_1、p_1为实际温度和压力。

又如，对于测温元件，可以采用简单的温度误差修正模型

$$Y_c=Y(1+\alpha_0\Delta\theta)+\alpha_1\Delta\theta$$

式中：Y为未经温度误差修正的数字量；Y_c为经修正后的数字量；$\Delta\theta$为实际工作环境温度与标准温度之差；α_0、α_1为温度误差系数，α_0用于补偿零位漂移，α_1用于补偿传感器灵敏度的变化。

另外，对于某些无法直接测量的参数，必须首先检测与其有关的参数，然后依照某种计算公式，才能间接求出它的真实数值。

二、二次参数计算

习惯上把直接从对象测得的参数称为一次参数，在一次参数基础上计算出的参数称为二次参数，如汽包上下壁温差、蒸汽流量累积等。二次参数的种类很多，有些二次参数与机组类别、系统安装等因素有关，这里不作详细介绍。下面列出一些通用的二次参数计算方法。

1. 每小时流量计算

流量是随时间变化的，若计算机以T为采样周期作等间隔采样，x_i为第i次采样值，单位为kg/s，则每小时流量计算公式为

$$F=\sum_{i=1}^{n}\frac{x_i+x_{i-1}}{7200}T \tag{7-10}$$

$$n = 3600/T$$

式中：F 为每小时流量，kg/h；n 为 1 小时内的采样次数。

2. 流量累积计算

设 F' 为从时刻 t_1 到 t_n 的流量累积，这期间计算机以采样周期 T 采样 n 次，第 i 次采样值为 x_i（kg/s），则

$$F' = \sum_{i=2}^{n} \frac{x_i + x_{i-1}}{2} T \tag{7-11}$$

3. 均值计算

均值计算就是求某参数一段时间内的算术平均值，计算公式为

$$\overline{y} = \frac{1}{n} \sum_{i=1}^{n} x_i \tag{7-12}$$

式中：$\overline{y}$ 为 n 个测量值的平均值；x_i 为第 i 次瞬时测量值；n 为测量次数。

4. 差值计算

差值计算是计算两个同类型参数在同一采样周期、不同测量位置的测量值之差，例如锅炉汽包上下金属壁温差、汽机内外缸温差等，其计算公式为

$$\Delta x_t^{A,B} = x_t^A - x_t^B \tag{7-13}$$

式中：$\Delta x_t^{A,B}$ 为 t 时刻 A、B 两个位置的测量值之差；x_t^A、x_t^B 为 t 时刻 A、B 两个位置的测量值。

在机组启动的过程中，常需监视汽机内外缸壁温差、汽包上下金属壁温差等，以防温差过大损坏设备，同时温差也是计算机组应力、指导启停操作的重要数据。

5. 极值计算

极值计算是从同一类型不同测量位置、同一采样周期的 n 个测量值中找出最大或最小值。例如在发电机绕组的不同位置埋有多个测点测量温度，一般以其中最大的一个值作为绕组温度，极值计算公式为

$$|x_{\max}| = \max(|x_1|, |x_2|, \cdots, |x_n|) \tag{7-14}$$

$$|x_{\min}| = \min(|x_1|, |x_2|, \cdots, |x_n|) \tag{7-15}$$

$$x_{\max} = \max(x_1, x_2, \cdots, x_n)$$

$$x_{\min} = \min(x_1, x_2, \cdots, x_n)$$

式中：$|x_{\max}|$ 为 n 个测量值中绝对值最大的值；$|x_{\min}|$ 为 n 个测量值中绝对值最小的值；$x_{\max}$ 为测量值中最大的值；$x_{\min}$ 为 n 个测量值中最小的值。

如计算轴最大偏心度时，要把盘车时转轴在 12 个不同角度测得的横向位移值进行比较，其中最大值和最小值之差，工程上称为偏心度，可以通过极值计算方法得到。

6. 变化率计算

变化率指过程参数的变化速率，计算公式为

$$\psi_t = \frac{x_t - x_{t-1}}{T} \tag{7-16}$$

式中：ψ_t 为测点在 t 时刻的变化率；x_t、x_{t-1} 为测点在 t、$t-1$ 时刻的测量值；T 为采样周期。

为了避免某一次采样干扰造成变化率计算不准，还可以利用多个时刻的采样值计算变

化率。

实际工程中需要求取变化率的场合很多，如发电机的负荷变化率、汽机转速变化率、主蒸汽压力变化率、推力轴承温度变化率、汽包水位变化率等。

7. 逻辑量计算

当重要开关量测点采取多重输入时，需对其进行可信值逻辑计算，以减少误判。逻辑量计算的一般原则是，当 n 个多重输入点状态全部变化时，才认为该状态发生变化，否则不认为状态变化。

三、CRT 显示

CRT 显示是运行人员监视发电机组运行情况的最主要手段，也是 DAS 系统用于为火电厂安全监视的主要功能。

DAS 的 CRT 显示画面主要有以下几种：

（1）模拟图。用不同画面分别表示机组概貌和锅炉、汽轮机、发电机、厂用电等各局部工艺系统的流程，画面内辅以模入、开入活参数，如流量、压力、温度、调节阀开度等模拟量参数，辅机的启/停状态、阀门和挡板的开和关状态等开关量信号。

（2）棒状图。将同类参数用水平或垂直棒图排列在一起，形象地显示数值大小和越限情况。

（3）曲线图。可显示趋势曲线、历史曲线和机组启/停曲线等。

（4）相关图。以任一主要参数为中心，与若干与其相关的参数组成一幅画面，以便于对主要参数的综合监视和分析。

（5）成组显示。可从所有模拟量中任选若干个参数组成一幅画面，显示内容包括点号、名称、参数值、越限情况或成组开关量信息。

（6）检索类画面。包括标号检索、目录检索、模拟量报警及切除一览、开关量跳变等。

（7）报警类画面。当有报警产生时，相应的报警组在 CRT 画面上闪光，并有声音报警，报警确认后，闪光变为平光。

（8）模拟控制画面。一幅画面显示一个或数个控制回路的变量、定值、输出以及控制回路的手动/自动状态切换和增/减操作。

（9）开关量控制画面。一幅画面显示一个或一组设备的启/停或开/关允许条件、启/停或开/关的操作及其状态。

（10）诊断显示。诊断显示包含了系统和子系统一级的信息，这些信息使操作者了解到可测故障的情况、可监视系统状态和一些性能指标等。

一台大型火电机组，通常有几百幅画面，为了能在如此多的画面中尽快调用出所需的画面，通常设计了横向及纵向调用图，形成一种倒“树”状结构。对于一般的画面要求按键次数不超过三次，重要画面的调用要求按键次数在 1～2 次。通常 DCS 的操作员站设置了多种调用画面的方法如菜单调用、通过系统总貌显示图调用、通过用户定义功能键调用等。

四、制表打印

制表打印一般分为定时打印和随机召唤打印两种，打印格式与方式可按用户的要求编制。

1. 定时打印

分值（班）报表、日报表等，分别在每值、每日的终了时，对预定的参数按小时测量值及平均值、累计值一次性打印。根据运行人员的需要，也可随时人工召唤上述制表的全天补打印和即时制表打印。制表数据可以保留数天。像月报表和年报表这类长时间的报表，参数的采集、平均、累计等数量十分巨大，一般计算机内存容量不能满足时，需有大容量的外存设备，如磁带机、光盘等。

2. 随机打印

(1) 报警打印。参数越限及复位时，自动打印记录其点名、名称、参数实际值和相应的限值，以及越限和复位时间。报警打印也可由人工召唤打印。

(2) 开关量变态打印。周期型开入状态变化时，能自动（或人工召唤）打印其点名、名称及操作性质和时间。

(3) 事件顺序记录。当中断型开入动作时，按动作时间的先后次序自动打印其点号、名称、动作性质和时间，时间分辨率达 1～3ms。大机组通常有 128 点或 256 点，如果 DAS 系统计算机的时间分辨率达不到 1～3ms 的指标，需另配置事件顺序记录仪（SOE）。

(4) 事故追忆打印。对引起机组跳闸的事故，将事故发生前若干分钟（通常为 5～15min）及事故后若干分钟（通常为 5～15min），按一定的时间间隔（通常为 10～20s）对指定的若干个参数变化值进行打印。

(5) CRT 屏幕显示拷贝。CRT 上显示的画面，包括模拟图、曲线及各种表格、参数等均可通过运行人员进行拷贝打印。

五、报警

参数越限或运行辅机跳闸需报警引起运行人员的注意，及时调整，保证机组的安全运行。将实际测量得到的数值与设定的上、下限报警限值进行比较，如超过，则报警，在 CRT 上实时报警显示，并发出声响，点标号闪光。当运行人员确认后，闪光停止。参数返回到正常值时，报警显示上原报警消失。鉴于报警的紧急程度和后果的严重程度不同，需对报警进行分类管理。

六、在线性能计算

在线性能计算主要是定时进行经济指标计算，如锅炉效率、汽轮机效率、热耗、煤耗、厂用电率等的计算，此外也包括二次参数计算：对来自 I/O 过程通道的信息进行二次计算，包括补偿计算、变化率、累计、平均、差值、平方根、最大值、最小值等的计算。在线性能计算的关键是要给出正确、合理的计算公式和可靠的现场测量数据。

七、操作指导

对有成熟运行经验的机组，可根据用户要求设置机组启停操作指导、最佳运行操作指导、预防或处理事故操作指导等。操作指导是通过 CRT 屏幕显示具体的操作步骤指导操作人员进行操作，以保证机组的安全、经济运行或启停。通常操作指导采用专用语言，用户利用这些语言，按操作流程图编写程序并将程序放入库目录中，操作人员通过库目录调用、执行程序。程序主要检查需要的点，根据实时情况，判断并显示出下一步要执行或要确认的提示命令，有些参数未进入计算机，需操作人员回答“是”或“否”，才能使判断继续下去。此外，在 CRT 画面上还能同时显示一些参数与曲线，如一些典型的启动曲线，供操作人员参考。操作人员在操作中应使实际的启动曲线与参考的启动曲线相吻合或相接近，以保证启动过程的省时、安全和高效。

第四节 蒸汽温度控制系统

一、过热蒸汽温度控制系统

（一）过热蒸汽温度控制的意义与任务

锅炉过热蒸汽温度是影响锅炉生产过程安全性和经济性的重要参数。现代锅炉的过热器是在高温、高压的条件下工作，过热器出口的过热蒸汽温度是全厂整个汽水行程中工质温度的最高点，也是金属壁温的最高处。如果过热器温度过高，容易烧坏过热器，也会使蒸汽管道、汽轮机内的某些零部件产生过大的热膨胀变形而毁坏，影响机组的安全运行；如果过热蒸汽温度过低，将会降低全厂的热效率，不仅增加燃料消耗量，浪费能源，而且还将使汽轮机最后几级的蒸汽湿度增加，加速汽轮机叶片的水蚀。另外，过热蒸汽温度降低会导致汽轮机高压部分级的焓降减小，引起各级反动度增大，轴向推力增大，也给汽轮机的安全运行带来不利。为了保证过热蒸汽的品质和生产过程的安全性、经济性，过热蒸汽温度必须通过自动化手段加以控制。因此，过热蒸汽温度控制的任务是：维持过热器出口主蒸汽温度在生产允许的范围内，并对过热器进行保护，使管壁金属温度不超过允许的工作范围。正常运行时，一般要求过热蒸汽温度的偏差不超过额定值（给定值）的±5℃，即使在特殊情况下，其负偏差一般也不允许超过−10℃。

（二）过热蒸汽温度的控制手段和基本方案

影响过热蒸汽温度的因素有很多，主要有锅炉负荷、烟气扰动、过剩空气系数、炉膛火焰中心位置等。目前普遍采用喷水减温作为过热蒸汽温度的控制手段，将过热器分为导前区和惰性区两个区，减温器前为导前区，减温器后为惰性区，选择减温器后的汽温作为局部反馈信号，就形成的双回路控制系统。常用的过热汽温控制方案有两种方案：串级汽温控制系统和采用导前微分信号的汽温控制系统。对于现代大型锅炉，由于过热器管道加长，结构变得复杂，迟延和惯性更大，为了完成控制主蒸汽温度和保护过热器两个任务，多采用两级喷水减温控制方式。

（三）过热蒸汽温度控制系统的基本结构和工作原理

下面以某300MW机组应用INFI−90分散控制系统实现的过热蒸汽温度控制系统为例，对其系统结构和工作原理进行介绍。

该300MW机组的过热蒸汽温度采用二级喷水减温控制方式。过热器设计成两级喷水减温方式，除可以有效减小过热蒸汽温度在基本扰动下的纯迟延，改善过热蒸汽温度的调节品质外，第一级喷水减温还具有防止屏式过热器超温、确保机组安全运行的作用。

锅炉汽包产生的蒸汽经顶棚过热器、后烟道侧墙管等加热后，在立式低温过热器出口联箱后汇集在一根管道，经一级喷水减温器后分A、B侧进入屏式过热器。在屏式过热器出口联箱后又汇集在一根管道，经二级喷水减温器后进入末级过热器。最后，在末级过热器出口联箱后由一根主蒸汽管道送至汽轮机高压缸入口。

过热减温器喷水由锅炉主给水泵出口引来，就地分成两路，分别经各自的减温水流量测量孔板、气动隔离阀、气动调节阀和电动隔离阀后送往一、二级喷水减温器。

电动隔离阀和气动隔离阀除可由运行人员在OIS上手动开关外，当对应的调节阀稍微开启后电动隔离阀将自动连锁打开；锅炉MFT后自动连锁关闭。当对应的调节阀稍微开启、且相应的电动隔离阀打开时，气动隔离阀将自动连锁打开；当对应的调节阀全关后自动连锁关闭。

本机组过热器一、二级喷水减温器的控制目标是在机组不同负荷下维持锅炉二级减温器入口和二级过热器出口的蒸汽温度为给定值。

1. 一级减温控制系统

过热器一级减温控制系统的结构，如图 7-4 所示。

该系统是在一个串级双回路控制系统的基础上，引入前馈信号和防超温保护回路而形成的喷水减温控制系统。

主回路的被控量为二级减温器入口的蒸汽温度。主回路的给定值由代表机组负荷的主蒸汽流量信号经函数发生器 $f(x)$ 产生，运行人员可以在 OIS 上对此给定值给予正负偏置。主回路的控制由 PID_1 和 Smith 预估器切换形成，两者只能有一个起控制作用，它们是由工程师在 EWS 上设定组态软件中的开关来选择的，运行人员无法干涉。主回路控制器接收二级减温器入口蒸汽温度偏差信号，经控制运算后其输出送至副回路。

副回路的被控量为一级减温器出口的蒸汽温度。副回路的给定值是由主回路控制器的输出与前馈信号叠加形成。副回路采用 PID_2 调节器，它接受一级减温器出口蒸汽温度的偏差信号，其输出与防超温保护回路输出叠加后经手动/自动站去控制一级喷水减温器。

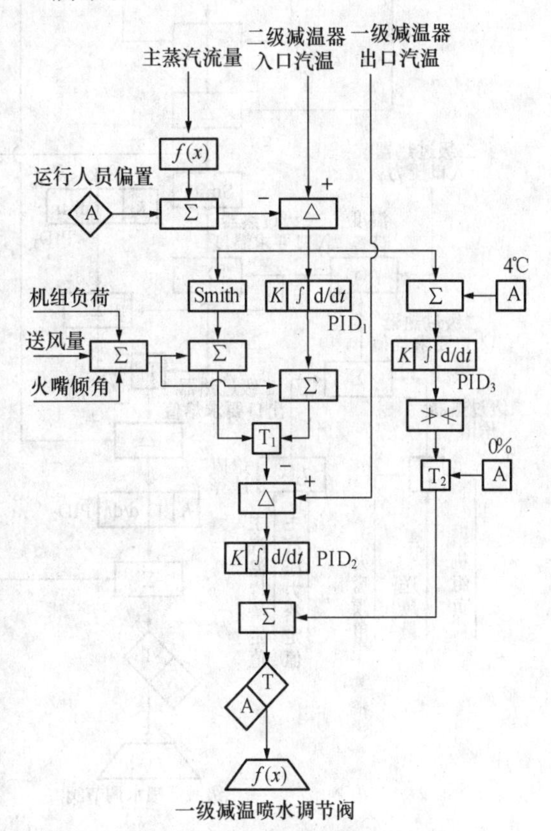

图 7-4　过热器一级减温控制系统

系统引入的前馈信号有机组负荷、送风量、喷燃器火嘴倾角等外扰信号。这些扰动信号会引起过热蒸汽温度的明显变化，因此，将它们作为前馈信号引入系统，来抑制它们对过热蒸汽温度的影响，改善一级过热蒸汽温度的控制品质。

防超温保护回路以 PID_3 调节器为核心构成。正常情况下这一回路不起作用，它由工程师在 EWS 上将功能封闭（该回路的切换器 T_2 输出为 0），只有当某种原因导致二级减温器入口蒸汽温度比给定值高出 4℃以上时，该回路会使一级减温喷水调节阀动态过开，以防止屏式过热器超温。防超温保护回路的控制作用受到限幅器的限制，以避免喷水调节阀的动作过大。

当机组负荷过低、汽轮机跳闸、锅炉 MFT 或一级喷水电动隔离阀异常关闭时，过热器一级减温喷水调节阀将自动关闭。

由于当机组的负荷变化时，控制对象的动态特性也随之改变，为了在较大的负荷变化范围内都具备较高的控制品质，在大型机组的蒸汽温度控制中，可充分利用 DCS 的优势，将主、副调节器设计成自动随负荷修改整定参数的调节器。

2. 二级减温控制系统

过热器二级减温控制系统的结构如图 7-5 所示。

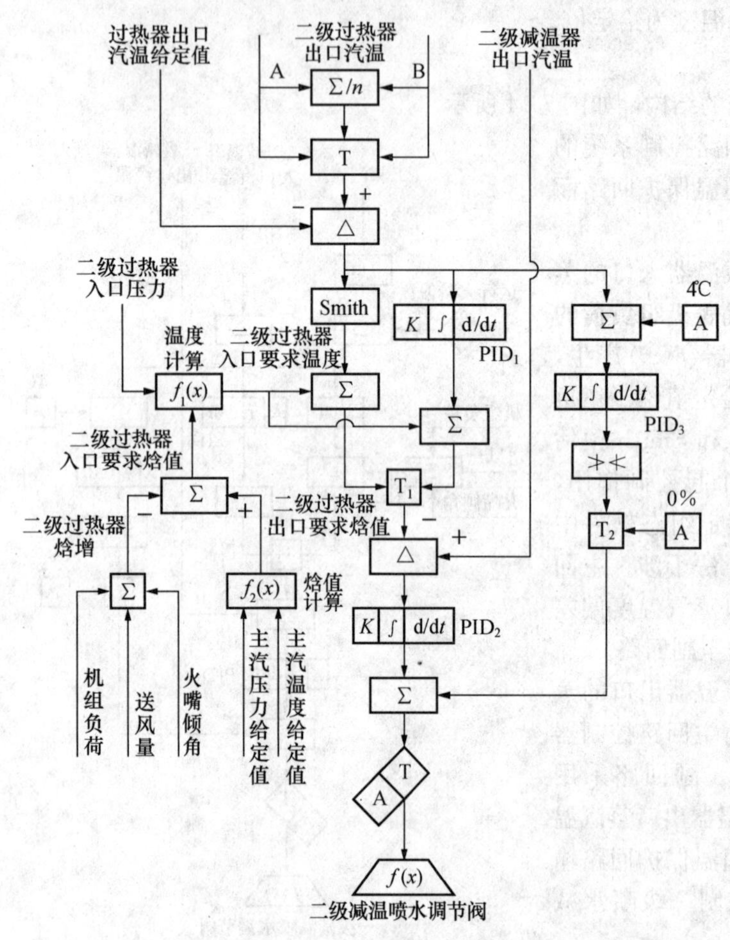

图 7-5 过热器二级减温控制系统

该系统与一级减温控制系统的结构基本相同，也是一个串级双回路控制系统，不同之处在于：主、副调节器输入的偏差信号不同，采用的前馈信号也不同。在此，仅对不同之处加以补充说明。

二级减温控制系统的主回路的被控量为二级过热器出口蒸汽温度，该蒸汽温度设有两个测点，可由运行人员在 OIS 上选择 A 侧、B 侧或两侧的平均值作为蒸汽温度测量值与主回路的给定值比较，形成二级过热器出口蒸汽温度偏差信号，主回路的给定值由运行人员手动设定，对于 300MW 机组在正常负荷时，给定值一般为 540℃。

副回路的被控量为二级减温器出口蒸汽温度，它由一个温度测点测得，并送入副回路与其给定值比较，形成二级减温器出口蒸汽温度的偏差信号。副回路给定值是由主回路控制器的输出与前馈信号叠加而形成的。

二级过热蒸汽温度控制是锅炉出口蒸汽温度的最后一道控制手段，为了保证汽轮机的安全经济运行，要求尽可能提高锅炉出口蒸汽温度的调节品质。因此，二级减温控制的主回路前馈信号采用了基于焓值计算的较为完善的方案。

众所周知，蒸汽的焓值是温度和压力的二元函数，要用数学公式表示出这种函数关系是相当困难和难以保证精确度的。在水蒸汽热力性质表上，蒸汽焓值和温度、压力的关系是将实验数据以表格形式体现的。若要查出某一压力、温度下蒸汽的焓值，必须采用查表和内插的方法，计算工作量相对较大。为此，在 INFI－90 中，专门开发了采用内插法求取二元函数的内插器（功能码 168），只要知道二元函数的数值表格，不必求该二元函数的数学表达式，即可采用内插法求出这两个输入变量所对应的函数值，利用这个功能码解决类似蒸汽焓值在线计算之类的问题是非常方便的。

在二级减温控制系统中，先根据主蒸汽温度和压力的给定值用内插器计算出锅炉出口蒸汽要求的焓值，再减去由主蒸汽流量代表的机组负荷、送风量、燃烧器火嘴摆动倾角等因素经函数发生器给出的对二级过热器焓增的影响，求得二级过热器入口要求的蒸汽焓值。由于二级过热器入口蒸汽无压力测点，这里由主蒸汽压力减去随负荷变化二级过热器内蒸汽的压力，求得二级过热器入口蒸汽压力，再根据二级过热器入口蒸汽压力和要求的焓值，采用内插器求出二级过热器入口要求的温度，作为二级减温控制主回路的前馈信号，即作为二级过热器入口蒸汽温度给定值的前馈信号。

除上述内容外，二级减温控制系统的其他部分及其工作原理与一级减温控制系统完全相同。

3. Smith 预估器

在一、二级减温控制系统的主回路中，均设置了可供选择的 Smith 预估器。这是因为长期以来，对于像过热蒸汽温度这种具有大纯迟延、大惯性动态特性的控制对象，采用常规的 PID 控制规律难以获得满意的控制效果。近年来，对于锅炉过热蒸汽温度控制，国内外都在尝试采用先进的控制规律取代常规的 PID 控制，出现了诸如预测控制、Smith 预估器、模糊控制、状态观测器等控制规律。所以，在上述一、二级减温控制系统组态中，充分利用 INFI－90 系统所具有的 Smith 预估器功能码，以提高蒸汽温度控制的品质。实践证明，应用 Smith 预估器，使一、二级减温控制系统的控制品质大大提高。当然，为了进一步改善外部扰动下的控制效果，在系统组态时，引入对被控量有明显影响且可测量的外部扰动（如机组负荷、过剩空气系数、摆动火嘴倾角等）作为前馈信号，也是非常必要的。

二、再热蒸汽温度控制系统

（一）再热蒸汽温度控制的任务与再热蒸汽温度控制的方法

为了提高大容量、高参数机组的循环效率，并防止汽轮机末级蒸汽带水，需采用中间再热系统。提高再热蒸汽温度对于提高循环热效率是十分重要的，但受金属材料的限制，目前一般机组的再热蒸汽温度都控制在 560℃以下。另一方面，在锅炉运行中，再热器出口温度更容易受到负荷和燃烧工况等因素的影响而发生变化，而且变化的幅度也较大，如果不进行控制，可能造成中压缸转子与汽缸发生较大的热变形，引起汽轮机振动。

再热蒸汽温度控制系统的任务是将再热蒸汽温度稳定在设定值上。此外，在低负荷、机组甩负荷或汽轮机跳闸时，保护再热器不超温，以保证机组的安全运行。影响再热蒸汽温度的因素很多，锅炉负荷对再热蒸汽温度的影响较大。一方面是由于再热器对流特性的影响，另一方面是由于再热器入口的工质状态随负荷变化而变化的幅度也较大。此外受热面积、给水温度的变化，过剩空气系数的变化等因素对再热蒸汽温度也有一定的影响。

再热蒸汽温度的控制一般以烟气控制为主，可采用的烟气控制方法有：控制烟气挡板的位置、采用烟气再循环，也可以通过改变燃烧器（火嘴）的倾角来控制再热蒸汽温度。另外，采用喷水减温的方法作为再热蒸汽温度超过极限值的事故情况下的一种保护手段。

（二）再热蒸汽温度控制系统的基本结构与工作原理

某 300MW 机组应用 INFI－90 分散控制系统实现的再热蒸汽温度控制系统，采用的是摆动火嘴加喷水减温控制手段。该机组汽轮机高压缸的排汽通过一根输送管引至锅炉上部，然后分成两路经各自的喷水减温器送入低温再热器。经中间交叉混合后的两路再热蒸汽最后汇集在锅炉 A、B 两侧的两个末级出口联箱内，然后由一根管道送至汽轮机。按照再热蒸汽

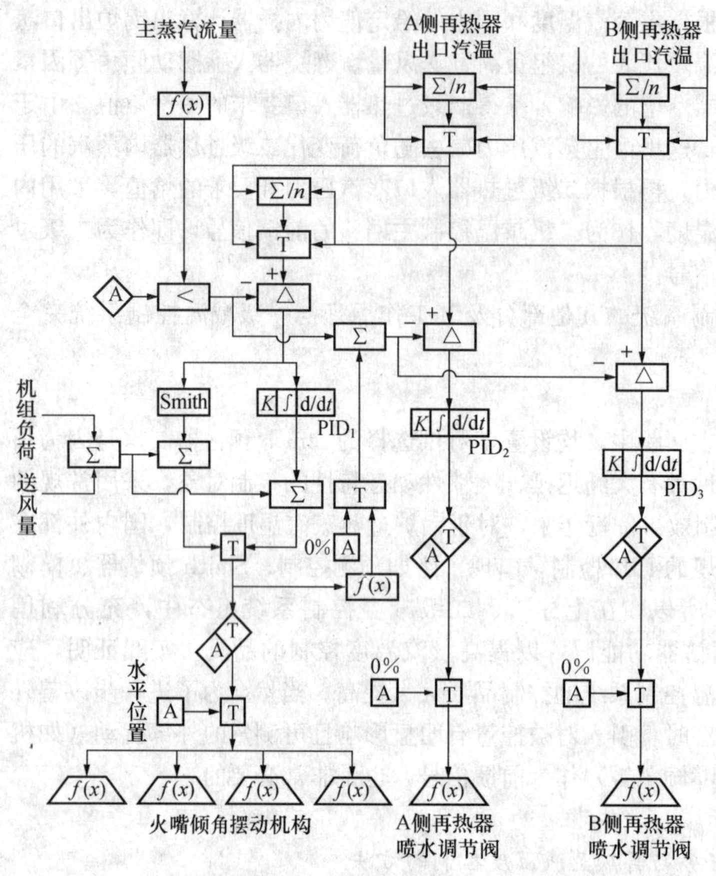

图 7-6 再热汽温控制系统

温度控制系统的设计思想，再热蒸汽温度正常情况下由喷燃器火嘴倾角的摆动来控制。如果摆动火嘴将炉膛火焰中心摆至最下而再热器出口蒸汽温度仍高，或摆动火嘴切至手动，或由于某种原因引起再热蒸汽温度动态偏高时，再热器的喷水减温器才开始工作。也就是说，控制再热蒸汽温度的减温水阀门平常是全关的，它对再热蒸汽温度只起一种辅助的或保护性质的控制作用。相应的再热蒸汽温度控制系统结构如图 7-6 所示。

1. 摆动火嘴控制系统

摆动火嘴控制系统是一个带前馈信号的单回路控制系统，它在再热蒸汽温度的控制中起到经常性的作用。

该系统根据主蒸汽流量经函数发生器给出的随机组负荷变化的再热蒸汽温度的给定值，与运行人员手动给定值经小值选择器选择后与再热蒸汽温度测量值进行比较，偏差进入控制器。控制器设计为 Smith 预估器和 PID 控制器互相切换的方式，两者只能有一个起控制作用，可由热控工程师通过 EWS 设置软件开关来进行选择。为了提高再热蒸汽温度在外扰下的控制品质，控制回路设计了由机组负荷和送风量经函数发生器给出的前馈信号。再热蒸汽温度的偏差经控制器的控制运算后再加上前馈信号，形成了对火嘴倾角的控制指令，这个指令信号分四路并行输出。从计算机输出的四路同样大小的4～20mA 电流信号，经各自的电/气转换器后分别送至锅炉四角的气动定位器，最终由汽缸连杆机构推动本角的火嘴改变倾角，倾角调节范围约为±30°。当进行炉膛吹扫时，火嘴倾角将被自动连锁到水平位置。

2. 喷水减温控制

由于喷水减温控制只起辅助或保护性质的减温作用，故系统的设计比较简单，再热蒸汽温度测量值与其给定值的偏差经 PID 控制器后，直接作为喷水减温阀门开度指令。控制中未设计 Smith 预估器，也未设计任何前馈信号。

当摆动火嘴在自动控制状态时，喷水减温的再热蒸汽温度给定值，在摆动火嘴控制系统给定值的基础上加上根据摆动火嘴控制指令经函数发生器给出的偏转量，意在当摆动火嘴有调节余地时抬高喷水减温控制系统给定值，以确保喷水减温阀门关死；当摆动火嘴控制指令接近下限而失去调节余地时，该偏置量应减小到零，以便再热蒸汽温度偏高时喷水阀门接替摆动火嘴手段；如摆动火嘴处于手动控制状态，该偏置量自动切换到零，根据主蒸汽流量给出的或运行人员手动给出的再热蒸汽温度给定值，为两侧喷水减温控制系统共用的给定值。

该机组再热器减温水来自给水泵中间抽头，经再热器减温水流量测量孔板和气动隔离阀后分为两路，分别经过各自的气动调节阀和电动隔离阀后通往锅炉 A、B 两侧再热器入口的喷水减温器。

每侧减温水的电动隔离阀由运行人员在 OIS 上手动打开，锅炉 MFT 后自动连锁关闭。气动隔离阀除可由运行人员在 OIS 上手动打开外，当两个电动隔离阀至少有一个打开且有一个调节阀稍微开启时将自动打开，当两侧调节阀全部关闭后将自动连锁关闭。

当锅炉 MFT、汽轮机跳闸或本侧减温喷水的电动隔离阀非正常关闭时，喷水调节阀自动连锁关闭。因机组带低负荷时再热蒸汽温度不会达到额定值，故设计了当机组负荷小于10%额定负荷时强制关闭喷水调节阀。

第五节　单元机组协调控制系统

单元机组的输出电功率与负荷要求是否一致反映了机组与外部电网之间能量供求的平衡关系；主汽压力反映了机组内部锅炉和汽轮发电机之间能量供求的平衡关系。协调控制系统（Coordinated Control System，CCS）就是为完成这两种平衡关系而设置的，它将单元机组的锅炉和汽轮机作为一个整体进行控制，使机组对外保证有较快的负荷响应和一定的调频能力，对内保证机组主要运行参数的稳定。

一、协调控制系统的功能

协调控制系统的主要控制功能包括如下几方面：

（1）接受电网总调的负荷自动调度，参与调峰、调频。

（2）进行锅炉、汽轮机的能量平衡控制。

（3）进行锅炉内部燃料、送风、引风、给水等子系统控制动作的协调。

（4）消除各种工况扰动，稳定机组运行。

（5）进行机组出力与主、辅机设备实际能力的协调。

（6）具有多种可供运行人员选择的控制系统与运行方式。

（7）与其他控制系统的通信、接口。

二、协调控制系统的组成和运行方式

1. 协调控制系统的组成

单元机组协调控制系统的组成原理框图如图 7-7 所示。

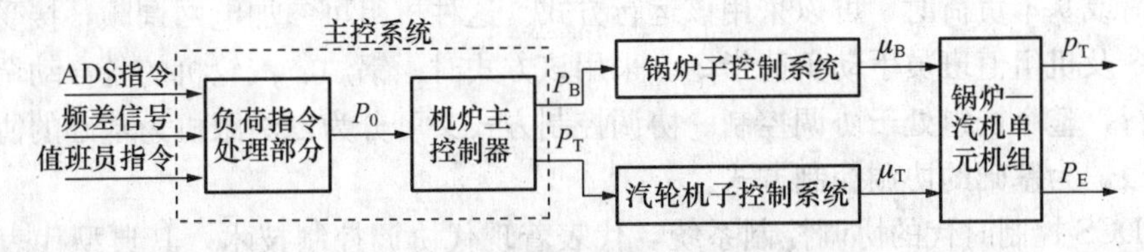

图 7-7　协调控制系统组成原理框图

协调控制系统由负荷指令处理部分（也称负荷管理控制中心）、机炉主控制器和机炉子控制系统三部分组成。前两部分通常也称为主控系统，它是单元机组协调控制系统的核心。

负荷指令处理部分的主要作用是对各种外部指令（ADS指令、频差信号、值班员指令）进行选择和处理，形成机组主辅机负荷能力和安全运行所能接受的机组负荷指令，作为机炉的功率给定值 P_0。机炉主控制器接受负荷指令处理部分的机组负荷指令，根据机组当前的运行条件及要求，选择不同的控制方式，并发出汽轮机调门开度和锅炉燃烧率指令，对单元机组实现调节，以适应外界负荷变化并保证机组安全稳定运行。

2. 协调控制系统的运行方式

单元机组协调控制系统的运行方式是指主控系统的运行方式。单元机组协调控制系统可根据机、炉的运行状态和承担的负荷调节任务，选择不同的运行方式，主要有以下几种。

(1) 基本方式。在这种方式下，锅炉和汽轮机都处于手动控制方式，而主控系统中的机组负荷指令则跟踪机组实发功率，为切换到其他运行方式做好准备。这种运行方式用于机组的启动、停止或当机组发生FCB状态时。

(2) 锅炉跟随方式。这种方式又可分为两种：①锅炉跟随、功率可调节方式。这种方式为典型的炉跟机运行方式，汽轮机负荷调节处于手动状态，由运行值班员手动调节机组功率，锅炉主控器为自动方式，自动维持主汽压力稳定。这种运行方式具有负荷适应快的优点，它可用于机组的正常运行，机组启动时也可用此运行方式。②锅炉跟随、功率不可调节方式，即锅炉调压方式。当锅炉运行正常而汽轮机局部异常，使机组的输出功率受到限制时采用该方式，在这种控制方式下，自动调节的主要目的是维持汽轮机的稳定运行，机组的输出功率为实际所能输出的功率（即汽轮机所能承担的负荷），不接受任何外部负荷指令。这种运行方式也适用于机组启动。

(3) 汽轮机跟随方式。这种方式又可分为两种：①汽轮机跟随、功率可调节方式。这种方式为典型的机跟炉运行方式，锅炉负荷调节处于手动状态，由运行值班员手动调节机组功率，汽轮机主控器为自动方式，自动维持压力稳定。这种运行方式适应负荷需求的速度慢，故当机组带基本负荷时，可采用这种运行方式。另外，这种运行方式对机组稳定运行有利，如运行经验不足或机组尚不稳定时也可采用这种方式。②汽轮机跟随、功率不可调节方式，即汽轮机调压方式。当汽轮机运行正常、锅炉异常而使单元机组的输出功率受到限制时采用该方式。在这种控制方式下，机组只能维持本身的实际输出功率，而不能接受任何外部负荷指令。此时自动调节的主要目的只是维持锅炉连续运行，以便排除锅炉的部分故障。当锅炉发生RB（RUN BACK）时，锅炉出力受到限制，迫使机组减负荷运行，此时机组的运行方式应采用汽轮机调压方式。另外，在锅炉燃烧系统发生部分故障、锅炉燃烧率受到限制时，也可采用这种运行方式，此时机组出力决定于实际燃料量的大小。

(4) 协调控制方式。机、炉负荷调节均处于自动状态。当单元机组运行情况良好，机组带变动负荷或基本负荷时，可以采用该运行方式。这种机组可参加电网调频，接受调度所自动负荷指令及机组值班员手动负荷指令。采用该方式时，锅炉、汽轮机的各自动调节系统应都投入运行，整个机组处于协调控制。协调控制方式又可分为以炉跟机为基础的协调控制方式和以机跟炉为基础的协调控制方式。

进入DCS控制时代的协调控制系统，代表着现代协调控制技术。其典型代表是直接能量平衡控制系统（DEB）和直接指令平衡控制系统（DIB）。这种控制方式，机组负荷同时由汽轮机调门和锅炉燃烧率进行调节，锅炉燃烧率响应机组负荷，汽轮机调门则在控制机组负荷的同时，兼顾机前压力。DCS控制系统将自动调节、逻辑控制、连锁保护有机结合，并考虑机炉控制对象的不同特性和满足不同运行方式、不同工况下的控制要求，充分利用前馈、补偿、校正等手段，构成了前所未有的复杂控制系统。

三、600MW 单元机组协调控制系统实例

某 600MW 机组，锅炉为东方锅炉厂生产的 DG2060/17.6-Ⅱ1 型亚临界压力、自然循环汽包炉，前后墙对冲燃烧，一次中间再热、单炉膛平衡通风结构。过热器二级喷水减温，烟气挡板调节再热蒸汽温度加事故喷水。锅炉最大连续出力（B—MCR 工况）时，过热器蒸汽流量 2060t/h，过热器蒸汽压力 17.6MPa，过热器蒸汽温度 541℃。汽轮机为哈尔滨汽轮机厂生产 NZK600-16.7/538/538 型亚临界压力、中间再热、四缸四排汽、直接空冷凝汽式汽轮机，额定主蒸汽压力 16.67MPa，额定蒸汽流量 1842.92t/h，额定主蒸汽温度 538℃。发电机为哈尔滨电机厂提供的 QFSN-600-2YHG 型发电机。正压冷一次风直吹式制粉系统，配备了六台 ZMG 型中速磨，五台正常运行，一台备用。DCS 系统采用 ABB 公司的 Symphony 分散控制系统。

该机组协调控制系统的运行方式共有五种：协调控制方式 1（CCS1，以锅炉跟随为基础的协调控制方式）、协调控制方式 2（CCS2，以汽轮机跟随为基础的协调控制方式）、锅炉跟随方式（BF）、汽轮机跟随方式（TF）和基本运行方式（MAN）。

下面具体介绍该机组协调控制系统的组态及工作原理。

（一）协调控制系统的总体结构

由 Symphony 分散控制系统组态实现的 600MW 单元机组协调控制系统的总体结构如图 7-8 所示。由图可见，该协调控制系统由以下几个部分组成。

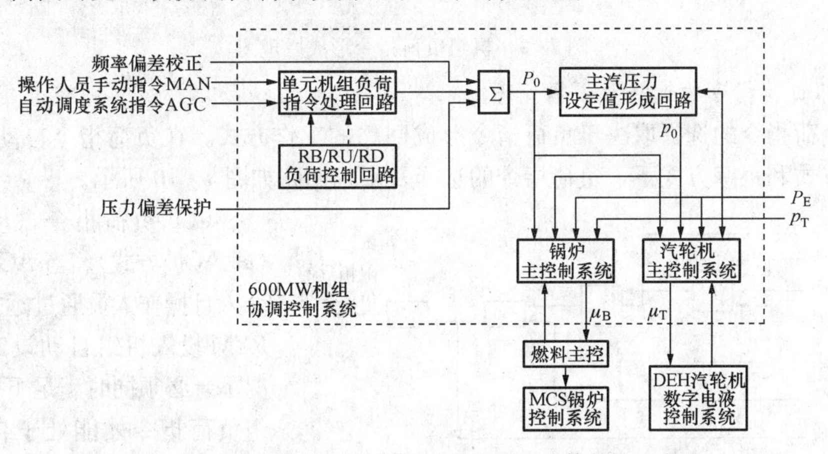

图 7-8　600MW 单元机组协调控制系统总体结构示意图

（1）机组负荷指令（P_0）形成回路。

（2）主汽压力设定值（p_0）形成回路。

（3）锅炉主控制系统。

（4）汽轮机主控制系统。

（二）机组负荷指令（P_0）形成回路

机组负荷指令形成回路主要完成如下任务。

（1）对选择的 AGC 指令或运行人员手动指令进行限幅和限速处理。

（2）自动实现辅机故障减负荷（RB）、机组负荷闭锁增加和闭锁减少（BI/BD）、机组负荷迫升和迫降（RU/RD）或机组负荷指令保持（KEEP）等工况的一系列操作。

（3）加入频差校正信号和主蒸汽压力偏差保护信号。

机组负荷指令形成原理如图 7-9 所示。

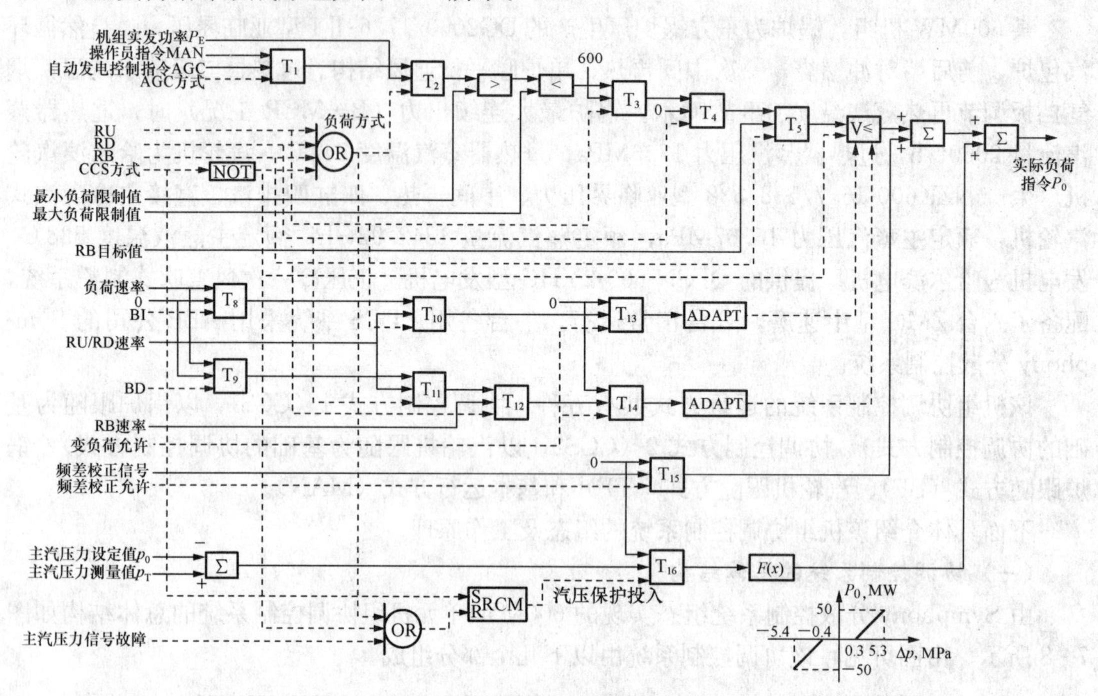

图 7-9 机组负荷指令形成原理图

1. 外部负荷指令的选择及限幅处理

外部负荷指令的选择取决于负荷指令形成回路的工作方式。在负荷指令自动设定方式、手动设定方式和跟踪方式下，负荷指令的选择及限幅回路如图 7-10 所示。

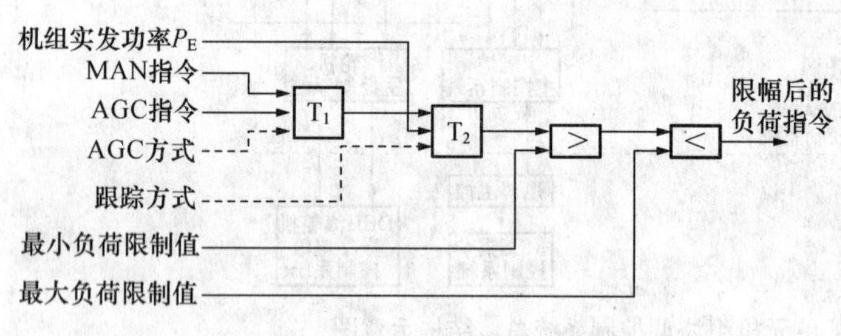

图 7-10 机组负荷指令选择及限幅处理

（1）负荷指令自动设定方式（即 AGC 方式）。当 AGC 指令请求介入且操作人员通过远方控制模块 RCM 投入机组自动设定方式的情况下，必须同时满足下列条件，机组负荷指令才能处于自动设定方式，即 AGC 方式。这些条件是：①AGC 信号正常；②非 RB 工况；③CCS 方式。

此时，模拟切换器 T_1 的输出为自动发电控制指令，即 AGC 指令。同时机组协调控制系统向电网负荷调试中心发送一回报信号“单元机组在 AGC 方式”。

（2）负荷指令手动设定方式。当 AGC 信号故障或操作人员强行切至手动方式时，均处于负荷指令手动设定方式。此时，模拟切换器 T_1 的输出为 MAN 指令，其值可通过远方设定站 REMSET 给定。

（3）负荷指令跟踪方式。当机组协调控制系统处于以下任一工况：①负荷迫升（RU）；

②负荷追降（RD）；③辅机故障减负荷（RB）；④非CCS方式时，机组负荷指令处于跟踪方式。模拟切换器T_2将机组的实发功率作为负荷指令输出。

由以上三种不同的负荷设定方式得到的负荷指令信号，都必须经过机组负荷最大值和最小值的限幅处理，以确保机组在允许的负荷范围内安全运行。

2. RB/RD/RU工况时的负荷指令

经选择和限幅处理后的负荷指令信号，只有在机组内部负荷指令RU、RD和RB均未发生时，才能通过模拟切换器T_3～T_5后输出（见图7-9）。

在RB工况时，模拟切换器T_5将RB目标值作为机组负荷指令输出；在RD工况时，模拟切换器T_4、T_5将0MW作为机组负荷指令输出；在RU工况时，模拟切换器T_3～T_5将600MW作为机组负荷指令输出。

3. 负荷指令的变化速率限制

为了避免由于负荷指令信号突变给机组运行带来的冲击，机组目标负荷形成回路利用变化率限制功能，将阶跃变化的负荷指令信号转变为以给定速率变化的斜坡信号。在不同运行工况下，速率限制值不同。机组的变负荷速率通过速率限制模块完成。机组内部负荷指令闭锁增加（BI）或闭锁减少（BD）也是通过这个模块实现的。机组负荷指令的变化率限制工作原理如图7-11所示。

（1）机组正常运行工况。由图7-11可知，在机组正常运行，即未发生BI、BD、RU、RD、RB时，速率限制模块的限制速率是“负荷速率”，该速率值由操作人员通过远方设定站REMSET给定。

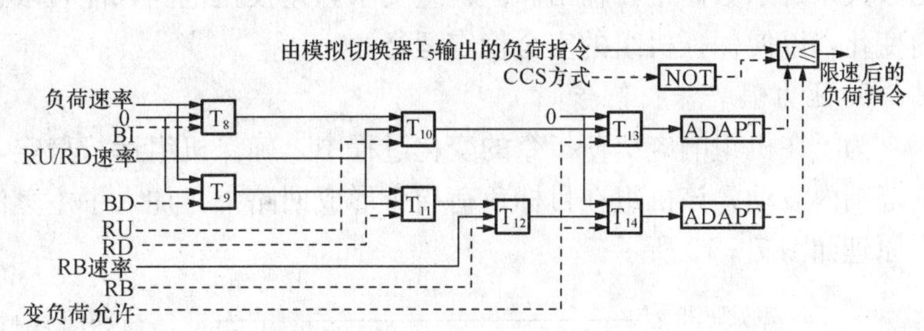

图7-11　负荷指令变化速率限制

（2）机组发生BI/BD、RU/RD、RB内部负荷限制指令时的情况。在发生BI或BD时，切换器T_8或T_9将速率0输出，作为速率限制模块相应变化方向的限制速率。不允许负荷在增大或减小方向上变化；当发生RU或RD时，切换器T_{10}或T_{11}将RU/RD速率输出，作为速率限制模块的限制速率。以给定的RU/RD速率强迫增大或强迫减少负荷指令，保护机组的安全；当发生RB时，切换器T_{12}将RB速率作为机组降负荷速率限制值。同时，图7-9中切换器T_5输出RB目标值作为负荷指令送至速率限制模块输入端，所以机组负荷指令从当前负荷值上，以RB速率向RB目标值减负荷。从而保证机组负荷指令与机组实际负荷能力相一致。

在图7-11中的“变负荷允许”信号是操作人员根据机组运行状态人为加入的指令。当“变负荷允许”有效（即为1）时，以上所讲到的所有给定速率可以通过切换器T_{13}和T_{14}作为限速模块的限速值。否则，切换器T_{13}和T_{14}将0输出作为限速模块的限速值，让机组负荷指令保持。

4. 频差校正信号

频差校正信号的形成原理如图7-12所示。由图得知，频差校正信号投入的必要条件是：①负荷控制在CCS方式下；②机组频率测量信号无故障；③非RB、RD或RU工况；

④频差校正允许（由操作人员给定）等。这四个条件同时成立，机组才能参加电网的一次调频。

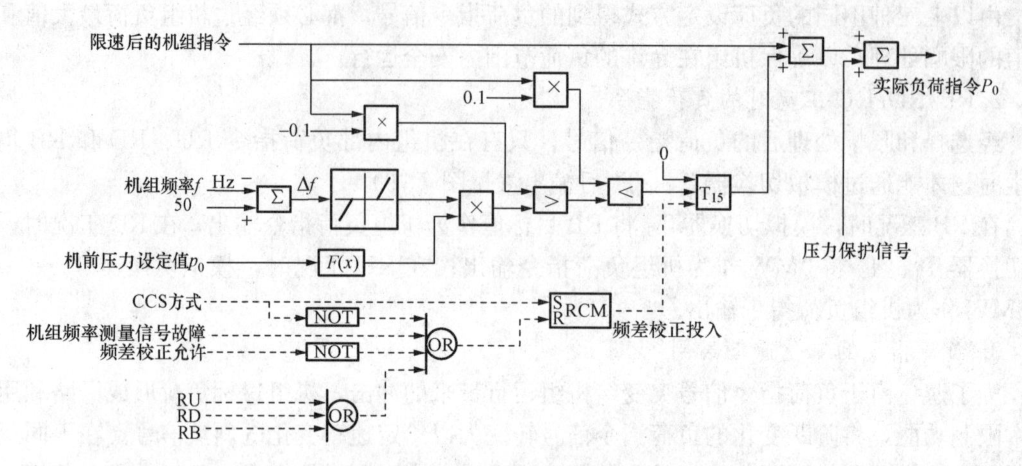

图 7-12　频差校正信号的形成

机组频率偏差 Δf 经死区非线性模块切除小信号，再经过与主汽压力设定值 p_0 成一定函数关系的系数修正后输出。但机组要求频差校正范围只能在限速后机组指令的±10%区间内变化，以便保证机组的安全稳定运行。

5. 压力偏差保护信号

为了在机组响应负荷指令的变化过程中，确保机组运行稳定，即保证主蒸汽压力在允许的范围内波动，该机组在目标负荷指令形成回路中，加入了主蒸汽压力偏差保护信号。其工作原理如图 7-13 所示。

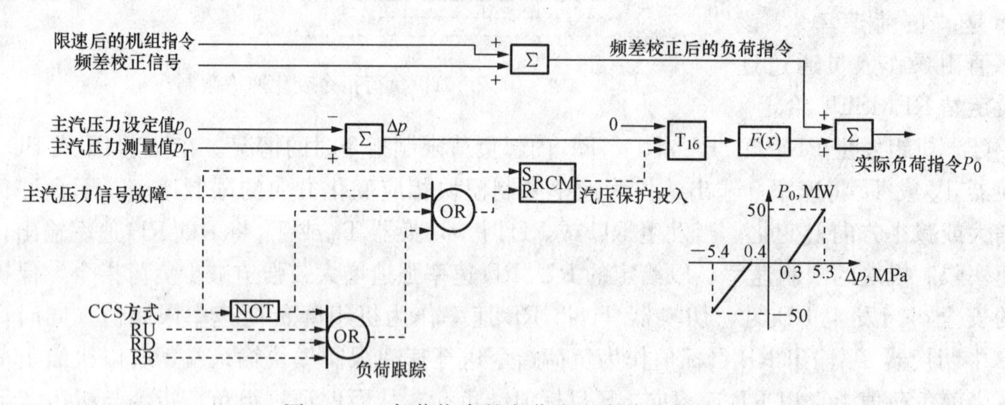

图 7-13　负荷指令的主蒸汽压力偏差保护

显然，当主蒸汽压力偏差 Δp 超过死区非线性函数模块 $F(x)$ 的死区范围时，则函数模块的输出值线性变化。在机组大幅度降负荷时，会引起主蒸汽压力升高，使 $\Delta p=p_T-p_0>\delta$（死区范围），此时函数模块输出的主蒸汽压力偏差保护信号线性增大，该值与频差校正的负荷指令信号相加后，作为机组实际负荷指令，这里机组负荷指令中随压力偏差保护信号变化的提高部分，减缓了机组降负荷过程中给机组稳定运行带来的压力；在机组快速升负荷时，会引起主蒸汽压力下降，使 $\Delta p=p_T-p_0<\delta$ 时，函数模块输出的主蒸汽压力偏差保护信号线性减少，该值与频差校正的负荷指令信号相减后，作为机组实际负荷指令。这时，负荷指令随压力偏差保护信号变化的减少部分，减缓了机组升负荷过程中给机组稳定运行带来

的压力。

由图7-13可得到压力保护信号的投入是以下述条件同时满足为前提：①在CCS控制方式下；②主汽压力信号无故障；③非RB、RU和RD工况。否则，将自动切除压力保护信号。

（三）机组内部负荷指令的产生

该单元机组负荷控制系统的内部负荷指令包括有：辅机故障减负荷指令（RB），机组指令闭锁增加（BI）、闭锁减少（BD），机组指令迫升（RU）、迫降（RD）等。下面介绍该600MW机组的内部负荷指令的产生。

1. BI/BD指令的产生

闭锁增加负荷（BI）与闭锁减少负荷（BD）指令的形成如图7-14所示。

当下列四个条件中有一个满足时，则机组处于闭锁增加负荷（BI）状态。

（1）锅炉闭锁增加负荷。

（2）机组实发功率比实际负荷指令小且超过设定值（即 P_0-P_E>设定值）。

（3）汽轮机闭锁增加负荷。

（4）机组负荷保持。

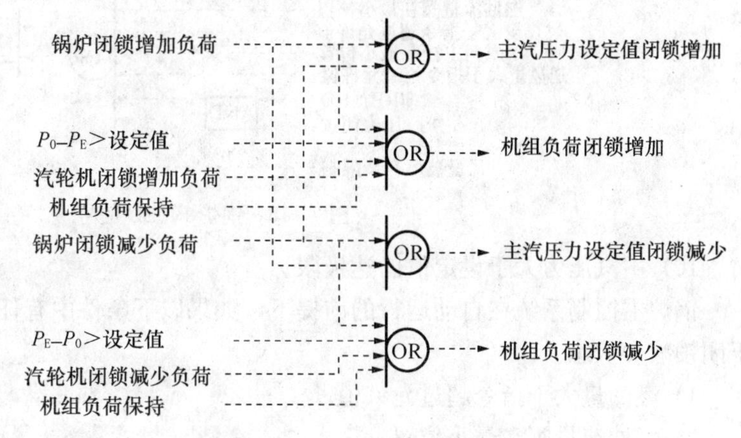

图7-14　BI与BD信号的产生

当下列四个条件中有一个满足时，则机组处于闭锁减少负荷（BD）状态。

（1）锅炉闭锁减少负荷。

（2）机组实发功率比实际负荷指令大且超过设定值（即 P_E-P_0>设定值）。

（3）汽轮机闭锁减少负荷。

（4）机组负荷保持。

以上锅炉闭锁增/减负荷信号的形成逻辑如图7-15所示。汽轮机闭锁增/减负荷信号的形成逻辑如图7-16所示。

（1）锅炉BI/BD信号的形成。由图7-15可以得知，锅炉主控制系统在自动运行的前提下，当以下条件中有任意一个满足时，则锅炉处于负荷闭锁增加状态。

1）燃油量小于指令超过允许值。

2）燃油流量阀在最大位置。

3）燃煤量小于指令超过允许值。

4）燃料主控在最大位置。

5）送风量小于指令超过允许值。

6）送风量控制在最大。

7）引风量控制在最大。

8）炉膛压力闭锁（即炉膛压力高或低超过允许值）。

9）燃料量被风量限制。

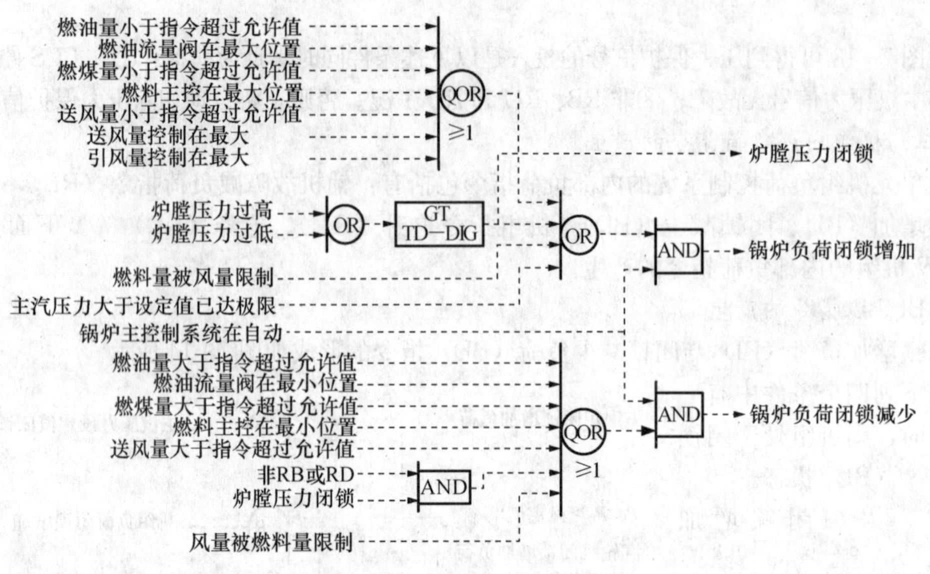

图 7-15 锅炉 BI/BD 信号

10）主汽压力大于设定值已达极限。

锅炉主控制系统在自动运行的前提下，如果以下条件中有任意一个满足，则锅炉负荷处于闭锁减少状态。

1）燃油量大于指令超过允许值。

2）燃油流量阀在最小位置。

3）燃煤量大于指令超过允许值。

4）燃料主控在最小位置。

5）送风量大于指令超过允许值。

6）非 RB 或 RD 工况，但炉膛压力闭锁。

7）风量被燃料量限制。

（2）汽轮机 BI/BD 信号的形成。由图 7-16 可以看出，汽轮机主控制系统在自动运行的前提下，如以下条件中有任意一个满足，则汽轮机处于负荷闭锁增加状态。

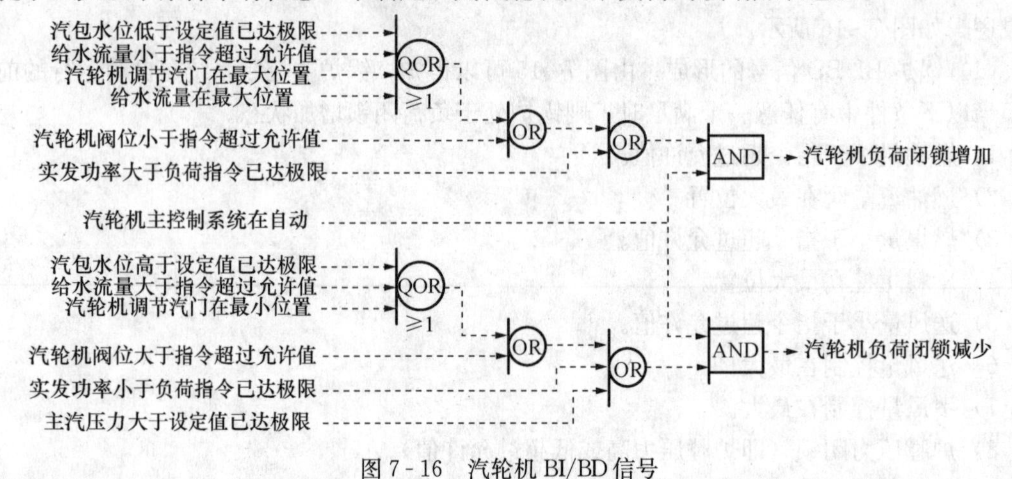

图 7-16 汽轮机 BI/BD 信号

(1) 汽包水位低于设定值已达极限。

(2) 给水流量小于指令超过允许值。

(3) 汽轮机调节汽门在最大位置。

(4) 给水流量在最大位置。

(5) 汽轮机阀位小于指令超过允许值。

(6) 实发功率大于负荷指令已达极限。

在汽轮机主控制系统自动运行的前提下，如以下条件中有任意一个满足，则汽轮机处于负荷闭锁减少状态。

(1) 汽包水位高于设定值已达极限。

(2) 给水流量大于指令超过允许值。

(3) 汽轮机调节汽门在最小位置。

(4) 汽轮机阀位大于指令超过允许值。

(5) 实发功率小于负荷指令已达极限。

(6) 主汽压力大于设定值已达极限。

由机组负荷指令处理回路图 7-9 可以得到，机组在正常运行工况下，实际负荷指令 P_0 就等于经限速处理后的机组负荷指令与机组频率校正信号和压力保护信号之和，而在发生了 RB 或 RD 时，实际负荷指令为 RB 目标值或 0 值。

2. RD 指令的产生

该机组迫降负荷工况所考虑的主要参数有：给水流量、汽包水位、燃油量、燃煤量、炉膛压力、送风量、汽轮机侧等。在机组处于负荷协调方式时，如果出现以上这些主要参数偏差太大引发至少一个 RD 请求，则产生 RD 指令信号，如图 7-17 所示。

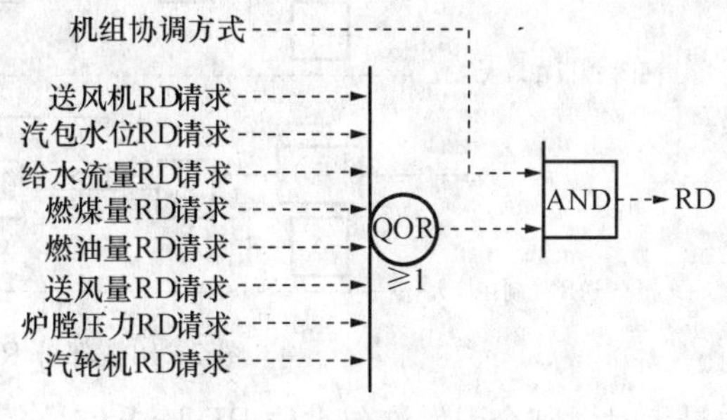

图 7-17　RD指令的产生

该机组设计的 RD 指令中包括以下八种 RD 请求的情况：

(1) 送风机 RD 请求。

(2) 汽包水位 RD 请求。

(3) 给水流量 RD 请求。

(4) 燃煤量 RD 请求。

(5) 燃油量 RD 请求。

(6) 送风量 RD 请求。

(7) 炉膛压力 RD 请求。

(8) 汽轮机 RD 请求。

其中部分 RD 请求的产生过程由图 7-18 给出。

将给水流量偏差（W_0-W，即给水流量指令减去给水流量测量值）转变为百分量表示的数值，当其值大于 5%，且给水流量控制在最大时，则会引发给水流量 RD 请求信号。该信号当给水流量偏差 $W_0-W<1\%$时，自动消除。

将汽包水位偏差（H_0-H）转变为百分量表示的数值，当其值大于 10%，且给水流量

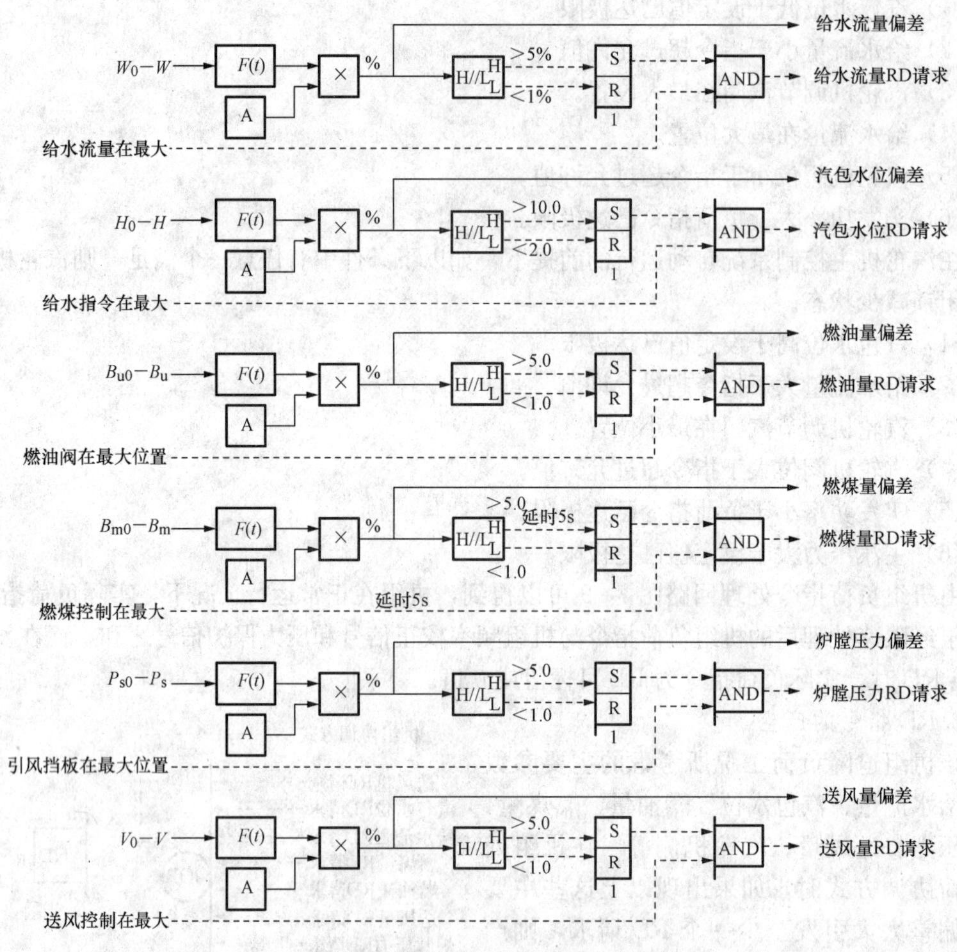

图 7-18 部分 RD 请求信号的产生

在最大时，则会引发汽包水位 RD 请求信号。该信号在汽包水位偏差小于 2%时自动消除。

将燃油量偏差（$B_{u0}-B_u$）转变为百分量表示的数值，当其值大于 5%，且燃油阀在最大位置时，则会引发燃油量 RD 请求信号。该信号在燃油量偏差小于 1%时自动消除。

将燃煤量偏差（$B_{m0}-B_m$）转变为百分量表示的数值，当其值大于 5%，且燃煤控制在最大时，则会引发燃煤量 RD 请求信号。该信号在燃煤量偏差小于 1%时自动消除。

将炉膛压力偏差（$p_{s0}-p_s$）转变为百分量表示的数值，当其值大于 5%且引风挡板在最大位置时，则会引发炉膛压力 RD 请求信号。该信号在炉膛压力偏差小于 1%时自动消除。

将送风量偏差（V_0-V）转变为百分量表示的数值，当其值大于 5%且送风控制在最大时，则会引发送风量 RD 请求信号。该信号在送风量偏差小于 1%时自动消除。

3. RB 指令的产生

单元机组所能带的最大负荷值，在主机运行正常的情况下，完全取决于机组主要辅机的工作状态。因此，机组的最大可能出力可根据各种辅机的运行台数来计算，即用各种辅机中运行台数占各自总台数的最小比例来计算机组最大可能出力。

（1）RB 目标值的形成。在该机组设计中，考虑了磨煤机、一次风机、送风机、引风机、给水泵和空气预热器发生故障的情况。各辅机设备投入状态不同时，机组所能带的最大出力如下。

1）由磨煤机运行状态所决定的带负荷能力。该机组共有六台磨煤机，每台的负荷能力为满负荷的20%，即120MW。正常运行时，五台运行，一台备用，带满负荷600MW。在磨煤机负荷计算时，每台磨煤机的最大负荷计为100%，所以磨煤机的负荷能力为所有运行着的磨煤机负荷总和除以5。此外，还应加上燃油负荷。

2）由一次风机运行状态所决定的带负荷能力。该机组配有两台一次风机，每台出力为60%负荷，即每台的最大可能负荷为360MW。两台同时投运，能带720MW负荷。若存在燃油流量，则一次风负荷能力还相应增加。

3）由送风机运行状态所决定的带负荷能力。该机组配有两台送风机，每台出力为60%负荷，即每台的最大可能负荷为360MW。两台同时投运能带720MW负荷。

4）由引风机运行状态所决定的带负荷能力。该机组配有两台引风机，每台出力为60%负荷，即每台的最大可能负荷为360MW。两台同时投运能带120%负荷，即720MW。

5）由给水泵运行状态所决定的带负荷能力。该机组有三台负荷能力为60%的电动给水泵。正常运行时，两台运行，一台备用。两台给水泵运行时，带负荷能力为720MW。

6）由空气预热器运行状态所决定的带负荷能力。该机组配有两台空气预热器，每台出力为60%负荷，即每台的最大可能负荷为360MW。两台同时投运能带720MW负荷。

所以，RB目标值的形成可用图7-19来表示。

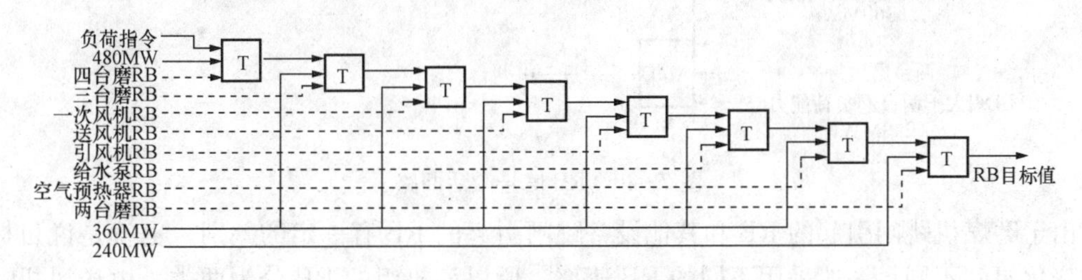

图7-19　RB目标值的形成

当单台送风机、引风机、一次风机、空气预热器跳闸，且机组负荷大于一台设备允许的最大出力时，RB发生，将360MW作为RB目标值，并送至机组负荷指令形成回路。

当一台给水泵跳闸，5s内备用给水泵未联启，且机组负荷大于一台给水泵的最大允许出力时，RB发生，将360MW作为RB目标值送至机组负荷指令形成回路。

当一台磨煤机跳闸，且机组负荷大于仍处于运行的磨煤机的最大允许出力时，RB发生。发生RB时，若仍有四台磨煤机运行，则RB目标值为480MW；若仍有三台磨煤机运行，则RB目标值为360MW；若运行磨煤机的台数不大于两台，则RB目标值为240MW。

（2）RB指令激活回路。该机组的RB指令激活回路如图7-20所示。

1）机组正常运行时，不发生RB信号。由机组配置辅机的带负荷能力可见，当机组主、辅机都正常运行时，机组实际负荷必然小于机组允许的最大可能出力，此时不发生RB。

2）有关辅机部分故障时，可能发生RB信号。当有关辅机部分发生故障后，最大可能出力值大幅度下降，当机组实际负荷信号大于最大可能出力时，产生RB信号。如果机组实际负荷信号仍小于降低后的最大可能出力，则机组不会发生RB信号。

在响应RB指令过程中，机组负荷指令不允许跳变，只能以预先设定的RB速率变化，经过限速模块限制后逐渐减少。

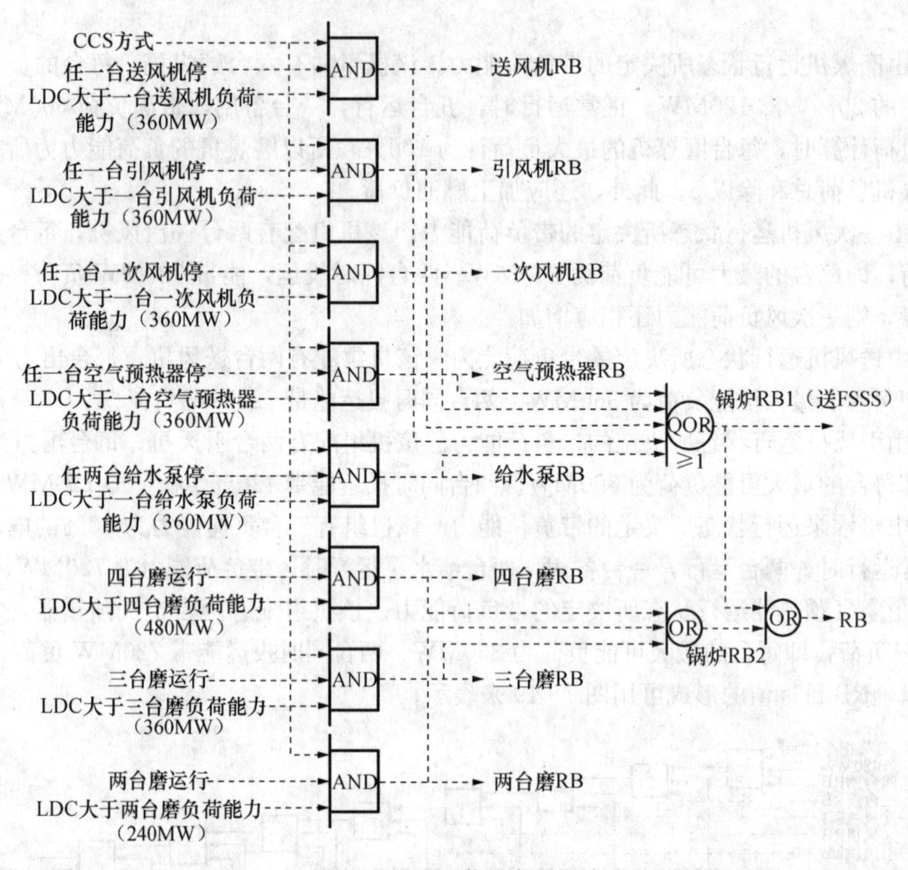

图7-20　RB信号激活回路

由于磨煤机跳闸引起的RB和其他设备跳闸引起的RB有一定的差别，也就是说目标负荷的变化幅度不同，一般采用不同的RB速率，所以该机组的RB分为两类：由送风机、引风机、一次风机、空气预热器、给水泵引起的RB为RB1，由磨煤机跳闸引起的RB为RB2。

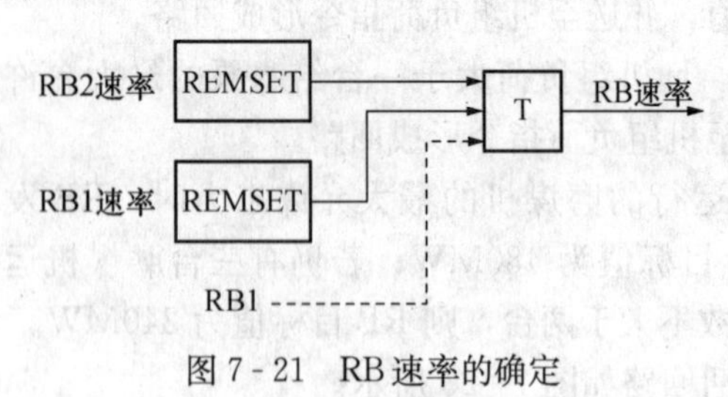

图7-21　RB速率的确定

（3）RB速率的确定。不同辅机设备部分故障所引发的RB工况，其减负荷速率不同。该机组可以由运行人员在远方设定站上设定两种不同的RB速率，如图7-21所示。

在发生RB1工况，也就是说送风机、引风机、一次风机、空气预热器、给水泵引起的RB时，RB1速率（200MW/min）经过切换器送至限速模块，使机组的负荷以该速率逐渐减少。在发生RB2工况，也就是说磨煤机跳闸引起的RB时，RB2速率（100MW/min）经过切换器送至限速模块，使机组的负荷以该速率逐渐减少。

这里需要说明，机组的负荷大小除了与以上设计中所考虑的六种辅机设备有关外，还与循环水泵、真空泵、冷却水泵以及油泵等有关。由于这些辅机设备或者配备有备用设备，如循环泵三台中有一台备用，或者部分发生故障时连锁切除以上RB功能所考虑的六种辅机设备中的某一种，因此，RB功能中不考虑这些辅机。

（四）主汽压力设定值回路

该600MW机组的主汽压力设定值形成回路可以工作在自动设定方式、手动设定方式和主汽压力跟踪方式三种不同状态，其具体形成原理如图7-22所示。

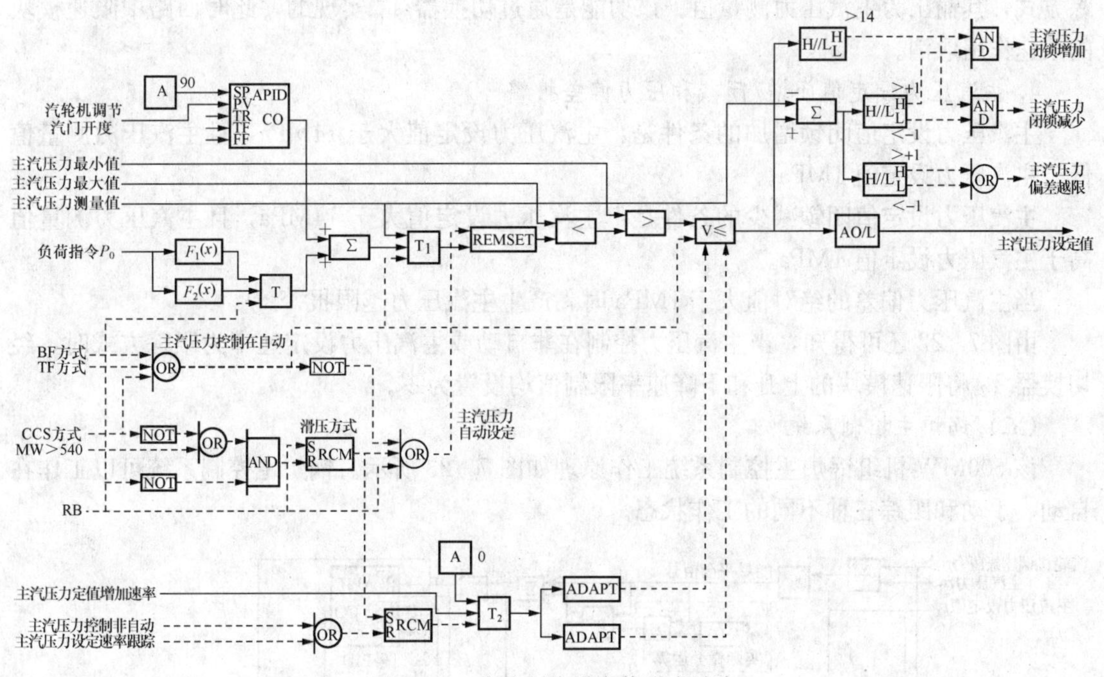

图7-22 主汽压力设定值形成回路

1. 自动设定方式

由图7-22可见，若主汽压力控制在自动且机组运行在滑压方式或RB降负荷工况时，主汽压力设定值处于自动设定方式。此时，机组负荷指令经过函数模块$F_1(x)$（即在正常运行时）或函数模块$F_2(x)$（即在RB工况时）运算，得到相应的负荷下应该具有的主汽压力值。接着通过模拟切换器T_1和主汽压力设定站REMSET模块，经主汽压力最大值、最小值限幅，以及变化速率限制后输出，作为主汽压力设定值。

在机组处于滑压运行工况时，通常汽轮机调节汽门的开度为μ_{T0}（即90%），负荷的升降主要依靠主汽压力的改变来实现。为了提高机组在滑压运行工况下的负荷适应能力，在增加负荷时，总是首先开大汽轮机调节汽门开度的位置，释放部分锅炉蓄热，以尽快增大机组出力，满足负荷的需求。当动态过程结束后，汽轮机调节汽门的开度再一次恢复到μ_{T0}。为此，在主汽压力设定值形成回路中加入了变负荷时的调节汽门开度调整控制信号。当升负荷时，主调门开大，$\mu_{T0}-\mu_T<0$，PID控制器输出减小，使主汽压力设定值减小，有利于释放锅炉蓄热；当降负荷时，主调门关小，$\mu_{T0}-\mu_T>0$，PID控制器输出增大，使主汽压力设定值增大，有利于减负荷任务的执行。

2. 手动设定方式

由图7-22可知，当主汽压力控制在自动方式下，且未发生RB时，若条件①非CCS方式和②机组负荷>540MW中，任一条件满足时，主汽压力设定值自动转换到由操作人员手动设定状态。通过主汽压力设定站REMSET模块手动设定的压力值，也同样需要经过最大值和最小值的限制，以及变化速率限制后，才能作为主汽压力的设定值，此时机组将运行在定压工况。

3. 跟踪方式

由图 7-22 可知，当主汽压力控制在非自动方式下，主汽压力设定值形成回路工作在跟踪方式，其输出为主汽压力测量值。该功能是通过切换器 T_1 实现的，此时回路中限速模块的限速作用取消。

4. 主汽压力设定值闭增/闭减和压力偏差报警

主汽压力设定值闭锁增加的条件是：主汽压力设定值大于 14MPa，且主汽压力测量值低于主汽压力设定值 1MPa。

主汽压力设定值闭锁减少的条件是：主汽压力设定值大于 14MPa，且主汽压力测量值高于主汽压力设定值 1MPa。

当主汽压力偏差的绝对值大于 1MPa 时，产生主汽压力越限报警。

由图 7-22 还可得知，当主汽压力控制在非自动或主汽压力设定速率为跟踪方式时，经切换器 T_2 将限速模块的上升和下降速率限制值均设置为零。

（五）锅炉主控制系统

该 600MW 机组锅炉主控制系统工作原理如图 7-23 所示。锅炉主控制系统可以工作在自动、手动和跟踪三种不同的工作状态。

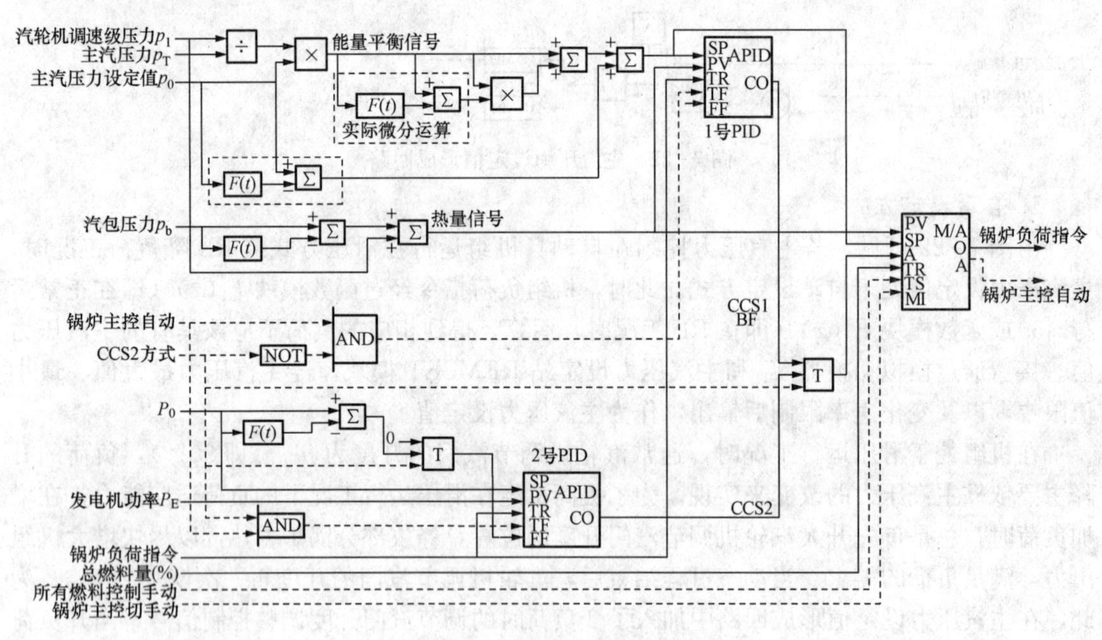

图 7-23 锅炉主控制系统

1. 自动控制方式

当机组负荷控制系统的运行方式为协调（CCS1 或 CCS2）方式或锅炉跟随（BF）方式时，锅炉主控系统处于自动状态，锅炉主控操作站 M/A 接收切换器的输出作为锅炉负荷指令。由图 7-23 可知，当锅炉主控自动且非 CCS2 方式两个条件同时满足时，机组运行在 CCS1 或 BF 方式，切换器将 1 号 PID 控制器的输出送到锅炉主控操作站 M/A 的 A 输入端；当锅炉主控自动运行在 CCS2 方式时，切换器将 2 号 PID 控制器的输出送到锅炉主控操作站

M/A 的 A 输入端。

(1) CCS1 方式或 BF 方式时的锅炉负荷指令。CCS1 方式或 BF 方式时的锅炉负荷指令是控制器 1 号 PID 的输出。1 号 PID 控制器入口的偏差信号为

$$\left[\frac{p_1}{p_T}p_0+K_1\frac{p_1}{p_T}p_0\frac{d}{dt}\left(\frac{p_1}{p_T}p_0\right)+K_2\frac{dp_0}{dt}\right]-\left(p_1+K_3\frac{dp_b}{dt}\right)\to 0 \quad (7-17)$$

式中：前三项代表对负荷的能量需求；第四项为锅炉实际所具有的能量，即热量信号；$\frac{p_1}{p_T}p_0$表示汽轮机对锅炉的能量需求；$K_1\frac{p_1}{p_T}p_0\frac{d}{dt}\left(\frac{p_1}{p_T}p_0\right)$为与能量信号和能量信号的变化速度成正比的前馈信号；$K_2\frac{dp_0}{dt}$为主汽压力设定值的微分信号，表示在滑压运行工况，由于压力设定值的变化需要在单位时间内给锅炉补充的蓄热。

显然，CCS1 采用的是以热量信号进行反馈控制，以能量信号的微分为前馈信号的能量平衡协调控制方式，可以有效地提高锅炉的负荷适应能力。同时，在 1 号 PID 达到稳定状态时，能够保证 $p_T=p_0$。所以，在 BF 方式时，也采用该控制信号。

此时 2 号 PID 处于跟踪状态，其输出跟踪锅炉负荷指令，即锅炉主控制站 M/A 的输出。

(2) CCS2 方式时的锅炉负荷指令。根据图 7-23 得知，CCS2 方式时的锅炉负荷指令是控制器 2 号 PID 的输出。2 号 PID 控制器入口的偏差信号是机组功率指令与实发功率的偏差（即 P_0-P_E），并加入了有机组功率指令的比例微分前馈。显然，CCS2 采用的是锅炉负责调功的以汽轮机跟随为基础的负荷协调控制方式。

此时 1 号 PID 控制器处于跟踪状态，其输出也跟踪锅炉负荷指令。

2. 手动控制方式

当机组负荷运行方式为基本方式或汽轮机跟随方式时，锅炉主控处于手动状态。锅炉负荷指令由运行人员通过锅炉主控操作站 M/A 手动设定。

当下列任一条件满足时，锅炉主控操作站 M/A 处于手动工作方式。

1) 发电机功率信号故障。

2) 主汽压力信号故障。

3) 汽轮机调速级压力信号故障。

4) 主汽压力设定值与测量值偏差越限。

5) MFT 发生。

6) 汽包压力信号故障等。

3. 跟踪方式

当所有燃料控制手动时，锅炉主控操作站 M/A 处于跟踪状态，其输出跟踪锅炉总燃料量，为再切换到以上两种方式作准备。

(六) 汽轮机主控制系统

汽轮机主控制系统工作原理图如图 7-24 所示。与锅炉主控制系统相同，汽轮机主控制系统也有自动、手动和跟踪三种不同的工作方式。

1. 自动控制方式

当机组负荷控制系统的运行方式为协调（CCS1 或 CCS2）方式或汽轮机跟随（TF）方

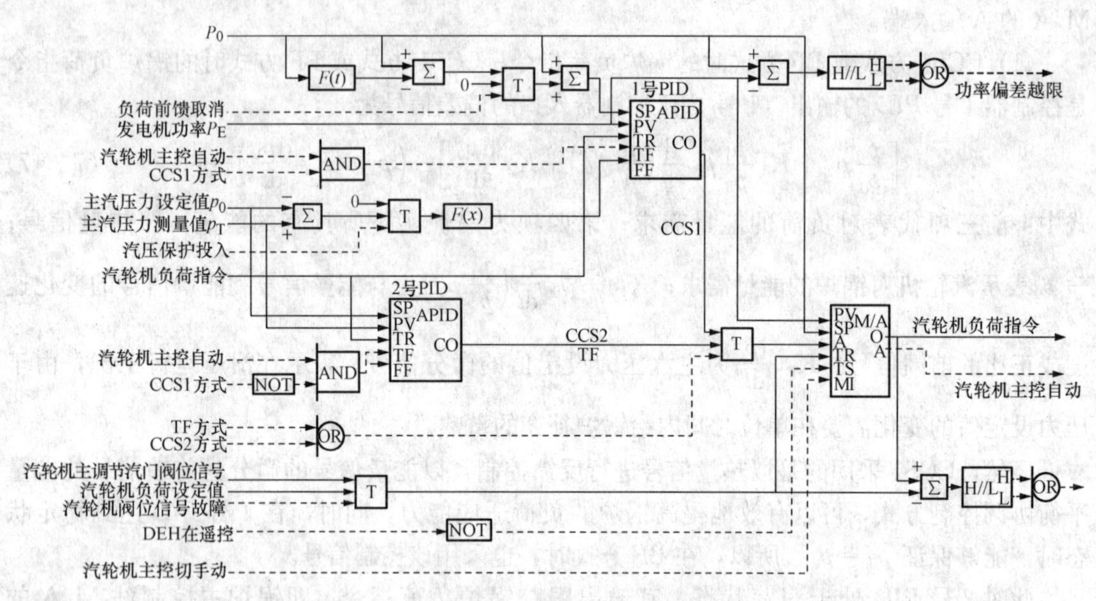

图 7-24　汽轮机主控制系统

式时，汽轮机主控系统处于自动工作状态，汽轮机主控操作站 M/A 将自动信号输入端（A）的数值输出作为汽轮机负荷指令。

由图 7-24 可知，当汽轮机主控自动且非 CCS1 方式两个条件同时满足时，机组运行在 CCS2 或 TF 方式。切换器将 2 号 PID 控制器的输出送到主控操作站 M/A 的 A 输入端。当汽轮机主控自动且运行在 CCS1 方式时，切换器将 1 号 PID 控制器的输出送到汽轮机主控操作站 M/A 的 A 输入端。

（1）CCS1 方式时的汽轮机负荷指令。根据图 7-24 得知，CCS1 方式时的汽轮机负荷指令是控制器 1 号 PID 的输出。1 号 PID 控制器入口的偏差信号是机组功率指令与实发功率的偏差（即 P_0-P_E），并加入了有机组功率指令的比例微分前馈。该前馈是为了限制调节汽门开度过大引起的机组不稳定。同时加入了压力拉回信号，图 7-24 中函数模块 $F(x)$ 特性应为死区非线性。显然，CCS1 采用的是汽轮机负责调功的以锅炉跟随为基础的负荷协调控制方式。

此时 2 号 PID 处于跟踪状态，其输出跟踪汽轮机负荷指令。

（2）CCS2 方式或 TF 方式时的汽轮机负荷指令。CCS2 方式或 TF 方式时的汽轮机负荷指令是控制器 2 号 PID 的输出。2 号 PID 控制器入口的偏差信号是主汽压力设定值和主汽压力测量值的偏差（p_0-p_T）。显然，CCS2 采用的是汽轮机负责调压的协调控制方式，由于汽轮机调节动作及时，故无需加入前馈信号，就可以有效地维持机组运行的稳定性。同时，在 2 号 PID 达到稳定状态时，能够保证 $p_T=p_0$。

此时 1 号 PID 处于跟踪状态，其输出跟踪汽轮机负荷指令，即跟踪汽轮机主控操作站 M/A 的输出。

2. 手动控制方式

当机组的运行方式为基本方式或锅炉跟随方式时，汽轮机主控处于手动状态，汽轮机负荷指令由运行人员通过汽轮机主控操作站 M/A 手动设定。

当下列任一条件满足时，汽轮机主控操作站 M/A 自动切至手动工作方式。

1）实发功率信号故障。

2）主汽压力信号故障。

3）汽轮机在非遥控方式。

4）汽轮机主控制系统非自动等。

3. 跟踪方式

当DEH不处于遥控时，汽轮机主控操作站M/A处于跟踪状态，其输出跟踪汽轮机主调节汽门阀位信号。若阀位信号故障时，则跟踪汽轮机负荷设定值。

本　章　小　结

本章介绍了分散控制系统工程应用的步骤和方法、典型分散控制系统在电厂的应用实例，并以数据采集系统、蒸汽温度控制系统和单元机组协调控制系统为例详细介绍了各系统的功能、系统组态及在分散控制系统中的实现方法。

DCS的工程应用过程包括选型、设计、组态、调试和维护等多个阶段。

DCS的选型应考虑项目规模和投资预算、DCS的性能评价、DCS厂家及承包方的技术力量、售后服务等几个方面。系统设计可分为方案设计与工程设计两个阶段，方案设计确定DCS软硬件配置及价格，工程设计生成各种图纸与说明文件，供DCS组态、调试时使用。DCS组态主要包括系统配置组态、实时数据库组态、控制算法组态、历史数据库组态、操作员站显示画面组态。DCS调试包括静态调试与动态调试两个阶段。静态调试是指系统还没有与生产现场相连时的调试，动态测试是指系统与生产现场相连时的调试。

数据采集系统的主要功能包括数据采集与CRT显示、越限报警、制表打印、性能计算、操作指导等。模拟量信号的预处理包括标度变换、输入数据有效性检验、数字滤波、线性化处理、温度修正和中间计算等。

大型机组过热汽温的控制多采用分级喷水减温控制方式，为提高控制系统的控制品质，在DCS中可以采用先进的控制规律（如Smith预估器）来取代常规的PID控制，同时，为了进一步改善外部扰动下的控制效果，应引入对被控量有明显影响且可测量的外部扰动作为前馈信号。再热汽温的控制一般以烟气控制为主（如控制烟气挡板的位置、采用烟气再循环和改变燃烧器的倾角等），喷水减温只起辅助或保护作用。

协调控制系统（CCS）的任务是实现机组与外部电网之间能量供求的平衡和机组内部锅炉和汽轮发电机之间能量供求的平衡，它将单元机组的锅炉和汽轮机作为一个整体进行控制，使机组对外保证有较快的负荷响应和一定的调频能力，对内保证机组主要运行参数的稳定。协调控制系统的运行方式主要有基本方式 、锅炉跟随方式、汽轮机跟随方式和协调控制方式。在DCS中，通过直接能量平衡控制系统（DEB）或直接指令平衡控制系统（DIB）等现代协调控制技术，将自动调节、逻辑控制、联锁保护有机结合，并考虑机炉控制对象的不同特性和满足不同运行方式、不同工况下的控制要求，充分利用前馈、补偿、校正等手段，构成了前所未有的复杂控制系统。

思　考　题

1. DCS的选型应考虑哪几方面的因素？

2. DCS的系统设计主要包括哪些内容？

3. DCS组态和调试主要包括哪些内容？

4. 什么是模拟量信号的预处理？它主要包括哪些内容？

5. 数据采集系统的主要功能包括哪些？

6. 简介图7-4、图7-5所示的过热器一、二级减温控制系统的工作原理。

7. 简介图7-8所示的600MW单元机组协调控制系统的工作原理。

8. 熟悉图7-9～图7-24所示的600MW单元机组协调控制系统的组态原理图。

第八章　现场总线控制系统

随着控制技术、计算机技术和通信技术的飞速发展，数字化作为一种趋势正在从工业生产工程的决策层、管理层、监控层和控制层一直渗透到现场设备。现场总线的出现，使数字通信技术迅速占领工业工程控制系统中模拟量信号的最后一块领地。一种全数字化的、全开放式的、可互操作的新型控制系统——现场总线控制系统正在向人们走来。现场总线控制系统的出现代表了工业自动化领域新纪元的开始，并将对该领域的发展产生深远的影响。

第一节　现场总线概述

现场总线（Fieldbus）是用于过程自动化或制造自动化中的，实现智能化现场设备（例如变送器、执行器、控制器）与高层设备（例如主机、网关、人机接口设备）之间的互连，全数字、串行、双向的通信系统，通过它可以实现跨网络的分布式控制。按照国际电工委员会IEC（International Electrotechnical Commission）标准和现场总线基金会FF的定义：现场总线是连接智能现场设备和自动化系统的数字式、双向传输、多分支结构的通信网络。由现场总线与现场智能设备组成的控制系统称为现场总线控制系统FCS（Fieldbus Control System）；把这一集通信技术、计算机技术、控制技术和现场智能设备作为一个整体的技术，称为现场总线技术。

现场总线系统打破了传统控制系统的结构形式。传统控制系统的控制回路采用一对一的连接方式。位于现场的测量变送器与位于控制室的控制器之间、控制器与位于现场的执行器、开关、电动机之间均为一对一的物理连接。现场总线系统由于采用了智能现场设备，把原DCS中位于控制室的控制模块、输入/输出模块置入现场设备，测量变送仪表可以与阀门等执行机构直接传送信号，使控制系统能够直接在现场完成所需的功能，实现了真正的分散控制。

一、现场总线的特点

现场总线技术代表了当今工业控制体系结构的发展趋势。现场总线系统FCS废弃了分散控制系统DCS的I/O控制站，将功能分散到现场的智能仪表，形成彻底的分散结构系统。它作为工厂数字通信网络的基础，沟通了生产过程现场控制设备间及其与高级控制和管理层间的联系。一方面，FCS突破了DCS采用专用通信网络的局限；另一方面，FCS采用了公开化、标准化的解决方案。可以说，开放性、分散性及数字通信是FCS最显著的特点。现场总线融合了计算机网络、智能化仪表、开放系统互联OSI等技术，技术性能优于传统DCS系统，并具有如下特点：

（1）现场通信网络。现场总线作为一种数字式通信网络一直延伸到生产现场中的现场设备，使过去采用点到点式的模拟量信号传输或开关量信号的单向并行传输变为多点一线的双向串行数字式传输。

（2）现场设备互连。现场设备是指位于生产现场的传感器、变送器和执行器。这些现场设备可以通过现场总线直接在现场实现互连，相互交换信息。而在DCS系统中，现场设备之间是不能直接交换信息的。

(3) 互操作性。现场设备的种类繁多，一个制造商可能不能提供一个工业生产过程所需要的全部设备，另外，用户也不希望受制约于某一个制造商。这样，就有可能在一个现场总线控制系统中，连接多个制造商生产的设备。所谓互操作性是指来自不同厂家的设备可以相互通信，并且可以在多厂家的环境中完成功能的能力。它体现在：用户可以自由地选择设备，而这种选择独立于供应商、控制系统和通信协议；制造商具有增加新的、有用的功能的能力；不需要专有协议和特殊定制驱动软件和升级软件。

(4) 分散功能块。现场总线控制系统把功能块分散到现场仪表中执行，因此取消了传统DCS系统中的过程控制站。例如，现场总线变送器除了具有一般变送器的功能之外还可以运行PID控制功能块。类似地，现场总线执行器除了具有一般执行器的功能之外，还可以运行PID控制功能块和输出特性补偿块，甚至还可以实现阀门特性自校验和阀门故障自诊断的功能。

(5) 现场总线供电。现场总线除了传输信息之外，还可以完成为现场设备供电的功能。总线供电不仅简化了系统的安装布线，而且还可以通过配套的安全栅实现本质安全系统，为现场总线控制系统在易燃易爆环境中的应用奠定了基础。

(6) 开放式互联网络。现场总线为开放式的互联网络，既可与同层网络互联，也可与不同层网络互联。现场总线协议是一个完全开放的协议，它不像DCS那样采用封闭的、专用的通信协议，而是采用公开化、标准化、规范化的通信协议。这就意味着来自不同厂家的现场总线设备，只要符合现场总线协议，就可以通过现场总线网络连接系统，实现综合自动化。

现场总线的这些特点使FCS比传统DCS有较大优势：①系统结构简单，布线费用降低，维修费用降低，性能价格比高；②现场设备有智能化和功能自治性，现场设备的智能化使现场仪表具有传感测量、补偿计算、工程量处理与控制功能，并可诊断设备运行状态；③互操作性和互用性让用户掌握了系统集成的主动权；④建立起了分布于现场总线的数据库，从而保证了数据的一致性和完整性。FCS克服了传统DCS的许多缺点，对自动控制系统的体系结构、系统集成将产生影响，使系统向开放性、网络化的方向发展。

虽然FCS有许多优点，但也存在一些不可忽视的不足，有待于不断改进，如通信“瓶颈”问题会影响FCS的实时性，系统无单一时钟保证变量及事件的时间标签同步要求，影响系统的可靠性。

二、现场总线标准

现场总线的关键技术是通信协议。在发展初期，各大自动化集团各自推出自己的现场总线，其类型达40多种。为了统一现场总线通信协议，经过10多年的争论与妥协，国际IEC/TC 65（负责工业测量和控制的第65标准化技术委员会）标准化组织经过投票，通过了以下八种类型的现场总线标准，成为IEC 61158现场总线标准。IEC标准以Type 1～Type 8来命名。

Type 1：IEC61158技术规范，基金会现场总线（FF）的 H_1 为其子集。

Type 2：Control Net现场总线。

Type 3：Profibus现场总线。

Type 4：P-Net现场总线。

Type 5：FF HSE（High Speed Ethernet）。

Type 6：Swift Net 现场总线。

Type 7：WorldFIP 现场总线。

Type 8：Interbus 现场总线。

在上述八种标准中，Type 4 和 Type 6 用于某些专用领域，即 Type 4 用于啤酒、食品、农业和饲养业，Type 6 用于航空和航天；Type 8 适用于分散输入/输出以及不同类型控制系统间的数据传输；Type 1 和 Type 5 均由基金会现场总线 FF 实现。所以适用于火电厂过程控制的 FCS 只有四种，而技术和经济实力异常雄厚的有基金会现场总线 FF（Fieldbus Foundation）和 Profibus（Process Fieldbus）现场总线两种，这两类现场总线都有全球性的组织，并在我国建立了专委会。

现场总线技术涉及到信号、通信、系统三个层次。相应地，按不同需要建立起三种现场总线协议，每一种都被过程控制工业所接受。第一种为传感器总线（Sensorbus），应用于简单的 I/O，是满足开/关和传感器/执行器需要的基本数据高速总线；第二种为设备总线（Devicebus），它用于智能型数字设备，如 PLC 和以微处理器为基础的数字现场设备；第三种为应用现场总线，它是连续过程的测量与控制总线，对速度要求较低而对过程信息通信量要求较高。

用于连续过程的测量和控制的现场设备，目前存在三种协议。最初的是混合模拟/数字协议，如 HART。HART 通信协议是一种叠加在 4～20mA 电流信号上的、以频率为基础的数字信号混合协议。严格地说，它不是现场总线协议，然而，它是一种事实的标准，获得了广泛的应用。另外两个协议是全数字式的，即基金会现场总线 FF 和 Profibus—PA 现场总线。

三、几种典型的现场总线

自 20 世纪 80 年代末以来，有几种类型的现场总线技术已经发展成熟并且广泛地应用于特定的领域。这些现场总线技术各具特点，有的已经逐渐形成自己的产品系列，占有相当大的市场份额。以下就是几种典型的现场总线。

1. CAN

CAN 是控制局域网络（Control Area Network）的缩写，它是由德国 Bosch 公司推出，最早用于汽车内部监测部件与控制部件的数据通信网络，现在已经逐步应用到其他控制领域。CAN 规范现已被国际标准化组织采纳，成为 ISO11898 标准。CAN 协议也是建立在 ISO/OSI 模型基础上的，它采用 OSI 底层的物理层、数据链路层和高层的应用层，其信号传输介质为双绞线。最高通信速率为 1Mb/s（通信距离 40m），最远通信距离可达 10km（通信速率为 5Kb/s），结点总数可达 110 个。

CAN 的信号传输采用短帧结构，每一帧的有效字节数为 8 个，因而传输的时间短，受干扰的概率低，每帧信息均有 CRC 校验和其他检错措施，通信误码率极低。CAN 结点在错误严重的情况下，具有自动关闭总线的功能，这时故障结点与总线脱离，使其他结点的通信不受影响。

2. Lon Works

Lon Works 是局部操作网络（Local Operating Network）的缩写，它是由美国 Echelon 公司研制的、于 1990 年正式公布的现场总线网络。它采用了 ISO/OSI 模型中完整的七层通信协议，采用了面对对象的设计方法，通过网络变量把网络通信设计简化为参数设置，其最高通信速率为1.25Mb/s（通信距离不超过130m），最远通信距离为27000m（通信速率为78Kb/s），结点总数可达32000个。网络的传输介质可以是双绞线、同轴电缆、光纤、射频、红外线、电力线等。

Lon Works的信号传输采用可变长帧结构，每帧的有效字节可为0～288个。Lon Works所采用的Lon Talk通信协议被封装在称之为Neurou的神经元芯片中。芯片中有三个8位CPU，一个用于实现ISO/OSI模型中的第1层和第2层的功能，称为媒体访问控制处理器；第二个用于完成第3～第6层的功能，称为网络处理器；第三个对应于第7层，称为应用处理器。芯片中还具有信息缓冲区，以实现CPU之间的信息传递，并作为网络缓冲区和应用缓冲区。

3. ProFibus

ProFibus是过程现场总线（Process Fieldbus）的缩写。它是德国国家标准DIN 19245和欧洲标准EN 50170所规定的现场总线标准。ProFibus由三个兼容部分组成，即ProFibus—DP、ProFibus—PA和ProFibus—FMS。其中ProFibus—DP是一种高速低成本的通信系统，它按照ISO/OSI参考模型定义了物理层、数据链路层和用户接口；ProFibus—PA专为过程自动化设计，可使变送器与执行器连接在一根总线上，并提供本质安全和总线供电特性。ProFibus—PA采用扩展的ProFibusS—DP协议，另外还有现场设备描述的PA行规；ProFibus—FMS根据ISO/OSI参考模型定义了物理层、数据链路层和应用层，其中应用层包含了现场总线报文规范FMS（Fieldbus Message Specification）和底层接口LLI（Lower Layer Interface)，最高通信速率为12Mb/s（通信距离不超过100m），最大通信距离为1200m通信速率为9.6Kb/s）。如果采用中继器可延长至10km，其传输介质可以是双绞线和光缆。每个网络可挂32个结点，如带中继器，最多可挂127个结点。

ProFibus采用定长或可变长帧结构，定长帧一般为8字节，可变长帧每帧的有效字节数为1～244个。近年来，多家公司联合开发ProFibus通信系统的专用集成电路芯片，目前已经能将ProFibus—DP协议全部集成在一块芯片中。例如，被称为ProFibus控制器的SPC3芯片、主站控制器PBM芯片 、从站控制器PBS01芯片等。

4. WorldFIP

WorldFIP为世界工厂仪表协议（World Factory Instrument Protocol)，最初是由Cegelec等几家法国公司在原有通信技术的基础上根据用户的要求所制定的，随后即成为法国标准，后来又采纳了IEC物理层国际标准（IEC61158—2)，并命名为WorldFIP。WorldFIP是欧洲现场总线标准EN50170—3。WorldFIP组织成立于1987年，目前包括有ALSTOM、Schneider、Honeywell等世界著名大公司在内的100多个成员。WorldFIP协议按照ISO/OSI参考模型定义了物理层、数据链路层和应用层。WorldFIP采用有调度的总线访问控制。通信速率分别为31.35Kb/s、1Mb/s、2.5Mb/s，对应的最大通信距离分别为5000m、1000m、500m，其通信介质为双绞线。如果采用光纤，其最大通信距离可达40km。每段现场总线的最大结点数为32个，使用分线盒可连接256个结点。整个网络最多可使用三个中继器，连接四个网段。

WorldFIP采用可变长帧结构，每帧的最大字节数为256个，适合于包括TCP/IP在内的各种类型协议数据单元。WorldFIP可以提供各种专用通信芯片，例如具有总线仲裁器功能的 FULLFIP2、具有总线仲裁器功能并且支持双处理结构的 FIPIU2 以及无总线仲裁器功能的 MICROFIP 等。

5. HART

HART 是可寻址远程传感器数据通道（Highway Addressable Remote Transducer）的缩写。最早由 Rosemount 公司开发，得到了 80 多家仪表公司的支持，并于 1993 年成立了 HART 通信基金会。HART 协议参考了 ISO/OSI 参考模型的物理层、数据链路层和应用层。其主要特点是采用基于 Bell202 通信标准的频移监控 FSK 技术。在现有的 4～20mA 模拟信号上叠加 FSK 数字信号，以 1200Hz 的信号表示逻辑 1，以 2200Hz 的信号表示逻辑 0，通信速率为 1200b/s，单台设备的最大通信距离为 3000m，多台设备互连的最大通信距离为 1500m，通信介质为双绞线，最大结点数为 15 个。

HART 采用可变长帧结构，每帧最长为 25 个字节，寻址范围为 0～15。当地址为 0 时，处于 4～20mA 与数字通信兼容状态；而当地址为 1～15 时，则处于全数字状态。HART 协议的应用层规定了三类命令：第一类是通用命令，适用于遵循 HART 协议的所有产品；第二类称为普通命令，适用于遵循 HART 协议的大多数产品；第三类称为特殊命令，适用于遵循 HART 协议的特殊设备。另外 HART 还为用户提供了设备描述语言 DDL（Device Description Language）。

6. FF

FF 是现场总线基金会（Fieldbus Foundation）的缩写。现场总线基金会是国际公认的、唯一不附属于某企业的、非商业化的国际标准化组织。其宗旨是制定单一的国际现场总线标准。FF 协议的前身是以美国 Fisher—Rosemount 公司为首，联合 Foxboro、Yokogawa、ABB、Siemens（西门子）等 80 家公司制定的 ISP 协议，和以 Honeywell 公司为首、联合欧洲等地的 150 家公司制定的 World FIP 协议。迫于用户的压力，支持 ISP 和 World FIP 的两大集团于 1994 年 9 月握手言和，成立了现场总线基金会 FF。FF 以 ISO/OSI 参考模型为基础，取其物理层、数字链路层和应用层为 FF 通信模型的相应层次，并在此基础上增加了用户层。基金会现场总线分为低速现场总线和高速现场总线两种通信速率。低速现场总线 H_1 的传输速率为 31.25Kb/s，高速现场总线 HSE 的传输速率为 100Mb/s，H_1 支持总线供电和本质安全特性。最大通信距离为 1900m（如果加中继器可延长至 9500m），最多可直接连接 32 个结点（非总线供电）、13 个结点（总线供电）、6 个结点（本质安全要求）。如果加中继器最多可连接 240 个结点。通信介质为双绞线、光缆或无线电。

FF 采用可变长帧结构，每帧的有效字节数字为 0～251 个。目前已经有 Smar、Fuji、National、Semiconductor、Siemens、Yokogawa 等 12 家公司可以提供 FF 的通信芯片。

目前，全世界已有 120 多个用户和制造商成为现场总线基金会的成员。基金会董事会囊括了世界上最主要的自动化设备供应商。基金会员所生产的自动化设备占世界市场的 90% 以上。基金会强调中立与公正，所有的成员均可以参加规范的制定和评估，所有的技术成果由基金会拥有和控制，由中立的第三方负责产品的注册和测试等。因此，基金会现场总线具有一定的权威性、广泛性和公正性。

四、现场总线技术发展趋势

目前，现场总线标准实质并未统一，不同行业的大公司利用自身行业背景，推出适合一定应用领域的现场总线标准。不存在能够适合所有过程控制的现场总线，多种现场总线标准相互竞争也相互并存，DCS系统与FCS系统也将并存，不过几种典型现场总线将成为主流产品。今后10年，FF可能成为连续过程自动化领域的主流，CAN和Frofibus可能成为离散过程自动化领域的主流，LonWorks可能成为楼宇自动化、家庭自动化、智能小区方面的主流。现场总线技术是多种技术的集成，特别是网络技术对现场总线发展影响很大。现场总线是否能走向实际应用，从应用技术来看，下面几个关键技术需要解决：第一，智能结点软硬件技术开发，核心是通信接口技术，使现场智能仪表支持现场总线通信协议；第二，现场总线系统集成技术与网络拓扑组态技术，核心是不同网络互联技术、支持多种通信介质技术；第三，网络管理技术，包括网络管理软件、网络协议与数据传输，核心是组态软件提供各种通用算法并采用图形化以及公共平台、监控软件与现场总线软件的软件接口。计算机网络的飞速发展所带来的新技术、新思想，极大地推动了基于现场总线技术的控制网络Infranet的发展和完善。应用一般现场总线技术的工业控制网络无法实现办公自动化与工业生产自动化的无缝结合；以太网早已成为商业管理网络的首要选择，以太网应用于企业现场设备控制层是控制网络发展的趋势，由于以太网在确定性、实时性等方面性能的提高，使信息从控制层到管理层成为可能，从而实现信息集成。

1. FCS是控制网络发展的方向

控制网络（Infranet）指控制对象所形成的网络，其结点可以是计算机、工作站和智能仪表，控制网络不同一般的通信网络。它有自身的特点：结点实时性强，现场仪表的智能化及功能自治性，通信协议标准、实用、简单，网络结构分散、安全可靠、易于互联等。现场总线位于网络结构的底层，它通过传输介质将现场仪表作为结点，系统采用公开、标准的通信协议，控制功能完全分散在现场仪表和装置中。结合FCS的控制网络已形成从控制、测量到监控计算机的全数字通信，系统可以实现基本控制、补偿计算、参数修改、显示报警、远程监控及管控一体化的综合自动化功能。

基于现场总线的控制系统FCS、分散控制系统DCS及PLC处于企业网络结构的最底层，也称作底层网；但是，传统的DCS和PLC均采用专用的通信协议、模拟与数字相混合、集中与分散结合的控制系统，不便于用户自已集成控制系统，不利于原系统的升级改造，系统开放性和通信标准的问题仍未解决。现场总线采用全数字通信，具有开放性、分散性、可互操作性等优势，打破了传统控制系统的结构，这种控制网络使现代控制系统走向开放化、网络化、信息化，因此FCS是控制网络发展的必由之路。目前，现场总线仍处于发展初期，许多用户希望在原有成熟的DCS系统基础上，不做大的改动而对控制系统升级，这便提出了现场总线集成DCS方案，如Fisher—Rosemount推出的DCS系统Delta V，在I/O卡件中采用现场总线低速H_1通信模块（31.25Kb/s），使传统DCS向现场总线控制系统FCS过渡。

2. 现场总线与控制网络和信息网络的集成

信息网络（Intranet）是基于TCP/IP协议的计算机网络互联与扩展技术，它采用Web技术成功地将Internet与局域网结合起来，广泛应用于企业内部网（也称企业网）。在技术上，Intranet比Infranet更为成熟，由于Intranet是采用TCP/IP协议的开放系统，能方便地与外界通信连接，尤其是与Internet连接。Intranet可根据企业的经营和发展需要确定相应的内容和规模，使用环球网WWW浏览器让企业员工方便地了解企业网上信息，积极参与企业的经营与管理。Intranet作为Internet的发展，在短时间内被广泛承认和迅速发展，根本原因在于它有标准易用的通信标准。所以说，Infranet（控制网络）只有建立通用标准和协议之后，才能得到广泛的应用。Intranet 在技术上依赖于 Internet，而 Infranet 又具有自身特点，通过建立控制所需的优化、可靠的网络平台把智能设备接入，形成家庭、办公室和企业联成一体的分布式控制网络。随着 Infranet 的发展，Infranet 与 Intranet 逐渐结合在一起，现场总线的通信协议标准化，使两者的连接成为可能。企业内部控制网络和信息网络既相互独立又密切关系，两者的互联为企业的生产控制、信息传递、计划决策、销售管理提供全面服务；在此基础上，进一步加快企业同外界的信息交换，使企业向更高层次的综合自动化推进，为企业实现加入 WTO 后与国际接轨的必要条件。因此，如何实现控制网络和信息网络无缝连接的网络体系结构是企业网络化、信息化的发展方向。

第二节　现场总线控制系统

50 年前，过程控制系统采用 0.02～0.1MPa 的气动信号标准，即所谓的第一代过程控制体系结构（PCS）；到了 20 世纪 60 年代，4～20mA 模拟信号的广泛应用，促成了第二代过程控制体系结构（ACS）；20 世纪 70 年代前后，数字计算机进入过程控制领域，出现了集中控制，即第三代过程控制体系结构（CCS）；进入 20 世纪 80 年代，由于微处理机的广泛应用而产生了分散型控制系统，即第四代过程控制系统结构（DCS）。目前，在工业生产中广泛应用的 DCS 系统采用了分散式的体系结构、专利型的网络支撑和模拟式的现场信号。尽管它克服了 CCS 系统结构复杂、可靠性和实时性差等缺点，但由于其专利通信网络的封闭性和现场模拟信号传输的局限性，使得人们不得不重新审视 DCS 体系结构的合理性。随着各种智能传感器、变送器和执行器的出现，数字化到现场、控制功能到现场、设备管理到现场的呼声日益增高，一种新的过程控制系统体系结构——现场总线控制系统 FCS 已经呈现在人们的面前。

一、现场总线控制系统结构

现场总线控制系统作为第五代过程控制体系结构目前还处在发展阶段，各种不同的现场控制系统层出不穷，其系统结构形态各异，有的是按照现场总线体系结构的概念设计的新型控制系统，有的是在现有的 DCS 系统上扩充了现场总线的功能。为了便于讨论，下面将重点放在监控级和现场级、控制级和现场级。监控级之上的管理级、决策级等不予考虑。因此可以把 FCS 分为三类：一类是由现场设备和人机接口组成的两层结构的 FCS；另一类是由现场设备、控制站和人机接口组成的三层结构的 FCS；还有一类是由 DCS 扩充了现场总线接口模件所构成的 FCS。

1. 具有两层结构的 FCS

具有两层结构的 FCS 如图 8-1 所示，它由现场设备和人机接口两部分所组成。现场设备包括符合现场总线通信协议的各种智能仪表，例如，现场总线变送器、转换器、执行器和分析仪表等。由于系统中没有单独的控制器，系统的控制功能全部由现场设备完成，例如，常规的 PID 控制算法可以在现场总线变送器或执行器中实现。人机接口设备一般有运行员操作站和工程师工作站。运行员操作站或工程师工作站通过位于机内的现场总线接口卡与现场设备交换信息，人机接口之间的或与更高层设备之间的信息交换，通过高速以太网 HSE 实现。高速以太网上还可以连接需要高速通信的现场设备，例如可编程逻辑控制器 PLC 等。

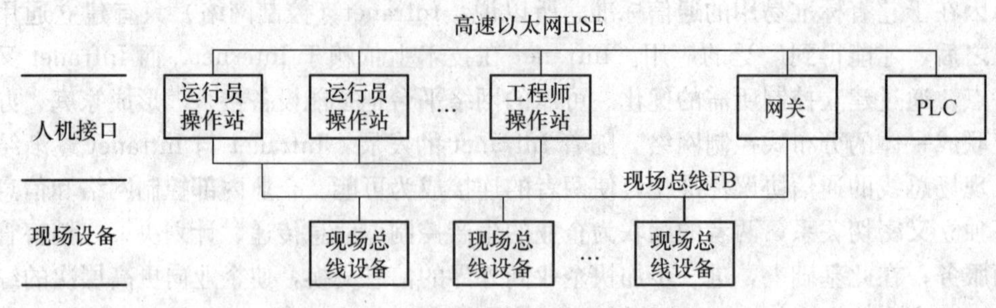

图 8-1　具有两层结构的现场总线控制系统

低速现场总线还可以通过网关连接到高速现场总线上，通过高速现场总线与人机接口设备或其他高层设备交换信息。

这种现场总线控制系统结构适合于控制规模相对较小、控制回路相对独立、不需要复杂协调控制功能的生产过程。在这种情况下，由现场设备所提供的控制功能即可以满足要求。因此，在系统结构上取消了传统意义上的控制站，控制站的控制功能下放到现场，简化了系统结构。但带来的问题是不便于处理控制回路之间的协调问题，一种解决办法是将协调控制功能放在运行员操作站或者其他高层计算机上实现；另一种解决办法是在现场总线接口卡上实现部分协调控制功能。

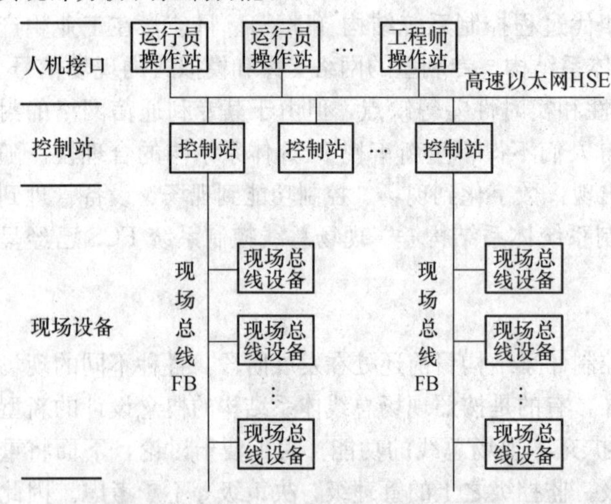

图 8-2　具有三层结构的现场总线控制系统

2. 具有三层结构的 FCS

具有三层结构的 FCS 如图 8-2 所示，它由现场设备、控制站和人机接口三层所组成。其中：现场设备包括各种符合现场总线通信协议的智能传感器、变送器、执行器、转换器和分析仪表等；控制站可以完成基本控制功能或协调控制功能，执行各种控制算法；人机接口包括运行员操作站和工程师操作站，主要用于生产过程的监控以及控制系统的组态、维护和检修。系统中其余各部分的功能同前，故不赘述。

这种现场总线控制系统的结构虽然保留了控制站，但控制站所实现的功能与传统的 DCS 有很大区别。在传统的 DCS 中，所有的控制功能，无论是基本控制回路的 PID 运算，还是控制回路之间的协调控制功能均由控制站实现。但在 FCS 中，低层的基本控制功能一般是由现场设备完成的，控制站仅完成协调控制或其他高级控制功能。

3. 由 DCS 扩充而成的 FCS

现场总线作为一种先进的现场数据传输技术正在渗透到新兴产业中的各个领域。DCS 系统的制造商同样也在利用这一技术改进现有的 DCS 系统，他们在 DCS 系统的 I/O 总线上挂接现场总线接口模件，通过现场总线接口模件扩展出若干条现场总线，然后经现场总线与现场智能设备相连，如图 8-3 所示。

这种现场总线控制系统是由DCS演变而来的，因此，不可避免地保留了DCS的某些特征。例如I/O总线和高层通信网络可能是DCS制造商的专有通信协议，系统开放性要差一些。现场总线装置的组态可能需要特殊的组态设备和组态软件，也就是说不能在DCS原有的工程师工作站上对现场设备进行组态等。这种类型的系统比较适合于在用户已有的DCS系统中进一步扩展应用现场总线技术，或者改造现有DCS系统的模拟量I/O，提高系统的整体性能和现场设备的维护管理水平。

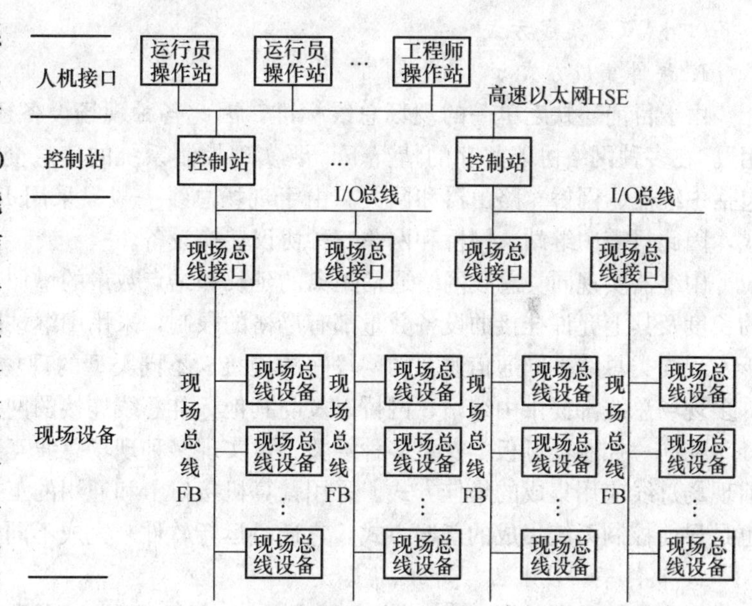

图8-3　由DCS扩充而成的现场总线控制系统

二、现场总线控制系统的设计

现场总线技术导致了传统的过程控制系统结构的变革，形成了新型控制系统——现场总线控制系统FCS。这是继基地式气动仪表控制系统、电动单元组合式模拟仪表控制系统、集中式数字控制系统，乃至于今天广为采用的分散控制系统DSC后的新一代控制系统。FCS实现了通信、计算机、控制之间的无缝结合，形成了网络集成全分布式的控制系统。

一个较为完整的现场总线过程控制系统应由上位部分、转换驱动部分和现场硬件三部分组成，其中上位监控部分对应于控制操作的人机接口软件MMI和控制系统上位监控级软件；现场硬件部分对应于网络配件、现场仪表、组态软件及控制系统现场级软件；驱动转换部分由硬件厂商随硬件提供，无需自行设计。

（一）FCS的内涵

从理论上讲，由于采取统一的通信标准，现场总线应具有开放、互联、兼容的优越性，用户不会因为采用不同厂家的设备组成控制系统时在相互连接上造成困难，但是由于标准并没有统一成单一的标准，各不同标准之间的通信连接仍需采取其他措施，增加了组成控制系统的复杂性。但不管怎样，统一成八种类型的标准已经是前进一步了，希望通过进一步的整合、协商，最终能达到统一的目的，至少在各行业之间如过程自动化用总线标准的统一。

现场总线的其他好处是功能进一步分散到智能现场设备中，可以减少主机（上机位）的负担，达到危险分散，进一步提高可靠性的目的，还可在控制室对现场设备进行调试、检验和诊断，达到减少维修人员和减轻劳动强度的目的。

由此看来，FCS的关键要点有三：①FCS的核心是总线协议，即遵循国际通用的总线标准；②FCS的基础是数字智能现场设备，它是FCS的硬件支持；③FCS的本质是信息处理现场化，这是FCS效能的体现。

综上所述，只有具备上述三个条件的控制系统，才能称其为现场总线控制系统FCS。

(二) FCS集成方式

1. 硬件集成方式

由于目前还缺乏单一的现场总线标准，因此各种现场设备还难以实现真正的“即插即用”。在多种网络协议并存的情况下，要实现控制系统的信息交互，必须采用协议转换器，包括中继器、网桥、路由器和网关。由于现场总线一般只采用ISO/OSI的三层简化协议模式，因此只需中继站、网桥和网关三种协议转换设备。

中继器实现同类总线网络通信距离的延长和结点数量的增加。各种现场总线对一个网段的长度及其上允许挂接的设备数量都有严格的限制，采用中继站即可进行扩展。而网桥则用于实现同类总线不同通信速率的网段间的连接。不同类型的现场总线互连时必须采用网关。许多现场总线都提供中继站、网桥以及与其他标准总线连接的网关。

在同一控制器母板上安装多种网关，可实现多种现场总线互连，组成异构综合网络是目前现场总线应用集成的最佳方式。采用计算机接口卡和通用的工控机来实现不同总线的连接也是目前控制系统集成的普遍方式，它通过运行软件来完成不同协议的转换。

2. 软件集成技术

在多总线并存的情况下，实现数据信息交换和共享的方式通常采用动态数据交换(DDE)、对象链接与嵌入（OPC）、开放数据库互联（ODBC）和标准功能块（FBS）等。其中OPC技术是实现控制系统数据库集成的最佳编程方法。在监控工作站中为各种现场总线编写OPC服务器软件，并通过它为计算机中的应用程序提供统一的访问接口，于是读写不同总线的OPC服务器就可实现不同总线设备间的数据信息交换。

FBS方式是实现不同现场总线互连集成的有效手段，也是现场总线应用软件结构体系的发展方向。标准功能块提供一个通用结构，把实现控制系统的总体功能细分为一系列功能模块，如AI、AO、DI、DO、PID等，将模块的公共特征标准化，规定其输入、输出、算法、事件、参数与块调用方式，并把它们组成可在现场设备中执行的应用过程。这些功能块仅统一其外部特性，而内部算法则是由开发者自行灵活设计的，因此采用标准功能模块是实现软件组态应用和系统集成最有效的方式之一。

DDE方式可通过共享内存来实现信息交换。它通过总线接口程序获取各总线的实时数据，再通过数据库接口程序实现对实时数据库的读写，从而可实现各总线间的信息交换。DDE方式实时性强、实现容易，但编制复杂的协议转换软件工作量大，比较适合于小型控制系统的集成。

ODBC技术可作为实时数据库的统一界面标准，通过它可以很容易地创建与各种总线数据进行交互的程序，因此采用ODBC也是实现各种总线系统集成的有效工具。

3. 典型FCS

目前，在现场总线标准中竞争最激烈的是两大实力异常雄厚的现场总线组织：FF和Profibus。下面对这两种现场总线控制系统进行简介。

(1) FF现场总线控制系统。FF现场总线控制系统由低速现场总线 H_1 和高速以太网 H_2（High Speed Ethernet，HSE）组成，其典型结构如图8-4所示。现场总线的媒体有：双绞线、同轴电缆、光纤或无线传输。H_1 总线主要用于现场，速率为31.15Kb/s，负责两线制向现场仪表供电，并支持带总线供电设备的本质安全（防爆场合）。H_2 总线主要面向过程控制级远程I/O和高速工厂自动化的应用，采用100Mb/s高速以太网（HSE）。由于在

HSE中增加了FF的用户层协议，因此使它成为无碰撞冲突的确定性网络。

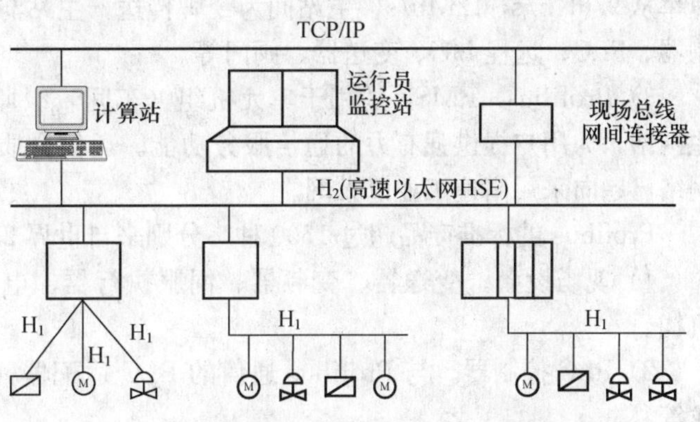

图8-4 FF现场总线控制系统典型结构示意图

FF包含了100多个世界著名的工业自动化公司，它的产品目前有如下几大类：

1）现场设备。变送器、阀门定位器、接口设备等。

2）主系统。网关桥路控制器、接口卡、组态软件、功能块等。

3）辅件。电源阻抗器、安全栅/重复器等。

4）维护工具。总线检测软件、现场设备固件下装接口等。

FF的标准是公开、无知识产权的，任何厂商遵循FF标准，并通过FF组织的测试，其产品就可进入FF领域，实现互操。费希尔—罗斯蒙特的Delta V为符合FF标准的系统，在化工、石油和制造等工业过程控制中应用。

（2）Profibus现场总线控制系统。Profibus由三个部分组成：Profibus—PA（Process Automation）、Profibus—DP（Decentralization Periphery）、Profibus—FMS（Fieldbus Message Specification），其典型结构如图8-5所示。

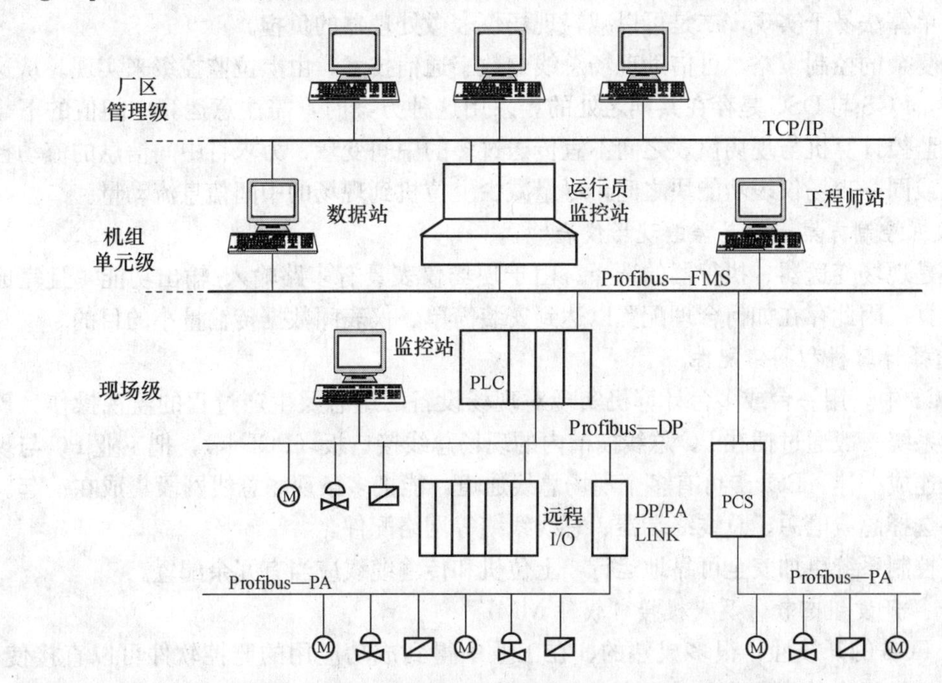

图8-5 Profibus现场总线控制系统典型结构示意图

1）Profibus—PA。适用于过程自动化，可替代4～20mA模拟技术，将控制系统与变送器、执行器相连，具有本安特性。网络层符合IEC61158.2规范，速率31.25Kb/s。

2）Profibus—DP。适用于子系统（装置）级的控制与监视。传输介质有双绞线、光纤，速率从 9.6Kb/s~12Mb/s。主站间为令牌传送，主站与从站间为主—从传送。DP 可连接控制器、PLC、远程 I/O、变送器、阀门等。

3）Profibus—FMS。适用于单元机组（车间）级监控网络，是一个令牌结构、实时多主网络，为用户提供强有力的通信服务功能。通信介质采用 RS—485 双绞线或光纤。该层网络已趋向采用高速工业以太网。

Profibus 的标准产品超过 1500 种，分别来自世界 250 多个国家。产品有如下几大类：

1）现场设备。变送器、变频器、伺服执行器、电动执行机构控制和设备、气动执行机构。

2）PLC 控制器。与 Profibus 通信的 PLC 适配器（包括西门子、施奈德、三菱、欧姆龙等）。

3）人—机接口。PC 网卡、操作员站接口、CRT 终端接口。

4）远程 I/O。总线连接器、智能数字模件、智能传感器模件、分散式 I/O。

西门子公司的 SIMATIC PC S7 系统遵循了 Profibus 标准，在电厂小型机组中应用。

（三）设计现场总线控制系统的步骤

1. 控制方案的选择和制定

这里所指的控制方案，即要在 FCS 中需实现的控制策略。目前用于过程控制的算法较多，简单的如常规 PID 控制、前馈控制、比值控制、串级控制等，复杂的如预测控制、自适应控制、神经网络控制、模糊控制等。在选择控制算法时，应充分考虑算法在现场设备与上位监控级的可实现性。FCS 的现场级宜采用较为简单的算法。一是因为现场仪表功能块较少，简单算法易于实现，二是可以减轻现场仪表微处理器的负担。

对于复杂的控制策略，可借助现场总线的数字通信技术，由上位监控级来实现。从这个意义上讲，FCS 与 DSC 是存在共同之处的。采用这种方案时，需注意运算中间值的下载问题。上位监控计算机与现场仪表之间不宜传送过多的中间变量，力求将中间信息的流动控制在上位机或同一现场仪表功能块之间，尽量减少上位机到现场的中间信息流动量。

2. 根据控制方案选择必需的现场仪表

主要是现场变送器、执行器的选择。由于现场仪表具有多路输入/输出功能，且完成部分控制运算，因此存在如何合理配置以达到安装简单、仪表间数据传输量小的目的。

3. 选择计算机和网络配件

在 FCS 中，用一台或多台计算机实现对现场设备的组态及生产过程的监视操作。现场总线控制系统一般通过插在 PC 总线插槽内的现场总线接口板（PCI 卡），把工业 PC 与现场总线网段连成一体。PCI 卡可有多个现场总线通道，能把多条现场总线网段集成在一起。另外，还要选择总线电源、总线终端器、总线线缆等网络配件。

为使控制系统更加安全可靠地运行，上位机和传输缆线应当有冗余配置。

4. 选择开发组态软件及人机接口软件 MMI

由于 FCS 的开放性，很多成熟的、在工业中得到成功应用的监控软件可以直接使用，为用户提供了很大的自由度，典型的如 Fix、InTouch、AIMAX 等，从这点来看，DCS 是无法达到的。另外，用户完全可以根据具体需要走自行开发的道路。

组态软件一般由硬件厂家提供，主要完成下述任务：

（1）在应用软件的界面上选中所连接的现场总线设备。

（2）对所选设备分配工位号。

（3）从设备的功能库中选择功能块。

（4）实现功能块的连接。

（5）按应用要求为功能块赋予特征参数。

（6）对现场设备下载组态信息。

（7）具有对现场设备（故障诊断、状态、参数等）的监控功能。

5. 上位监控的设计和实现

上位监控在现场总线控制系统中占有很重要的地位。它不但起着时刻监督现场运行、状态报告、报警处理、实时和历史数据的记录、下载控制参数和命令、实现复杂的控制算法等必不可少的任务，使操作人员或工程师完全掌握对现场的控制和决策权，而且它还是现场级网络与管理决策级网络间连接的桥梁，只有通过上位监控级，才能真正实现全分布式的数字化、集成化的网络体系，彻底实现管理控制一体化。

6. 现场级控制的设计和实现

（1）根据控制系统结构和控制策略，分配功能块所在的位置。分配在同一设备中的功能块属于内部连接，其信号传输不占用现场总线，而位于不同设备中的功能块间的连接属于外部连接，其信号传输需通过现场总线传输。分配功能块位置时应注意减少外部连接，优化通信流量。

（2）通过组态软件，完成功能块之间的连接。

（3）通过功能块特征化，为每个功能块确定相应的参数。如测量输入范围、输出范围、工程单位、滤波时间、是否开方处理等。

（4）总线网络物理组态。由于现场总线是工厂底层网络，网络组态的范围包括一条或几条总线网段。内容有识别网段和现场设备、分配结点号、决定链路活动主管等。

（5）下载组态信息。将组态信息的代码送至相应的现场设备，并启动系统运行。

第三节 现场总线设备

现场总线设备是指连接在现场总线上的各种设备。这些设备按其功能可分为：变送器类设备、执行器类设备、转换类设备、接口类设备、电源类设备和附件类设备。其中，变送器类设备包括各种差压变送器、压力变送器、温度变送器等；执行器类设备包括各种气动执行器和电动执行器；转换类设备包括各种现场总线/电流转换器、电流/现场总线转换器、现场总线/气压转换器；接口类设备主要是指各种计算机和控制器与现场总线之间的接口设备；电源类设备是指为现场总线设备供电的电源；附件类设备包括各种总线连接器、安全栅、终端器和中继器等。下面简单介绍现场总线差压变送器、现场总线温度变送器、现场总线—气压转换器、现场总线接口等。

一、现场总线差压变送器

现场总线差压变送器是现场总线系列产品之一，它是用于测量差压、绝对压力、表压力、液位和流量的一种变压器。它同时也是一种转换器，即把差压、绝对压力、表压力、液位和流量转换为符合 FF 标准的现场总线数字通信信号。它的核心是高性能、高可靠性的，经现场应用证实的电容式传感器或其他类型的传感器。现场总线差压变送器中所采用的数字技术使用户可以选择各种各样的变送器功能，并且使现场和控制室之间易于连接，大幅度地降低安装、运行和维护成本。

1. 工作原理

现场总线差压变送器的电路原理方框图如图 8-6 所示。它由传感器组件板、主电路板和显示板组成。其各部分的功能描述如下。

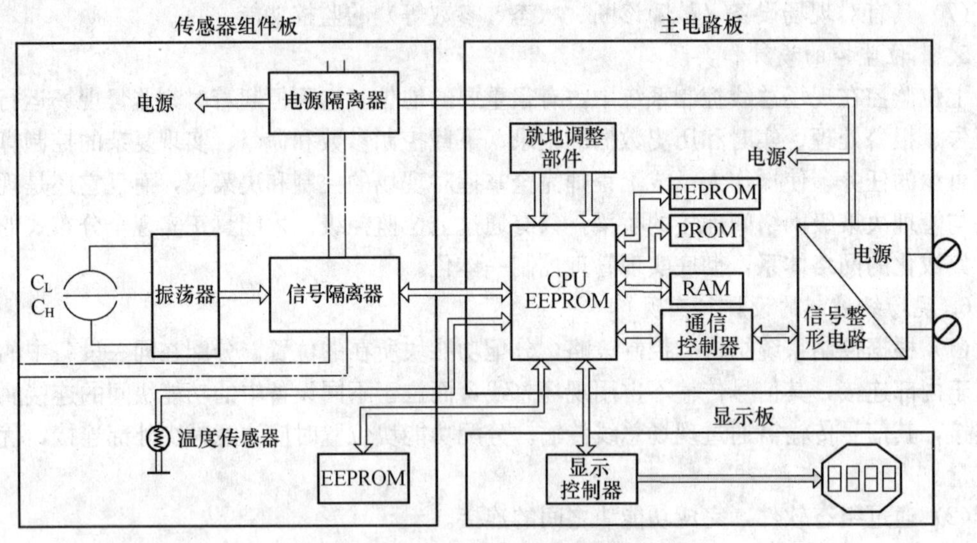

图 8-6 差压变送器的电路原理方框图

（1）振荡器。产生一个频率与传感器电容有关的振荡信号。

（2）信号隔离器。将来自 CPU 的控制信号和来自振荡器的信号相互隔离，以避免共地干扰。

（3）CPU、RAM 和 PROM。CPU 是变送器的核心部件，它担负着管理和测量、功能块执行、自诊断以及通信任务。系统程序存储在 PROM（可编程只读存储器）中，中间数据暂存于 RAM 中，如果电源断电，RAM 中的数据就会丢失，但 CPU 还有一个内部非易失存储器 EEPROM，用于保存那些必须保留的数据，如校验、组态和识别等数据。

（4）EEPROM（电可擦可编程只读存储器）。在传感器部件中有另一个 EEPROM，它保存着不同压力和温度下传感器的特性参数，每个传感器的特性都在仪表制造厂进行标定。主电路上的 EEPROM 用来保存组态参数。

（5）通信控制器。监测链路活动，完成信息帧的编码或解码，插入和删除起始标志和结束标志。

（6）电源。从现场总线上获得电源，为变送器的电路供电。

（7）电源隔离器。与输入部分的信号隔离类似，送至输入部分的电源也必须隔离。

（8）显示控制器。接收来自 CPU 的数据，控制 LCD 的显示。

（9）就地调整部件。就地调整部件有两个可用磁性工具（磁性螺丝刀）调整的磁性开关，因而没有机械和电气接触。

2. 功能模块

现场总线差压变送器不仅仅是一个差压变送器，而且是一个具有以下功能模块的网络结点。

(1) PID控制块。PID控制块的设定值可由运行人员调整，或者是来自另一个块的变量，或者是来自计算机、DCS或PLC的一个设定值。控制变量（MV）也具有同样的结构。MV的值与乘上增益的前馈变量相加，再加入偏置。PID控制块提供限值报警、偏差报警、设定值跟踪、安全输出、正/反作用等功能。

(2) 模拟量输入块。模拟量输入块接收由传感器测量的变量，即实际测量值，并进行标度变换、滤波，然后输出为其他功能块使用。输出可以是输入的线性函数或者是平方根函数。模拟量输入块具有报警功能，还可以切换到手动，以便迫使输出变成一个可调的数值。

(3) 输入信号选择块。输入信号选择功能块具有三个模拟量输入和模拟量输出。有一个可选参数，可以选择输出为最大值、最小值、中间值，或者用一个由开关量控制的开关来选择两个输入信号中的一个。

(4) 信号特性描述块。信号特性描述块有两个输出，它们是两个相应模拟输入的非线性函数。非线性函数是由 x、y 坐标上 20 个点组成的折线所决定的。输出采用插值法计算，两个输入产生两个独立的输出，第二个输出可以反向，即 y_2 是输入，x_2 是输出。

(5) 通用计算块。通用计算块的输出是四个输入的函数，其参数可调，算法可选。该块提供了多种可选择的算法，如带有温度和压力补偿并采用双量程变送器的气体流量计算、带有温度补偿的液体流量计算、平均值计算、信号的相加和相乘、四阶多项式、闭口容器液位密度补偿计算、明渠流量计算等。

(6) 积算块。积算块对两个输入的偏差进行积分，这两个输入可以是速率，也可以是由脉冲输入功能块来的脉冲累加值。积算值与复位值进行比较。积算值控制两个开关量输出：一个开关量当积算值达到复位值时为ON；另一个当积算值到达预定值时为ON。该块通过分析输入信号的状态来告诉运行人员积算值是否可靠。

(7) 资源块（或物理块）。资源块包含一些转换块和其他功能块通用的参数。资源块用于监视变送器的运行、诊断，也包含了变送器的信息。为了防止组态参数被意外改变，可以设置写保护参数，保护组态。

(8) 显示转换块。在正常监视方式（未执行就地调整）下，显示器能显示三个不同的变量。如果显示多于一个变量时，显示器在组态变量之间交替显示。

(9) 输入转换块。该块作为功能块与传感器硬件之间的接口，它将来自传感器表示压力的信号读出，并进行温度补偿和微调（校验或校准）。

功能块有输入参数、输出参数、内含参数和控制算法。某些功能块通过转换块直接由硬件读写数据。功能块由块名和一个数字参数索引来标识。块输出可由总线上的其他设备读取，其他设备也可以把数据写到块的输入端。

3. 控制组态

其他现场总线设备的功能也是以功能块的形式表示的，有些在其他现场总线仪表中的某些功能块（如执行器中的模拟量输出功能块）在该差压变送器中没有提供。将现场总线系统的各种功能块结合在一起，能为大多数控制系统提供所需的全部功能。用户可以将这些功能块通过现场总线连接起来，形成用户所需要的控制策略。在系统中的每一个块均由用户所分配的编号来标识。在现场总线系统中，这个编号必须是唯一的。

在功能块中，有三种类型的参数：

1) 输入参数。功能块接收到要处理的值。

2）输出参数。可送给其他功能块、硬件或使用者的处理结果。

3）内含参数。用于块的组态、运行和诊断。

例如，在一个PID功能块中，过程变量是输入参数，控制变量是输出参数，整定参数是内含参数，一个功能块中的所有参数都有预先确定的名称。

如果该变送器只需要有测量功能，那么用户需要的功能块只是模拟输入块，而要实现控制功能，应需要该变送器中或者其他设备中的PID功能块。

把功能块的输出与其他功能块的输入连接在一起就可以建立控制策略。当这种连接完成之后，后一功能块的输入就由前一功能块的输出“拉”出数值，因而获得它的输入值。在同一设备或不同设备之间，均可实现功能块之间的连接，一个输出可以连接到多个输入，这种连接是纯软件的，对一条物理导线上可以传输多少连接基本上没有限制，但必须考虑每个连接的通信时间。内含参数不能建立连接，但它是网络可视的。

功能块输出值通常包含变量的状态信息，例如，来自传感器的数据（前向回路）是否适合于控制，或是输出信号（反馈回路）是否最终正确地驱动了执行器。这样，接收功能块就可以采取适当的动作。连接是由输出参数名以及输出该参数的功能块的编号所唯一确定的。

4. 网络访问（通信）

差压变送器上有一个可选的显示器，它作为就地的人机接口，可以用于某些组态和运行，然而，所有的组态、运行和诊断都可以用远程组态器或运行员操作站来进行。组态就是分配编号和选择功能块，把它们连接起来，调整内含参数形成控制策略的过程。

就地及远方的人机接口还可以实现变量的监视和驱动。例如，过程变量和给定值，这些变量已经按用途编组，可以用一次通信来访问多个变量。

当报警和其他紧急事件发生时，功能块会自动地通知用户。因此，人机接口不必通过定期询问的方法来确定是否存在报警状态。另外，功能块还有一个确认机构，以便使它知道运行人员是否已经知道了报警情况。

系统不能自动地通知组态的变化。当改变组态时，它自己进行更新，因此不必连续地检查组态。

功能块的输入和输出的实时紧凑传输的信息称为操作（信息）传输。功能块的这一传输及功能块的执行是由系统进行调度的。用最小的延迟时间以保证周期的精确性，所以，可以取得像模拟量系统一样的控制性能。由于有了组态和报警传输机制（或称为背景传输），大大减少了通信负荷。因此，系统有更多的时间来进行操作传输，进一步改善了控制性能。组态后，系统对编号和参数名进行分析，生成优化的通信格式。

使用变送器的内部功能块能够大大改善控制速度。例如，采用PID功能块实现控制，与在另一个设备或仪表中实现控制相比，就要少一个通信变量，这相应减少了回路的迟延时间。

二、现场总线温度变送器

现场总线温度变送器与热电阻或热电偶配合使用，主要用于温度测量。但它也可以接受其他传感器输出的电阻和毫伏信号，例如，高温计、荷重传感器、电阻式位置指示器等。现场总线温度变送器采用了数字技术，它可以同时测量两路温度信号或者两点的温差信号，接受各种类型的传感器信号，现场设备与控制室设备之间易于连接，并且能够大幅度地降低安装、运行和维护成本。

现场总线温度变送器接受来自热电偶的毫伏信号或热电阻传感器的电阻信号。变送器的输入信号必需在一定的范围之内，对于毫伏信号，其范围是－50～500mV；对于电阻信号，其范围是0～2000Ω。现场总线温度变送器的电路原理方框图如图8-7所示。

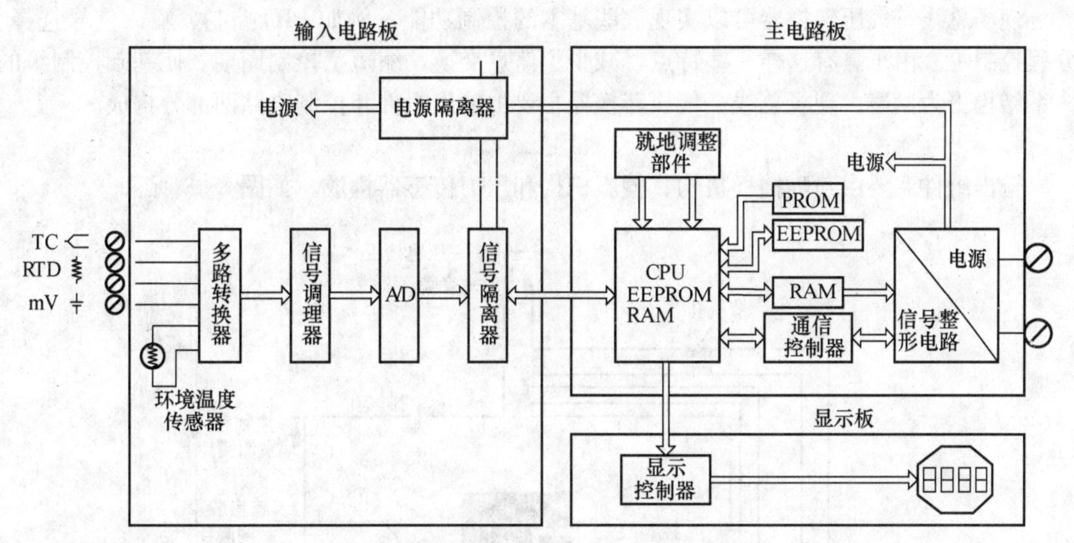

图8-7 温度变送器的电路原理方框图

图8-7中各部分的功能叙述如下。

(1) 多路转换器MUX。多路转换器MUX用来切换若干路传感器的输入信号，将其分别送入信号调理部分，以便测量其电压。

(2) 信号调理器。它的作用是对输入信号进行适当的放大，以便适应A/D转换器的要求。

(3) A/D转换器。A/D转换器将输入的模拟信号转换为CPU所用的数字量信号。

(4) 信号隔离器。它的作用是隔离输入与CPU之间的控制和数据信号。

(5) CPU、RAM、PROM和EEPROM。CPU是变送器的智能部件，它负责管理和控制测量通道的工作、功能块、自诊断以及通信任务的执行。程序存储在PROM中，负责通道的工作，RAM用于中间数据的暂存。如果电源断开，RAM中的数据就会丢失，但CPU还有一个内部非易失存储器EEPROM，用于保存那些必须要保留的数据，例如调校、组态以及识别数据。

(6) 通信控制器。通信控制器监视链路的活动。对信号进行调制和解调，插入和删除起始和结束定位符。

(7) 电源。从现场总线上获得电源，为变速器的电路供电。

(8) 电源隔离器。与输入部分的信号隔离类似，送至输入部分的电源也必须隔离。

(9) 显示控制器。接收来自CPU的数据，控制液晶显示器各段的显示。控制器还提供各种驱动控制信号。

(10) 就地调整部件。就地调整部件有两个可用磁性工具调整的磁性开关，因此没有机械和电气接触。

三、现场总线—气压转换器

现场总线—气压转换器主要用于现场总线与气动控制阀式的气动执行器接口。现场总线—气压转换器接受来自现场总线的控制信号，并将其转换为20~100kPa气压信号，以控制阀门或执行机构。

现场总线—气压转换器可以实现一些基本的控制功能。例如PID控制、输入信号选择、分程控制等。由于具有这样一些特点，减少了信息交换，缩短了控制周期，使基础控制级的体系结构更为紧凑。现场总线—气压转换器主要由输出组件和控制电路两部分构成。

1. 输出组件

输出组件主要由喷嘴挡板机构、伺服机构和压力传感器构成，如图8-8所示。

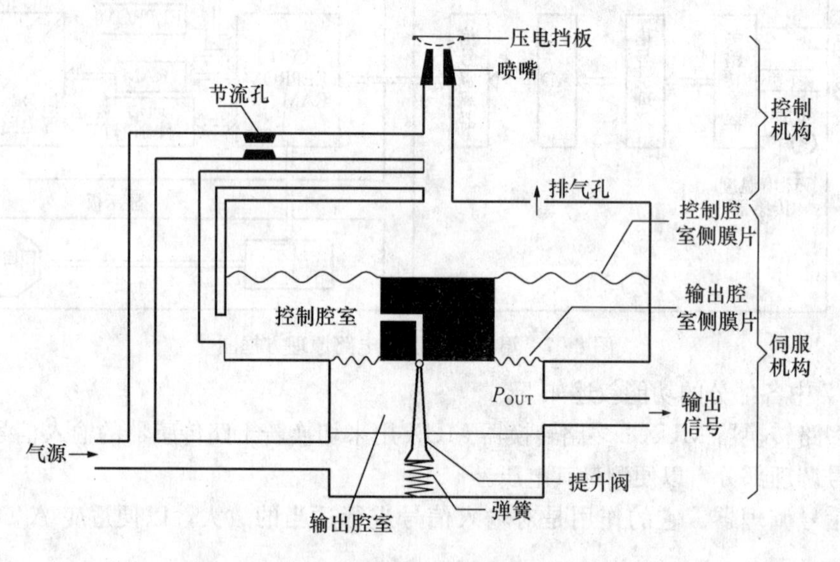

图8-8 现场总线—气压转换器的输出组件

转换器中的CPU接收来自现场总线上的控制信息，并产生一个设定值信号送给控制电路，控制电路还接收由输入组件产生的压力反馈信号。

喷嘴挡板机构中有一个压电板作为挡板，当控制电路将电压加到压电板上时，压电板就会靠近喷嘴，引起控制腔室压力升高，该电压称为导压。在一定范围内，导压与挡板的偏转程度成正比，转换器的正常工作范围就在这一区域。

由于导压的变化不足以产生较大的气流控制能力，所以必须加以放大。放大是由伺服机构完成的，它的作用犹如一个气动继电器。伺服机构在控制腔室一侧有一个膜片，在输出腔室一侧有一个较小的膜片，导压在控制室一侧的膜片上产生一个压力，在稳态下，此力和输出气压加在输出膜片上的压力相等。

如上所述，当需要增加输出气压时，导压就会增加，迫使提升阀下降，气源所提供的压缩空气，经提升阀流入输出腔室，输出气压增加，直到与导压相平衡时为止。

当需要减小输出气压时，导压就会减小，提升阀由于弹簧的作用而关闭。由于输出气压大于导压，膜片会向上移动，输出腔室中的空气通过提升阀上端的小孔逸出，输出气压减小直至再次达到平衡。

2. 控制电路

控制电路由以下几部分组成，如图 8-9 所示。

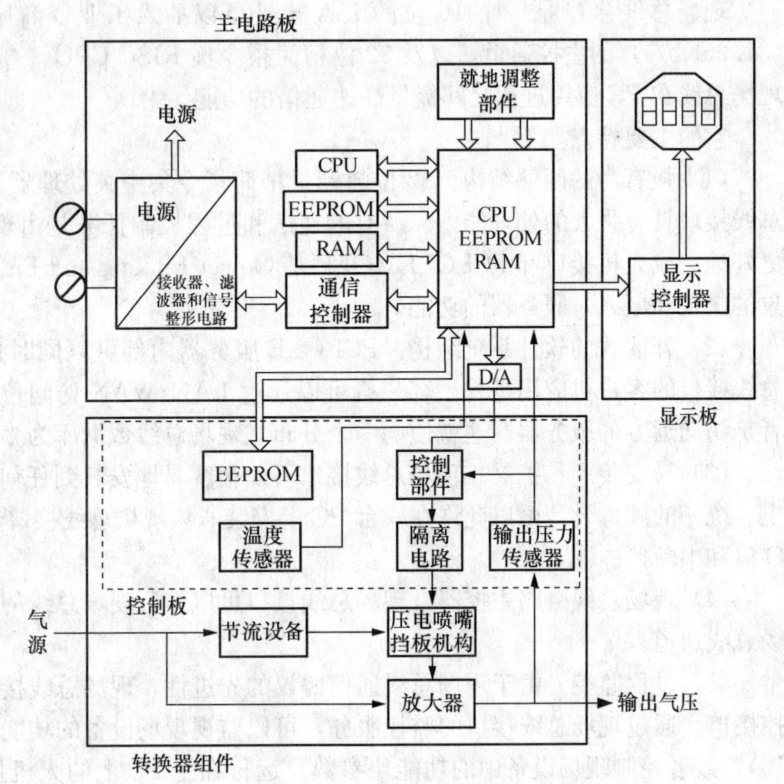

图 8-9　现场总线—气压转换器的控制电路

（1）D/A 转换器。它接收来自 CPU 的控制信号并将其转换成模拟量电压用于控制。

（2）控制部件。根据由 CPU 接收到的数据和压力传感器的反馈信号来控制输出压力。

（3）输出压力传感器。测量输出压力并将其反馈到控制部件和 CPU。

（4）温度传感器。测量传感器部件的温度。

（5）隔离电路。它的主要作用是将现场总线信号与压电信号隔离。

（6）EEPROM。它是一个非易失存储器，当现场总线—气压转换器复位时，它被用来保存数据。

（7）CPU、RAM 和 PROM。CPU 是转换器的智能部位，它负责管理和执行功能块的算法、自诊断和通信；PROM 用来存储程序；RAM 用于数据的暂存。电源关掉之后，RAM 中的数据就会丢失，但那些断电后必须保存下来的数据可以存放在 EEPROM 中，例如标定数据、组态数据和标识数据。

（8）通信控制器。监视链路活动，对通信信号进行调制/解调，插入起始和结束标志。

（9）电源。从现场总线上获得电能，为转换器电路供电。

（10）显示控制器。由 CPU 接收数据驱动液晶显示器。

（11）就地调整部件。就地调整部件是两个磁性开关，这两个开关可以用磁性工具进行调整，而不需要机械或电气上的接触。

（12）压电喷嘴挡板机构。压电喷嘴挡板机构将压电板的位移转换成气压信号，以便使控制腔室的压力发生变化。

（13）节流设备。节流设备和喷嘴组成了一个分压支路，压缩空气经节流设备进入喷嘴。

（14）放大器。放大器将压电喷嘴挡板机构的压力变化放大，以便产生足够大的空气流量变化来驱动执行机构。

四、现场总线接口

现场总线接口是一个高性能过程控制接口（PCI）。这个接口可以实现先进过程控制和多通道的通信管理。

现场总线接口是一个16位的ISA卡，可以插入工业或商用PC。它具有独立的H1（31.25Kb/s）的主控通道，以及32位精简指令集RISC CPU。直接连接到PC总线上，为现场总线和PC应用进程之间提供高速通信的功能。

它的主要特点如下。

（1）强有力的硬件结构。32位超标量精简指令集中央处理器和双口存储器结构使现场总线接口具有强大的处理能力。所有的通信和过程控制任务是由现场总线接口完成，使PC更好地完成人机接口和PCI OLE（OLE是Object Linking and Embeding的缩写，意思是对象的链接和嵌入）服务器的功能。

（2）开放式的软件系统结构。PCI OLE服务器内部可以同时连接一个或多个带有现场总线接口的客户机应用进程。客户机可以通过LAN/WAN访问位于同一PC内的服务器或者是访问远方的服务器。这就使同一个分布式现场总线数据库为多个工作站所充分地共享。

（3）易安装、易扩展。现场总线接口可以很容易地安装到任何PC的ISA或EISA总线上。统一的硬件设计可以允许在一台PC上安装八块现场总线接口卡，这些卡占用同样的I/O口和中断口。

（4）现场总线链路主控器。现场总线接口可以作为现场总线的链路主控器管理每一个现场总线通道。

（5）过程监控。由于现场总线通信协议的先进性，现场总线接口可以作为一个有效的监控接口，通过现场总线接口的监控服务，可以监视现场设备的功能块参数（周期读或非周期读），或者控制现场设备中的功能块参数。运行在主PC上的人机接口软件，例如监控系统和组态软件，可以与现场总线接口卡实现接口，使硬件和现场总线协议完全透明。

（6）灵活的“桥”。现场总线接口的开放式软件结构使不同的现场总线通道之间通过桥来实现信息共享。

（7）可升级的固件。现场总线接口的固件（板上可执行程序）驻留于闪存FLASH之中。由于这些存储器是在电路中可编程的，因此用户可以在不移走元件的情况下，只要运行工具软件FBTools就可以改变现场总线接口的固件（更新软件版本、改变协议等）。

（8）隔离的无源现场总线介质连接单元。现场总线接口的电流隔离的现场总线介质连接单元MAU是无源的，因此用户可以把现场总线接口的任何通道插到带负荷的现场总线上。

第四节　现场总线控制系统在电厂中的应用

一、现场总线控制系统（FCS）目前的应用状况

目前，火电机组向高参数、大容量的方向发展，所以，一方面渴望采用新技术、新系统，另一方面由于机组本身的热力特性和电力生产是产、供、销同时完成的特点，对安全性和可靠性的要求极高，因而对新技术、新系统的应用十分谨慎，甚至是持保守态度。PLC、DCS在火电厂的应用就滞后于化工、制造等行业，FCS在火电厂的应用仍滞后于其他行业，目前尚无真正的FCS的工程业绩。尽管如此，现场总线产品仍然在电力科研部门和电厂中开始应用。

华能珞璜电厂和大亚湾核电站采用了法国Alspa P320系统，即WorldFIP现场总线控制系统。按WorldFIP的标准结构建立了三级通信网络：监控级CONTROLNET、过程控制级

F900、现场级 LOCAFIP。监控级网络连接操作员站和工程师站，过程控制级网络连接主控制器 C370，现场级网络连接 I/O 模件。由于没有采用智能现场设备，仍采用与 DCS 相同的模拟量信号与 I/O 模件接口，因此是不完整的 FCS，以至于不少人认为它仍然是 DCS。尽管如此，这也是 FCS 叩开了火电厂的大门。

为了研究和应用 FCS，一些科研院所积极进行试验和开发。西安热工研究院于 1998 年购进一套 FF 现场总线系统（Delta V 系统），包括两台监控计算机、5 个 H_1 I/O 卡、10 路 H_1 总线、100 多台高精度智能变送器（压力和温度）。该套系统已在多个电厂的性能考核和运行调整中发挥作用，并积累了 FCS 的配置和安装经验。

四川广安电厂采用 Profibus—DP 总线连接化学补给水处理和凝结水精处理两个 PLC 控制系统的 PLC 和监控站，并在化学补给水控制间实现对两个系统的互操作。虽然尚未采用智能现场设备连接到 Profibus—DP，实现完全的 FCS，但对研究和探索 Profibus 在火电厂的应用、积累经验和教训，都是有益的。

在设计和规划陕西杨凌热电厂联合循环控制和监视系统时，西安热工院采用了 Profibus 现场总线控制系统的新型产品——SIMATIC PC S7。该系统的单元机组级网络为工业以太网（光纤环），速率达 100Mb/s，光纤环上连接两台服务器（冗余），服务器又连接了标准 TCP/IP 总线，该总线连接五台运行员站。三个包含冗余 CPU 的控制站连接在光纤环上，每个控制站连接在冗余的 Profibus—DP 总线，上挂远程 I/O 从站，三路冗余 Profibus—DP 总线上共挂 31 个远程 I/O 从站。最长的 Profibus—DP 总线达 3.4km。控制系统覆盖了燃机、余热锅炉、轮机辅机、燃机辅机、综合泵房、深井泵房、电气等系统。杨凌热电厂的控制和监视系统虽未采用现场智能设备，不是理论上的 FCS，但与传统的 DCS 有较大差别，在火电厂应用 FCS 上前进了一步，人们暂称其为 FDCS（Fieldbus Distributed Control System）。

二、工程应用实例

陕西杨凌燃机热电厂分两期新建两台燃机联合循环机组，一期工程机组配置为 1×39.62MW 的 PG6561B 燃气轮机发电机组（燃料为天然气）、一台自带除氧器的三压自然循环余热锅炉及一台 15MW 汽轮发电机组，供热能力 50t/h。采用德国西门子公司生产的 SIMATIC PC S7 控制系统作为机、炉、电的中央监控系统。整个系统的总成、设计、组态及调试由国家电力公司热工研究院自控技术中心和西安国电电力工程有限公司共同承担。系统配置如图 8-10 所示。

本系统共配置三对冗余 AS-417-H 的控制器：1 号控制器的主要控制范围是余热锅炉及其辅助设备、燃气轮机外围系统等；2 号控制器主要控制蒸汽轮机及其辅助设备；3 号控制器控制了电气的 110kV 增压站、厂用电系统（包括 380VAC 和 3kVAC 工作段）以及发电机组的同期控制等，完成整个电器系统的控制与监视，替代了过去的电气 SCADA 系统。另外，3 号控制器通过 RS485 串行通信模块，从电器系统的智能表计读入大量电器测量值。该系统的 I/O 模件采用了 S7—300 系列 I/O 模件，通过 ET200M 远程机架与控制器相连。系统配置的总 I/O 点数达 2200 点。

系统的控制组态软件采用 STE7 V5.0；运行人员操作站监控软件采用了 WinCC5.0。

1. Profibus 现场总线的应用

每一对冗余 CPU 均通过冗余的现场总线 Profibus—DP（最高数据传输速率可达

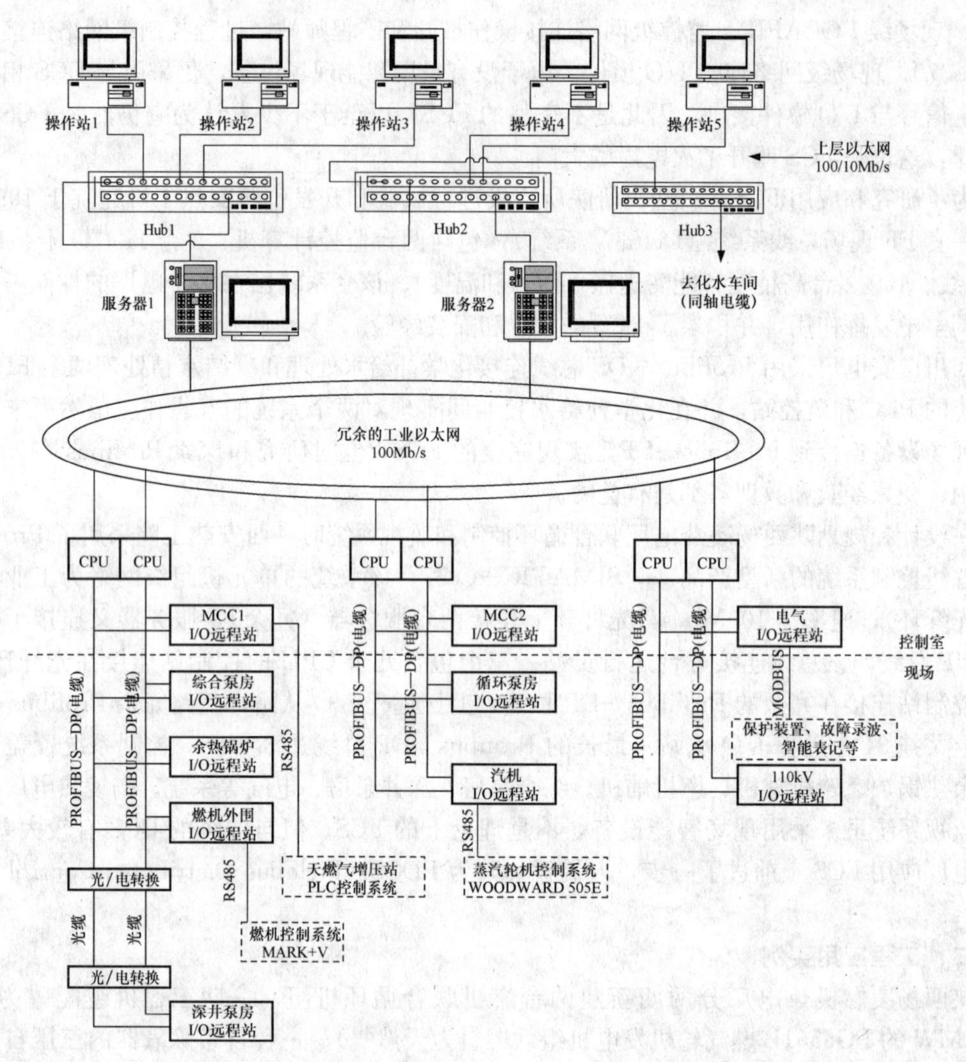

图 8-10 杨凌热电厂一号机组 DCS 系统配置

12Mb/s)带一定数量的远程 I/O 扩展机架 ET200M 及 I/O 模件。由远程 I/O 扩展机架和模件组成的远程 I/O 站均放置于现场附近，通过 Profibus—DP 总线与放置在主控楼的冗余 CPU 通信。该系统共配置 32 个 ET200M 远程机架，按工艺流程分成 8 个远程 I/O 站，放置在全厂的 8 个不同位置，最远的一个 I/O 远程站——深井泵房远程站距主厂区 3.4km 左右，其他的远程 I/O 站与主厂区间的数据通信采用光纤作为通信介质，两端通过光电转换接口，与 Profibus—DP 现场总线连接。经过认真论证和现场试验，此处采用光纤连接的目的是为了解决 Profibus—DP 现场总线数据传输速率随电缆长度的增加而急剧下降的问题，但此举同时也增加了控制系统的成本。目前该现场总线数据传输速率统一为 1.5Mb/s。

各远程 I/O 机柜放置在信号较集中的现场位置，信号的一次元件均采用传统的测量方式，与传统的分散控制系统相比，不仅设计工作量小、施工量少，而且减少了信号电缆，降低了工程的造价。与现场总线控制系统（FCS）相比，现场测量元件采用传统的测量方式，而未使用理论上的智能变送器，主要是为了降低工程的造价。

由于使用了 Profibus 现场总线技术，现场布置 I/O 机柜，实现了对燃机外围设备、余热锅炉、汽轮机辅机、循环水泵房、综合水泵房、深井泵房、厂用电气系统、110kV 升压站等系统的就地控制。同时通过 PROFIBUS 通信，这些系统与主控环的服务器进行双向数据交换，实现了全厂各系统的集中监控。

2. 以太网技术的应用

控制器与控制器之间、控制器与服务器之间的数据通信是通过冗余的环型工业以太网来完成的。该工业以太网的主环路为光纤环，其网络接口模件具有良好的电器性能，使用方便。由于网络的环型结构和冗余方式，该网络的可靠性高，网络速率 100Mb/s。服务器通过该网络与控制器间进行数据交换，上传状态信息，下传控制信息。

另外，服务器和各运行人员操作站组成了另一条以太网（考虑到系统造价，该以太网使用了普通以太网），通过该网络，各操作员站从服务器获得控制过程的状态参数和设备信息，并将控制指令通过服务器下传至控制器，完成控制功能。

3. 与其他系统的通信

本套 FDCS 系统的人机界面软件采用了 WinCC5.0，该软件具有标准的 OPC 接口。化水程控系统采用了 AB 公司的 PLC，控制器型号为 LOGIX5550，其上位机软件为 RS-View32，上位机与控制器间的数据通信采用了 Rockwell 公司的 RSLinux 软件包，该软件包也具有标准的 OPC 接口。在 FDCS 与化水程控系统通信过程中，通过上层的以太网，分散控制系统就可以利用 OPC 标准接口获得化水程控系统的数据，监视化学水处理的过程。

在本机组中，一些大型设备的控制系统是随主设备采购的，未直接纳入中央监控系统（FDCS）的控制范围。这些系统均需 FDCS 系统进行协调控制与监视。这些系统与 FDCS 控制系统间重要的控制信号采用了硬接线的形式，大量的数据信息是通过 CP341 串行通信模件进行信息交换的。

FDCS 通过点对点的 RS485 通信，实现对燃气轮机系统的 MARK-V、蒸汽轮机系统 WOODWARD 505E、天然气增压站 PLC 系统的过程参数进行全局监视，并根据设备情况，通过硬接线对上述设备进行负荷控制。

在电气系统中，GE 保护装置、发变组保护装置、110kV 线路保护装置、故障录波屏、智能表及电能计费表等数据是通过通信模件 CP341，利用 MODBUS 网络通信协议，获得各装置的数据，再传送给 RTU 系统的。考虑到通信数据量的大小，电气部分使用了五块 CP341 模件，以菊花链的形式将各通信点连接起来。

4. 应用特点

由于 PCS7 控制系统使用了先进、开放的计算机网络，特别是符合 IEC61158 标准的 Profibus—DP 现场总线技术，给工程带来了极大的方便。

（1）FDCS 控制系统的监控范围大。借助先进的计算机网络技术，FDCS 控制系统的监控范围覆盖了全厂生产系统的各个部分，包括燃气轮机、余热锅炉、蒸汽轮机、循环水泵房、深水泵房、电气系统、化学水处理系统、天然气增压站等。

（2）I/O 机柜现场布置。冗余 Profibus 现场总线网络的应用，使控制系统的物理和地理分散布置成为现实，节省了大量的信号电缆，降低了设计和施工的工作量，进而降低了工程造价。

（3）电气系统纳入 FDCS 控制系统。由于大量电气设备和信号已纳入控制系统的监控范围，因此，取消了电气专用的采集装置（SCADA 系统）。在运行人员操作站上，就可以完成发电机组的自同期并网、110kV各开关和隔离开关的分合、3kV工作电源的投/切、380V厂用系统的控制等，该系统具备电器五防闭锁主要功能。

（4）大量使用通信接口。PCS7系统良好的网络接口能力，无论在现场级、单元级还是管理级，均使用了标准的、开放的计算机网络，而且具备了标准的OPC和DDE接口，为系统的扩展与改造提供了极大的方便，特别是给远程诊断系统和生产管理网提供了良好的硬件基础。

在杨凌热电厂FDCS系统组态、调试过程中，Simatic PCS7系统硬件可靠，损坏率低；软件具有良好的人机界面，使用简单、方便，功能强，便于设计、调试和维护。但人们也发现一些有待改进之处：个别类型模件通道间的隔离性能略有欠缺；STEP7软件功能有待进一步增强和完善；MODBUS通信时，编程工作较烦琐；PCS7系统缺少一体的SOE设备等。

该燃机联合循环机组已于2001年8月正式投产，FDCS系统的保护投入率和自动投入率均达到100％。实践证明，该机组的自动化水平在国内的联合循环机组中处于领先地位。目前，整个FDCS系统运行良好、稳定可靠。

随着计算机及其网络技术的发展，分散控制系统性能的不断提高，现场总线技术成为发展的必然趋势。可以预见，新一代的分散控制系统在火电机组控制领域具有广阔的应用前景。同时，在火电厂中应用和推广FCS系统，应根据工程实际和技术、市场的实际水平构建控制系统。在现阶段采用FDCS系统的形式，能取得较高的性能价格比，并为实现完整、彻底的FCS系统打下良好的工程和实践基础。

本 章 小 结

本章简要介绍了现场总线和现场总线控制系统的基本概念、现场总线标准、现场总线设备、现场总线控制系统的结构类型和设计方法及其在火电厂中的应用。

现场总线是连接智能现场设备和自动化系统的数字式、双向传输、多分支结构的通信网络。由现场总线与现场智能设备组成的控制系统称为现场总线控制系统FCS（Fieldbus Control System）。把这一集通信、计算机、控制技术和现场智能设备作为一个整体的技术，称为现场总线技术。现场总线设备是指连接在现场总线上的各种设备，这些设备按其功能可分为：变送器类设备、执行器类设备、转换类设备、接口类设备、电源类设备和附件类设备。

几种典型的现场总线：①控制局域网络CAN；②局部操作网络Lon Works；③过程现场总线PROFIBUS；④世界工厂仪表仪器WorldFIP；⑤可寻址远程传感器数据通道HART；⑥现场总线基金会FF。

现场总线控制系统有三种结构类型：①由现场设备和人机接口组成的两层结构；②由现场设备、控制站和人机接口组成的三层结构；③由DCS扩充了现场总线接口模件所构成的FCS。

现场总线控制系统的内涵：①FCS的核心是总线协议，即遵循国际通用的总线标准；②FCS的基础是数字智能现场设备，它是FCS的硬件支持；③FCS的本质是信息处理现场化，这是FCS效能的体现。

思　考　题

1. 什么是现场总线？现场总线有什么特点？
2. 什么是现场总线控制系统 FCS？和传统 DCS 相比，FCS 有什么优势？
3. 简述现场总线技术的发展趋势。
4. FCS 有哪几种结构类型？各有什么特点？
5. FCS 的内涵是什么？

附录一　典型分散控制系统功能模块

一、Symphony 系统功能码一览表

功能码	功　能　名　称
FC 1	Function Generator　函数发生器
FC 2	Manual Set Constant (Signal Generator)　手动设定常数（信号发生器）
FC 3	Lead/Lag　超前/滞后
FC 4	Pulse Positioner　脉冲定位器
FC 5	Pulse Rate　脉冲速率
FC 6	High/Low Limiter　高/低限
FC 7	Square Root　平方根
FC 8	Rate Limiter　速率限制器
FC 9	Analog Transfer　模拟量切换器
FC 10	High Select　高选
FC 11	Low Select　低选
FC 12	High/Low Compare　高/低比较
FC 13	Integer Transfer　整数转换器
FC 14	Summer (4-Input)　求和（4 输入）
FC 15	Summer (2-Input)　求和（2 输入）
FC 16	Multiply　乘法
FC 17	Divide　除法
FC 18	PID (Error Input)　PID（偏差输入）
FC 19	PID (PV and SP)　PID（过程变量和设定值分别输入）
FC 24	Adapt　自适应
FC 25	Analog Input (Periodic Sample)　模拟量输入（周期采样）
FC 26	Analog Input/Loop　模拟量输入/环路
FC 30	Analog Exception Report　模拟量例外报告
FC 31	Test Quality　质量测试
FC 32	Trip　跳闸
FC 33	Not　非
FC 34	Memory　记忆
FC 35	Timer　计时器
FC 36	Qualified OR (8-Input)　限定或（8 输入）
FC 37	AND (2-Input)　与（2 输入）
FC 38	AND (4-Input)　与（4 输入）

续表

功能码	功 能 名 称
FC 39	OR (2-Input)　或（2 输入）
FC 40	OR (4-Input)　或（4 输入）
FC 41	Digital Input (Periodic Sample)　数字量输入（周期采样）
FC 42	Digital Input/Loop　数字量输入/环路
FC 45	Digital Exception Report　数字量例外报告
FC 50	Manual Set Switch　手动设定开关
FC 51	Manual Set Constant　手动设定常数
FC 52	Manual Set Integer　手动设定整数
FC 55	Hydraulic Servo　液压伺服驱动
FC 57	Node Statistics Block　结点统计块
FC 58	Time Delay (Analog)　时间延迟（模拟量）
FC 59	Digital Transfer　数字量切换器
FC 61	Blink　闪烁
FC 62	Remote Control Memory　遥控记忆
FC 63	Analog Input List (Periodic Sample)　模拟量输入列表（周期采样）
FC 64	Digital Input List (Periodic Sample)　数字量输入列表（周期采样）
FC 65	Digital Sum With Gain　带增益的数字求和
FC 66	Analog Trend　模拟量趋势
FC 68	Remote Manual Set Constant　远方手动设定常数
FC 69	Test Alarm　测试报警
FC 79	Control Interface Slave　控制接口子模件
FC 80	Control Station　控制站
FC 81	Executive　执行
FC 82	Segment Control　分段控制
FC 83	Digital Output Group　数字输出组
FC 84	Digital Input Group　数字输入组
FC 85	Up/Down Counter　升/降计数器
FC 86	Elapsed Timer　经时计数器
FC 89	Last Block　最后功能块
FC 90	Extended Executive　扩展执行
FC 91	BASIC Configuration (BRC—100)　BASIC 组态（BRC−100）
FC 92	Invoke BASIC　调用 BASIC
FC 93	BASIC Real Output　BASIC 实数输出
FC 94	BASIC Boolean Output　BASIC 布尔输出
FC 95	Module Status Monitor　模件状态监视

续表

功能码	功 能 名 称
FC 96	Redundant Analog Input　冗余模拟量输入
FC 97	Redundant Digital Input　冗余数字量输入
FC 98	Slave Select　子模件选择
FC 99	Sequence of Events Log　顺序事件记录
FC 100	Digital Output Readback Check　数字量输出读回检查
FC 101	Exclusive OR　异或
FC 102	Pulse Input/Period　脉冲输入/周期
FC 103	Pulse Input/Frequency　脉冲输入/频率
FC 104	Pulse Input/Totalization　脉冲输入/累计
FC 109	Pulse Input/Duration　脉冲输入/持续
FC 110	Rung (5-Input)　梯形逻辑（5 输入）
FC 111	Rung (10-Input)　梯形逻辑（10 输入）
FC 112	Rung (20-Input)　梯形逻辑（20 输入）
FC 114	BCD Input　BCD（二进制编码的十进制记数法）输入
FC 115	BCD Output　BCD 输出
FC 116	Jump/Master Control Relay　跳变/主控继电器
FC 117	Boolean Recipe Table　布尔配方表
FC 118	Real Recipe Table　实数配方表
FC 119	Boolean Signal Multiplexer　布尔信号多路转换器
FC 120	Real Signal Multiplexer　实数信号多路转换器
FC 121	Analog Input/Cnet　模拟量输入/控制网络 Cnet
FC 122	Digital Input/Cnet　数字量输入/控制网络 Cnet
FC 123	Device Driver　设备驱动器
FC 124	Sequence Monitor　顺序监视器
FC 125	Device Monitor　设备监视器
FC 126	Real Signal Demultiplexer　实数信号多路分配器
FC 128	Slave Default Definition　定义与数字 I/O 模件接口的功能块的默认值
FC 129	Multistate Device Driver　多状态设备驱动器
FC 132	Analog Input/Slave　模拟量输入/子模件
FC 133	Smart Field Device Definition　智能现场设备定义
FC 134	Multi-Sequence Monitor　多顺序监视器
FC 135	Sequence Manager　顺序管理器
FC 136	Remote Motor Control　远方电动机控制
FC 137	C and BASIC Program Real Output (With Quality) C 和 BASIC 程序实数输出（带质量）

续表

功能码	功　能　名　称
FC 138	C or BASIC Program Boolean Output（With Quality） C 和 BASIC 程序布尔数输出（带质量）
FC 139	Passive Station Interface　被动站接口
FC 140	Restore　恢复
FC 141	Sequence Master　顺序主控
FC 142	Sequence Slave　顺序从属
FC 143	Invoke C　调用 C
FC 144	C Allocation　C 内存分配
FC 145	Frequency Counter/Slave　频率计数器/从属（使频率计数器从属于 MFP）
FC 146	Remote I/O Interface　远方 I/O 接口
FC 147	Remote I/O Definition　远方 I/O 定义
FC 148	Batch Sequence　批处理顺序
FC 149	Analog Output/Slave　模拟量输出/子模件
FC 150	Hydraulic Servo Slave　液压伺服子模件
FC 151	Text Selector　文本选择器
FC 152	Model Parameter Estimator　模型参数估计
FC 153	ISC Parameter Converter　ISC（Inferential Smith Controller）参数转换
FC 154	Adaptive Parameter Scheduler　自适应参数表
FC 155	Regression　回归
FC 156	Advanced PID Controller　先进 PID 控制器
FC 157	General Digital Controller　通用数字控制器
FC 160	Inferential Smith Controller　史密斯预估器
FC 161	Sequence Generator　顺序发生器
FC 162	Digital Segment Buffer　数字量分段缓冲器
FC 163	Analog Segment Buffer　模拟量分段缓冲器
FC 165	Moving Average　滑动平均（滤波）
FC 166	Integrator　积分器
FC 167	Polynomial　多项式
FC 168	Interpolator　插值
FC 169	Matrix Addition　矩阵加
FC 170	Matrix Multiplication　矩阵乘
FC 171	Trigonometric　三角函数
FC 172	Exponential　指数函数
FC 173	Power　幂
FC 174	Logarithm　对数

续表

功能码	功 能 名 称
FC 177	Data Acquisition Analog 数据采集模拟量
FC 178	Data Acquisition Analog Input/Loop 数据采集模拟量输入/环路
FC 179	Enhanced Trend 扩展趋势
FC 184	Factory Instrumentation Protocol Handler 工厂仪表协议处理器
FC 185	Digital Input Subscriber 数字量输入用户
FC 186	Analog Input Subscriber 模拟量输入用户
FC 187	Analog Output Subscriber 模拟量输出用户
FC 188	Digital Output Subscriber 数字量输出用户
FC 190	User Defined Function Declaration 用户定义功能说明
FC 191	User Defined Function One 用户定义功能 1
FC 192	User Defined Function Two 用户定义功能 2
FC 193	User Defined Data Import 用户定义数据输入
FC 194	User Defined Data Export 用户定义数据输出
FC 198	Auxiliary Real User Defined Function 辅助实数用户定义功能
FC 199	Auxiliary Digital User Defined Function 辅助数字用户定义功能
FC 202	Remote Transfer Module Executive Block (INIIT12) 远方转换模件执行块 (INIIT12)
FC 210	Sequence of Events Slave 顺序事件子模件
FC 211	Data Acquisition Digital 数据采集数字量
FC 212	Data Acquisition Digital Input/Loop 数据采集数字量输入/环路
FC 215	Enhanced Analog Slave Definition 增强型模拟量子模件定义
FC 216	Enhanced Analog Input Definition 增强型模拟量输入定义
FC 217	Enhanced Calibration Command 增强校验命令
FC 218	Phase Execution 相位执行
FC 219	Common Sequence 公用顺序
FC 220	Batch Historian 批处理历史
FC 221	I/O Device Definition I/O 设备定义
FC 222	Analog In/Channel 模拟量输入/通道
FC 223	Analog Out/Channel 模拟量输出/通道
FC 224	Digital In/Channel 数字量输入/通道
FC 225	Digital Out/Channel 数字量输出/通道
FC 226	Test Status 试验状态
FC 227	Gateway 网关
FC 228	Foreign Device Definition 外来设备定义
FC 241	DSOE Data Interface DSOE 数据接口
FC 242	DSOE Digital Event Interface DSOE 数字事件接口

续表

功能码	功 能 名 称
FC 243	Executive Block (INSEM01)　执行块（INSEM01）
FC 244	Addressing Interface Definition　寻址接口定义
FC 245	Input Channel Interface　输入通道接口
FC 246	Trigger Definition　触发定义
FC 247	Condition Monitoring　条件监视

二、Ovation 系统功能模块一览表

算法名称	功　能
AAFLLIPFLOP	带复位的交替动作触发器
ABSVALUE	输入量绝对值
ALARMMON	在报警状态最多监视 16 个模拟或数字点
ANALOG DEVICE	模拟输出设备算法用于实现与就地模拟回路控制器的接口
ANALOGDRUM	双模拟量输出（最多 15 步）或单模拟量输出（最多 30 步）凸轮控制器
AND	8 输入逻辑与门
ANNUNCIATOR	预测报警状态
ANTILOG	规格化输入、以 10 为底的对数或自然对数的逆对数
ARCCOSINE	反余弦（以弧度为单位）
ARCSINE	反正弦（以弧度为单位）
ARCTANGENT	反正切（以弧度为单位）
ASSIGN	将一个过程量的值和质量传递给另一个同类型的过程量
ATREND	输出用户指定的模拟量或数字量用于趋势显示
AVALGEN	模拟量发生器，用于初始化一个模拟量
BALANCER	控制最多 16 个后续算法
BCDNIN	从 DIOB 中向功能处理器输入 *N* 个 BCD 数字量
BCDNOUT	从功能处理器向 I/O 总线输出 *N* 个 BCD 数字量
BILLFLOW	计算气体流量
CALCBLOCK	允许用户用一列算子定义控制表中的算术运算
CALCBLOCKD	允许用户用一列算子定义控制表中的逻辑运算
COMPARE	浮点比较
COSINE	余弦（以弧度为单位）
COUNTER	到增/减（UP/DOWN）计数器的接口
DBEQUALS	监控两个输入变量之间的偏差
DEVICESEQ	使用 MASTER/DEVICE 排列的序列发生器
DIGCOUNT	带标志的数字计数器
DIGDRUM	带 16 个数字量输出的凸轮控制器

续表

算法名称	功　　能
DIGITAL DEVICE	提供一个数字报警位用于七类设备的设置，这七类设备是 SAMPLER、VALVE NC、MOTOR NC、MOTOR、MOTOR 2—SPD、MOTOR 4—SPD 和 VALVE
DIVIDE	两个带增益和偏置的输入量相除
DROPSTATUS	站点状态记录监控
DRPI	数字式杆位置指示器
DVALGEN	数字量发生器，用于初始化一个数字量
FIELD	仅用于硬件模拟量输出变量点，该算法根据 I/O 卡件限值检查输出点值并将跟踪输出点的相应位
FIFO	该算法提供一个基本的队列操作
FLIPFLOP	带复位超迟的 S—R 型触发存储器
FUNCTION	分段线性函数发生器
GAINBIAS	对带增益和偏置的输入量进行限制
GASFLOW	计算一个压力和温度补偿的质量或体积流量
HIGHLOWMON	带复位死区和固定/可变限值的高、低限信号监视器
HIGHMON	带复位死区和固定/可变限值的高限信号监视器
HISELECT	从两个增益与偏置输入中选取较大者
HSCLTP	计算温度和压力已知的压缩液体的焓和熵
HSLT	计算温度已知的饱和液体的焓
HSTVSVP	计算压力已知的饱和蒸汽的焓、熵、温度和比体积
HSVSSTP	计算温度和压力已知的过热蒸汽的焓、熵和比体积
INTERP	提供线性表查询和插值函数
KEYBOARD	可编程/功能键接口——从 P1～P10 的控制键接口
LATCHQUAL	闭锁或解锁输入模拟量或开关量的质量
LEADLAG	超前/滞后补偿器
LEVELCOMP	计算经密度补偿的汽包水位
LOG	以 10 为底的对数和偏置
LOSELECT	从四个带增益和偏置的输入中选取较小的一个
LOWMON	带复位死区和固定/可变限值的低值信号监视器
MAMODE	到 MASTATION 的逻辑接口
MASTATION	软件手动/自动站和功能处理器之间的接口
MASTERSEQ	用 MASTER/DEVICE 安排的排序器
MEDIANSEL	监视模拟量传送器输入的质量和偏差
MEDIUMSEL	选择并监视三个传送信号
MULTIPLY	两个带增益和偏置的输入相乘
NLOG	带偏置的自然对数

续表

算法名称	功　能
NOT	逻辑非门
OFFDELAY	脉冲延伸器
ONDELAY	脉冲定时器
ONESHOT	数字单触发脉冲
OR	8 输入逻辑或门
PACK16	把 16 个数字量点值打包到打包数字量记录器
PID	比例积分微分控制器
PIDFF	带前馈的比例积分微分控制器
PNTSTATUS	测点状态
POLYNOMIAL	五阶多项式方程
PREDICTOR	预估器（纯滞后补偿）
PSLT	计算温度已知的饱和液体的压力
PSVS	计算熵已知的饱和蒸汽的压力
PULSECNT	计算数字量输入点从 FALSE 变换为 TRUE 的次数
QAVERAGE	N（>9）个模拟量的平均值（不包括质量为坏的过程量）
QUALITYMON	对一个输入进行质量检查
RATECHANGE	计算变化速率
RATELIMIT	当速率超值时带有固定限制值和标志的速率限幅装置
RATEMON	带复位死区和固定/可变速率限制值的改变速率监视器
RESETSUM	带复位值的加法器
RPACNT	计算 RPA 卡的脉冲数量
RPAWIDTH	测定 RPA 卡的脉冲宽度
RUNAVERAGE	运行平均转换
RVPSTATUS	显示 RPV 卡的状态和命令寄存器；用标准图形而不是 RVP 串行口测定 RVP 卡件；上载、下载 RVP 的图形参数
SATOSP	向一个打包的数字量记录传输模拟量
SELECTOR	在 N（<8）个模拟量输入之间进行切换
SETPOINT	提供控制生成器或操作员站图形的接口，完成手动设定功能
SINE	正弦（以弧度为单位）
SLCAIN	从 QLC/LC 卡读取模拟量输入值
SLCAOUT	向 QLC/LC 卡写入模拟量输出
SLCDIN	从 QLC/LC 卡读取数字量输入值
SLCDOUT	向 QLC/LC 卡写入数字量输出
SLCPIN	从 QLC/LC 卡读取打包的数字量输入
SLCPOUT	向 QLC/LC 卡写入打包的数字量输出

续表

算法名称	功能
SLCSTATUS	从 QLC/LC 卡读取硬件或用户应用状态信息
SMOOTHS	平滑模拟量输入
SPTOSA	向一个模拟量记录传送打包的数字量值
SQUAREROOT	一个带增益和偏置的输入的平方根
SSLT	计算已知温度饱和流体的熵
STEAMFLOW	流量补偿
STEAMTABLE	计算水和蒸汽的热力学特性，它包括下列算法：HSLCTP、VCLTP、HSLT、SSLT、VSLT、PSLT、TSLP、TSLH、PSVS、HSTVSVP、HSVSSTP
STEPTIME	自动步进定时器
SUM	四个带增益和偏置的输入的和
SYSTEMTIME	在模拟量中存储系统日期和时间
TANGENT	正切（以弧度为单位）
TIMECHANGE	控制时间改变
TIMEDETECT	时间探测器
TIMEMON	基于系统时间的脉冲数字量值
TRANSFER	根据标志选取一个带增益和偏置的输入
TRANSLATOR	转换器
TRANSPORT	传输时间延时
TRNSFNDX	从 64 个模拟量输出中选择一路
TSLH	计算熵已知的饱和液体的温度
TSLP	计算压力已知的饱和液体的饱和温度
UNPACK16	从打包数字量记录中解包最多 16 个数字量值
VCLTP	计算压力和温度已知的压缩液体的比体积
VSLT	计算温度已知的饱和液体的比体积
X3STEP	将模拟信号转化为数字高/低信号
XMA2	软 M/A 站与 QAM、QAA、QLI 卡和功能处理器之间的接口
XML2	带 QAM、QLI 或卡设定值接口的软/硬手动装载站
XOR	两个输入的异或
2XSELECT	选择和监控两个传输信号

三、XDPS－400 系列功能码一览表

ID 号	功能模块符号	功能模块名称	功能
1	ADD	2 输入加法器	两个浮点输入变量相加，输出浮点变量
2	MUL	乘法器	两个浮点输入变量相乘，输出浮点变量
3	DIV	除法器	两个浮点输入变量相除，输出浮点变量
4	SQRT	开方器	对输入浮点变量开方，输出浮点变量

续表

ID号	功能模块符号	功能模块名称	功　能
5	ABS	取绝对值	对输入浮点变量取绝对值，输出浮点变量
6	POLYNOM	五次多项式	输入浮点变量的五次多项式运算，输出浮点变量
7	SUM8	8输入数学统计器	对八个浮点变量加或减，输出浮点变量
8	F（X）	12段函数变换	12段折线近似
9	保留		
10	POW/LOG	指数/对数函数	对浮点变量进行指数/对数运算，输出浮点变量
11	TRIANGLE	三角和反三角函数	对输入浮点变量进行三角或反三角运算，输出浮点变量
12	PTCAL	热力性质计算	用于热力性能计算
13	FUZZ	模糊子集隶属度	计算模拟量输入量的模糊子集隶属度
14	DEFUZZ	反模糊计算函数	计算反模糊计算函数
20	LEADLAG	超前滞后模块	对输入变量进行超前滞后运算
21	DELAY	滞后模块	对输入进行纯滞后运算
22	DIFF	微分模块	对输入进行微分运算
23	TSUM	时域统计模块	对输入模拟变量在指定的时间内进行累加、平均或取最大、最小值，并记录前次统计值
24	FILTER	数字滤波器	对输入模拟变量进行八阶数字滤波
25	RMP	斜坡信号发生器	产生斜坡信号
26	F（t）	段信号发生器	产生按时间顺序程序工作的信号
27	PRBS	伪随机信号发生器	产生伪随机信号 PRBS
28	TSUMD	时域开关量统计	对输入开关量的状态进行统计，并记录前次统计值
30	TWOSEL	二选一选择器	按两个输入信号和一定方式（平均、低选、高选等）运算后输出
31	THRSEL	三选一选择器	按三个输入信号和一定方式（平均、低选、高选等）运算后输出
32	SFT	无扰切换	按输入开关量的值选择两个模拟量之一作为输出
33	HLLMT	高低限幅器	对输入进行上下限的限幅后输出
34	HLALM	高低限报警	对输入进行高低限检查，超限时报警输出
35	RATLMT	速率限制器	使输出的变化率限制在上下速率限内
36	RATALM	速率报警器	对输出的变化速率进行高低限检查，超限时报警输出
37	DEV	偏差运算	对两个输入的偏差进行计算并输出
38	EPID	PID运算	对输入的偏差进行PID运算并输出
39		简单PID模块	保留
40	BALAN2	2输出平衡模块	用于PID输出的平衡操作
41	BALAN8	8输入平衡模块	8输入的平衡运算
42	DDS	数字驱动伺服模块	根据偏差实现开关量输出
43	FTAB	查表式模糊控制器	根据模糊控制隶属度表查表后输出
44	SAIPRO	慢信号保护	对慢变化信号的高低限和变化率进行判别，输出判别结果

续表

ID号	功能模块符号	功能模块名称	功能
50	AND	2输入与	对两个布尔输入变量进行“与”操作，输出布尔量
51	OR	2输入或	对两个布尔输入变量进行“或”操作，输出布尔量
52	NOT	反相器	对布尔输入变量取“反”操作，输出布尔量
53	XOR	异或器	对两个布尔输入变量进行“异或”操作，输出布尔量
54	QOR8	8输入数量或	对八个布尔变量进行“或”操作，输出布尔量
55	RSFLP	RS触发器	构成一个电平型RS触发器，输出两个布尔变量
56	TIMER	定时器	定时和延时
57	CNT	计数器	计数和累积
58	CMP	模拟比较器	对两个模拟输入量进行指定方式的比较运算，输出布尔量
59	CYCTIMER	循环定时器	当前时间与设定时间比较，输出单脉冲
60	STEP	步序控制器	用于组级或子组级顺序逻辑控制的实现
61	SPO	软件脉冲列输出	随控制输入信号的时间长短改变脉冲宽度
70	S/MA	模拟软手操器	软件实现的模拟量手操器
71	KBML	键盘模拟量增减	输出可接收增减输出的操作指令
72	DEVICE	数字手操器	完成单台设备的基本控制和连锁保护逻辑
73	D/MA	简单数字手操器	输出可被操作的布尔变量，接收操作命令
74	EDEVICE	电气数字手操器	满足电气设备接口控制要求的手操器
80	TQ	品质（状态）测试	测试输入测点状态，转换成布尔变量输出
81	EVENT	触发执行事件	根据输入布尔变量，按定义触发指定事件
82	B16TOL	16个布尔变量转换为长整型变量	将16个布尔变量转换为长整型变量
83	LTOB16	长整型变量转换为16位布尔变量	将长整型变量转换为16位布尔变量
84	LTOF	长整型模拟变量含义转换器	以定义方式将长整型变量转换为浮点数
85	TDPU	结点（状态）测试	读取指定结点的状态
86	DISALM	上网报警闭锁模块	禁止上网功能模块的报警
87	CHGALM	上网报警限修改	对上网报警限进行修改
88	TCARD	I/O卡件测试模块	对指定I/O站的I/O卡件进行品质测试
89	TNODE	I/O站测试模块	测试指定I/O站的品质
100	XNETAI	模拟量下网	接收其他DPU的上网模拟量
101	XNETDI	开关量下网	接收其他DPU的上网开关量
102	XNETAO	模拟量上网	其他功能模块的模拟量广播上网
103	XNETDO	开关量上网	其他功能模块的开关量广播上网
104	XAI	模拟量输入	过程模拟量输入
105	XDI	开关量输入	过程开关量输入

续表

ID号	功能模块符号	功能模块名称	功　　能
106	XAO	模拟量输出	过程模拟量输出
107	XDO	开关量输出	过程开关量输出
108	XPI	脉冲量输入	过程脉冲量输入
110	XPGAI	页间模拟量输入	本DPU其他页模拟量的输入
111	XPGDI	页间开关量输入	本DPU其他页开关量的输入
112	XPGAO	页间模拟量输出	本页模拟量供其他页PGAI读取
113	XPGDO	页间开关量输出	本页开关量供其他页PGDI读取

附录二　Symphony 系统组态图中的部分功能码使用说明

一、函数发生器 $f(x)$[功能码－1]

函数发生器可以将一条非线性曲线用五段直线近似表示，以便根据输入信号求得非线性曲线的近似值。

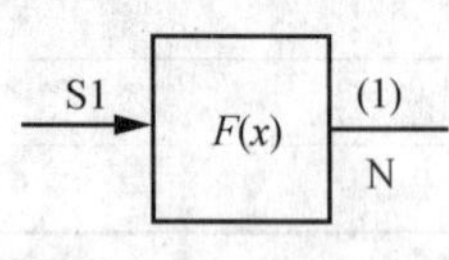

附图 2-1　函数发生器的表示符号

函数发生器的表示符号如附图 2-1 所示。

假设附图 2-2（a）是给定的任一函数曲线，根据尽量逼近的原则找到五段直线近似表示原给定曲线如附图 2-2（b）所示。折线的折点坐标分别是（S2，S3），（S4，S5），（S6，S7），（S8，S9），（S10，S11），（S12，S13），这里 S2、S3、…、S12、S13 均为函数发生器的规格参数。由附图 2-2 可见，在这些参数中，偶数编号的规格参数是输入信号轴坐标，而奇数编号的规格参数是输出信号轴坐标。

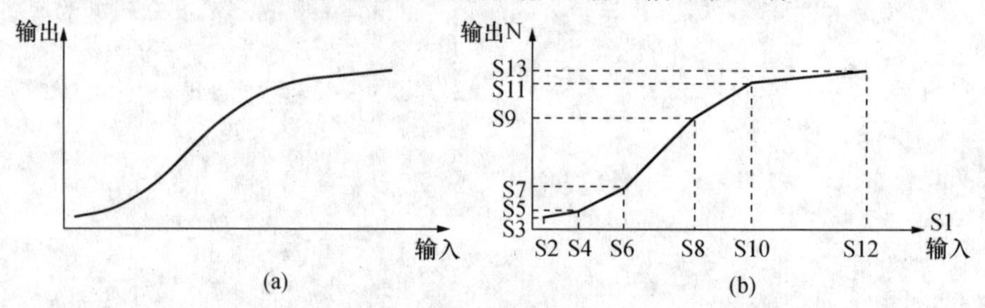

附图 2-2　函数发生器输入—输出之间的关系曲线

（a）给定函数输入输出曲线；（b）函数发生器输入输出折线

当函数发生器的输入信号在两个相邻折点之间时，输出信号的数值按线性内插的原则求得。如果输入值大于 S12 的值，输出值将以 S13 为高限，输出 S13 的值；如果输入值低于 S2 的值，输出值将以 S3 为低限，输出 S3 的值。

二、超前/滞后模块 $F(t)$[功能码－3]

超前/滞后模块相当于实际微分模块和惯性特性模块的作用，也就是可以使某个输入信号经过超前/滞后模块后，使其输出信号的作用超前于该输入信号，或者使输出信号的作用滞后于该输入信号。

超前/滞后模拟的表示符号如附图 2-3 所示。超前/滞后模块输入—输出之间的关系曲线如附图 2-4 所示。

S1　S2　F(t)　(3)　N

附图 2-3　超前/滞后模块的表示符号

S1—输入信号；

S2—逻辑信号；

N—输出信号

假如在超前/滞后模块的输入端 S1 上加一阶跃信号，则该模块的输出端 N 在不同的作用下其响应曲线如附图 2-4 所示，其中图 2-4（a）为滞后作用曲线，S4 是滞后时间常数；图 2-4（b）为超前作用曲线，S3 为超前时间常数。

超前作用在设计中用来对控制系统中前馈信号进行处理，滞后作用用来对测量信号进行低通滤波，以消除高频干扰。

三、脉冲定位器 PULPOS［功能码－4］

脉冲定位器可以比较两个模拟输入信号，一个是要求的模拟量值，另一个是实际过程被测参数的反馈信号。当然两个信号均为模拟量且量纲相同，都采用总量程的百分数表示。这两个输入信号的任何差别都会转换为正向脉冲或者反向脉冲输出。

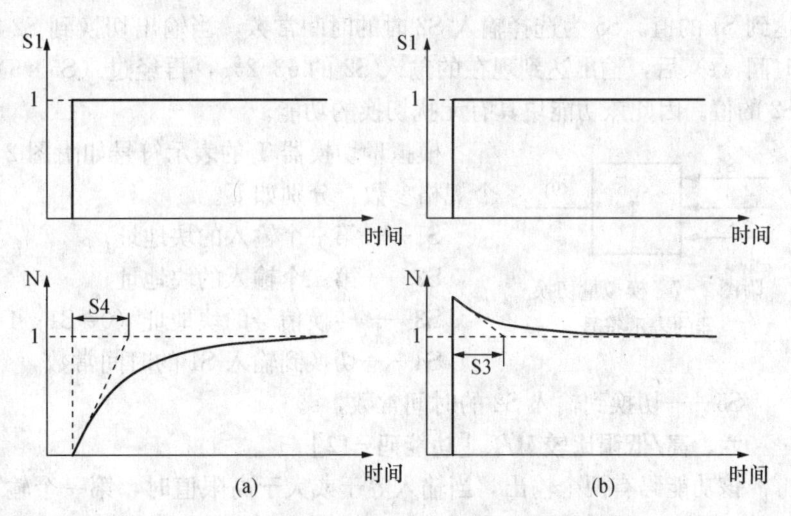

附图 2-4　超前/滞后模块输入—输出之间的关系曲线

（a）滞后作用；（b）超前作用

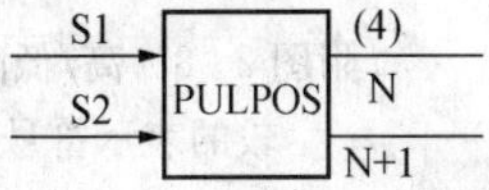

脉冲定位器的表示符号如附图 2-5 所示。

脉冲定位器的两个输入信号 S1 和 S2 比较（即 S1－S2）后得到误差信号。当误差信号大于零（即 S1>S2）且大于某一设定死区值时，经脉冲定位器将该正误差信号转变为正向脉冲并由 N 端输出；当误差信号小于零（即 S1<S2）且小于某一设定死区值时，经脉冲定位器将该负误差信号转变为反向脉冲并由 N+1 端输出。

附图 2-5　脉冲定位器的表示符号

S1—设定值输入信号；S2—位置反馈信号；N—正向脉冲输出；N+1—反向脉冲输出

输出脉冲的宽度由误差信号的大小、死区值和正/反向行程的动作速率确定。显然脉冲定位器在工作之前还必须设定这样几个参数：正向行程动作速度（S3）、反向行程动作速率（S4）、死区值（S5）和周期时间（S6）。

四、速率限制器［功能码－8］

速率限制器的作用是控制输入信号的变化速度。当输入信号的变化速度小于设定好的速率变化限值时，输出信号跟踪输入信号；当输入信号的变化速度大于设定好的速率变化限值时，输出信号按照相应的速率限值来变化，直到输入与输出相等。该模块常用于将幅值较大的阶跃信号转换为小幅度的阶梯斜坡，以避免信号突变对系统的冲击。

速率限制器的表示符号如附图 2-6 所示。

速率限制器的部分规格参数如下。

S1——输入信号；

S2——速率限制开关（0=跟踪，1=释放）；

S3——增加速率限制值；

S4——减少速率限制值；

N——输出信号。

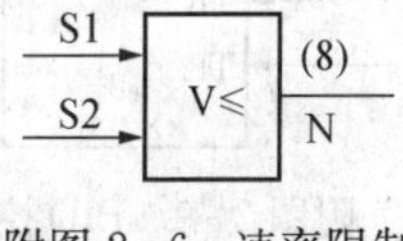

附图 2-6　速率限制器的表示符号

五、模拟量切换器 T［功能码－9］

该功能块的作用是选择输入中的一个作为输出 N，通过 S3 来决定将输入 S1 作为输出还是将 S2 作为输出。S4 为选择输入 S1 时的时间常数，当输出切换到 S1 时，在经过 S4 所设定的时间（s）后，输出达到现在的输入 S1 的 63.2%，再经过（S4×5）s 的时间后，输出达到 S1 的值。S5 为选择输入 S2 时的时间常数，当输出切换到 S2 时，在经过 S5 所设定的时间（s）后，输出达到现在的输入 S2 的 63.2%，再经过（S5×5）s 的时间后，输出达到 S2 的值。因此该功能块具有无扰切换的功能。

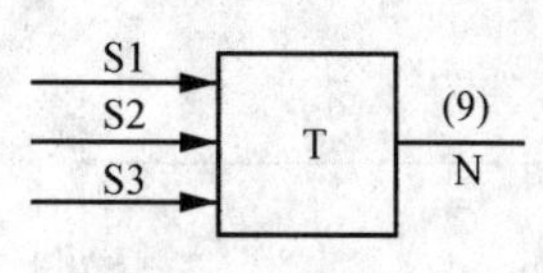

附图 2-7　模拟量切换器的表示符号

模拟量切换器 T 的表示符号如附图 2-7 所示。该功能块有五个规格参数，分别如下。

S1——第一个输入的块地址；

S2——第二个输入的块地址；

S3——转换信号的块地址（0=S1；1=S2）；

S4——切换到输入 S1 的时间常数，s；

S5——切换到输入 S2 的时间常数，s。

六、高/低限比较 H/L［功能码－12］

该功能码有两个输出，当输入等于或大于高限值时，第一个输出（N）为逻辑 1；当输入等于或小于低限值时，第二个输出（N+1）为逻辑 1；当输入值在高、低限值之间时，两个输出均为逻辑 0。

高/低限比较 H/L 的表示符号如附图 2-8 所示。

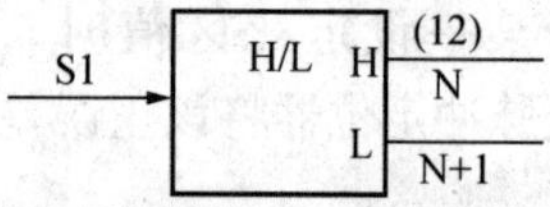

附图 2-8　高/低限比较的表示符号

该功能码有三个规格参数，分别如下。

S1——输入的块地址；

S2——高限/报警点的值；

S3——低限/报警点的值。

输出如下。

N——高报警输出（0=正常；1=达到高限）；

N+1——低报警输出（0=正常；1=达到低限）。

七、PID 控制器（过程变量和设定值分别输入）［功能码－19］

PID 控制器对输入的过程变量和设定值求偏差并进行 PID 运算，主要应用于回路控制，该功能码具有跟踪功能。PID 控制器的表示符号如附图 2-9 所示。

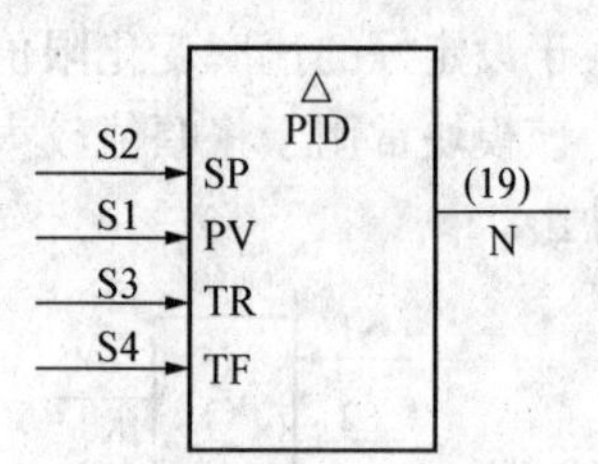

附图 2-9　PID 控制器的表示符号

PID 控制器共有 12 个规格参数，分别如下。

S1——过程变量（PV）；

S2——设定值（SP）；

S3——跟踪信号（TR）；

S4——跟踪指令（TF：0=跟踪；1=释放）；

S5——总增益系数（K）；

S6——比例系数（K_p）；

S7——积分系数（K_i）；

S8——微分系数（K_d）；

S9——控制器输出上限；

S10——控制器输出下限；

S11——设定值改变（0=正常；1=积分）；

S12——控制器正反作用（0=正作用；1=反作用）。

八、自适应 ADAPT［功能码－24］

该功能码的输出没有任何意义，它不用于与下游功能块的输入进行连接。该功能码的作用是在执行过程中动态地修改其他功能块中可修改的参数值。输入 S1 为要传递的值，参数 S2 为接收数据的功能块号，参数 S3 为接收数据的功能块的规格参数编号。

自适应功能码的表示符号如附图 2－10 所示。其规格参数如下：

S1——输入的块地址；

S2——要进行自适应调整的规格参数的块地址；

S3——要进行自适应调整的规格参数的规格号；

附图 2－10　自适应功能码的表示符号

九、记忆 RS［功能码－34］

当该功能码的两个输入都是逻辑 0 时，该功能码记忆其以前的输出。S1 是置位（S）输入，S2 是复位（R）输入。当这两个输入都是逻辑 1 时，输出为 S4 设定的超弛状态。S3 是初始状态标志，在系统上电或控制器复位时，将按 S3 中指定的值输出。

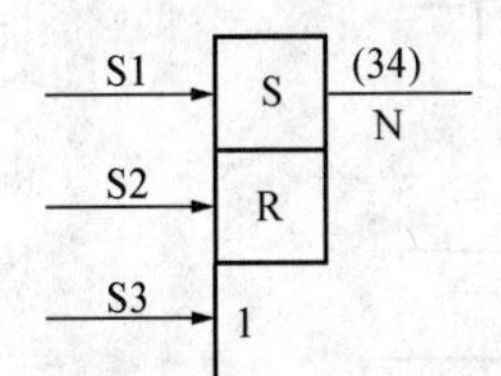

附图 2－11　记忆功能码的表示符号

记忆功能码的表示符号如附图 2－11 所示。其规格参数如下。

S1——置位输入 S1 的块地址；

S2——复位输入 S2 的块地址；

S3——初始状态的块地址；

S4——超弛值（0＝复位；1＝置位）。

输出 N 由附表 2－1 和附表 2－2 确定。

附表 2－1　系统上电或控制器复位真值表

输入		初始状态	超弛状态	输出
<S1>	<S2>	<S3>	S4	N
0	0	0	X	1
0	0	1	X	0

附表 2－2　正常操作真值表

输入		初始状态	超弛状态	输出
<S1>	<S2>	<S3>	S4	N
0	0	X	X	保持前一次输出
1	0	X	X	1
0	1	X	X	0
1	1	X	0	0
1	1	X	1	1

十、计时器 TD－DIG［功能码－35］

计时器可以将输入 S1 的逻辑状态（即 1 或 0）进行脉冲处理、暂停处理或计时处理后输出。选择哪一种处理方式由规格参数（即 S2）的值决定。规格参数 S3 是处理的时间常数，即 S3 在脉冲处理中为脉冲宽度，在暂停处理中为暂停时间，在计时处理中为计时时间。

计时器的表示符号如附图 2－12 所示。

在脉冲方式中，每当输入跳变为逻辑 1，输出也变成逻辑 1。无论输入信号维持逻辑 1

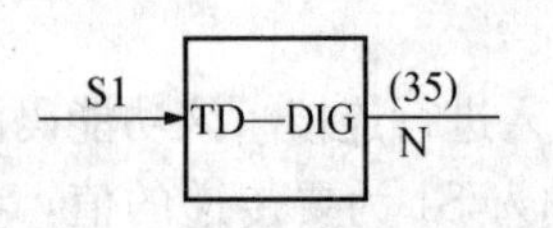

附图 2-12 计时器的表示符号

S1—输入信号；N—输出信号

的时间大于 S3 还是小于 S3，输出总是在计时时间 S3 内保持为逻辑 1，在计时时间结束时回到逻辑 0。

在暂停方式中，在输出跟踪输入之前，输入维持逻辑 1 的时间必须大于 S3 时间的长度。如果输入信号在逻辑 1 的持续时间小于 S3，则输出将维持逻辑 0；只有输入保持逻辑 1 的时间超过 S3 时，输出才会变成逻辑 1，然后将跟踪输入。

在计时方式中，每当输入变成逻辑 1，输出也变成逻辑 1。如果输入在 S3 时间结束之前返回到逻辑 0，则输出也立即返回到逻辑 0；如果输入在 S3 时间结束之后仍保持逻辑 1，则输出在 S3 时间结束时回到逻辑 0。计时器输入—输出之间的关系见附图 2-13。

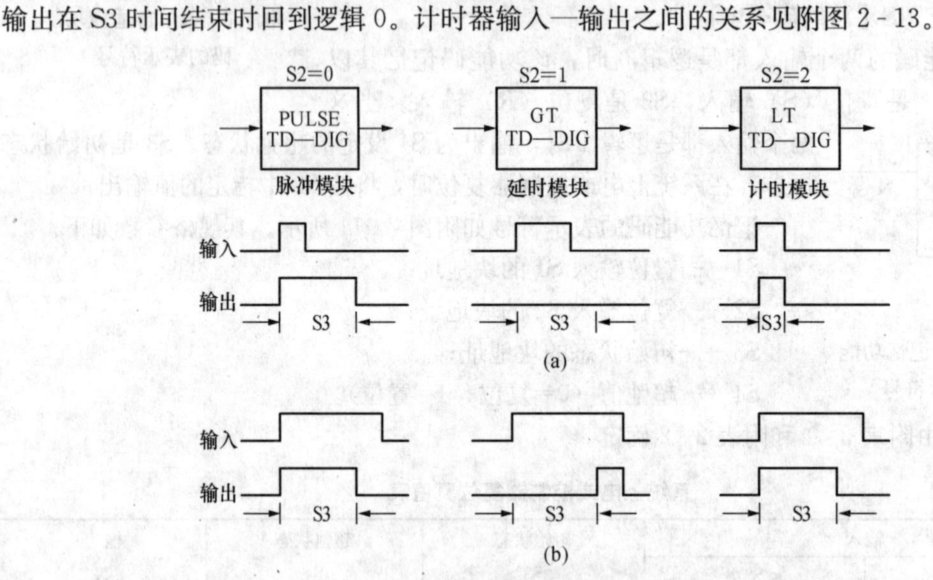

附图 2-13 计时器输入—输出之间的关系（S3 的数值不变）

（a）当输入信号持续时间较短时的输出逻辑状态；（b）当输入信号持续时间较长时的输出逻辑状态

十一、限定或（8 输入）QOR［功能码-36］

限定或 QOR 功能码用来监视最多八个数字输入的状态，并根据输入的数量小于、等于或大于 S9 指定的数量和 S10 规定的条件，由输出产生一个逻辑 1 或 0。

限定或的表示符号如附图 2-14 所示。限定或的规格参数如下。

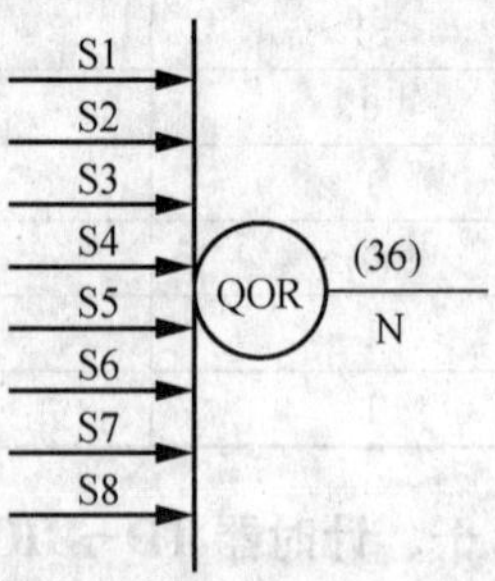

S1——1# 输入的块地址；

S2——2# 输入的块地址；

S3——3# 输入的块地址；

S4——4# 输入的块地址；

S5——5# 输入的块地址；

S6——6# 输入的块地址；

S7——7# 输入的块地址；

S8——8# 输入的块地址；

S9——输入为逻辑 1 的数量；

S10——输入选择（0=输入为逻辑 1 的数量≥S9；1=输入为逻辑 1 的数量=S9）。

附图 2-14 限定或的表示符号

十二、与AND（2输入）[功能码－37]、与AND（4输入）[功能码－38]

与AND功能码实现逻辑与功能，当所有输入为逻辑1时，其输出N为逻辑1（真值表略）。其表示符号如附图2-15所示，规格参数S1～S2和S1～S4分别为各输入的块地址。

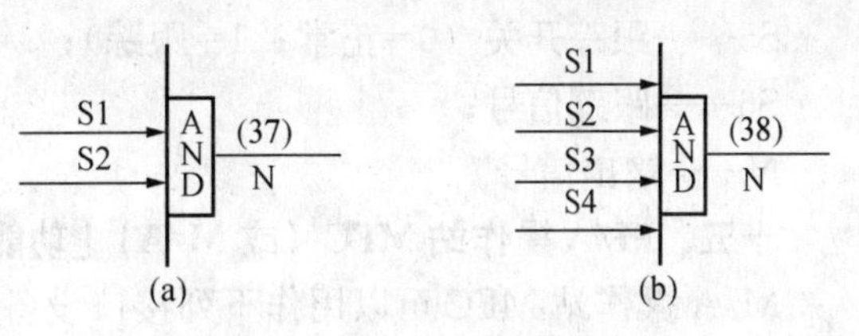

附图2-15　与功能码的表示符号

(a) 与（2输入）功能码；(b) 与（4输入）功能码

十三、远方控制站RCM [功能码－62]

远方控制站用来建立一置位/复位触发存储，可通过控制台、M/A操作站、BATCH90、网络接口单元等设备实现置位/复位操作。该站常用于方式切换。

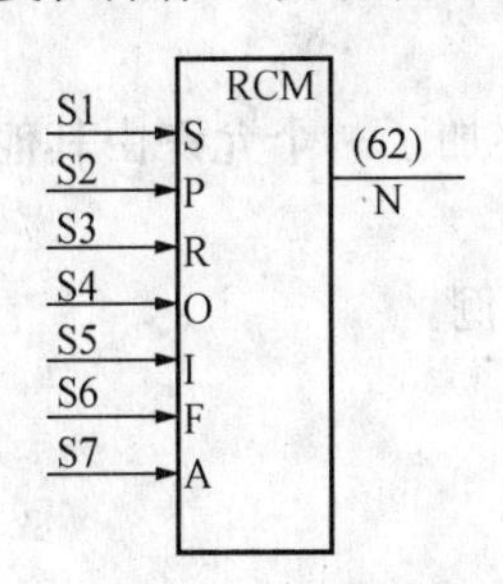

附图2-16　远方控制站的表示符号

远方控制站的表示符号如附图2-16所示。远方控制站的部分规格参数如下：

S1——置位信号（S）；

S2——允许信号（P：0=不允许，1=允许）；

S3——复位信号（R）；

S4——优先信号（O：0=复位优先，1=置位优先）；

S5——初始化状态（I：0=复位，1=置位）；

S6——反馈信号（F），它受RCM输出的作用而改变，并传送一个状态信号给控制台或网络接口单元，它可以是由内部或外部逻辑输入的反馈；

S7——报警信号（A），传送一状态信号给控制台或网络接口单元，逻辑“1”为报警状态；

S8——开关类型参数，与S6、S7一起定义屏幕上显示的按钮显示组态（0=输出指示，1=不指示，2=输出和反馈指示，3=只指示反馈）。

N——输出信号。

远方控制站输入—输出之间的对应关系由附表2-3给出。

附表2-3　远方控制站输入—输出之间的对应关系

置位信号S	复位信号R	允许信号P	输出N	置位信号S	复位信号R	允许信号P	输出N
0	0	X	前次输出	0	1	X	0
1	0	1	1	1	1	1	优先输出

注　X表示信号随机，可以是逻辑1也可以是逻辑0。

十四、远方设定站REMSET [功能码－68]

远方设定站允许将常数值通过控制台等设备（如操作员站、网络接口单元）加入到控制线路中。该站可设置高、低限值，来防止不合理的数值进入。S5、S6分别是跟踪开关的块地址和跟踪信号的块地址。S5为1时，输出信号跟踪S6。

远方设定站的表示符号如附图2-17所示。远方设定站的部分规格参数如下：

S5　S6　REMSET　(68)　N

附图2-17　远方设定站的表示符号

S1——工程单位标识码；

S2——高限值；

S3——低限值；

S4——输出信号初始化值；

S5——跟踪开关（0=正常；1=跟踪）；

S6——跟踪信号；

N——输出信号。

十五、M/A 操作站 MFC（或 M/A）[功能码-80]

M/A 操作站 MFC 可以用作下列接口设备之间的接口：数字控制站（DCS）、操作接口单元（OIU）、命令管理系统（MCS）和计算机接口单元（CIU）。M/A 操作站提供基本控制、串级控制、比率控制，以及手动/自动切换等功能。

在基本控制方式，M/A 操作站产生一个设定值，并提供手动/自动切换，提供手动方式时的手动操作输出，提供自动方式时的设定值调节。

在串级控制方式，M/A 操作站除了提供全部基本控制功能外，还加了一个允许由其他功能块控制设定值的功能。

比率控制站提供比例调节，其设定值为 S2 所确定的控制变量的比例。

M/A 操作站的表示符号如附图 2-18 所示。

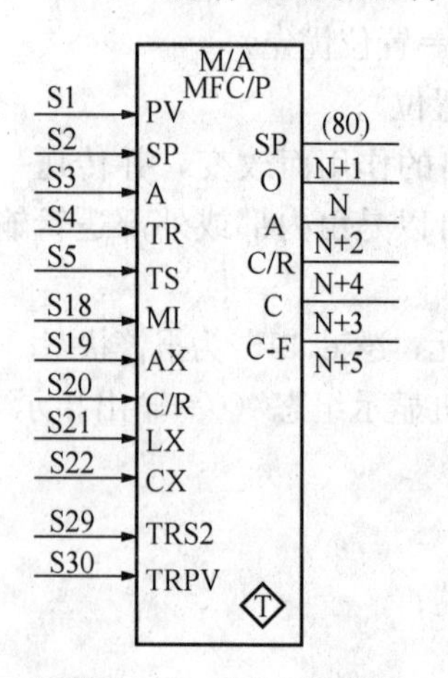

附图 2-18 M/A 操作站的表示符号

M/A 操作站的部分规格参数如下：

S1——过程变量 PV；

S2——设定值（SP）跟踪信号；

S3——自动信号（A）；

S4——控制输出跟踪信号（TR）；

S5——控制输出跟踪开关（TS：0=不跟踪；1=跟踪）；

S6——启动后该操作站的初始方式；

1=计算机，手动

2=计算机，自动

3=计算机，串级/比率

6=本机，自动

7=本机，串级/比率

8=以前的方式

S7——过程变量高报警限；

S8——过程变量低报警限；

S10——过程变量的信号量程；

S11——过程变量的信号 0 值；

S13——设定值的信号满量程；

S14——设定值的信号 0 值；

S18——切至手动指令（MI：0=不切换；1=切换到手动且保持）；

S19——切至自动指令（AX：0=不切换；1=切换到自动且保持）；

S20——切至串级/比率指令（C/R：0=不切换；1=切换到串级/比率且保持）；

S21——切至本机信号指令（LX：0=不切换；1=切换到本机且保持）；

S22——切至计算机信号指令（CX：0=不切换；1=切换到计算机且保持）；

S29——设定值跟踪S2输入的开关（TRS2：0=不跟踪；1=跟踪S2）；

S30——设定值跟踪S1输入的开关（TRPV：0=不跟踪；1=跟踪S1）；

N——按百分数表示的控制输出，其值由操作站方式和自动信号输入（S3）或者手动操作输出确定；

N+1——按工程单位表示的设定值，其值由S2输入和操作站方式确定；

N+2——自动方式标志（A：1=自动；0=手动）；

N+3——级别标志（0=本机；1=计算机）；

N+4——M/A操作站方式标志（C/R：0=基本；1=串级/比率）；

N+5——计算机状态标志（C-F：0=计算机OK；1=计算机故障）。

十六、先进PID控制器APID［功能码-156］

先进PID控制器提供了位置型和速度型控制算法，可根据需要任选一种。它具有比例、积分、微分控制功能，并带有前馈控制入口，具有完善的跟踪功能，故控制器工作方式切换时不会给系统带来扰动。

先进PID控制器的表示符号如附图2-19所示。先进PID控制器的部分规格参数如下：

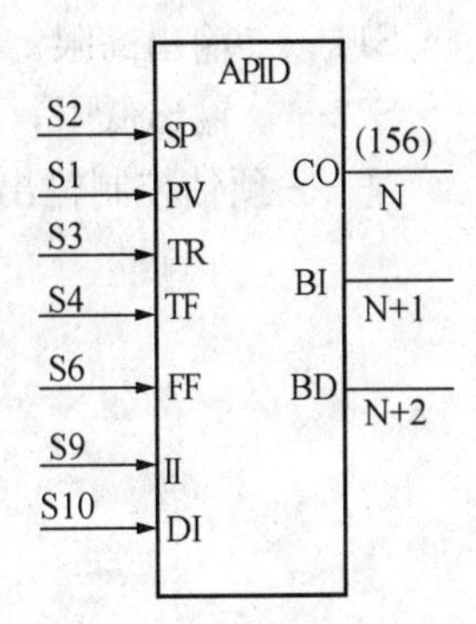

附图2-19 先进PID控制器的表示符号

S1——过程变量（PV）；

S2——设定值（SP）；

S3——跟踪信号（TR）；

S4——跟踪指令（TF：0=跟踪；1=释放）；

S6——前馈信号（FF）；

S9——禁止增加指令（II：0=正常；1=禁止增加）；

S10——禁止减少指令（DI：0=正常；1=禁止减少）；

S11——总增益系数；

S12——比例增益系数；

S13——积分时间常数；

S14——微分强度系数；

S15——微分时间常数；

S16——控制器输出高限；

S17——控制器输出低限；

S18——控制算法类型（0=古典型；1=非参数相互作用型）；

S19——积分限制类型（0=快速抗饱和；1=普通抗饱和）；

S20——设定值改变的方式（0=正常；1=仅在设定值改变时积分）；

S21——控制器作用方向开关；

0=反方向作用（偏差=SP-PV）

1=正方向作用（偏差=PV-SP）

N——控制输出（即PID控制运算输出值+前馈信号）；

N+1——输出增加标志（BI：0=允许增加；1=禁止增加）；

N+2——输出减少标志（BD：0=允许减少；1=禁止减少）。

十七、史密斯预估器 SMITH［功能码－160］

史密斯预估器可以根据过程变量和设定值之间的偏差信号，参照一个预先存储在内部的过程近似模型，提供预测性的过程控制输出。通常用于纯滞后较大的被控过程。

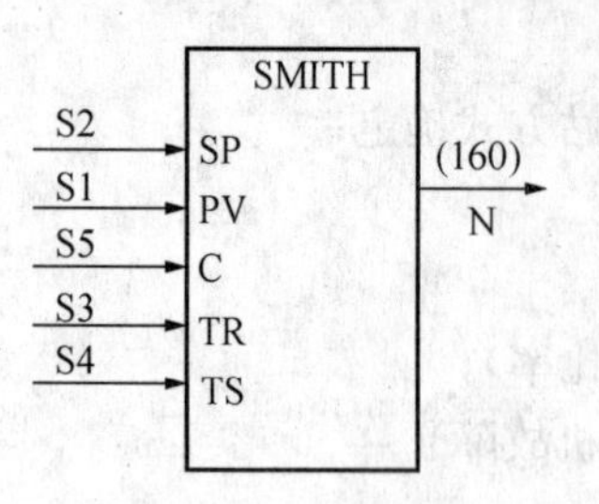

附图 2-20　史密斯预估器的表示符号

史密斯预估器的表示符号如附图 2-20 所示。史密斯预估器的部分规格参数如下：

S1——过程变量（PV）；

S2——设定值（SP）；

S3——跟踪信号（TR）；

S4——跟踪指令（TS：0＝跟踪；1＝释放）；

S5——外部参考值；

S6——用外部参考标志（TB：0＝正常；1＝采用）；

S8——过程纯滞后时间，s；

S9——过程的时间常数，s；

S11——输出高限；

S12——输出低限；

N——预估控制输出。

参考文献

[1] 高伟. 计算机控制系统，第四分册. 北京：中国电力出版社，2000.

[2] 杨树兴等. 计算机控制系统—理论、技术与应用. 北京：机械工业出版社，2006.

[3] 吴坚等. 计算机控制系统. 武汉：武汉理工大学出版社，2002.

[4] 林敏等. 计算机控制技术及工程应用. 北京：国防工业出版社，2005.

[5] 顾德英等. 计算机控制技术. 北京：北京邮电大学出版社，2006.

[6] 李正军等. 计算机控制系统. 北京：机械工业出版社，2005.

[7] 徐安等. 微型计算机控制技术. 北京：科学出版社，2004.

[8] 王锦标，方崇智. 过程计算机控制. 北京：清华大学出版社，1992.

[9] 张玉铎，王满稼. 热工自动控制系统. 北京：水利电力出版社，1985.

[10] 于海生等. 微型计算机控制技术. 北京：清华大学出版社，1999.

[11] 王慧. 计算机控制系统. 北京：化学工业出版社，2000.

[12] 吕震中，刘吉臻，王志明. 计算机控制技术与系统. 北京：中国电力出版社，1996.

[13] 牛玉广，范寒松. 计算机控制系统及其在火电厂中的应用. 北京：中国电力出版社，2003.

[14] 张宇河，董宁. 计算机控制系统（修订版）. 北京：北京理工大学出版社，2002.

[15] 谢剑英，贾青. 微型计算机控制技术（第3版）. 北京：国防工业出版社，2001.

[16] 金以慧. 过程控制. 北京：清华大学出版社，1993.

[17] 邵惠鹤. 工业过程高级控制（第二版）. 上海：上海交通大学出版社，2003.

[18] 王锦标. 计算机控制系统. 北京：清华大学出版社，2004.

[19] 张尧学等. 计算机操作系统教程（第2版）. 北京：清华大学出版社，2000.

[20] 李俊娥. 计算机网络基础. 武汉：武汉大学出版社，2006.

[21] 杨献勇. 热工过程自动控制. 北京：清华大学出版社，2000.

[22] 陈来九. 热工过程自动调节原理和应用. 北京：水利电力出版社，1982.

[23] 何衍庆，俞金寿. 集散控制系统原理及应用（第二版）. 北京：化学工业出版社，2002.

[24] 袁南儿等. 计算机新型控制策略及其应用. 北京：清华大学出版社，1998.

[25] 白焰等. 分散控制系统与现场总线控制系统—基础、评选、设计和应用. 北京：中国电力出版社，2001.

[26] 王常力，廖道文. 集散型控制系统的设计与应用. 北京：清华大学出版社，1993.

[27] 华东六省一市电机工程（电力）学会. 600MW火力发电机组培训教材—热工自动化. 北京：中国电力出版社，2000.

[28] 袁任光. 集散型控制系统应用技术与实例. 北京：机械工业出版社，2003.

[29] 王常力，罗安. 集散型控制系统的选型与应用. 北京：清华大学出版社，1996.

[30] 赵燕平. 火电厂分散控制系统检修运行维护手册. 北京：中国电力出版社，2003.

[31] 郭巧菊. 计算机分散控制系统. 北京：中国电力出版社，2005.

[32] 何衍庆等. XDPS分散控制系统. 北京：化学工业出版社，2002.

[33] 孙奎明等. 600MW级火力发电机组丛书—热工自动化. 北京：中国电力出版社，2006.

[34] 王常力，罗安. 分布式控制系统（DCS）设计与应用实例. 北京：电子工业出版社，2004.

[35] 望亭发电厂. 300MW火力发电机组运行与检修技术培训教材—仪控分册. 北京：中国电力出版社，2002.

[36] 王付生．电厂热工自动控制与保护．北京：中国电力出版社，2005.
[37] 中国动力工程学会．火力发电设备技术手册（第三卷自动控制）．北京：机械工业出版社，2000.
[38] 边立秀等．热工控制系统．北京：中国电力出版社，2002.
[39] 朱北恒．火电厂热工自动化系统试验．北京：中国电力出版社，2006.
[40] 孙奎明．热工自动化．北京：中国电力出版社，2006.
[41] 印江等．电厂分散控制系统．北京：中国电力出版社，2006.
[42] 张丽香等．模拟量控制系统．北京：中国电力出版社，2006.
[43] 李子连．现场总线技术在电厂应用综论．北京：中国电力出版社，2002.
[44] 杨庆柏．现场总线仪表．北京：国防工业出版社，2005.
[45] 刘翠玲等．集散控制系统．北京：中国林业出版社，北京大学出版社，2006.
[46] 李子连．火电厂自动化发展综述．中国电力，2004，37（2）：1~6.
[47] 白焰．中国火电厂自动化的回顾与展望．沈阳工程学院学报（自然科学版），2005，1（1）：56～61.
[48] 刘吉臻．现代电站自动化技术进展．现代电力，2005，22（1）：1～6.
[49] 侯子良等．建设数字化电厂示范工程—加快火电厂信息化进程．中国电力，2005，38（2）：78～80.
[50] 李子连．现场总线技术在火电厂自动化系统的应用意见．中国电力，2003，26（3）：49～53.
[51] 王伟，张晶涛，柴天佑．PID参数先进整定方法综述．自动化学报，2000，26（3）：347～355.
[52] 季俊伟．Symphony系统在华能伊敏发电厂的应用．东北电力技术，2005，4：16～19.
[53] 林斌．广州珠江电厂1号机DCS改造综述．发电设备，2002，3：14～18.
[54] 郑建平．工业以太网技术在珠江电厂DCS中的应用．热力发电，2004，10：68～71.